基于频谱数据驱动的旋转机械设备负荷软测量

汤　健　田福庆　贾美英　李　东　著

国防工業出版社

·北京·

图书在版编目(CIP)数据

基于频谱数据驱动的旋转机械设备负荷软测量/汤健等著.—北京:国防工业出版社,2015.6
ISBN 978-7-118-10213-0

Ⅰ.①基...　Ⅱ.①汤...　Ⅲ.①转动机构-机械设备-载荷-测量　Ⅳ.①TH133

中国版本图书馆 CIP 数据核字(2015)第 130313 号

※

国防工業出版社 出版发行
(北京市海淀区紫竹院南路 23 号　邮政编码 100048)
天利华印刷装订有限公司印刷
新华书店经售

*

开本 787×1092　1/16　**印张** 14　**字数** 316 千字
2015 年 6 月第 1 版第 1 次印刷　**印数** 1—2000 册　**定价** 56.00 元

国防书店:(010)88540777　　发行邮购:(010)88540776
发行传真:(010)88540755　　发行业务:(010)88540717

序

原材料工业是社会经济发展中不可取代的基础工业。中国已经成为世界上门类最齐全、规模最庞大的原材料生产大国。为了充分利用资源，必须采用品质低、成分波动大的资源作为原材料工业生产的原料，这就使得一些工业过程具有动态特性变化、强非线性、强耦合、机理不清、难以建立数学模型、关键被控参数无法实现在线测量等综合复杂特性，对已有的过程控制与运行优化理论与技术提出了挑战。

现代过程工业的发展和日趋激烈的市场竞争，对过程控制提出了新的需求——过程控制不仅使被控过程的输出尽可能好地跟踪控制器设定值，而且要控制整个工业装置的运行，使反映产品在该装置加工过程中质量、效率与消耗等指标，即运行指标，控制在目标值范围内，尽可能提高质量与效率指标，尽可能降低消耗指标，即实现工业过程运行控制与优化。这就要求对反映产品在加工过程中的质量、效率及物耗、能耗密切相关的运行指标进行在线测量或预报。

我和我的团队以及学生近20年在国家973、国家自然科学基金等项目的资助下，结合企业重大自动化工程项目，一直致力于进行复杂工业过程建模、控制与优化的研究。本书主要作者，我的学生汤健，从博士研究阶段至今一直从事磨机难以检测参数——磨机负荷的软测量方法的研究，取得了较系统的研究成果，部分成果已在IEEE汇刊和IFAC会刊等国际著名学术期刊发表SCI论文7篇，其博士论文获得2013年度"辽宁省优秀博士学位论文"。

本专著《基于频谱数据驱动的旋转机械设备负荷软测量》是对上述研究成果的总结与提升。该专著分析了磨矿过程磨机筒体振动、振声和磨机电流信号与负荷参数(料球比、磨矿浓度、充填率)之间的映射关系，介绍了针对这些信号与负荷参数间的机理不清导致难以构建机理模型的难点所提出的磨机负荷软测量方法，该软测量模型由筒体振动、振声和磨机电流信号与负荷参数间的数据驱动模型和负荷参数与磨机负荷间的机理模型组成；介绍了针对筒体振动、振声频谱特征难以提取与选择的难点所提出的基于组合优化策略的筒体振动频谱特征选择与提取方法；介绍了针对筒体振动、振声和磨机电流信号间的冗余性和互补性信息难以优化融合的难点所提出基于筒体振动频谱分频段和预测误差信息熵加权的集成模型、基于多源频谱特征子集选择性优化融合的选择性集成模型和基于经验模态分解与多尺度频谱特征的选择性集成模型；介绍了针对磨机负荷时变特性、难以获得足够的建模样本难点所提出的基于线性近似依靠条件和自适应加权融合的磨机负荷在线集成软测量方法。

本专著对于从事机理不清的复杂工业过程的建模研究的人员具有参考价值，对以实际工业为背景从事研究的博士生如何从实际需求提炼科学问题进行深入研究并撰写高水平学术论文具有参考价值，也为从事磨矿过程的建模、控制与优化的工程技术人员提供了参考书。

作为导师，我衷心为汤健博士出版他人生的第一部学术专著而倍感高兴和欣慰。在本书出版之际，谨为之作序，寄望于作者能够在此方向上进行持续研究，取得解决工业实际中的难题并具有高水平学术价值的成果。

中国工程院院士

国家自然科学基金委信息学部主任

东北大学学术委员会主任

2015 年 4 月于沈阳

前　言

基于数据驱动的软测量建模技术在大数据挖掘、多源信息融合和目标识别，与复杂工业过程能耗、物耗、产品质量和产量及安全生产密切相关的难以检测过程参数的测量，以及复杂系统模拟仿真与探索性分析等方面具有广阔的应用前景。现代过程工业的发展和日趋激烈的国际市场竞争对过程控制的需求是将运行指标控制在目标值范围内的同时尽可能提高产品质量与生产效率指标，降低消耗指标，即实现工业过程运行优化控制。选矿过程是典型的具有大惯性、参数时变、非线性、边界条件波动大等综合特性的复杂工业过程。磨矿过程作为选矿流程中的关键工序，其作用是将破碎后的原矿通过大型旋转机械设备（球磨机）研磨成粒度合格的矿浆，为选别过程提供原料。准确检测与磨矿过程产品质量和产量，以及物耗和能耗密切相关的球磨机负荷是实现选矿过程全流程优化运行和优化控制的关键因素之一。

磨矿过程的旋转机械设备负荷（磨机负荷）是指球磨机内新给矿量、矿浆、水量及钢球装载量等组成的瞬时全部装载量。磨机过负荷会造成磨机“吐料”、出口粒度变粗，甚至导致磨机“堵磨”、“胀肚”，发生停产事故；反之，磨机欠负荷会造成磨机“空转”，导致能源浪费、钢耗增加，甚至设备损坏。因此，及时准确地检测磨机负荷对提高磨矿产品质量和磨矿生产率、降低磨机能耗和钢耗以及保证磨矿过程的安全运行意义重大。球磨机旋转、连续运行的工作特点使得在球磨机内部安装电极测量矿浆液面高度、安装嵌入数字脉冲传感器的耐磨聚亚安酯标准横梁测量矿浆位置等直接检测方法因维护困难、成本高等原因难以实施。

软测量技术有机地结合自动控制理论与生产过程知识，通过状态估计方法对难以在线测量的参数进行在线估计，以软件替代硬件实现间接检测。磨矿过程自身的综合复杂动态特性、外界干扰因素动态变化的不确定性等原因导致难以依据磨矿过程的物料和金属平衡建立基于机理的磨机负荷软测量模型。建立基于数据驱动的软测量模型不需要关注研究对象的内部规律，通过输入输出数据即可建立与所关注过程特性等价的数据驱动黑箱模型。常用的基于磨机电流（球磨机电机消耗功率）检测磨机负荷的方法难以保证磨矿过程长时间运行在优化状态。研究表明，球磨机运行过程中产生的强烈振动及振声信号频谱中蕴含着丰富的有价值信息。因此，研究频谱数据驱动的旋转机械设备负荷软测量模型具有重要的理论和现实意义。

磨机负荷与磨机内部的料球比、磨矿浓度和充填率等参数有关，而这些参数与筒体振动、振声和磨机电流信号间存在难以用精确数学模型描述的非线性关系。采用高维筒体振动/振声频谱数据建模导致模型的复杂度高、可解释性和泛化性差；而且单传感器信号的不确定性和局限性、多传感器信号间的冗余性和互补性使得采用传统的单一模型和集成模型建模方法难以有效地检测磨机负荷；除此之外，物料属性波动、钢球磨损等因素导致球磨机系统的特性漂移进一步降低了离线建立的磨机负荷软测量模型的精度。现有的结合专家知识和规则推理估计磨机负荷状态的方法难以精确检测磨机负荷。目前常用的磨机电流信号只能反映部分磨机负荷信息，轴承振动及振声信号则主要反映料球比信息，导致现有的基于这三种信号的数据驱动软测量方法难以准确地实现磨机负荷的实时检测。

本书在“半自磨/球磨机负荷监测技术研究（2006AA060202）”国家高技术研究发展计划（863计划）课题项目的支持下，根据磨机负荷检测方法的研究现状和存在的问题，借鉴已有的磨机负荷软测量建模方法和思路，结合磨矿过程的研磨机理，以实验球磨机为基础，以磨机筒体振动、振声和磨机电流信号作为输入变量，研究磨矿过程磨机负荷的在线检测问题。主要内容归纳如下：

（1）结合磨矿过程的研磨机理和工业现场实际情况，定义磨机内部的料球比、磨矿浓度和充填率为磨机负荷参数，并建立这些参数与磨机负荷间的数学模型。定性分析旋转机械设备（球磨机）筒体振动产生机理，确定建立以筒体振动、振声和磨机电流信号为输入，磨机负荷参数为输出的软测量模型。最终通过软测量模型和数学模型的串行组合，实现磨机负荷检测。

（2）针对采用旋转机械设备筒体振动/振声的高维频谱数据建模会增加模型复杂度，降低模型泛化性，以及特征提取和特征选择方法各有其局限性等问题，描述了基于组合优化的频谱数据维数约简方法及其在磨机负荷参数软测量中的应用。

（3）针对基于旋转机械设备频谱数据特征建立的单模型泛化性和可解释性差，以及简单集成磨机电流信号和筒体振动/振声频谱特征子集的集成模型难以有效地融合多源数据特征的问题，描述了基于集成筒体振动频谱分频段和基于选择性集成多传感器频谱特征的旋转机械设备负荷参数软测量方法；针对磨机筒体振动和振声信号的组成复杂难以解释、蕴含信息存在冗余性和互补性、与磨机负荷参数映射关系难以描述等问题，描述了基于经验模态分解和选择性集成学习算法分析筒体振动与振声信号组成并建立磨机负荷参数软测量模型的方法。

（4）针对物料属性波动、研磨介质磨损等因素导致旋转机械设备系统具有时变特性，基于历史数据离线建立的选择性集成模型需要自适应更新的问题，描述了基于在线集成建模的旋转机械设备负荷参数软测量方法。该模型包括集成子模型更新和加权系数更新两部分，其中集成子模型更新部分依据新样本与建模样本间的近似线性依靠值判别是否进行子模型更新，加权系数更新部分采用了基于均值和方差递推更新的在线自适应加权算法。

面对磨矿过程磨机负荷检测这一难题，本书的主题思想是面对多源频谱数据特征，在机理知识难以清晰明确获得的情况下，基于选择性集成学习技术实现最优多源信息融合并对融合模型进行更新研究，即借助机器学习技术实现多传感器信息融合。本书采用实验球磨机的实际运行数据进行了仿真实验。本书所描述方法可应用于采用机械设备振动/振声频谱数据等多源信息进行关键工业参数软测量和监视的冶金、建材、造纸等工业过程。

本书的研究为实现球磨机负荷的实时在线检测,进而提高磨矿过程的产品质量和磨矿生产率、降低能源消耗奠定了基础。本书所描述的磨矿过程磨机负荷软测量方法主要在实验球磨机进行,有如下几方面问题需要深入研究:

(1) 建立球磨机研磨机理数值仿真和筒体振动分析有限元模型,基于该模型深入分析磨矿过程湿式球磨机研磨机理和筒体振动、振声信号产生机理。这是利用筒体振动、振声信号检测磨机负荷的理论基础,涉及内容包括破碎力学、矿浆流变学、机械振动学、声学及机械磨损与化学腐蚀等多领域的综合知识。

(2) 磨机内物料和钢球粒径大小及分布的变化、钢球和磨机衬板磨损及腐蚀的不确定性、与钢球冲击破碎直接相关的矿浆黏度的复杂多变等因素导致磨机筒体受到大量不同强度、不同频率的冲击力,由此产生的筒体振动和振声信号具有较强的非线性和非平稳性。如何将它们有效分解和进行系统解释是目前基于这些信号进行磨机负荷参数软测量面临的挑战之一。

(3) 应该进一步进行接近工业现场磨矿条件的连续磨矿实验,通过基于磨机负荷参数的实验设计,进一步验证本书所提软测量方法。在此基础上进行工业磨机的实验,并结合现场分布式控制系统(DCS)采集存储的过程数据及领域专家知识进行智能磨机负荷软测量方法的研究。

(4) 研究如何结合球磨机研磨过程的数值仿真模拟和筒体振动的有限元分析、专家知识经验及离线化验数据对软测量模型进行有效的在线校正。

(5) 基于近似线性依靠条件的在线建模方法虽然保证了模型更新过程中建模样本库中只包含有价值样本,但样本库的容量会越来越大,而且某些旧的样本可能会恶化软测量模型性能。因此,如何确定建模样本库的样本容量、如何丢弃旧样本和如何采用块样本更新等问题需要深入研究。

本书是在柴天佑院士的悉心指导和亲切关怀下完成的。柴老师渊博的知识、严谨的治学精神、积极乐观的生活态度时时激励着我们,关键的时候给予我们人生启迪,不仅培养了我们的学术研究能力,也明白了许多人生的道理。在此谨向柴老师致以最诚挚的敬意和衷心的感谢!

本书得到了中国博士后基金(2013M432118,201150M1504),国家863计划项目(2015AA043803)、国家自然科学基金(61034008,61273177,61004051,61203102,61020106003,61134006)、辽宁省教育厅科学研究一般项目(L2013272)和国家支撑计划(2012-BAF19G00)的支持。

感谢北方交通大学计算所对本书的出版给予的支持和帮助。

感谢墨西哥国立理工大学高级研究中心(CINVESTAV-IPN)的余文教授、澳大利亚拉筹伯大学的王殿辉副教授、沈阳化工大学的赵立杰教授以及美国南加州大学的秦泗钊教授给予作者在科研工作中的帮助和支持。

感谢北京矿冶研究总院的周俊武老师、清华大学的徐文立教授和王焕刚老师,无偿为我们提供本项目实验的详细情况以及建设性的指导意见。

特别感谢工作单位的同事们。在外期间，是他们的支持和关怀给予了我们安心科研的坚强后盾。

感谢东北大学自动化研究中心的岳恒教授、周晓杰副教授、罗小川副教授、王良勇老师、丁进良老师、杨春雨老师、刘卓老师、孙秀芬老师、迟瑛老师、高继东老师，他们以饱满的工作热情和丰富的理论知识，在生活方面以及科研工作中给予我们关怀和帮助，给予我们前进的动力。感谢自动化研究中心的吴志伟、李帏韬、刘炜、余刚、刘业峰、张亚军、孙亮亮、王魏、丛秋梅、翟连飞、片锦香、王秀英、赵大勇、耿曾显、张立岩、孙鹏、周平、刘强、孔维健、石宇静、吴永建、王永刚、吴峰华、庞新富、黄辉、杨新等博士，在与他们交流和探讨过程中，解决了很多学术上的难题。

特别说明，本书目的是综合利用工业机理、专家知识、信息融合、信号处理、机器学习等多方面知识去尝试解决磨矿过程湿式球磨机负荷软测量这一难题，主要侧重于各种技术的有效与合理集成，对相关理论问题未做深入探讨。

参加本书编写和校对的还有余文、赵立杰、周晓杰、丁进良、刘卓、丛秋梅、王魏、片锦香、王秀英等人，在此一并表示感谢！

由于本书作者学识和水平有限，虽然尽力而为，但仍难免会有不妥和错误之处，敬请广大读者批评指正，并给予谅解。

作者

2015年3月

目　录

第1章　绪论……………………………………………………………………… 1

1.1　引言………………………………………………………………………… 1
1.2　软测量技术的研究现状…………………………………………………… 3
1.2.1　软测量技术简介 ……………………………………………………… 3
1.2.2　特征提取与特征选择 ………………………………………………… 5
1.2.3　选择性集成建模 ……………………………………………………… 6
1.2.4　在线集成建模 ………………………………………………………… 8
1.3　旋转机械设备负荷检测方法的研究现状 ………………………………… 10
1.3.1　研磨机理数值仿真与筒体振动分析………………………………… 10
1.3.2　仪表检测方法………………………………………………………… 12
1.3.3　数据驱动软测量方法………………………………………………… 17
1.3.4　存在问题……………………………………………………………… 21

第2章　复杂工业过程旋转机械设备负荷特性分析 …………………………… 23

2.1　引言 ………………………………………………………………………… 23
2.2　复杂工业过程旋转机械设备负荷描述 …………………………………… 23
2.2.1　工艺过程描述………………………………………………………… 23
2.2.2　负荷与负荷参数……………………………………………………… 25
2.2.3　负荷参数与工业过程生产率………………………………………… 27
2.3　旋转机械设备负荷的专家识别过程描述 ………………………………… 28
2.4　旋转机械设备负荷的特性分析 …………………………………………… 29
2.4.1　工作机理……………………………………………………………… 29
2.4.2　筒体振动分析………………………………………………………… 37
2.4.3　振声分析……………………………………………………………… 44
2.4.4　电流分析……………………………………………………………… 47
2.4.5　软测量模型输入输出关系…………………………………………… 48
2.5　旋转机械设备负荷软测量模型的难点分析 ……………………………… 49

第3章　基于筒体振动频谱的特征选择与特征提取方法及其应用 …………… 51

3.1　引言 ………………………………………………………………………… 51

3.2 随机振动信号处理 …… 52
3.2.1 振动信号的时域分析…… 53
3.2.2 振动信号的频域分析…… 54
3.3 维数约简与软测量模型输入特征选择 …… 58
3.3.1 基于主元分析(PCA)/核PCA(KPCA)的特征提取方法 …… 59
3.3.2 基于互信息(MI)的特征选择方法 …… 62
3.3.3 支持向量机(SVM)模型的输入特征选择 …… 63
3.3.4 上述特征提取与特征选择方法的局限性…… 67
3.4 旋转机械振动频谱特征提取与特征选择及其应用 …… 68
3.4.1 基于组合优化的特征提取与特征选择策略…… 68
3.4.2 基于组合优化的特征提取与特征选择方法…… 69
3.4.3 算法步骤…… 77
3.4.4 实验研究…… 79

第4章 基于频谱数据驱动的旋转机械设备负荷选择性集成建模及其应用 …… 92

4.1 引言 …… 92
4.2 选择集成建模与多传感器信息优化融合 …… 94
4.2.1 神经网络集成理论框架…… 95
4.2.2 基于遗传算法的神经网络选择性集成(GASEN) …… 97
4.2.3 特征选择与选择性集成建模…… 98
4.2.4 基于自适应加权融合(AWF)算法的多传感器信息融合 …… 99
4.2.5 选择性多源信息融合…… 99
4.3 基于偏最小二乘(PLS)/核PLS(KPLS)的集成建模方法及存在的问题 …… 100
4.3.1 基于PLS/KPLS的集成建模方法 …… 101
4.3.2 PLS/KPLS集成建模方法存在的问题 …… 104
4.4 基于筒体振动频谱的旋转机械设备负荷参数集成建模…… 105
4.4.1 基于筒体振动频谱的集成建模策略 …… 105
4.4.2 基于筒体振动频谱的集成建模算法 …… 105
4.4.3 实验研究 …… 108
4.5 基于选择性集成多传感器频谱特征的旋转机械设备负荷参数软测量…… 112
4.5.1 基于选择性集成多传感器频谱特征的建模策略 …… 112
4.5.2 基于选择性集成多传感器频谱特征的建模算法 …… 114
4.5.3 建模步骤 …… 118
4.5.4 实验研究 …… 119
4.6 基于经验模态分解(EMD)和选择性集成学习的旋转机械设备负荷参数软测量…… 133
4.6.1 基于EMD和选择性集成学习的建模策略…… 133

4.6.2 基于EMD和选择性集成学习的建模算法 …… 134
4.6.3 实验研究 …… 138
第5章 基于频谱数据驱动的旋转机械设备负荷参数在线集成建模及其应用 …… 162
5.1 引言 …… 162
5.2 递推更新算法 …… 164
5.2.1 递推主元分析(RPCA)算法 …… 164
5.2.2 递推偏最小二乘(RPLS)算法 …… 166
5.3 更新样本识别算法 …… 167
5.3.1 基于PCA模型 …… 167
5.3.2 基于近似线性依靠(ALD) …… 169
5.3.3 其它更新样本识别算法及存在问题 …… 173
5.4 基于ALD的在线建模算法 …… 174
5.4.1 在线PCA-SVM(OLPCA-SVM) …… 174
5.4.2 在线PLS(OLPLS) …… 176
5.4.3 在线KPLS(OLKPLS) …… 177
5.4.4 算法讨论 …… 179
5.4.5 实验研究 …… 180
5.5 基于在线集成建模的旋转机械设备负荷参数软测量方法 …… 187
5.5.1 建模策略 …… 187
5.5.2 建模算法 …… 188
5.5.3 建模步骤 …… 190
5.5.4 实验研究 …… 190
参考文献 …… 195

第1章　绪　论

1.1 引　言

大型高耗能旋转机械设备(球磨机)主要依靠自身旋转带动钢球冲击和磨剥物料，在煤炭、化工、电力和冶金等复杂工业过程中应用广泛。据统计，磨机粉磨作业的电耗占全世界总发电量的2.8%～3%[1]，在选矿、电力和水泥等行业分别占各自工业过程能耗的30%～70%、15%和60%～70%。球磨机的特点是结构简单、性能稳定、适应性强，但其工作效率低、能耗高，用于研磨破碎物料的能量不到其消耗总能量的1%，大部分能量转换为噪声和热量而浪费[2]。球磨机种类繁多，按筒体形状分为短筒球磨机、管磨机、圆锥式球磨机；按操作方式分为间歇式球磨机和连续式球磨机；按卸料方式分为中心卸料式球磨机(又分为溢流型球磨机和格子型球磨机)及周边卸料式球磨机；按球磨机筒体支撑的方式分为中心传动的球磨机和边缘传动的球磨机；按操作工艺分为干式球磨机和湿式球磨机。球磨机运转率和效率常常决定了磨矿甚至选矿全流程的生产效率和指标[3]。

本书主要关注在国内铁矿磨矿过程中广泛应用的湿式球磨机负荷的软测量。若无特别说明，本书将湿式球磨机简称为球磨机。同时，将广泛应用于火电厂的煤磨机、建材生产企业的水泥磨机统一称为干式球磨机。

流程行业过程控制的目的是将运行指标控制在目标值范围内的同时尽可能提高产品质量与生产效率指标，降低消耗指标[4]。选矿过程的规模大、工艺长、受外部环境干扰多，是具有大惯性、参数时变、非线性、边界条件波动大等综合特性的典型复杂工业过程。磨矿过程是选矿生产流程的“瓶颈”作业，在选矿厂基建投资和生产费用中占50%以上比例，直接关系到选矿生产的产量、磨矿产品的质量，影响选矿厂的经济技术指标，其运行控制、运行优化及控制系统的实现对目前的控制与优化理论方法提出了挑战[5]。准确有效地检测与磨矿过程的产品质量、产量指标及物耗、能耗密切相关但难以在线检验的关键过程变量(如球磨机负荷和产品粒度等)，是实现选矿过程全流程优化控制的关键因素之一[6]。

磨矿过程常用的湿式球磨机的钢耗还要高于电耗[7]，钢球和衬板的消耗量更是达到0.4～3.0kg/t(某铁矿厂的日加钢球量为5t)。生产实践证明，磨1t矿要消耗钢球1.5kg左右；能耗与钢耗成正比，一般钢球的消耗量为0.035～0.175kg/kW·h[8]。根据实验研究，球磨机有至少10%以上的节能潜力和9%以上的节约钢材的潜力[9]。磨矿过程的目标是在保证磨矿设备安全运行及产品质量合格的前提下，最大限度地提高磨机处理量(Grinding production rate，GPR)，降低钢耗和能耗[10]。因此，保持优化的旋转机械设备(球磨机)负荷具有重要意义。

磨矿过程的磨机负荷是指球磨机内瞬时的全部装载量，包括新给矿量、循环负荷、水量及钢球装载量等[11]，即球磨机内的物料、钢球和水负荷。料球比(Material to ball volume ratio，MBVR)、磨矿浓度(Pulp dnsity，PD)、充填率(Charge volume ratio，CVR)等相关参数代表磨机内部的工作状态，能够准确反映磨机负荷，如MBVR过大、PD过高均会导致磨机过负荷。磨机过负荷而又操作不当会造成磨机“堵磨”、“胀肚”，甚至发生停产事故。磨机欠负荷会引起磨机“空磨”，使钢球直接冲击磨机衬板，造成钢耗增加、设备损坏。因此，准确地检测磨机负荷是实现磨矿过程运行优化和运行控制的关键因素之一[12]。尽管许多科研单位都对球磨机的研磨过程进行了大量研究，但其粉碎机理仍不清晰[13]。磨机负荷不仅与磨机中的矿浆和钢球量有关，还与磨机内部物料和钢球的粒径大小及分布、钢球和磨机衬板的磨损及腐蚀、影响钢球表面罩盖层厚度的矿浆黏度等因素有关，这些复杂多变难以检测的因素同时也会影响磨机的负荷状态，因此很难采用解析方法建立磨机负荷的机理模型。现有的磨机负荷检测方法存在精度低、性能不稳定等缺点，造成生产过程难以闭环控制，自动化程度不高。实际生产过程的操作多依据经验或融合轴承振动、磨机振声和磨机电流信号估计磨机负荷状态[11]，以牺牲经济性保证安全性，使磨机常运行在低负荷状态，导致磨矿过程的低效率和高消耗。

水泥、火力发电厂等行业广泛应用的干式球磨机负荷通常采用“料位”表示[14]，其检测和控制均领先于选矿等行业使用的湿式球磨机，如采用振声信号进行水泥磨机负荷检测和优化控制的系统已经市场化(如日本和瑞典的“电耳”)；某氧化铝厂回转窑制粉系统基于振声信号实现了磨机负荷的智能控制[15]。基于振声信号只能有效检测湿式球磨机内的料球比。研究表明，磨机内矿浆的存在导致湿式球磨机负荷难以描述[16]，这是磨矿过程磨机负荷的研究与应用远落后于干式球磨机的原因之一。文献[17]指出目前针对干式球磨机进行的大量研磨过程数值分析模型不适用于湿式球磨机。干式和湿式球磨机的研磨机理不同，干式球磨机中的磨机负荷检测方法难以在湿式球磨机中直接应用。因此，如何实现磨矿过程磨机负荷的在线检测，保持磨机稳定在最佳负荷，在产品质量指标满足工艺要求的同时使产量达到最大，保障球磨机自动、安全、高效运行，对于提高磨矿过程运行的稳定性、经济性和节能降耗有重要意义。这也是目前选矿生产企业中备受关注和亟待解决的重要问题。

本书在国家高技术研究发展计划(863计划)“半自磨/球磨机负荷监测技术研究(2006AA060202)”的支持下，以磨机筒体振动信号为主，在实验球磨机上开展了磨矿过程磨机负荷软测量方法的研究。目前阶段的研究是考虑多种工况下，不同料、球、水负荷的变化与筒体振动、振声信号(尤其是高灵敏度筒体振动信号)之间的关系。针对研磨机理和筒体振动分析研究表明，影响筒体振动信号组成的是料球比、磨矿浓度及充填率等磨机负荷参数。采用目前实验数据换算得到的磨机负荷参数范围并不完全符合工业实际情况。在进行工业应用之前，还需要进行基于磨机负荷参数的实验设计，通过更为符合工业实际研磨工况的大量数据对软测量模型进行充分验证。磨机是旋转不间断运行的，在实际工业生产中是难以获得磨机内部的精确磨机负荷真值的。因此，磨机负荷软测量模型通常需要在实验球磨机进行充分实验验证后再进行工业应用研究。

本书所开展的研究工作，对加速磨矿过程磨机负荷软测量产品的开发，提高磨矿过程的运行优化水平，促进我国选矿行业提高产品质量、降低成本和减少资源消耗有重要的实际应用价值。本书所描述的特征提取和选择方法可以在应用振动、振声信号进行关键工业参数监视和测量的冶金、建材、造纸等领域推广应用。本书所提出的基于选择性集成建模及在线集成建模的软测量方法可以在频谱、光谱等高维数据的建模中进行推广应用。

1.2 软测量技术的研究现状

1.2.1 软测量技术简介

传统的测量技术通常是建立在传感器等硬件基础上的。软测量是把自动控制理论与生产过程知识有机地结合起来，通过状态估计方法对难以在线测量的参数进行在线估计，以软件来替代硬件的功能[18]。这些状态估计通常都是建立在以可测变量为输入、被估计变量为输出的模型上。它是对传统测量手段的补充，可以解决有关产品质量、生产效益等关键性生产参数难以直接测量的问题，为提高生产效益、保证产品质量提供手段。相对于硬件检测设备，软测量具有开发成本低、配置较灵活、维护相对容易、各种变量检测可以集中于一台工业控制计算机上并且无需为每个待测变量配置新硬件等特点[19，20]。

软测量技术已成为过程控制和过程检测领域的一大研究热点和主要发展趋势之一[21，22]。文献[22]将软测量的实现方法归结为如下几个步骤，如图 1.1 所示：

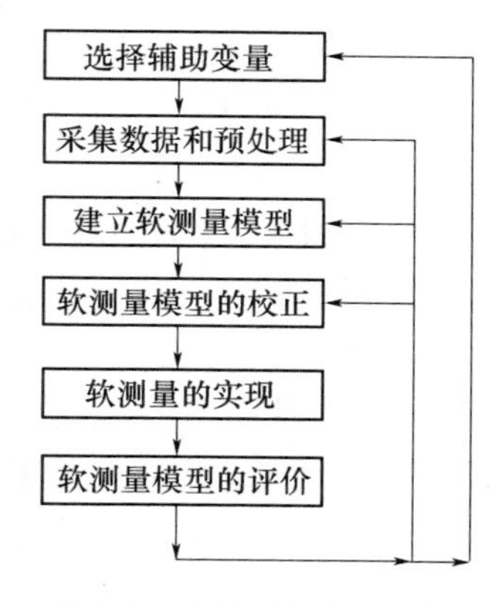

图 1.1 软测量的实现方法

1) 选择辅助变量

通过熟悉工业流程和软测量对象，明确软测量任务，进而根据工艺机理分析(如物料、能量平衡关系)在可测变量集中确定最终的辅助变量。

2) 采集数据和预处理

建立软测量模型需要采集与软测量对象实测值相对应的过程数据。这些数据一般都不可避免地带有误差，其可靠性直接影响软测量模型的建立。因此，需要对原始数据进行预处理。常用方法是采用统计假设检验剔除含有显著误差的数据后，再采用平均滤波方法去除随机误差。

对于高维辅助变量，通过维数约简可以降低测量噪声的干扰以及模型的复杂度。研究表明，特征维数同时会影响软测量模型的泛化性能[23]。采用高维数据建立软测量模型存在着“Hughes”现象和“维数灾”问题，解决该问题的方法之一是特征提取和特征选择技术[24,25]。常用的特征提取技术包括基于主元分析(Pricipal component analysis，PCA)[26]和偏最小二乘 (Partial least squares，PLS)[27]的方法。特征选择技术包括各种选择输入变量子集的方法[28]。

3) 建立软测量模型

将预处理后的数据分为建模数据和校验数据，结合对过程机理的分析确定模型结构和参数，开发适用的模型。软测量建模方法是软测量技术研究的核心问题，建立方法和过程随生产过程机理的不同而各有差异。文献[29]将软测量建模方法主要分为机理建模[19, 30-34]、回归分析[19-33]、状态估计[35, 36]、模式识别[19,37]、人工神经网络(Artificial neural network，ANN)[38-41]、模糊数学[42-44]、基于支持向量机(Support vector machines，SVM)和核函数[45-48]、过程层析成像[49, 50]、相关分析[28, 33]和现代非线性系统信息处理技术[51-54]等方法或者以上几种方法的混合[55-57]等。进一步归纳，可分为三大类[58, 59]：

(1) 机理建模方法，即根据工业过程的化学反应动力学、物料平衡、能量平衡等原理来表述过程的内部规律，建立基于工艺机理分析的过程模型，或是基于状态估计、参数估计、系统辨识等理论的对象数学模型，包括基于状态空间的模型和基于过程的输入输出模型。

(2) 基于数据驱动的建模方法，不需要研究对象内部规律，通过输入输出数据建立与过程特性等价的模型。这也是本书主要关注的内容。统计推理和机器学习技术广泛应用于数据驱动建模，常用的基于机器学习方法是 ANN 和 SVM[60]。

(3) 混合建模方法，使用机理建模方法和数据建模方法相结合建立软测量模型。

基于小样本高维数据进行建模，常用方法有主元分析(PCA)/核 PCA (Kernel PCA，KPCA)、偏最小二乘(PLS) /核 PLS (Kernel PLS，KPLS)及 SVM 等[58]。

研究表明，集成多个子模型的方法可提高模型的泛化性、有效性及可信度[61-63]。基于人工神经网络的选择性集成建模方法表明，集成部分子模型可获得比集成全部子模型更好的性能[64, 65]。选择性集成建模方法已成为一个重要研究方向。

4) 软测量模型的校正

工业实际装置运行过程中，由于原料属性、产品质量和产量及环境气候等因素的影响，其过程对象特性和工作点不可避免地偏离建立软测量模型时的工作点。这些动态变化通常包括传感器漂移和过程漂移，在机器学习领域将其统称为概念漂移[66]。为跟踪工业过程的动态变化，软测量模型需要关注邻近过程数据的变化。对离线建立的软测量模型进行在线校正适应新工况是非常必要的[67]。

软测量模型的在线校正分为短期校正和长期校正，以适用不同需求。短期校正以某时刻软测量对象的真实值与模型的测量值之差为动力，及时修正模型参数，如根据误差、累计误差和误差的增量对基于回归的软测量模型的常数项进行校正的方法[22]。长期校正是在模型运行一段时间并积累了足够多的新样本数据后进行软测量模型系数的重新计算，可以离线进行，也可以在线进行。离线校正的实质就是重新建立软测量模型，需要人工干预；在线校正常采用递推算法。在实际使用中，还需要对模型结构进行修正等，但往往需要大量的样本和耗费较长的时间，在实时性上有一定的困难[68]。

文献[69]将在线处理概念漂移的自适应机理分为：样本选择(如滑动窗口)、样本加权(如递推更新)和集成学习(策略包括子模型权重自适应、子模型参数自适应、子模型增加或删减)。目前，工业过程中常用软测量模型的在线更新方法是滑动窗口和递推技术，如指数加权移动平均(Exponentially weighted moving average，EWMA)PCA/PLS[70]、递推 PCA/PLS(Recursive PCA/ PLS)[71-73]和滑动窗口 PCA/PLS (Move window PCA/PLS) [74, 75]。这些自适应的 PCA/PLS 建模方法在复杂工业过程的监视中得到了广泛应用[76-79]。

如何改进这些在线建模方法以及如何实现集成模型的在线更新是目前研究中需要解决的问题之一。

5) 软测量的实现

将离线得到的数据采集及预处理模块、软测量模型及软测量模型的校正模块以软件的形式嵌入到工业过程的控制系统上，并设计相应的人机接口以方便进行模型参数修改、化验值输入及模型在线校正。

6) 软测量模型的评价

采集软测量对象的实际值和模型的估计值进行比较，评价该软测量模型是否满足工艺要求。如果不满足要求，查找原因并进行模型的重新设计。

本书面对的是处于实验研究阶段的实验球磨机。因此，书中仅对软测量技术中的特征提取与特征选择方法、选择性集成建模方法及在线建模方法进行综述，其它软测量相关内容在后续工作中逐渐展开。

1.2.2 特征提取与特征选择

软测量模型的性能主要取决于建模样本数量、特征个数及软测量模型复杂度间的相互关系[23]。进行特征(维数)约简可以降低测量成本并提高建模精度，但不适当的维数约减也会降低模型的建模精度[80]。特征提取和特征选择技术是两种常用的维数约简方法，两者各有特点。

特征提取是将原始的高维特征空间采用线性或非线性的方法变换为近似的低维子空间表示[23]。在模式识别中，常用的线性变换方法如 PCA、因子分析、线性判别分析(Linear discriminant analysis，LDA)、投影寻踪(Projection pursuit，PP)[81]等被广泛用于特征提取。PCA 采用协方差矩阵的最大特征值对应的特征向量进行特征提取，从而在线性子空间内近似原始数据。投影寻踪和独立主元分析(Independent component analysis，ICA)[82，83]方法不依赖于原始数据的二阶矩，更适合于非高斯分布的数据，后者已被广泛用于盲源分离[84]。常用的非线性特征提取技术有 KPCA[85]和多维尺度(Multidimensional scaling，MDS)[86]方法。KPCA 采用核技巧将原始数据映射到高维特征空间，在高维特征空间中采用线性 PCA 算法提取原始数据的非线性特征，但如何选择合适的核函数及核参数需要结合具体的问题确定。MDS 采用两维或三维数据表示原始的多维数据，将原始空间的距离矩阵尽可能保留在映射空间中，但 MDS 没有给出一个显式的映射函数。前馈神经网络和自组织映射(Self-organizing map，SOM)均可用于非线性特征提取[87，88]。针对 PCA 算法提取的特征只与输入数据相关，而与输出数据无关的缺点，基于 PLS 的特征提取方法得到了关注[89，90]。

特征选择是指从原始的高维特征集合中选择一部分特征子集建立软测量模型。通常，在如下情况中会有大量的特征需要进行特征选择：①多传感器融合，数据来源于不同的传感器从而组成了高维特征向量；②集成多个数据模型，采用不同的方法建模，将模型的参数作为特征，这些不同模型的参数组成了一个高维特征向量[23]。特征选择最直接的方法是在所有原始特征的可能组合得到的特征子集中选择模型性能最优的特征子集。虽然穷举方法可以得到最优特征子集，但计算消耗大；另外一种可以得到最优特征子集的方法是分支定界(Branch and band，BB)算法[91]。针对枚举算法计算效率低的缺点，基于 BB 算法的特征选择算法提高了搜索效率。BB 算法的基本思想是先用搜索树将问题的解空间按照一定的规则分割成若干个子空间(分支过程)，再用定界方法排除那些不包含最优解的子空间(定界过程)。由于特征选择多是离线进行的，特征选择耗时的问题显得不是很重要。在数据挖掘和文本分类等应用中，常包括上千个特征，此时，特征选择算法的计算效率显得尤为重要。为了在优化特征子集和提高计算效率间进行均衡，出现了序列前向浮动搜素(Sequential forward floating search，SFFS)、序列后向浮动搜素(Sequential backward floating search，SBFS)[92]及模拟退火法、Tabu 搜索法、遗传算法(Genetic algorithm，GA)等基于智能优化方法的特征选择方法[93, 94]，但这些方法选择的特征均为次优解。从另外一个视角，特征选择方法按照分类器或回归器是否直接参与选择特征可以分为两种：参与的“wrapper”方法和不参与的“filter”方法[23]，前者计算效率低、精度高；后者计算效率高、精度低。

光谱、近红外谱、图像识别、文本分类、可视化感知等领域出现的大量高维、超高维小样本数据对特征选择问题提出了严峻挑战。冗余特征和特征间共线性导致学习器泛化能力下降。文献[95]针对分类问题，描述了高维小样本数据的特征选择策略和评估准则，提出了基于 PLS 的高维小样本数据递推特征约简方法，采用不同研究领域的高维数据集进行了方法验证。文献[96]提出了基于 Monte Carlo 采样和 PLS 的近红外谱变量选择策略。常用的基于 GA-PLS 的谱数据特征选择算法具有运行效率低，未考虑谱数据特有的谱变量量纲一致、值为正等特点。考虑谱数据这些特点，文献[97]提出了基于 PCA 和球域准则选择高维光谱特征的选择方法；文献[98]提出了基于 PLS 和球域准则(Sphere criterion，SC)选择频谱特征的方法，但上述方法中与球域准则相关的参数均采用经验法确定，未能有效结合模型性能实现全局最优特征选择。

大量研究表明，特征的选择和提取与具体问题有很大关系，目前没有理论能给出对任何问题都有效的特征选择与提取方法。如何针对特定问题提出新的组合方法是目前特征提取与选择方法研究的发展方向之一[99]。

1.2.3 选择性集成建模

研究表明，集成多个子模型(基模型)的集成建模方法，可以提高模型的泛化性、有效性及可信度[62, 63]。最初的集成建模方法源于 1990 年由 Hansen 和 Salamon 提出的神经网络集成[61]。神经网络集成的定义由 Sollich 和 Krogh 给出，即：用有限个神经网络对同一个问题进行学习，在某输入示例下的输出由构成集成的各神经网络在该示例下的输出共同决定[100]。在均方误差(Mean square error，MSE)意义下建立混合神经网络集成模型中，基于子模型加权平均的广义集成方法(Generalized ensemble method，GEM)具有不差于基于子模型简单平均的基本集成方法(Basic ensemble method，BEM)和最佳子模型的建模性能，定义了相关系数矩阵和最优权重计算方法[101]。

集成建模构建可以分为子模型的构建和子模型的合并两步。Krogh 和 Vedelsby 指出，神经网络集成模型的泛化误差可以表示为子模型的平均泛化误差和子模型的平均 Ambiguilty(在一定程度上可以理解为个体学习器之间的差异度)的差值[102]，并指出子模型的 Ambiguilty 可以通过采用不同的拓扑结构和不同训练数据集的方式给出。通常采用的获取不同训练集的方法有[103]：训练样本重新采样(Subsampling the training examples，即训练样本分为不同的子集)、操纵输入特征(Manipulating the input features，即将输入特征分为不同的子集)、操纵输出目标(Manipulating the output targets，只是适用于很多类的情况)、注入随机性(Injecting randomness，即在学习算法中注入随机性，如相同训练集的学习算法采用不同的初始权重)，但该文主要是针对分类器的集成进行描述。文献[104]评估了集成算法，并研究了如何通过选择子模型的数量在子模型的建模精度和多样性间取得均衡的问题，给出了 SECA(Stepwise ensemble construction algorithm)集成建模方法；该文同时指出子模型的多样性可以通过三种不同的方法获得：子模型参数的变化(如神经网络模型的初始参数[105])、子模型训练数据集的变化(如采用 Bagging 和 Boosting 算法产生训练数据集[106])和子模型类型的变化(如子模型采用神经网络、决策树等不同的建模方法[107])。

通过操纵输入特征增加子模型多样性的研究较多，如文献[108]提出了采用随机子空间构造基于决策树的集成分类器，文献[109]提出了集中基于特征提取的集成分类器设计方法(旋转森林，Rotation forest)，文献[110]则采用 GA 选择特征子集获得子模型的多样性。如何针对特定问题提出新的特征子集选择方法是基于小样本高维数据的集成建模需要解决的问题之一。

集成建模方法用于函数估计时，常用的子模型集成方法有简单平均集成、多元线性回归集成及加权或非加权的集成等方法[111]。针对多变量统计建模方法，集成 PLS (Ensemble partial least squares，EPLS)方法在高维近红外复杂谱数据建模中成功应用[112]；基于移除非确定性变量的 EPLS 方法进一步提高了模型的稳定性和建模精度[113]。针对子模型集成方法，基于信息熵[114]的概念采用建模误差的熵值确定子模型加权系数的方法在铅锌烧结配料过程的集成建模中成功应用[115]；广泛用于多传感器信息融合的基于最小均方差的自适应加权融合(Adaptive weighting fusion，AWF)算法[116]在磨机负荷参数集成建模中得到应用[117]。通常认为，采用加权平均可以得到比简单平均更好的泛化能力[118]，但也有研究认为加权平均降低集成模型的泛化能力，简单平均效果更佳[119]。

集成建模的预测速度随着子模型的增加而下降，并且对存储空间的要求也迅速增加，而且集成全部子模型的集成模型的复杂度高，却不一定具有最佳建模精度。因此，出现了从全部集成子模型中选择部分子模型参与集成的选择性集成建模方法。基于集成模型评估方法，文献[64]采用基于子模型估计值的相关系数矩阵，提出了基于 GA 的选择性集成建模(GA based selective ensemble，基于 GA 的选择性集成，GASEN)方法，认为选择集成系统中的部分个体参与集成，可以得到比全部个体都参与集成更好的精度，并将该方法成功应用于人脸识别。

集成模型的偏置可以度量学习算法平均估计结果与目标的接近程度，方差可以度量学习算法估计结果在同样规模不同训练集上的扰动程度，建模通常需要在两者之间进行均衡。文献[120]对集成建模中的偏置—方差困境进行了分析，将集成误差分解为偏置—方差—协方差三项，并结合 Ambiguilty 分解指出子模型间的协方差代表了子模型间的多样性；同时分析了负相关学习(Negative correlation learning，NCL)[121]与多样性—建模精度间均衡的关系，进行基于多目标优化进化算法的选择性集成建模方法的研究。

结合泛化性较强的 SVM 建模方法，文献[122]提出了基于人工鱼群优化算法的选择性集成 SVM 模型。

针对如何选择适合的集成子模型数量的问题，基于表征子模型估计值之间距离的集成多样性，文献[123]提出了一种基于进化算法的子模型数量可控的选择性集成建模方法，采用大量实验表明最佳集成子模型的数量为 3～8 个。

文献[124]对选择性集成建模方法进行了综述，指出现有选择性集成学习算法可以大致分为聚类、排序、选择、优化和其它方法，并给出了未来研究中需要解决的问题：如何结合具体问题自适应地选择子模型数量、如何选择合适的准则进行选择性集成算法的设计以及如何在具体问题中进行实际应用。该文同时指出目前的选择性集成研究多基于分类问题，面对回归问题的选择性集成相对较少。

文献[125]提出基于误差向量的选择性集成神经网络模型用于回归建模问题，给出基于误差向量的子模型多样性定义并分析了集成模型尺寸问题。文献[126]提出基于模型基元的智能集成模型六元素描述方法，认为智能集成模型由{O，G，V，S，P，W}六元素决定，这些元素代表建模对象(Object)、建模目标 (Goal)、模型变量集(Variable set)、模型结构形式(Structure)、模型参数集(Parameter set)、建模方法集(Way set)，相应的模型基元集成方式分为并联补集成、加权并集成、串联集成、模型嵌套集成、结构网络化集成、部分方法替代集成共六种集成方式。文献[127]提出基于 GA 和模拟退火算法，综合考虑集成模型多样性、集成子模型及子模型合并策略等因素的选择性集成神经网络。文献[128]提出建立基于双 Stack PLS 的选择性集成模型并用于分析高维近红外谱数据。

文献[129]指出集成建模的三个基本步骤就是集成模型结构的选择(Choice of organisation of the ensemble members)、集成子模型的选择(Choice of ensemble members)和子模型合并方法的选择(Choice of combination methods)，其中集成模型结构可以分为子模型的串联和并联两种方式，采用哪种结构需要依据具体问题而定；集成子模型是保证集成模型具有较好的泛化能力和建模精度的基础，如何选择最佳的子模型是选择性集成建模中的难点；子模型合并方法的选择是在确定了集成模型结构和集成子模型后，采用有效的方法将子模型的输出进行合并。因此，从另外一个视角考虑，在集成模型结构和子模型的合并方法首先确定的情况下，选择性集成建模的实质就是优选集成子模型的过程。

国际上很多研究者都投入到集成建模的研究中，如何有效地进行选择性集成建模并将其应用到具体的实际问题中，也是目前研究需要关注的方向之一。

1.2.4 在线集成建模

为了保证离线建立的软测量模型的性能，需要建模数据能够覆盖工业过程中可能发生的状态和工况变化，并且模型参数能够适应这些情况。工业对象受原料属性、产品质量和产量及环境气候等因素的影响，其特性和工作点不可避免地会漂移出建立离线软测量模型时的工作点[130]。为了跟踪工业过程的时变特性，软测量模型需要关注邻近过程数据的变化，进行软测量模型的更新非常必要[67]。

针对多变量统计建模，常用的自适应更新方法包括 EWMA PCA/PLS[70]、RPCA[71，72]、MWPCA[72]、RPLS[73]和 MWPLS[75]。针对 RPCA 求解相关系数阵或是协方差阵的特征值分解(Eigenvalue decomposition，EVD)或奇异值分解(Singular value decomposition，SVD)[131]带来的计算消耗问题，文献[72]提出了不需要更新计算协方差矩阵，基于一阶摄动分析(First-order perturbation analysis，FOP)[132，133]和数据投影方法(Data projection method，DPM)[134]的递推计算方法。

针对泛化性强的SVM建模方法，文献[135，136]提出了每次只增加或减少一个样本进行模型在线更新的一步增/减式在线SVM建模方法。针对一步式在线SVM的缺点，文献[137]提出了基于多步增/减式的SVM学习方法。

为保证在线学习算法建模误差的稳定性，Yu 等人提出了基于稳定学习的神经网络在线学习方法[138]，并成功应用于活性污泥污水处理过程水质软测量和铝酸钠溶液组分浓度软测量[55-57]，但该方法中每个新样本均参与软测量模型的更新。

对软测量模型进行在线更新时，采用每个新样本进行模型更新显然是不合适的。因此，需要采用一种决策算法判断当新样本出现时，是否进行模型更新，从而减少模型的更新次数和提高模型预测精度。为了选择能够代表过程对象概念漂移的新样本进行模型更新，文献[139]提出了采用平方预测误差(Squared prediction error，SPE)和 Hotelling's T^2[140]监视工业过程数据的变化，并根据数据的变化是否超越给定的限定值，进行子模型更新的在线多模型建模方法。文献[141，142]提出在核特征空间中采用近似线性依靠(Approximate linear dependenc，ALD)条件检查新样本与旧建模样本间的线性独立关系，从而进行递推最小二乘(Recursive least squares，RLS)和 SVM 模型更新的在线建模方法。文献[143]基于 ALD 的思想，提出了在线独立 SVM(OISVM，Online independent support vector machines)建模方法。基于类似的思想，文献[144]提出了最小二乘支持向量机 (Least square-SVM，LS-SVM)模型的在线更新方法，并应用于化工过程关键指标的软测量。文献[145]提出了基于核特征空间 ALD 条件的 KPLS 在线更新方法。文献[146]提出了基于核特征空间 ALD 条件的稀疏 KPLS 算法，用仿真数据进行了算法验证。文献[147]提出基于预测误差界(Prediction error band，PEB)选择更新样本的两阶段选择性核递推学习在线识别框架。文献[148]提出基于样本相似性选择更新样本和即时学习(Just-in-time)的核学习建模算法。文献[149]提出综合考虑输入输出样本相似性选择更新样本和自适应加权 LS-SVM 的自适应局部核学习策略。

研究表明，集成学习算法具有较好的概念漂移处理能力。通常在线集成模型更新包括基于样本和基于批两种方式，其中基于批的在线集成需要一定的时间周期获得批样本，更新后可能导致新模型难以反映当前状态；基于样本的在线集成可以快速适应过程变化。文献[150]给出了基于加权集成的集成模型自适应系统的结构，并指出该集成自适应系统在处理工业过程特性漂移中可以灵活采用更新子模型和更新子模型加权系数两种方式。文献[117]采用筒体振动频谱的不同分频段建立基于 EPLS 的磨机负荷参数集成模型，并采用在线 AWF 算法更新各个子模型的加权系数。文献[151]提出应用于分类问题的选择性负相关学习算法，基于 GA 实现优化集成预设定规模的集成模型，该方法的主要缺点是计算消耗大。文献[152]给出预设定集成尺寸和权重更新速率的自适应集成模型。文献[153]提出基于改进 Adaboost.RT 算法的集成模型。文献[154]提出分类器动态选择与循环集成方法，利用分类器间的互补性使参与集成的子模型数量能够随识别目标复杂程度自适应变化，并可调整模型参数实现集成模型精度和效率的均衡。文献[155]提出基于欧式距离动态选择交叉验证集的竞争选择性集成算法用于分类器在线集成。文献[156]指出研究分类识别问题的在线集成算法较多[157-160]，面向回归预测问题的在线集成算法较少；并提出了基于样本更新的动态在线集成回归算法，其特点包括：在线增加和移除子模型，仅保留对当前状态预测精度最高的模型；基于对最近样本的预测精度动态自适应更新子模型权重；在线自适应更新子模型参数。

综上，在线建模方法已经成为目前研究热点。针对目前流行的集成建模方法，结合具体问题研究如何同时更新子模型和其加权系数的在线集成建模方法是目前的研究方向之一。

1.3 旋转机械设备负荷检测方法的研究现状

磨矿过程自身的综合复杂动态特性、外界干扰因素的不确定性动态变化等原因导致难以依据磨矿过程物料平衡、金属平衡建立机理模型测量磨机负荷。球磨机旋转、连续运行的工作特点使得在球磨机内部安装电极测量矿浆液面高度、安装嵌入数字脉冲传感器的耐磨聚亚安酯标准横梁测量矿浆位置[161]等直接检测方法因维护困难、成本高等原因难以实施。工业实践中通常采用基于磨机振动、振声、电流等信号的间接测量方法，这也是本书的关注点。此处首先综述旋转机械设备(球磨机)研磨机理数值仿真和筒体振动分析方面的现状，然后综述干式及湿式两类球磨机负荷检测方面的进展，并阐明两者在研磨原理、信号输入等方面的差异，最后给出目前研究存在的问题。

将基于磨机振动、振声等外部信号和过程数据的磨机负荷间接检测方法按检测方式分为仪表检测法(已经采用仪表实现)和软测量方法(借助多源信息，未采用独立仪表实现)。按检测原理将基本具备现场应用条件但功能有限的仪表检测法又分为压差法、振声法、振动法、功率法、超声法等方法。将处于实验室实验、离线研究阶段及借助工业计算机在现场应用的数据驱动软测量方法又分为基于磨机外部响应信号的软测量方法，以及融合磨机外部响应信号和过程变量的软测量方法。

1.3.1 研磨机理数值仿真与筒体振动分析

近年来，国内外基于计算流体力学(Computational fluid dynamics，CFD)、光滑粒子流体动力学(Smoothed particle hydrodynamics，SPH)和离散元方法(Discrete element method，DEM)软件对湿式球磨机研磨过程进行数值仿真，并结合有限元方法(Finite element method，FEM)研究磨机筒体应力变化的研究已有文献报道；适用于具有非线性、非平稳和多尺度等特性的机械振动信号自适应分解的经验模态分解(Empirical mode decomposition，EMD)及其多种类型改进算法得到了广泛应用。这些为磨机研磨过程的机理分析、筒体振动和振声信号的多尺度自适应分解提供了良好的基础。矿山机械设备研究院和相关专业科研院所进行球磨机研磨介质运动状态数值模拟的目的是确定球磨机的适宜工作转速和充填率，以使研磨介质具有更大动能，提高磨矿效率；对球磨机筒体应力场及位移变化进行有限元建模的目的是为球磨机优化设计与生产维护提供理论依据，探寻磨机筒体裂纹发展的机理因素，为采取预防措施提供理论依据，指导现场生产。

DEM 是用作粒子流动分析的常用仿真工具。该方法用于粉磨过程仿真使得我们可以从更多视角详细理解磨机研磨过程，如矿浆黏度、球负荷粒度分布、球负荷间冲击力、能量损失谱、功率消耗等。文献[162]从理论和实验两个角度对球磨机研磨介质泻落和抛落的混合运动状态进行分析，表明可根据介质运动形态的分析结果选取适当的磨机转速率和介质充填率以满足不同磨矿需求。文献[163]基于实验研究和 DEM 进行磨机衬板寿命周期和磨损性能优化，指出作为磨机衬板形状函数的磨机负荷位置和磨机功率可通过数值仿真方法进行预测。文献[164]提出基于 DEM 和多变量方法建立研磨介质间冲击强度的软测量模型，并指出通过进一步完善，该模型可用于在线预测磨机内部状态。文献[165]基于 DEM 分析了球磨机内物料破碎机理和能量分布，结果表明冲击能量可以用于预测产品粒度，图 1.2 给出了不同磨机转速下的磨机负荷运动模式。

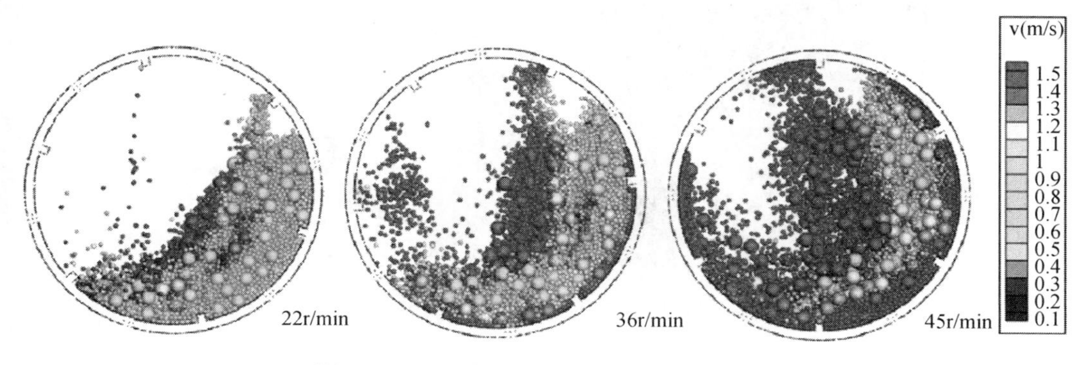

图 1.2　不同磨机转速下的磨机负荷运动模式

上述文献的 DEM 仿真均面向干式球磨机。

文献[166]指出湿式球磨机内的矿浆难以采用 DEM 描述是当前湿式球磨机数值仿真远落后于干式球磨机的主要原因，该文进行了基于 DEM 的湿式球磨机研磨过程模拟。文献[167]采用 DEM 预测自磨机(AG)和半自磨机(SAG)内破碎率和矿石粒度变化及形状分布。文献[168]指出目前针对干式球磨机进行的大量数值分析模型不适用于湿式球磨机；为优化湿式球磨机操作和加强磨机磁力衬板设计，该文建立了考虑矿浆浮力作用的研磨介质冲击位置和速度模型并用于预测磨机衬板性能，仿真中考虑的因素包括磨矿浓度、矿浆黏度、矿浆位置和矿浆运动等。

文献[169]较早尝试采用 DEM 描述钢球与磨机衬板间的交互作用。CFD 是以流体为研究对象的数值模拟技术。基于 CFD-DEM 的研磨介质运动仿真包括研磨介质与矿浆、研磨介质与筒体内壁、研磨介质之间的交互作用。针对模拟交互作用带来的高计算消耗问题，文献[170]提出可变最大允许时间步长的快速 CFD-DEM 仿真方法。磨机筒体通常采用 FEM 建模。文献[171]提出组合 DEM-FEM 对研磨介质与磨机筒体间的交互作用建模，为优化磨机筒体材料选择提供了有效手段。

SPH 方法将连续流体用相互作用的质点组来描述，通过求解动力学方程获得系统力学行为，适合于求解高速碰撞等动态变形问题。文献[172]提出采用 SPH 建模研磨介质，并结合 FEM 进行筒体分析，研究表明基于该方法可详细地分析磨机筒体结构响应和其对介质运动的影响，辅助优选筒体结构材料和研究介质工作机理，但实际上很难将整个研磨过程用单一模型进行描述；针对此问题，文献[173]提出基于 SPH-DEM-FEM 的研磨介质与矿浆浓度、研磨介质与磨机筒体间交互作用建模，并用于分析矿浆流动和压力。文献[174]采用数值仿真与小型批次球磨机实验对比的方式进行仿真结果验证(图 1.3)，认为缩小数值模型与现实湿式磨矿间的距离在目前阶段仍然还是一个严峻挑战；该研究组指出可靠的磨机数值仿真模型不但有利于设计规划新磨矿回路、缩短产品研发周期和理解磨机研磨复杂机理，还具有辅助设计者或操作者降低磨矿能耗和提高磨矿生产效率的潜力。

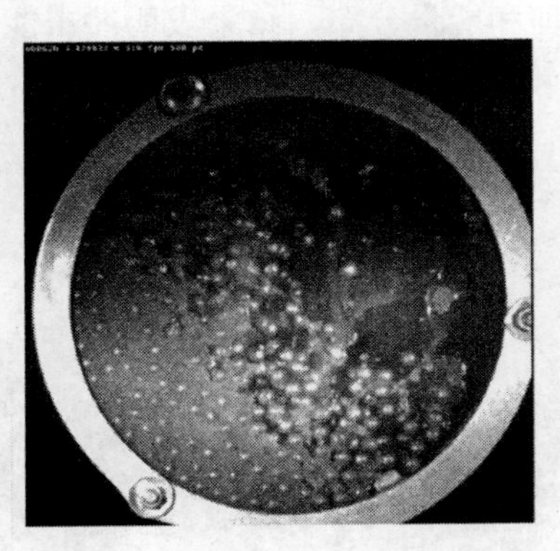
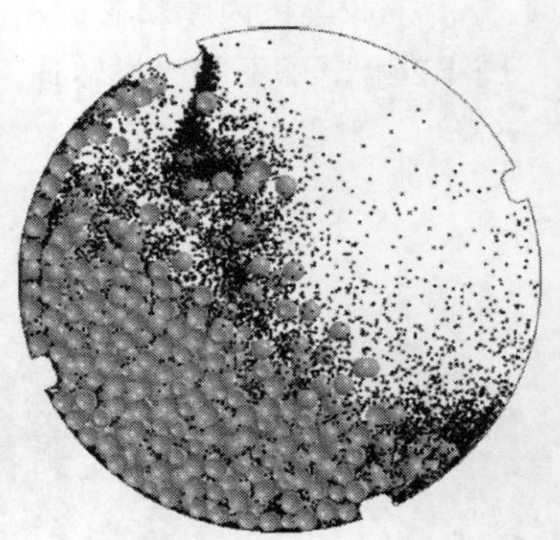

图 1.3　基于小型实验球磨机的高速摄影与数值仿真结果对比

国内相关院所在结合磨机数值仿真、筒体振动分析和磨机负荷检测方面也进行了大量研究。文献[175]分析球磨机筒体的振动特性，并基于 FEM 对磨机筒体进行了应力和模态分析。文献[176]基于 DEM 技术，研究了钢球磨煤机内各层钢球运动位置与速度的变化规律，并基于钢球冲击模型和理想化钢球分层模型确定磨机筒体振动信号采样参数和选择能够表征磨机料位的振动特征频段。文献[177]建立钢球冲击筒体的振动理论模型，建立了磨机筒体不同振型的加速度和冲击频谱模型，表明筒体振动信号的多尺度特性；采用干式球磨机振动信号频谱分布验证了理论模型，提出采用振动频段振动量表征磨机负荷状态。文献[178]详细分析磨机内单个钢球运动规律，表明球磨机转速及钢球与筒壁的接触摩擦系数和钢球上升高度密切相关。文献[179]采用 FEM 和声学仿真软件对磨机筒体应力和筒体声辐射模态进行模拟，确定干式球磨机振声的主要特征频段，并依据分析结果进行噪声治理。文献[180]利用物理学声音生成理论，建立球磨机负荷振声模型，描述球磨机负荷、振声强度和振声频谱三者之间的映射关系。文献[181]结合磨机衬板模拟专业软件与 DEM 对 SAG 磨机衬板进行优化设计。借鉴已有研磨介质运动方程，本书作者分析了湿式球磨机最外层钢球运动方程，定性给出了考虑磨机负荷参数影响的磨机筒体振动模型[182]，基于实验球磨机分析了不同研磨条件的单尺度和多尺度频谱[183，184]，定性分析了筒体振动和振声信号的多尺度特性[185]。

1.3.2　仪表检测方法

本节介绍的仪表检测方法指已经采用仪表方式实现，并且初步具备工业现场应用条件的方法。多数仪表检测方法的原理在文献[186]中已有综述，本书重点对该文中未涉及的方法和近几年的改进方法进行介绍。

将磨机负荷仪表检测方法分别按测量原理、适用范围及信号的测量位置进行分类，如图 1.4 所示。

按测量原理分类，分别介绍各种检测方法。

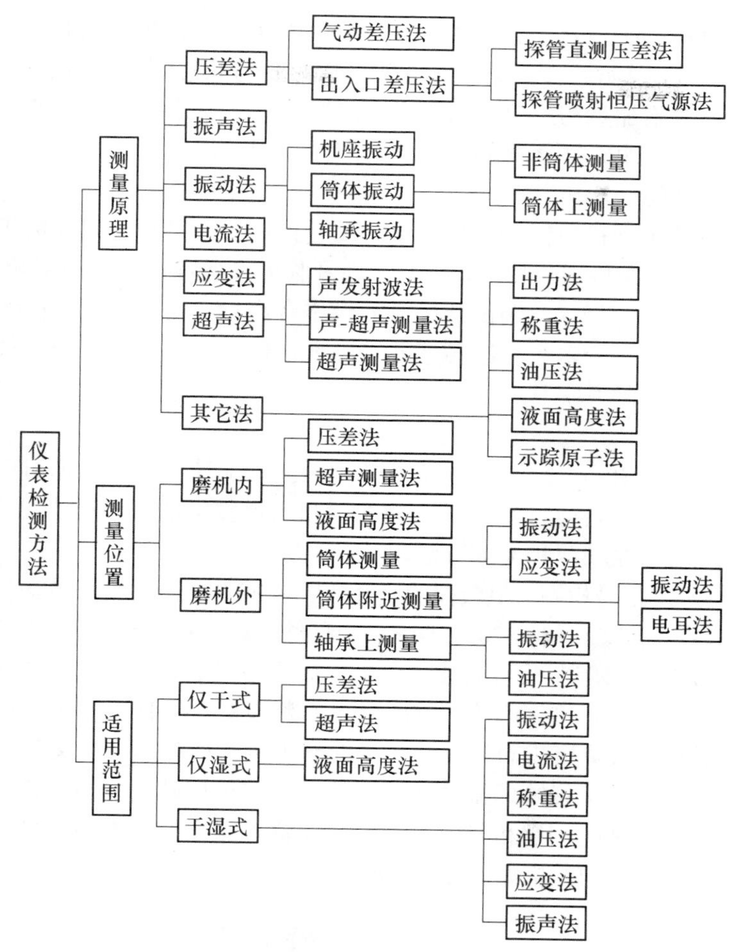

图 1.4　磨机负荷的仪表检测方法

1．压差法

压差法是干式球磨机的常用方法，分为出入口压差法和气动压差法。

出入口压差法是根据磨机出入口压差与负荷的曲线关系，用经验公式表征磨机负荷[187，188]，优点是应用范围广和操作人员现场经验丰富，可结合磨机出口温度、排粉机入口负压和出口风压等参数综合判断磨机负荷；缺点是测量精度低和现场应用中对给料的调节频繁，影响磨机运行稳定性。该方法常被用于衡量新方法的准确性。

气动压差法可以分为探管直接测取两测点的压差法[189]和探管喷射恒压气源的压差法[190]，后者又称为料层背压—差压测量法[191]。气动压差法原理是在磨机耳轴伸入探管直接探测料层压力，以差压变送器信号表征磨机负荷，优点是准确率高，可达到 95%；缺点是低料位时存在测量死区，而且取压管直接与物料和钢球接触，存在传感器易磨损甚至砸坏、动静部分容易被物料卡死、埋入料层无法测量等问题。该方法在双进双出钢球磨煤机上应用广泛，但对于单进单出球磨机还存在着传压管探头防砸、气动差压计的安装位置难以确定等难题。

2．振声法

振声法又称为噪声法、电耳法、磨音法、音频法等。Arup Bhaumik 对实验室球磨机振声信号的研究表明，从振声频谱的差异可识别磨机负荷状态[192]。文献[193]指出了振声频谱的特征频段能量累加量与磨机负荷呈单调递减关系。基于振声信号的磨机负荷检测仪[194，195]在采用干式、湿式球磨机的工业现场广泛应用。但针对湿式球磨机，振声法仅能有效检测磨机内部的料球比[186]。

振声法的优点是运行费用低、结构简单、易于控制等，可对干式球磨机负荷进行全过程监测；缺点是易受磨机本身特性、物料特性及临近设备噪声信号的影响，通用性差，而且高负荷时测量灵敏度降低，调试结果只适合本台磨机一定时间范围内运行。针对以上缺点，近几年出现了融合多个音频传感器采集振声信号，利用盲源分离技术消除背景噪声干扰的磨机负荷检测方案[9]。

3．振动法

振动法指采集磨机机座、筒体、轴承等部位的振动加速度信号，通过时域和频域分析，确定磨机负荷与振动能量的关系[196]。测量磨机机座振动的方法已少见，此处主要介绍磨机筒体振动和轴承振动两种检测方法。

国外基于筒体振动信号检测磨机负荷的研究开展于 20 世纪 90 年代。文献[197]提出将差动电磁传感器安装在距离磨机筒体 70～80mm 处测量筒体振动，研究表明磨机共振频率与磨机内表面物料负荷质量、物料硬度、装球量、磨矿浓度和矿浆液面具有比例关系，优点是安装简便；缺点是背景干扰信号与有用信号的比率大，精度低，限制了其进一步应用。

近几年出现了直接采集磨机筒体振动信号的磨机负荷检测方法。文献[198]提出采用双阵列加速度振动传感器采集筒体振动加速度信号，在远程站变换为频谱后以射频方式传输至基站，以不同时刻的频谱和其他关键参数为输入建立神经网络模型，检测球磨机内料位的高低。测量系统的结构如图 1.5 所示。

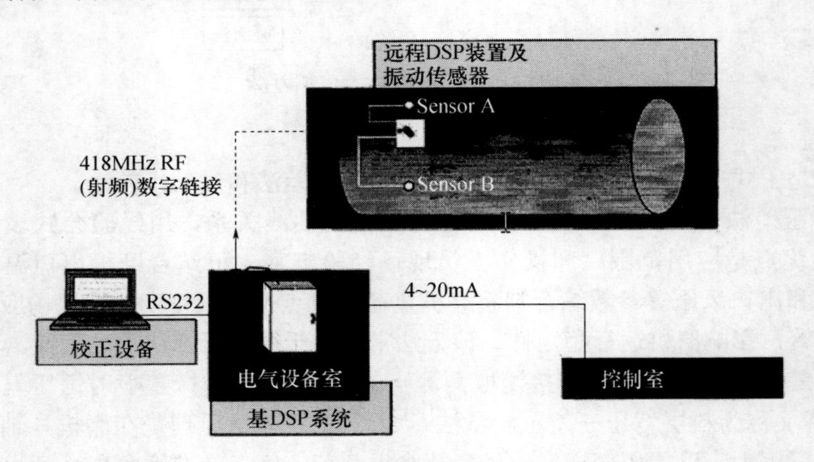

图 1.5　干式球磨机筒体振动测量系统

文献[198]的检测方法在水泥厂干式球磨机上的应用效果表明，其灵敏度为振声法的数倍，其优点是直接采集振源信号，灵敏度高、干扰小；缺点是受到供电、数据处理、通讯等条件的约束，装置安装需要特殊设计等困难。随着传感器技术、数据处理技术、无线通信技术等硬件设备性能的不断提升，上述缺点有望得到成功解决。文献[199]提出采用单振动传感器和角度传感器相结合确定振动信号采样范围的方案(图 1.6)。

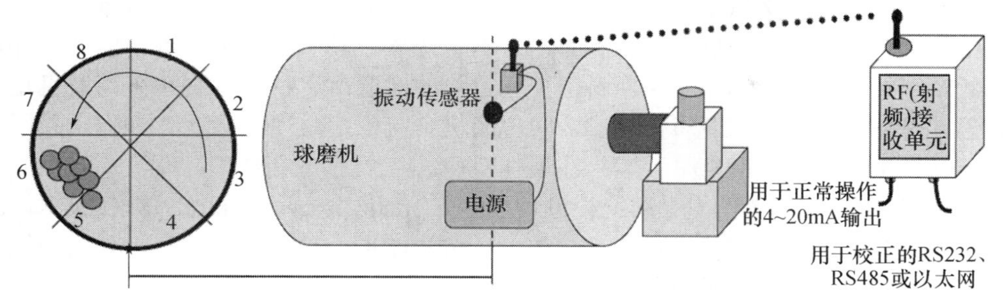

图 1.6 干式球磨机筒体振动测量系统

国内开发的基于振动信号的检测仪表以干式球磨机的轴承振动信号为主，主要采用相关分析、频谱分析方法[200]。面对工业现场的实际需要，已有基于轴承振动信号检测磨机负荷融合磨机功率、进出口差压、出口温度、磨机出力等信号进行磨机负荷模糊自寻优控制[201]，将基于轴承振动的磨机负荷单回路控制系统与差压补偿调节器相融合[202]，以及结合轴承振动和差压信号的磨机负荷控制[203]等应用研究。

以上研究表明，以干式球磨机为背景的磨机负荷检测方法的研究较多。轴承振动信号与筒体振动信号相比，振幅强度减弱，噪声降低，虽然无供电、通信约束及安装困难[199]，但灵敏度降低，另外一个缺点是无法区分是否有磨机机械故障信息。轴承振动法的优点是传感器密封好，可适应工业现场的恶劣工作环境；缺点是高负荷时灵敏度较低，易受电网频率波动、磨机转速波动、研磨介质损耗等干扰的影响，受磨机自身特性的影响，其通用性受到限制。开发以灵敏度高、抗干扰性强的球磨机筒体振动信号为主的检测仪表是当前的研究热点之一[230]。

目前，基于半自磨机(Semi-autogenous，SAG)筒体振动信号的研究表明，筒体振动能够反映磨机内部的 PD 和黏度[204]。基于此，澳大利亚 CSIRO 集团开发的在线筒体振动检测系统已经作为产品在工业界出售(图 1.7(a))，并采用层次分析、主元回归等方法对 PD 等负荷参数进行分析；北京矿冶研究总院与清华大学合作研发了筒壁振动检测系统[205, 206](图 1.7(b))，并在金矿磨矿生产实际中进行磨机负荷状态识别[207]。

(a) (b)

图 1.7 澳大利亚和国内科研院所独立开发的筒体振动检测系统

4．电流法

电流法又称功率法、有用功率法，与磨机负荷间的关系主要通过实验确定。

针对干式球磨机，文献[208]提出在磨机初始运行时，由给料量、循环料量、振声、功率等信号综合确定料位；磨机运行稳定时，料位主要以功率信号为主进行监视。针对功率降低时，难以根据检测信号判断料位变化趋势的问题，文献[209]提出采用磨机功率误差和误差变化率设计模糊逻辑控制器，实现磨机负荷稳定监视；文献[210]提出采用功率、噪声联合策略，监视磨机是否运行在最佳料位。

针对湿式球磨机，文献[11]采用统计过程控制(Statistic process control，SPC)技术对磨机电流进行统计分析，结合给矿量、磨矿浓度、分溢浓度的设定值调整量，采用领域专家知识基于规则推理监视磨机负荷状态。

电流法的优点是比较直观，受周围环境的影响小，检测结果比较准确。缺点是磨机功率主要受钢球负荷的影响，空载与满载时功率变化范围很小，且存在极大值；检测信号灵敏度低，且钢球损耗、物料自身特性等因素对磨机功率的影响非常显著。工业应用中，该方法多作为辅助手段，与其它磨机负荷检测方法或过程变量结合使用。

5．超声检测方法

超声检测方法主要是利用超声波在介质中的传播特性检测磨机负荷，目前研究均是基于干式球磨机，可细分为声发射波法、声—超声法和超声测量法。

(1) 声发射波法：物料在研磨过程中物理形状发生改变并释放能量，部分能量转化成瞬态变化的声发射波。采用声发射波传感器提取信号，通过测量物料表面变化确定负荷变化[211]。文献[212]采用模糊控制方法，对干式球磨机的磨机负荷进行了定量测试。这种方法的缺点是声发射波在恶劣条件下传播，不但会衰减而且信号会发生畸变。实际应用中要求传输距离较远，使该技术难以推广应用。

(2) 声—超声法：利用兰姆波在薄钢板上的传播特性，在磨机外部采用声—超声的方式进行料位测量[213]。根据接收信号的特征参数和波形可判断钢板上有无物料负载。该方法的优点是充分利用了声波在金属筒壁中传播时衰减很小的特点，是负荷检测方法的一个尝试；缺点是它要求料位以上的空间是干净的，但磨机滚筒内布满灰尘，对发射波严重干扰，其应用效果需要进一步验证。

(3) 超声测量法：根据超声波脉冲从发射到接收所用时间及声速，确定磨机料位。文献[214]提出将非接触式超声波探头安装在磨机筒体内非转动部件上，通过声发射卡和数据采集卡控制超声的发射和接收，实现料位检测。该方法的优点是实现了对磨机研磨状态的直接检测，缺点是物料和钢球对探头的破坏作用以及粉尘凝结在发射器的表面导致测量精度降低，目前均未有很好的解决方案。因此，该方法难以实际应用。

6．筒体振动—振声法

西安交通大学的司刚全等人申请的专利发明公开了一种新的球磨机负荷检测方法和装置[215]，采用声音和振动传感器组成分布式无线网络，由某段筒体的噪声量和振动量通过模糊推理获得该段的负荷量，由各段负荷进行加权平均得到总体负荷量。该方法的优点是直接测量筒体振源信号，抗干扰性强，灵敏度高；缺点是装置供电和安装困难，能否应用于工业现场待验证。

7．振动—振声—电流法

文献[216]针对湿式球磨机提出了以振声、电流、轴承振动三个外部响应信号为输入，

采用径向基函数 (Radious basic function，RBF)神经网络检测球磨机内部的介质充填率、MBVR 和 PD。该方法提取了振声和轴承振动信号的特征频段能量之和作为输入变量，在实验球磨机进行了实验研究，无进一步研究和工业应用的报道。文献[217]采用相同的设计方案，但无实验结果。

8．其它检测方法

(1) 称重法：国外采用的精确检测物料的方法，如在磨机轴承上安装测重装置(磨机轴颈加秤)、在原料斗和给料机间加装计量设备等[218]。但这类方法投资大，依据负荷的测量结果进行负荷控制的效果并不十分明显，而且磨机衬板磨损、矿石性质变化、钢球添加前后质量变化等都会对检测结果产生比较大的影响。

(2) 液面高度法：文献[219]提出测定磨机内矿浆的液面高度确定磨机负荷，该方法测量精度较高，但具有电极易损坏、安装及更换困难等缺点，未能推广应用。

(3) 油压法：油压指磨机轴颈和轴瓦间的油膜压力，其变化反映了负荷的总体变化趋势，包括利用低压润滑的油锲效应、用高压顶起油泵向轴瓦的油室送进液压介质、用专用油泵向单独的轴瓦油坑中送进液压介质三种检测手段。该方法需要辅助设备油泵和润滑油，增加了运行和维护费用，难以推广应用[220]。

以上方法中，压差法和超声法只适用于干式球磨机，液面高度法只适用于湿式球磨机，油压、称重、电流、振声、振动等方法适用于干式和湿式球磨机。

1.3.3 数据驱动软测量方法

根据建立软测量模型所用数据源不同，分为基于磨机外部响应信号(如振动、振声、轴承压力、磨机电流等)的软测量方法和融合磨机外部响应信号和过程变量(如工业现场 DCS 系统采集的给料量、热风流量、循环风量、泵池液位、泵池内矿浆的浓度和压力、水力旋流器的流量等信号)的软测量方法。

1．基于旋转机械设备外部响应信号的软测量方法

此处的软测量方法是指采集磨机研磨过程中产生的旋转机械设备的振动、振声、电流等一种或几种信号，在工业计算机或 PC 机上在线或离线对磨机负荷进行定性或定量检测的方法。

1) 振声法

Arup Bhaumik 设计的磨机操作智能专家控制系统，直接采用振声时域信号识别磨机负荷状态[221]，但其采集方案复杂难以工业应用。文献[222]采用基于希尔伯特变换的时域信号处理方法，提取表征料位信息的低频段特征变量，利用神经网络实现磨煤机料位的自动识别，但该方法仅用于离线仿真。

文献[223]提出采用球磨机振声信号倍频中心频率的频谱分布分析磨机负荷参数，通过大量实验室和工业实验表明，球磨机内的 MBVR、PD 和介质充填率与球磨机振声频谱分布有显著对应关系，并采用 RBF 网络建立了振声倍频频谱能量与磨机负荷参数间的软测量模型，但该方法仅限于实验研究。

2) 轴承振动法

Yigen Zeng 和 Eric Forssberg 采用多元统计和频谱分析法对湿式球磨机轴承振动信号

进行深入研究。文献[224]在实验室内对轴承振动信号的功率谱进行分析，表明振动频段与磨机的运行参数如磨机速度、给料量、PD、矿浆温度和研磨时间具有较强的相关性。文献[225]认为磨机振动信号以机械振动和振声两种方式存在，在 LKAB、Malmberget 铁矿的实验结果表明机械振动信号与磨机功率和产品粒度相关；振声信号与给料速度、PD 和给料粒度等参数相关[226]。文献[227]通过对振动频谱的主元分析，表明前 3 个主元可以描述整个频段变化的 95%。根据以上研究，文献[228]以轴向、水平和垂直 3 个方向的振动信号，结合给料速度、磨机功率、矿浆入/出口温度数据及离线分析的 PD、给料粒度和产品粒度数据，建立了多元统计模型，用于估计以上所提磨机运行参数。Yigen Zeng 研究中涉及到的磨机负荷参数只有 PD，未检测 CVR、MBVR 和识别磨机负荷状态。

近几年，采用新的信号处理方法和检测装置研究干式球磨机振动信号成为热点之一。文献[229]提出了采用小波包算法处理磨机前后轴承振动信号，计算总频段能量进行磨机负荷状态的识别和磨机料位的软测量。

3) 筒体振动

国内东南大学通过无线装置采集工业磨煤机筒体表面振动信号(图 1.8)，研究了磨机料位和磨机筒体振动信号时域特征间关系[230]。基于该装置，文献[231]采用小波包分解磨煤机筒体振动信号获得特征频段，并融合其它过程参数建立磨机负荷软测量模型。

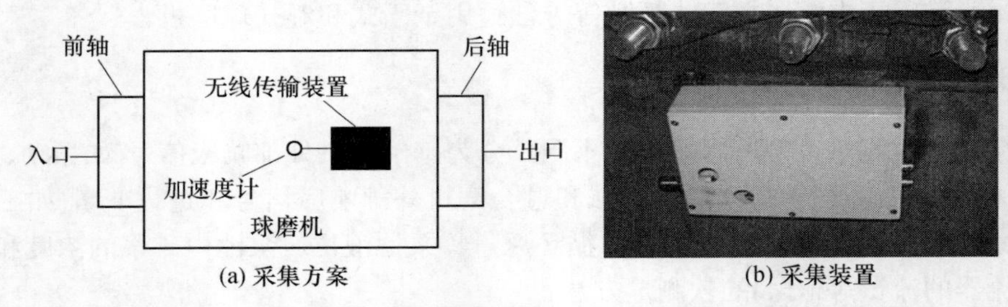

图 1.8　国内东南大学针对磨煤机筒体振动信号的采集方案和采集装置

针对广泛应用于铁矿等行业的湿式球磨机，基于筒体振动的研究多在实验球磨机上进行，如本书所作研究和印度 Council of Scientific & Industrial Research 的研究[232](图 1.9)。

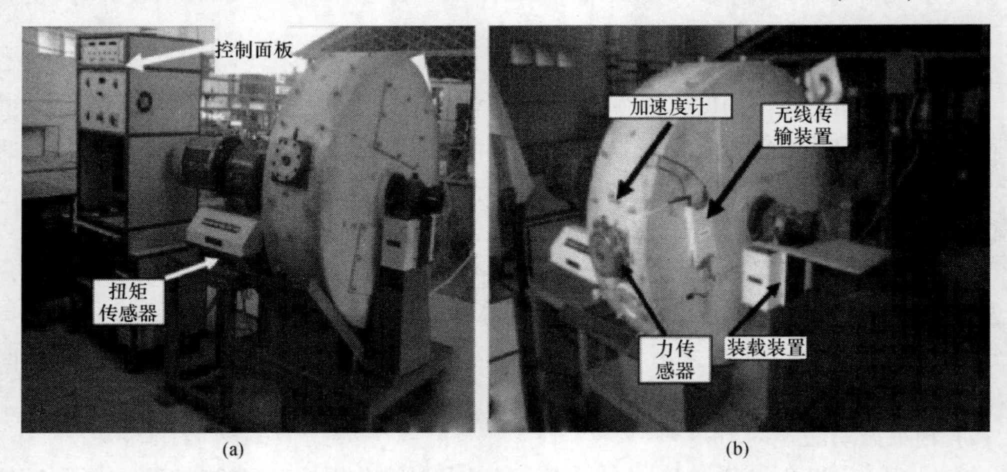

图 1.9　基于实验装置的湿式球磨机磨机负荷检测装置

综上可知，基于磨机筒体振动信号的磨机负荷检测在干式球磨机和自磨/半自磨机的工业过程中得到了成功应用。但是对于湿式球磨机的研究，还处于实验室研究阶段。因此，在借助先进的软硬件技术、通信技术和数据处理技术对筒体振动加速信号进行可靠检测、预处理和无线传输的基础上，通过对基于筒体振动信号的湿式球磨机负荷的检测理论和方法进行深入研究，结合其它检测信号、过程变量和专家知识，可有望解决磨矿过程磨机负荷难以在线准确检测的难题。

4) 轴承振动—电流法

文献[233]针对湿式球磨机，将磨机负荷状态分为“欠负荷、合适负荷、过负荷、不确定状态”四类，根据领域专家的经验融合磨机轴承振动和电流信号，在线估计生料浆配料过程球磨机的负荷状态。该方法不能定量检测磨机负荷参数。

5) 振声—电流—压力法

文献[234]根据正交试验法和多因素回归分析方法，检测实验球磨机的振声、功率、荷重(油压法)信号，建立了与介质充填率、MBVR、PD 以及球磨机转速率间的数学模型。该方法仅限于实验室研究，同时也未对磨机负荷状态进行识别。

此外还有振声—电流法[186]、轴承振动—振声法[235]等，主要针对干式球磨机的料位进行检测。

2．融合旋转机械设备外部响应信号和复杂工业过程数据的软测量方法

信息融合技术作为一门交叉学科，可将来自不同途径、不同时间、不同空间的多种传感器信息合并成统一的表示形式，实现更加准确的定性或定量检测。针对工业过程中存在不同来源的、不同信任级别及不同时间尺度的数据，文献[236]提出了复杂工业过程多传感器信息融合系统的结构。大量的研究资料表明，采用单一种类的信号类型或几种检测方法难以完成磨机负荷的在线检测[237]。采用信息融合技术对与磨机负荷相关的各种不同来源的信息进行分析，可增加信息的冗余性和互补性，提高对磨机负荷的定性评估和定量测量的准确性。

1) 基于回归分析的软测量方法

以最小二乘法原理为基础的回归技术是一种应用广泛的建模方法，常用于线性模型的拟合。针对水泥磨机，最早出现的是综合检测振声、轴承振动、提升机功率和回磨粗粉流量等参数控制磨机负荷。文献[238]采用振声、磨尾提升机瞬时功率、粗粉回流量、物料的湿度等因素建立了回归方程，估计磨机负荷。针对磨机负荷软测量模型的原始辅助变量数目多、类型多，且相互耦合程度大的难题，文献[14]将球磨机定位为部分信息可知的灰色系统，结合机理分析及先验信息，采用一致关联度法对输入变量进行降维处理，以磨煤机出口温度、入口负压、出入口压差、前/后轴承振动为输入，基于非线性 PLS 算法建立了磨机负荷软测量模型。

由此可见，基于回归分析的磨机负荷软测量方法，在多源信号的综合利用、磨机负荷状态的识别及磨机负荷估计、软测量模型输入变量的处理等方面在干式球磨机上的研究均领先于在湿式球磨机。该方法应用广泛，缺点是对样本数据的数量和质量要求较高，对测量误差较为敏感。

2) 基于神经网络的软测量方法

神经网络通过使用大量的函数逼近方法建立非线性模型，灵活性强。文献[239]针对干式球磨机采用模糊方法划分磨机工况为正常工况和接近堵磨工况，以磨机出口温度、出入口压差、入口负压、给料量、热风流量和再循环风流量作为神经网络的输入，提出了基于前向复合型神经网络的分工况学习的变结构式磨机负荷软测量模型。该模型在正常工况时采用延时神经网络，接近堵磨工况时采用回归神经网络。文献[240]针对模糊工况划分方法的人为性，提出了基于并行 RBF 神经网络测量磨机负荷的方法，该方法在网络结构中不断增加新的 RBF 网络，直到学习误差满足要求为止。随着神经网络研究的深入，出现了基于误差反向传播神经网络(Back propogation network，BPNN)改进算法的回归神经网络与延时神经网络综合模型[241]、通过两个并行网络检测磨机负荷及磨机负荷变化率的复合式神经网络[242]、基于小脑模型关节控制器神经网络建模[243]等软测量方法；软测量模型的输入变量相应增加了磨机功率、振声和轴承振动等信号。但上述文献均未对模型的输入变量进行关联度分析和降维处理，变量选择具有较大的人为性。

文献[244]针对双进双出干式球磨机，对进出口压差、磨机功率、热风量、入口负压、出口温度、再循环风量、给料量、振声信号等进行信息融合。该方法首先构建 3 个采用粗糙集理论确定权重的 BP 神经网络，最后加权融合得到磨机负荷。该文采用现场数据对融合方法进行仿真，工业应用效果需要进一步验证。

文献[245]针对湿式球磨机，结合灰色关联分析理论，采用一致关联度算法，认为给矿量、返砂水量、给矿粒度、溢流浓度、排矿水量等辅助变量不符合关联度要求，以振声、轴承压力、电流作为输入建立 RBF 神经网络模型估计介质充填率。文献[246]以振声、轴承压力、电流及球磨机转速率为 RBF 神经网络模型输入，建立了 PD 软测量模型。

可见，利用神经网络对磨机负荷的软测量研究，干式球磨机的研究领先于湿式球磨机，后者在多源输入信号融合、磨机负荷状态判别等方面的研究仍需深入。该融合方法的优点是充分利用了神经网络的非线性映射能力，缺点是训练时间长、系统性能易受到训练样本集的限制和用于网络训练的导师信号不能准确获得等，很难实现真正意义上的实际应用[247]。

3) 基于小波神经网络的软测量方法

小波网络 (Wavelet networks，WN)通常是用小波或尺度函数来代替前向神经网络 Sigmoid 函数作为网络的激活函数，生成的与 RBF 神经网络在结构上相似的网络。文献[248]提出结合多个小波网络和 PLS 算法组成多小波网络 (Multiple wavelet networks，MWN)的软测量方法，其中多个 WN 的输出通过 PLS 方法连接，克服了数据之间的多重相关性。该方法采用磨机振动信号、压差信号和功率信号作为 MWN 网络的输入，与给料机的转速和差压信号相结合保证模型的工作范围，建立了干式球磨机负荷的软测量模型。

该方法目前仅用于干式球磨机的离线仿真，其优点是利用多小波网络提高了模型鲁棒性，克服了数据间的多重相关性；缺点是有效性需要进一步验证，需要研究小波变换的快速算法以满足工业过程建模与控制实时性的要求。

4) 基于 D-S(Dempster-Shafer)证据推理法的软测量方法

证据理论又称登普斯特—谢弗(Dempster-Shafer，D-S)理论或信任(Belief)函数理论，其基本原理如图 1.10 所示。

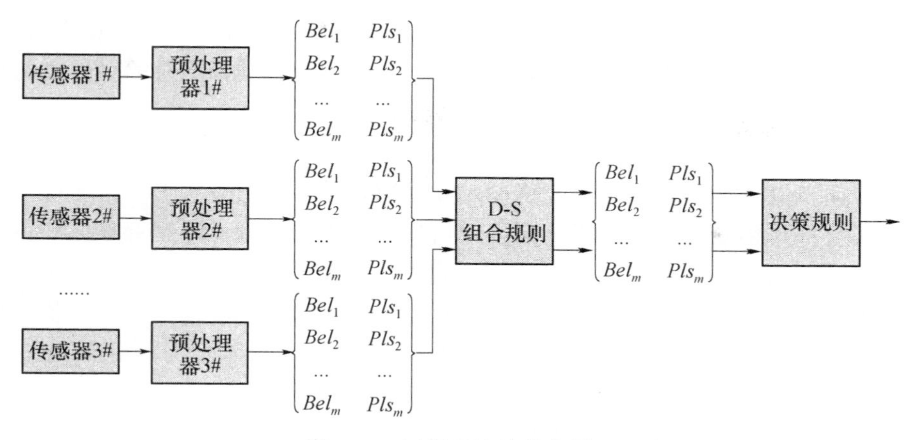

图 1.10　证据理论的基本原理

由图 1.10 可知，证据理论首先计算各个证据的基本概率赋值函数、信任度函数和似然函数；然后用 D-S 组合规则计算所有证据联合作用下的基本概率赋值函数、信任函数和似然函数；最后根据一定的决策规则，选择联合作用下支持度最大的假设，给出最终判断结果及其可信度[249]。

针对干式球磨机，文献[250]根据磨机的设计数据和历史运行数据，对磨机出入口差压、入口负压、功率、出口温度、轴承振动等外部响应信号，对给料量、热风流量、循环风量等过程变量的可信度进行分配，采用 D-S 证据推理法判别磨机负荷状态。针对 D-S 方法可以解决不确定性问题但证据难以取得的特点，结合神经网络的自组织、自学习、强容错性和鲁棒性的特点，文献[251]提出采用 BP 神经网络和 D-S 方法相结合的两步融合算法，但该方法仅限于离线仿真，其应用效果需进一步验证。

基于 D-S 证据推理的磨机负荷软测量方法的优点是综合利用多源信号，提高了判断磨机负荷状态的可信度；缺点是该方法要求证据独立及假设之间相互排斥，需要大量先验知识并存在组合爆炸问题。目前证据合成规则还没有非常坚实的理论基础[249]，与知识工程、专家系统紧密相关，其应用效果还需要进一步的研究和验证。

1.3.4　存在问题

磨矿过程湿式球磨机的研磨机理较干式球磨机更加复杂，研究和应用均落后于干式球磨机。现有的湿式球磨机负荷软测量方法主要基于轴承振动、振声和磨机电流信号。磨机电流信号能够反映磨机负荷，但随着磨机运行工况频繁波动、存在极值点；振声信号比轴承振动信号包含更多的磨机负荷参数信息，但灵敏度低、抗干扰性差，依据振声信号只能有效地检测 MBVR。采用灵敏度高、抗干扰性强的筒体振动信号，建立湿式球磨机负荷的软测量模型的研究处于起步阶段。综上，现有的磨矿过程磨机负荷软测量方法存在如下问题：

(1) 传统的基于轴承振动、振声和磨机电流信号的磨机负荷检测方法精度不高。

当前常用的基于振声、轴承振动和磨机电流的湿式球磨机负荷检测方法，只能判断磨机负荷状态和检测部分磨机负荷参数，难以准确检测磨机负荷。磨机筒体振动信号在干式球磨机及半自磨机上的研究与应用表明，筒体振动信号具有灵敏度高、抗干扰性强的优点。由于研磨机理的不同，干式球磨机负荷检测方法难以在湿式球磨机上直接应用，有必要定性分析湿式球磨机的研磨过程和筒体振动的产生机理，明确筒体振动与磨机负荷的相关性，确定合理的软测量策略。

(2) 振动和振声信号的特征难以提取与选择。

振动和振声信号不仅具有多尺度特性，并且蕴含的有用信息“淹没”于噪声，时域特征难以提取；其频域特征虽然明显，但频谱高达数千维，频谱之间存在共线性，不利于建立有效的软测量模型，并且不同磨机负荷参数与不同频谱特征相关。基于特征频段能量累加求和的频谱特征提取方法难以建立有效的软测量模型。需要结合磨机研磨机理研究更加有效的具有较强解释性的频谱特征子集的提取和选择方法。

(3) 多传感器信息需要合理融合。

尽管筒体振动比振声和磨机电流信号灵敏度高、抗干扰性强，但研究表明不同传感器信息与不同磨机负荷参数的相关性存在差异，如筒体振动和 PD、振声与 MBVR、磨机电流与 CVR 的相关性更强。因此，筒体振动、振声和电流信号间存在冗余性、互补性，甚至矛盾性，采用单一信号检测的磨机负荷具有不确定性。简单的融合全部传感器信息建立的软测量模型并不能提高检测精度和可靠度。

(4) 磨矿过程的时变性需要有效的磨机负荷在线软测量方法。

由于给矿硬度及粒度分布的波动、钢球负荷和磨机衬板的机械磨损和化学腐蚀，以及磨机内部矿浆的流变特性等因素的存在导致磨矿过程存在较强的时变性。钢球和衬板磨损等因素也造成磨机筒体振动和振声信号具有较强的动态时变特性。球磨机旋转运行的工作特点和磨矿生产过程的不间断性，导致难以在建模初期获得足够建模样本。因此，需要研究不断在线修正软测量模型，能够自适应磨矿过程时变特性的更新算法。

综上，磨矿过程的球磨机尚未实现磨机负荷参数及磨机内的物料、钢球和水负荷的准确检测，基于湿式球磨机筒体振动信号的研究还处于实验室阶段。目前国内选矿过程广泛采用的两段球磨工艺的磨机负荷检测主要是依靠专家经验或融合轴承振动、振声和磨机电流及其它过程变量估计磨机负荷状态。所以，依据目前国内外的研究现状，开展磨机负荷软测量方法的研究具有重要的现实意义。

第2章 复杂工业过程旋转机械设备负荷特性分析

2.1 引 言

磨矿过程是典型的复杂工业过程，通过研磨破碎后的原矿得到粒度合格的矿浆，具有大惯性、参数时变、非线性、边界条件波动大等综合复杂特性。球磨机内对矿石的研磨过程涉及破碎力学、矿浆流变学、导致金属磨损和腐蚀的“物理—力学”与“物理—化学”、机械振动与噪声学等多个学科。磨机内物料和钢球粒径大小及分布、钢球和磨机衬板的磨损及腐蚀、影响钢球表面罩盖层厚度的矿浆黏度等众多研磨参数复杂多变且难以检测，这些因素不仅与负荷及负荷参数有关，也影响磨机负荷状态，因此很难采用解析的方法建立磨机负荷的机理模型。球磨机旋转运行的工作方式和其内部的恶劣环境，导致检测仪表难以在设备内部安装并进行磨机负荷的直接检测。

在世界范围内，利用球磨机研磨产生的振动、振声等外部响应信号检测磨机负荷是通常采用的方法之一，已在水泥、火电厂等行业的干式球磨机负荷的检测与控制中成功应用。磨矿过程的湿式球磨机负荷的研究和仿真分析落后于干式球磨机，对湿式球磨机内部研磨机理及磨机筒体振动信号产生机理进行分析的文献近几年在国际上逐渐兴起。基于数据驱动软测量模型实现有效的磨机负荷在线检测，可以为磨矿过程优化控制策略的实现及验证提供有效支撑。

本章首先对磨矿过程的磨机负荷和磨机负荷参数进行较为详细的描述，建立磨机负荷参数与磨机负荷间的数学模型；接着定性分析磨矿过程湿式球磨机内部的研磨机理，指出研磨过程的复杂性及磨机负荷参数与钢球运动过程的相关性；定性分析球磨机筒体振动、振声及磨机电流与磨机负荷参数间的关系；给出磨机负荷软测量模型输入输出关系并进行难度分析。

2.2 复杂工业过程旋转机械设备负荷描述

2.2.1 工艺过程描述

选矿是利用矿物的物理或物理化学性质的差异，借助各种选矿设备将矿石中的有用矿物和脉石矿物分离，并达到使有用矿物相对富集的过程[252]。有用矿物与脉石矿物的单体解离通过碎矿和磨矿实现，其中磨矿作业是破碎作业的继续，为选别前的准备作业。磨矿过程产品质量的好坏直接影响着选别指标的高低，有用矿物解离度不够或者过粉碎严重均会导致回收率以及精矿品位的显著下降。目前常用磨矿设备有：格子型球磨机、溢流型球磨机以及棒磨机等，其中格子型球磨机和溢流型球磨机在我国各大小选矿厂得到了广泛应用。

国内的铁矿选矿厂采用的湿式预选、阶段磨矿、阶段选别的两段式闭环磨矿回路的流程如图 2.1 所示。

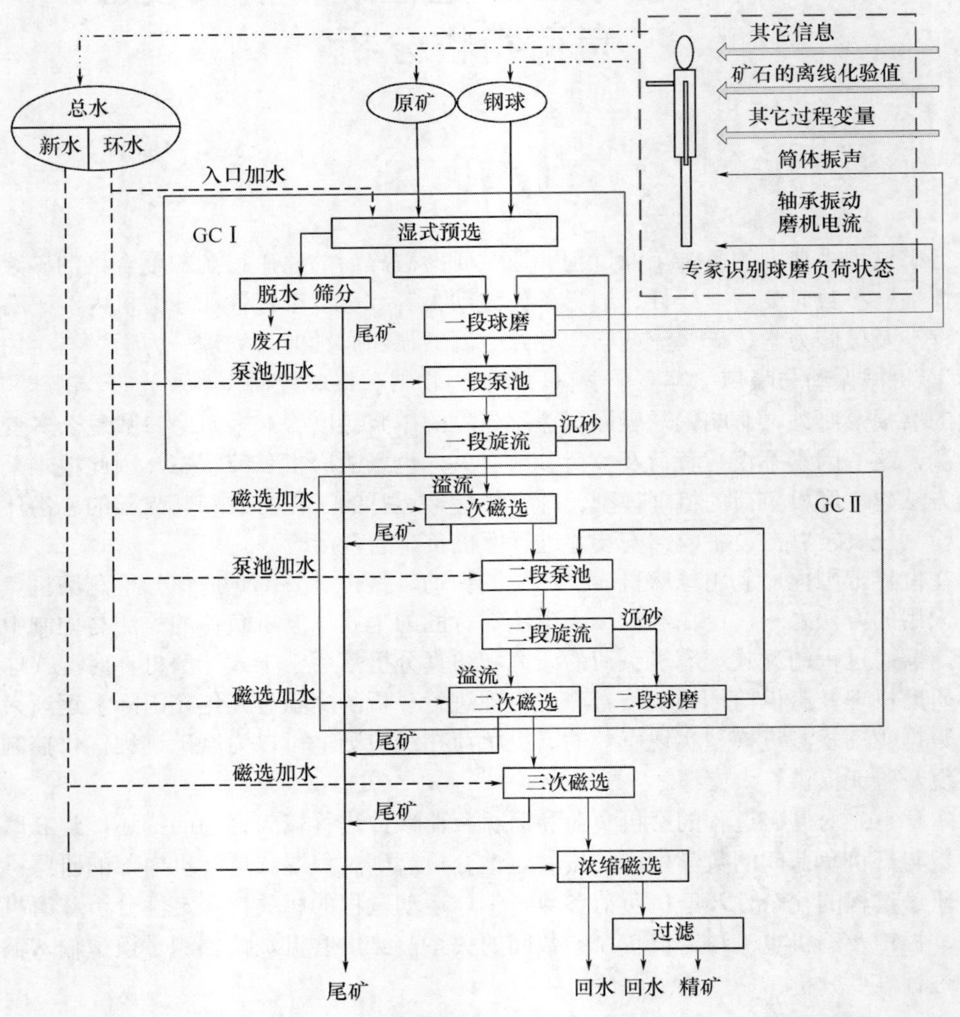

图 2.1 两段式闭环磨矿回路的工艺流程图

磨矿工序是整个选矿流程中最为重要的作业环节。原矿通过振动给料机给到运输皮带，然后输送到湿式预选机，进入一段磨矿回路(GC Ⅰ)。在 GC Ⅰ内，湿式预选机通过磁力选择有用矿石，抛尾矿，然后混合来自一段旋流器的沉砂以及周期性添加的钢球，通过给矿器进入一段球磨机；球磨机依靠筒体旋转带动钢球对矿石进行冲击破碎，形成矿浆；矿浆依靠自身的流动性排出磨机，进入一段泵池，与泵池内的新加水混合后的矿浆被泵入一段旋流器；一段旋流器将矿浆分为粒度较细的溢流和较粗的沉砂，后者进入一段球磨机再磨，构成一段球磨的闭路循环；前者进入一次磁选机选别，选别的溢流为尾矿，沉砂则进入二段磨矿回路(GC Ⅱ)。二段磨矿回路的研磨过程是与一段磨矿回路相同的闭路循环过程。二段磨矿的沉砂进入三次磁选机选别；三次磁选机选别的溢流为尾矿，沉砂进入分矿器后分配给浓缩磁选机选别；浓缩磁选机的溢流为尾矿，沉砂进入真空过滤机选出最终精矿。

磨矿回路产品的主要工艺指标是磨矿粒度(200 目标准筛子的筛下量占产品总量的百分数)和 GPR (在一定的给矿和产品粒度条件下，单位时间内磨机能够处理的原矿量)。磨矿回路的最终目标是通过粒度的降低释放有用矿物，便于后续过程处理，最终达到经济效益的最大化；其控制通常是固定产品粒度而最大化 GPR，即通过提高单位时间内磨机处理的原矿量实现每吨矿石能耗的最小化[10]。因此，准确检测磨矿过程磨机负荷，尤其一段磨机负荷的意义重大。

2.2.2 负荷与负荷参数

1. 球磨机负荷

磨机负荷指磨机内部研磨介质和物料的总和[186, 253]。磨矿过程的磨机负荷是指磨机内瞬时的全部装载量，包括新给矿量、循环负荷、水量及钢球装载量等[11]，即球磨机内部的物料、钢球和水负荷。结合图 2.2 所示的一段磨矿回路进行磨机负荷描述。

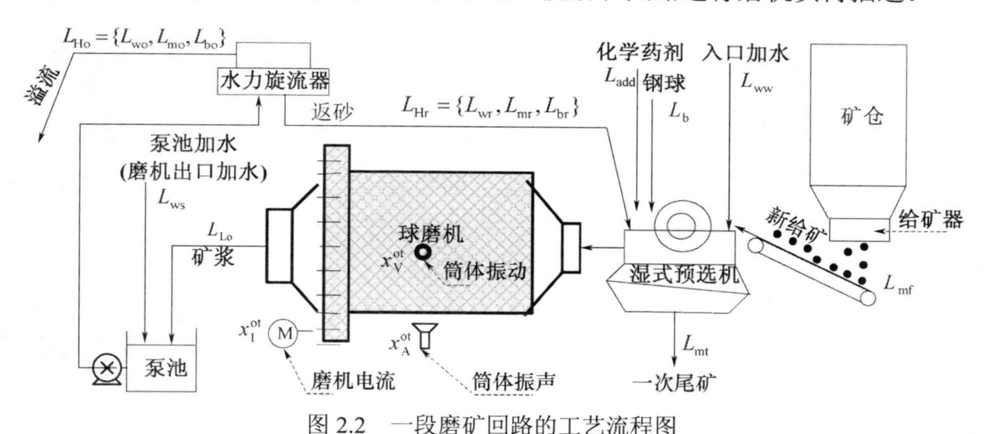

图 2.2 一段磨矿回路的工艺流程图

在图 2.2 中，各符号的含义如下：

L_b, L_m, L_w ——磨机内部的钢球、物料和水负荷 (kg)；

L_{ww} ——湿式预选机加水 (kg)；

L_{ws} ——泵池加水 (kg)；

L_{mf} ——给矿机的给矿 (kg)；

L_{mt} ——湿式预选机排除的尾矿(kg)；

L_{Li} ——磨机入口负荷(kg)；

L_{Lo} ——磨机出口负荷(kg)；

$L_{Hr}=\{L_{wr},L_{mr},L_{br}\}$ ——水力旋流器的沉砂(kg)；

$L_{Ho}=\{L_{wo},L_{mo},L_{bo}\}$ ——水力旋流器的溢流(kg)；

x_V^{ot}，x_A^{ot} 和 x_I^{ot} ——一段球磨机的筒体振动、振声及磨机电流信号。

其中，V、A 和 I 分别表示筒体振动、振声和磨机电流信号；b、m 和 w 分别代表球

(ball)、料(material)和水(water)负荷；t 表示时域信号，ot 表示原始时域信号。

由图 2.2 可知磨机的入口负荷包括新给矿、新给水、水力旋流器的沉砂及周期性添加的钢球，可用下式表示：

$$L_{\mathrm{Li}} = \{L_{\mathrm{Lib}}, L_{\mathrm{Lim}}, L_{\mathrm{Liw}}\} = \{(L_{\mathrm{b}} + L_{\mathrm{br}}), (L_{\mathrm{mf}} - L_{\mathrm{mt}} + L_{\mathrm{mr}}), (L_{\mathrm{ww}} + L_{\mathrm{wr}})\} \tag{2.1}$$

磨机的出口负荷包括矿浆及磨碎的钢球，可用下式表示：

$$L_{\mathrm{Lo}} = \{L_{\mathrm{Lob}}, L_{\mathrm{Lom}}, L_{\mathrm{Low}}\} = \{(L_{\mathrm{bo}} + L_{\mathrm{br}}), (L_{\mathrm{mo}} + L_{\mathrm{mr}}), (L_{\mathrm{wo}} + L_{\mathrm{wr}} + L_{\mathrm{ws}})\} \tag{2.2}$$

实际生产中，为了保证矿浆具有合适的黏度或后续处理过程需要，还需在磨机入口添加化学药剂。即使该回路中安装了所有需要的检测仪表，检测了泵池液位、磨机电流、磨机转速、泵池内矿浆的浓度、水力旋流器的流量和压力等过程变量，磨机负荷仍然难以依据物料流确定。主要原因如下：

(1) 水力旋流器的溢流和沉砂中的球负荷 L_{bo} 和 L_{br}，以及磨机衬板的磨损与腐蚀量难以检测。

(2) 用于测量泵池内矿浆的浓度、水力旋流器的流量和压力等过程变量的仪表精度难以保证。

(3) 球磨机的新给矿具有随机变化的特性，如原料的粒度、品位、硬度、表面的微小裂纹及特性分布等[254]。

(4) 磨机内部的物料和钢球的粒度及其分布、矿浆的流变特性等也难以检测。

总之，磨矿过程的复杂机理、研磨工况的频繁波动，以及磨机内部众多复杂多变、难以检测的研磨参数等因素使我们难以采用解析方法建立磨机负荷机理模型。

2．球磨机负荷参数

磨机内部的操作参数代表磨机的内部工作状态，能够准确反映磨机负荷。工业中常用的磨机内部参数是：料球比(Material to ball volume ratio，MBVR)、磨矿浓度(Pulp density，PD)和介质充填率(Ball charge volume ratio，BCVR)[186]，其定义如下：

料球比：物料体积与钢球空隙体积之间的比值。

磨矿浓度：球磨机中物料质量与物料和水的质量之和的百分比。

介质充填率：球磨机静止时，球磨机内钢球体积与钢球之间的孔隙体积之和占整个磨机内腔体积的百分率。

实际工业生产中，BCVR 在磨机运转的短时间内变化不大，磨矿过程的建模和磨机负荷的控制等研究中常把 24h 或 48h 内的 BCVR 当做常量处理[255, 256]。但如果操作不当，格子型球磨机在 60s 内会过负荷，导致“堵磨”、“胀肚”，甚至发生停产事故，影响整个选矿生产过程。

因此，为表示磨机负荷在磨机内部的充填容积，文献[257]给出了充填率(Charge volume ratio，CVR)的定义：

充填率：球磨机静止时，磨机内球、料及水负荷的体积之和占整个磨机内腔体积的百分率。

磨机转速直接影响磨机内部钢球负荷的提升高度，进而影响磨机的运行状态。实际生产过程中，磨机转速通常由现场操作人员根据磨机的运行状态进行微调。磨机转速通常采用转速率表示，其定义如下：

转速率：单位时间内球磨机实际转速与球磨机临界转速的比值，公式如下：

$$\psi = N_{\text{mill}} / N_{\text{c}} \tag{2.3}$$

式中，N_{mill} 为球磨机每分钟的实际转速；N_{c} 为球磨机的临界转速，即理论上钢球在筒壁上“粘附”时的磨机转速，可由下式求得：

$$N_{\text{c}} = \frac{30}{\pi}\sqrt{\frac{2g}{D_{\text{mill}}}} \tag{2.4}$$

其中，π 为圆周率，g 为重力加速度，D_{mill} 为球磨机内径。

3．球磨机负荷参数与磨机负荷间的转换

由以上定义可知，磨机内部的 MBVR、PD 和 CVR 与磨机内部的钢球、物料和水负荷直接相关，本书定义这三个参数为磨机负荷参数。磨机负荷参数的计算公式[257，258]如下：

$$\varphi_{\text{mw}} = L_{\text{m}} / (L_{\text{m}} + L_{\text{w}}) \tag{2.5}$$

$$\varphi_{\text{mb}} = V_{\text{m}} / V_{\mu} = (L_{\text{m}} / \rho_{\text{m}}) / ((\mu/1-\mu)\ V_{\text{ball}}) \tag{2.6}$$

$$\varphi_{\text{bf}} = V_{\text{fill}} / V_{\text{mill}} = (V_{\mu} + V_{\text{ball}}) / V_{\text{mill}} \tag{2.7}$$

$$\varphi_{\text{bmw}} = (V_{\text{m}} + V_{\text{w}} + V_{\text{ball}}) / V_{\text{mill}} = (L_{\text{m}} / \rho_{\text{m}} + L_{\text{w}} / \rho_{\text{w}} + L_{\text{b}} / \rho_{\text{b}}) / V_{\text{mill}} \tag{2.8}$$

式中，L_{b}、L_{w} 和 L_{m} 分别表示钢球负荷、水负荷及物料负荷，kg；φ_{mb}、φ_{mw}、φ_{bf} 和 φ_{bmw} 分别表示 MBVR、PD、BCVR 和 CVR；ρ_{b}、ρ_{m} 和 ρ_{w} 分别为钢球、物料和水的密度，kg/m^3；μ 为介质空隙率，一般取 0.38；V_{mill} 为磨机的有效容积，m^3。

在磨机的转速率恒定时，通过检测磨机负荷参数 MBVR、PD 和 CVR 的值，结合磨机的容积，物料、钢球和水的密度以及介质空隙率，磨机负荷(包括钢球、物料及水负荷的各自数值)可由如下公式计算：

$$L_{\text{m}} = (\varphi_{\text{bmw}} \cdot V_{\text{mill}}) \Big/ \left(\frac{1}{\rho_{\text{m}}} + \frac{1-\varphi_{\text{mw}}}{\rho_{\text{w}} \cdot \varphi_{\text{mw}}} + \frac{1-\mu}{\mu} \cdot \frac{1}{\varphi_{\text{mb}} \cdot \rho_{\text{m}}} \right) \tag{2.9}$$

$$L_{\text{w}} = (\varphi_{\text{bmw}} \cdot V_{\text{mill}}) \Big/ \left(\frac{1}{\rho_{\text{m}}} \cdot \frac{\varphi_{\text{mw}}}{1-\varphi_{\text{mw}}} + \frac{1}{\rho_{\text{w}}} + \frac{1-\mu}{\mu} \cdot \frac{\varphi_{\text{mw}}}{1-\varphi_{\text{mw}}} \cdot \frac{1}{\varphi_{\text{mb}}} \cdot \frac{1}{\rho_{\text{m}}} \right) \tag{2.10}$$

$$L_{\text{b}} = \left(\varphi_{\text{bmw}} \cdot V_{\text{mill}} \cdot \rho_{\text{b}} \cdot \frac{1-\mu}{\mu} \right) \Big/ \left(\varphi_{\text{mb}} + \frac{1-\varphi_{\text{mw}}}{\varphi_{\text{mw}}} \cdot \frac{\rho_{\text{m}} \cdot \varphi_{\text{mb}}}{\rho_{\text{w}}} + \frac{1-\mu}{\mu} \right) \tag{2.11}$$

因此，实现磨机负荷参数(MBVR、PD、CVR)的软测量，即可检测得到磨机负荷。

注释：这只是理论上的计算，公式的修订需要结合深入的机理分析和实验数据进行。

2.2.3 负荷参数与工业过程生产率

磨矿过程影响因素可分为与矿石性质相关(如矿石硬度、含泥量、给矿粒度及要求的磨矿产品粒度等)、磨机结构方面(如磨机型式、规格、转速及衬板形状等)及操作条件方面(如钢球的形状、密度、尺寸、配比、BCVR、PD 及返砂比等)三大类，其中只有操作条件方面的因素可以调整。

工业实验表明：BCVR、MBVR、PD 三个参数直接影响 GPR，如当 MBVR 过大、PD 过高以及矿石性质变差(如矿石变硬、粒度变粗等)，均会因磨不碎而出现“胀肚”现象，GPR 显著降低[11]。文献[259]给出了不同 PD 时，较高 GPR 对应的 BCVR 和 MBVR。GPR 与磨机负荷参数间的关系如式(2.12)和图 2.3[260]所示。

$$Q=\frac{\varphi_{\mathrm{mb}}\exp[-1.32(\varphi_{\mathrm{mb}}-1)]L_{\mathrm{m}}}{\tau(1+C_{\mathrm{r}})} \tag{2.12}$$

式中，Q为GPR；τ 为平均滞留时间，s；C_{r} 为水力旋流器的返砂比。

由图 2.3 可知，当 BCVR 从 30%调整到 42%(PD 从 62%调整到 82%)时，磨机的 GPR 逐步提高；随着 BCVR(PD)的再增加，GPR 下降。

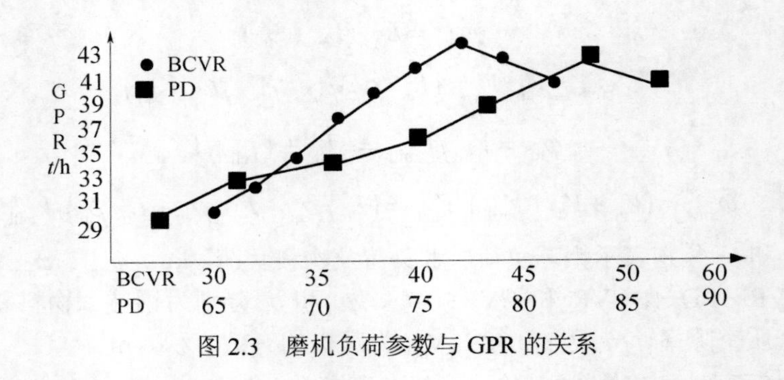

图 2.3　磨机负荷参数与 GPR 的关系

2.3　旋转机械设备负荷的专家识别过程描述

磨机电流能够反映磨机负荷的变化，并被广泛用于磨机负荷的监测与控制[261]，但该方法不能保证磨机运行在最佳负荷状态。球磨机机械研磨产生的振动和振声信号中包含与磨机负荷参数相关的信息[225]。基于振声信号只能有效检测 MBVR，且该信号受到临近磨机和背景噪声的干扰[186]。实际生产中，为保证磨机运行在最佳工况，领域专家需融合不同来源、不同类型的信息判断磨机负荷状态[11，233]。这个过程如图 2.1 的右上方所示，总结如下：

(1) 获取信息：包括在线仪表检测的数据(磨机振声信号、磨机前后轴承的振动信号、水力旋流器驱动电机的电流信号、泵池内的矿浆浓度和水力旋流器的溢流浓度)、离线化验数据(原矿、尾矿、精矿的硬度和粒度等)及现场技术人员听到或看到的异常工况信息(现场技术人员观测的磨机出口状态、磨矿过程关键岗位的操作和巡视人员提供的其它相关信息)。

(2) 结合经验，判断磨机是否工作在最优工况，即判断磨机负荷状态。

(3) 估计磨机负荷。

采用专家估计磨机负荷的方法，只能对磨机负荷状态进行判断，难以确定磨机内部的物料、钢球和水负荷。即使基于专家经验，可以准确监视磨机负荷状态，但由于专家经验的差别和其有限的精力，难以长期保持磨机运行在最佳工况[262]，导致能耗和钢耗的增加。实际上，基于专家经验的磨机负荷估计过程是一个选择有价值信息进行有效融合的过程。因此，有必要建立基于选择性集成多传感器信息的软测量模型，准确检测物料、钢球和水负荷。

磨机筒体振动信号已经成为近几年研究的热点，与振声和轴承振动信号相比，具有更高的灵敏度和抗干扰性[183，198]。研究表明，磨机负荷参数与不同的磨机外部响应信号具有不同的映射关系[186，257，263]。因此，为合理融合不同的传感器信息，有必要分析球磨机的研磨机理以及磨机负荷参数与不同传感器信号间的复杂映射关系。

2.4 旋转机械设备负荷的特性分析

球磨机负荷与磨机外部响应信号密切相关。目前对磨机驱动电机电流信号及磨机研磨区域振声信号的研究和应用较为广泛。针对干式球磨机，基于振声信号的市场化产品在水泥厂、火电厂等粉磨过程的优化控制中得到了广泛应用[15，264，265]。基于筒体振动、振声信号检测磨矿过程球磨机负荷的研究相对滞后。本小节分析了湿式球磨机的研磨过程，对与磨机负荷密切相关的筒体振动、振声及磨机电流信号进行了定性机理分析，给出了磨机负荷软测量模型的输入输出关系。

2.4.1 工作机理

1．球磨机研磨过程分析

磨矿过程是具有大惯性、参数时变、非线性、边界条件波动等复杂特性的工业过程。此处只对球磨机内的研磨过程进行定性分析。

1) 破碎力学

磨矿过程是一个力学过程，其发生和实现取决于两方面的因素：岩矿自身的力学强度和磨矿机械的施力状态，前者是不可改变并且客观存在的，只有后者是可调节的因素。磨矿机械的施力状态随球磨机转速率、装球率、磨机内部钢球尺寸和配比、衬板形状及PD等工作参数而改变，从而改变能量转换率[8]。

图 2.1 所示铁矿选矿厂的磨矿作业属于解离性磨矿，其目的是使矿石中的有用矿物和脉石以及有用矿物之间实现充分单体解离，并在粒度上符合后续作业要求。解离性磨矿能够实现的根本依据是矿石力学结构的多元性。组成矿石的各种晶体矿物之间的相界面是一个力学脆面，矿石受力时的破碎行为将首先沿着力学的脆弱面发生。矿石破碎解离的力学模型和条件如图 2.4 和式(2.13)所示[266]。

图 2.4　矿石破碎解离的力学模型

$$\sigma_{\text{ore}} = F_{\text{ore}} / S_{\text{ore}} > \sigma_{\max} \quad \text{或} \quad \sigma_{\text{ore}} > \sigma_{\text{smax}} \quad \text{或} \quad \sigma_{\text{ore}} > \sigma_{\text{bmax}} \tag{2.13}$$

其中，σ_{ore} 为钢球作用下的应力，Pa；F_{ore} 为矿石受到作用力，N；S_{ore} 为矿石的受力截面积，m^2；$\sigma_{\max}$ 为矿石可承受的最大应力，Pa；σ_{smax} 为矿石的屈服极限，Pa；σ_{bmax} 为物料的强度极限，Pa。

破碎过程如下：钢球对矿石的破碎力在矿石中形成应变及应力带，并且随破碎力的增大而增大；当超过矿石强度时，矿石沿着应力带产生脆性断裂或屈服断裂，从而矿石被粉碎。

矿石的抗压、抗拉及抗剪切强度等固有性质不同，导致矿石具有不同的可磨度。在磨机操作参数保持不变的情况下，磨机会因矿石的可磨度差“磨不碎”导致磨机过负荷，产生“堵磨”、“吐料”、“吐球”等现象，影响产品的质量及产量，甚至磨矿设备的安全。

2) 矿浆流变学

球磨机中的矿浆密度、固体含量、矿浆温度、固体颗粒的粒度分布及形状等因素除单独影响磨矿过程外，各因素相互之间的交互作用也甚为复杂。文献[253]提出采用流变学的理论和方法研究这些因素对磨矿过程的影响。

流体根据其在一定温度和一定剪应力作用下表现出来的性质可分为牛顿流体和非牛顿流体两大类。牛顿流体指在滞流区域内，剪切应力 τ 与剪切应变(剪切速率) $\mathrm{d}u_{\text{w}} / \mathrm{d}y_{\text{w}}$ 呈正比关系，

$$\tau = \mu_{\text{w}} \frac{\mathrm{d}u_{\text{w}}}{\mathrm{d}y_{\text{w}}} \tag{2.14}$$

式中，μ_{w} 称为黏性系数或黏度，它是流体的物性常数，反映了流体受到剪切应力作用时抵抗变形的能力。

如果流体所受到的剪切应力与剪切应变不满足式(2.14)的线性关系，称为非牛顿流体[88]。非牛顿流体按照剪切持续时间和变形程度的不同，可以分为稳定的、不稳定的非牛顿型流体及黏弹性流体。稳定的非牛顿型流体可以分为塑性流体、拟塑性流体及膨胀性流体三类。

塑性流体，也称为宾汉塑性流体，其流变曲线采用下式表示：

$$\tau = \tau_{\text{yw}} + \mu_{\text{p}} \frac{\mathrm{d}u_{\text{w}}}{\mathrm{d}y_{\text{w}}} \tag{2.15}$$

其中，τ_{yw} 称为屈服应力，是流体开始流动时所必需的剪应力；μ_{p} 称为塑性黏度或宾汉黏度。

拟塑性流体及膨胀性流体均可成为塑性流体或非宾汉流体，其流变曲线表示为

$$\tau = K_{\eta} \left(\frac{\mathrm{d}u_{\text{w}}}{\mathrm{d}y_{\text{w}}} \right)^{n_{\text{index}}} \tag{2.16}$$

其中，K_{η} 为流体阻力系数，该值越大，黏度越高；n_{index} 为流体特性指数，其中 $n_{\text{index}} = 1$ 时为牛顿型流体；$n_{\text{index}} \neq 1$ 时为非牛顿型流体，其中当 $n_{\text{index}} > 1$ 时为膨胀性流体。

湿式磨矿过程中，浓度较稀的矿浆及细粒矿石悬浮液属于塑性流体；浓度较高的矿浆，

则属于膨胀型流体。固体悬浮液的黏度与悬浮液中固体颗粒特性的关系可用经验公式描述。

如果矿石颗粒是等尺寸球体，并且 PD 很低，矿浆黏度可用依斯亭(Einsten)公式描述：

$$\eta = 1 + K_1 \frac{\varphi_{\mathrm{mw}} \cdot \rho_{\mathrm{w}}}{(1-\varphi_{\mathrm{mw}}) \cdot \rho_{\mathrm{m}}} \tag{2.17}$$

其中，K_1 为常数，一般取 2.5；η 为悬浮液的相对黏度，即矿浆相对于水的黏度。

当矿浆的浓度较高时，可用下面的多项式表述黏度和 PD 的关系：

$$\eta = 1 + K_1 \frac{\rho_{\mathrm{w}}\varphi_{\mathrm{mw}}}{\rho_{\mathrm{m}}(1-\varphi_{\mathrm{mw}})} + K_2\left(\frac{\rho_{\mathrm{w}}\varphi_{\mathrm{mw}}}{\rho_{\mathrm{m}}(1-\varphi_{\mathrm{mw}})}\right)^2 + K_3\left(\frac{\rho_{\mathrm{w}}\varphi_{\mathrm{mw}}}{\rho_{\mathrm{m}}(1-\varphi_{\mathrm{mw}})}\right)^3 \tag{2.18}$$

式中，K_1=2.5，K_2 和 K_3 随不同研究者实验条件的差异而取不同的值。其它经验公式见文献[253]。

矿浆流变性反映矿浆在流动过程中剪应力与剪应变(形变速率)之间的相互关系。研究表明，矿浆黏度是矿浆密度、PD、颗粒粒度、颗粒形状、物料粒度分布、矿浆温度和压力等因素的函数，是反映矿浆流变特性的特征参数[267]。

湿式球磨机中，矿浆的黏性作用使钢球表面覆盖一层矿浆，称为罩盖层[84]。罩盖层的厚度直接影响钢球与钢球、钢球与物料、钢球与衬板之间的相互接触，从而引起钢球磨损速率、磨矿效率及钢球对衬板、钢球对钢球的冲击力和冲击时间的变化。实际生产中，矿浆黏度应该适当，使钢球表面能被适当的覆盖，但是不应该太厚，因为太厚则会缓冲钢球之间的研磨作用。如果矿浆黏度太低，钢球表面罩盖层厚度较薄，会导致钢球的异常磨损及热量堆积[2]。反之，黏度太大，钢球被过度覆盖，导致钢球的运动受阻，难以相互冲击，磨矿效率降低。实际上，增加罩盖层的厚度会增加对冲击力的缓冲作用。

罩盖层的厚度 δ 可由下式给出[268]：

$$\delta = \delta_0 \exp\left(\frac{K_\delta \rho_{\mathrm{w}}\varphi_{\mathrm{mw}}}{\rho_{\mathrm{m}}(1-\varphi_{\mathrm{mw}})\varphi_{\mathrm{mw}_0}}\right) \tag{2.19}$$

其中，K_δ 与矿浆性质有关，取 1.5～2.0；δ_0 和 φ_{mw_0} 为罩盖层厚度和 PD 的最大值。

文献[7]指出，钢球表面覆盖的固体数量与矿浆黏度相关，关系如图 2.5 所示。

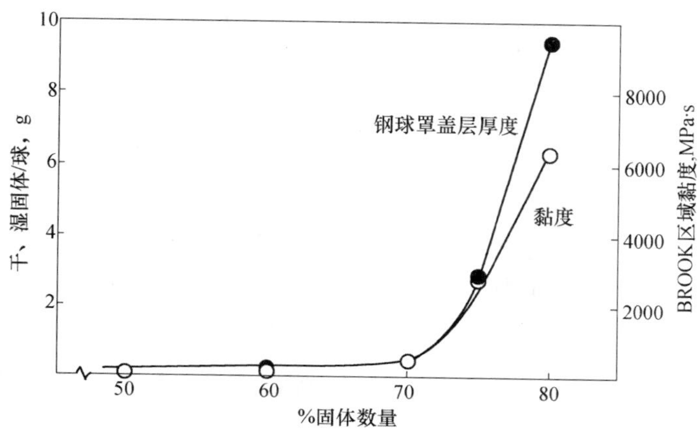

图 2.5　钢球表面覆盖的固体数量与矿浆黏度的关系

文献[7]同时指出，最适宜的罩盖层厚度是矿浆中数量最大的矿石直径的 2 倍。研究表明，在磨矿过程中添加一定量的化学助剂有利于改善磨矿效果[92，102]。当磨矿浓度较低时，添加剂的作用不明显，浓度越高，添加剂的作用效果越好。化学添加剂在颗粒表面上的吸附改变了矿浆的流变学性质，从而降低了矿浆的黏度，促进了颗粒之间的分散，提高了矿浆的流动性。总之，应使磨机中的矿浆具有尽量高的浓度和适宜的黏度，以提高磨机的工作效率。

3) 钢球的磨损

钢球的磨损分为机械磨损和化学腐蚀磨损两大类，前者主要是由冲击、磨剥、摩擦、疲劳等机械作用所引起的，后者主要是由矿浆中的离子及化学药剂作用所引起的。按磨损机理，机械磨损可分为冲击磨剥磨损、粘着磨损、磨料磨损和疲劳磨损[269]。影响机械磨损的因素包括钢球和衬板材质、钢球重量、磨机工作条件、给矿和磨矿产品粒度分布、矿石硬度、矿浆温度等。影响化学腐蚀的因素主要包括水质、矿浆 pH 值、矿浆成分组成等。

钢球磨损模型可用图 2.6 表示：

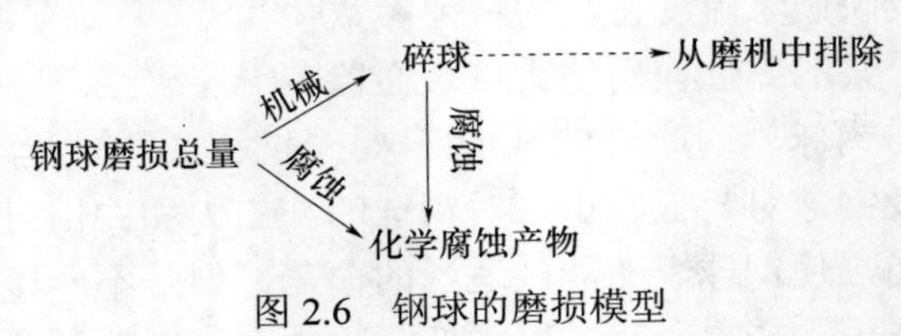

图 2.6 钢球的磨损模型

钢球与物料、钢球与衬板、钢球与钢球之间相互冲击碰撞，在冲击接触的瞬间，在接触点产生高度集中的应力，引起钢球表面的塑性变形，进而在固体金属表面形成不同形状和深度的裂缝。钢球在受到多次的冲击和研磨作用后，裂缝不断加深、加宽，最后部分裂块从钢球上脱落。钢球之间的相互冲击会引起冲击流，从而引起附加的水力磨损。钢球在多次冲击作用下，金属表面硬化，使其比较耐磨，但是也增强了化学反应活性，使钢球表面易于被腐蚀并形成表面裂纹。

研究表明，磨矿过程中的化学腐蚀作用增加了钢球的磨耗速度，其造成的钢耗占磨矿总钢耗的 40%～90%[253]。化学腐蚀的影响因素有：钢球化学成分及物理性质(硬度、金属结构等)、矿石物质组成及性质、矿浆化学成分(pH 值、药剂、气体)及性质等。钢球被腐蚀后可能生成三种产物，即 $Fe(OH)_2$、Fe_3O_4 及 FeOOH[253]，具体方程式如下：

$$\mathrm{Fe} \rightarrow \mathrm{Fe}^{2} + 2\mathrm{e} \tag{2.20}$$

$$\frac{1}{2}\mathrm{O}_2 + \mathrm{H_2O} + 2\mathrm{e} \rightarrow 2\mathrm{OH}^- \tag{2.21}$$

$$\mathrm{Fe}^{2+} \xrightarrow{\mathrm{OH}^-} \mathrm{FeOH}^+ \xrightarrow{\mathrm{OH}^-} \mathrm{Fe(OH)}_2 \xrightarrow{\text{缓慢氧化}} \mathrm{Fe_3O_4} \tag{2.22}$$

$$\mathrm{Fe(OH)}_2 \xrightarrow{\mathrm{OH}^-} \mathrm{Fe(OH)}_3^- \xrightarrow{\text{氧化}} \mathrm{Fe(OH)}_3(\text{溶液}) \tag{2.23}$$

$$\mathrm{Fe(OH)}_3(\text{溶液}) \xrightarrow{\text{聚合}} \left[\mathrm{Fe(OH)}_3\right]_{n_{\mathrm{Fe}}} \xrightarrow{\text{沉淀}} \alpha_{\mathrm{Fe}}\mathrm{FeOOH} \tag{2.24}$$

文献[269]通过实验研究，给出了钢球冲击磨损、磨剥磨损和化学腐蚀磨损的动力学模型：

$$D_b = D_{b0} \exp\left(-\left[-\frac{K_{b1}}{3} + \frac{n_{bm}\pi}{30\rho_b g}(K_{b2} + K_{b3})\right]t\right) \tag{2.25}$$

其中，K_{b1}、K_{b2} 和 K_{b3} 分别为冲击、磨剥和腐蚀磨损的比例系数；D_{b0} 为钢球初始直径；g 为重力加速度；t 为时间。

2．球磨机内部研磨介质运动分析

物料研磨主要通过钢球的运动产生。通过研究磨机内钢球的运动过程，可以深入地探讨筒体振动、振声等外部响应信号与磨机负荷参数相关的理论依据。

通过研究磨机内的运动照片，可知钢球有泻落式、抛落式和离心式运动三种形态[252]。磨机筒体在电机驱动下旋转，钢球负荷随着磨机筒体的旋转而上升，并向上偏转一定的角度。如果磨机转速不高，当钢球倾斜角超过某个角度时，钢球沿此斜坡滚下，产生泻落运动。针对钢球泻落式运动的力学分析，目前仍未研究清楚，只是明确了泻落式工作状态下最主要的破碎形式是剪切力的研磨作用。如果磨机转速足够高，钢球自转的同时随着筒体内壁做圆曲线上升。当钢球上升至一定高度后下落，从而发生抛落式运动。钢球落下的区域称为底脚区，矿石在此区域受到落下钢球的冲击作用，以及强烈翻滚着的钢球的磨剥作用。如果磨机转速超过某一临界值，钢球贴在衬板上不再落下，从而产生离心式运动。

本书此处主要研究钢球的抛落式运动。

钢球在磨机内运动时，会产生沿着衬板下滑的相对运动，但戴维斯(Davis)拍摄的照片说明，如果磨机内只有钢球和水，下滑现象明显，钢球不能上升到理论上它应达到的高度；若加入砂子，滑动现象消失。因此，戴维斯理论研究的钢球运动学，不考虑钢球的滑动和摩擦特性，忽略了同一球层中球与球的相互影响及各球层之间的相互干扰。生产中绝大多数磨机的情况与戴维斯提出的理论相符合，该理论仍是现阶段分析磨机中钢球运动的依据[252]。

因此，本书中钢球运动分析也是基于戴维斯理论的，主要的假设如下：

(1) 钢球的运动以抛落式为主，忽略其它运动方式。

(2) 略去底脚区，假定钢球做抛落式运动的落回点是圆曲线运动的开始点。

(3) 不考虑钢球沿衬板的滑动及钢球间的相互摩擦特性。

(4) 忽略同一球层中球与球的相互影响及各球层之间的相互干扰。

(5) 假设钢球是沿磨机筒体的径向成均匀分布的，即球磨机各截面的钢球分布状况相同。

(6) 只研究磨机内部最外层钢球负荷的运动形态，并假定其它各层钢球的运动可以通过加权方式叠加到最外层钢球。

(7) 在某一时刻，只有一个最外层钢球对磨机筒体产生冲击。

(8) 在连续一段时间内，钢球以一定的冲击频率进行连续冲击。

综上，本书只是对磨机筒体的任一横截面上某个钢球的运动过程进行分析。

取最外层钢球为研究对象，其运动可分为抛落、冲击、研磨和滑动四个过程，如图 2.7 所示。

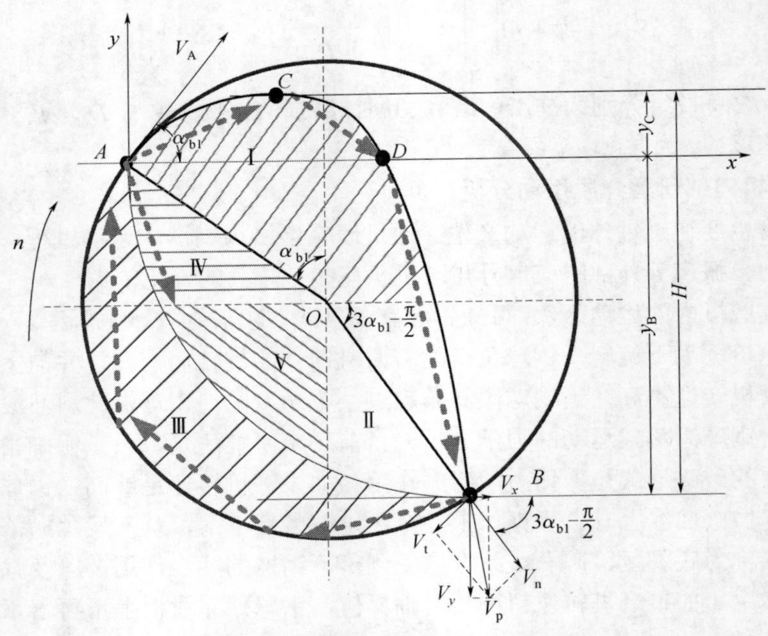

图 2.7　磨机内钢球运动过程示意图

如图 2.7 所示，钢球的运动可分为上升阶段和下降阶段。在上升段，钢球从落回点 B 到脱离点 A 绕圆形轨迹运动；在下落段，钢球到达顶点后作抛物线运动撞击衬板后并反弹。按是否产生对物料的破碎作用，可分为五个区域：

Ⅰ区为抛落区，钢球被提升到 A 点后以初速度 V_A 向下抛落；

Ⅱ区为冲击破碎区，钢球从 A 点落到 B 点产生最大的冲击作用；

Ⅲ区为滑动区，钢球与物料相互摩擦，冲击作用小；

Ⅳ区为研磨区，基本无冲击作用；

Ⅴ区为死角区，既无冲击又无摩擦。

忽略矿浆对球载(钢球及其表面覆盖的矿浆)的浮升作用及其表面覆盖的矿浆质量，以最外层钢球为研究对象，分析单个钢球的运动轨迹，确定其在冲击点的能量。该能量决定着钢球冲击物料的动能，同时也决定着钢球对磨机衬板及筒体的冲击力。

当磨机以线速度 V_A 带动钢球上升到 A 点时，钢球重量的法向分力和离心力相等，有下式成立[252]

$$\frac{L_{bs}V_A^2}{R_{mill}}=L_{bs}\cdot g\cdot\cos\alpha_{bl} \tag{2.26}$$

式中，α_{bl} 为钢球脱离圆轨迹时的脱离角，L_{bs} 为单个钢球的质量，R_{mill} 为最外层钢球的回转半径(忽略钢球直径，以磨机内径代替)，g 为重力加速度。

设磨机转速为 $N_{mill}=\psi\cdot N_c$ ，则可以求得 $V_A=\pi\cdot R_{mill}\cdot N_{mill}/30$ 。

取 g=9.81m/s^2，有 $\pi\approx\sqrt{g}$ ，可求脱离角为：

$$\alpha_{bl} = \arccos \frac{\psi^2 N_c^2 R_{mill}}{900} \tag{2.27}$$

以脱离点 A 为原点，建立圆心在 O 点、半径为 R_{mill} 的圆方程：

$$(x - R_{mill}\sin\alpha_{bl}) + (y + R_{mill}\cos\alpha_{bl})^2 = R_{mill}^2 \tag{2.28}$$

建立如下的水平和垂直距离方程

$$\begin{cases} x = V_A \cdot \cos\alpha_{bl} \cdot t \\ y = V_A \cdot \cos\alpha_{bl} \cdot t - \dfrac{1}{2}gt^2 \end{cases} \tag{2.29}$$

则可求得

$$y = x \cdot tg\alpha_{bl} - \frac{x^2}{2R_{mill}\cos^2\alpha_{bl}} \tag{2.30}$$

钢球落下时冲击矿石的能量，取决于钢球到终点时的动能。因此，需要知道钢球的下落高度和终止点 B 处的冲击速度。

钢球下落高度 H 的绝对值为：

$$H = y_B + y_C = 4.5 \cdot R_{mill} \cdot \sin^2\alpha_{bl} \cdot \cos\alpha_{bl} \tag{2.31}$$

钢球到达 B 点的垂直速度为

$$V_y = \sqrt{2gh} = \sqrt{9 \cdot R_{mill} \cdot g \cdot \sin^2\alpha_{bl} \cdot \cos\alpha_{bl}} \tag{2.32}$$

从而求得在 B 点的合成冲击速度 V_p

$$V_p = \sqrt{V_x^2 + V_y^2} = \sqrt{R_{mill} \cdot g \cdot \cos\alpha_{bl} \cdot (9 - 8\cos^2\alpha_{bl})} \tag{2.33}$$

钢球在 B 点的动能分为两部分，一部分沿打击线 OB(通过物体的打击接触点，并垂直于接触面的直线)冲击矿石，即图 2.8 中的径向分速度 V_n；另一部分与打击线垂直，使钢球沿切线方向磨剥矿石，即图 2.8 中的切向分速度 V_t，如下所示：

$$\begin{aligned} V_n &= V_x \cos\left(3\alpha_{bl} - \frac{\pi}{2}\right) + V_y \sin\left(3\alpha_{bl} - \frac{\pi}{2}\right) \\ &= 8\sqrt{R_{mill} \cdot g \cdot \cos\alpha_{bl}} \cdot \sin^3\alpha_{bl} \cdot \cos\alpha_{bl} \end{aligned} \tag{2.34}$$

$$\begin{aligned} V_t &= -V_x \cos(\pi - 3\alpha_{bl}) + V_y \cos\left(3\alpha_{bl} - \frac{\pi}{2}\right) \\ &= \sqrt{R_{mill} \cdot g \cdot \cos\alpha_{bl}} \cdot (1 + 4\sin^2\alpha_{bl} \cdot \cos 2\alpha_{bl}) \end{aligned} \tag{2.35}$$

上述公式仅适用于只有钢球负荷(即空砸)时的情况，忽略了矿浆的作用。

在实际磨矿过程中，矿浆对钢球的浮升作用和黏滞作用阻碍了钢球运动，影响钢球在 B 点的径向分速度 V_n 和切向分速度 V_t[253]，主要表现为：CVR 影响钢球在矿浆内运动的时间，MBVR、PD 和黏度影响对钢球的浮升与粘滞作用。

湿式球磨机内的径向分速度$V_{n_{bmw}}$ 和切向分速度$V_{t_{bmw}}$ 可采用下式表示：

$$V_{n_{bmw}} = \Phi_{bmwn}(\eta, \varphi_{mw}, \varphi_{mb}, \varphi_{bmw}) \cdot V_n \tag{2.36}$$

$$V_{t_{bmw}} = \Phi_{bmwt}(\eta, \varphi_{mw}, \varphi_{mb}, \varphi_{bmw}) \cdot V_t \tag{2.37}$$

式中，Φ_{bmwn} 和 Φ_{bmwt} 为未知函数。

矿浆流变作用使实际运动的钢球表面覆盖一层矿浆，进行抛落运动的球载质量按下式计算：

$$L'_{bs} = L_{bs} + \Delta L_m = L_{bs} + \frac{4}{3}\pi[(R_{bs} + \delta)^3 - R_{bs}^3] \cdot \rho_m \tag{2.38}$$

式中，R_{bs} 为钢球半径；δ 为钢球表面的罩盖层厚度。

钢球的冲击和磨剥能量依据动能定理计算：

$$\begin{aligned} E_{V_n} &= \frac{1}{2}L'_{bs} \cdot V_{n_{bmw}}^2 = \frac{1}{2}\left(L_{bs} + \frac{4}{3}\pi[(R_{bs} + \delta)^3 - R_{bs}^3] \cdot \rho_m\right) \cdot [\Phi_{bmwn}(\eta, \varphi_{mw}, \varphi_{mb}, \varphi_{bmw}) \cdot V_n]^2 \\ &= \frac{1}{2}\left(L_{bs} + \frac{4}{3}\pi\left[\left(R_{bs} + \delta_0 \exp\left(\frac{K_\delta \rho_w \varphi_{mw}}{\rho_m (1-\varphi_{mw})\varphi_{mw_0}}\right)\right)^3 - R_{bs}^3\right] \cdot \rho_m\right) \cdot \\ &\left[\Phi_{bmwv}(\eta, \varphi_{mw}, \varphi_{mb}, \varphi_{bmw}) \cdot 8\sqrt{R_{mill} \cdot g \cdot \frac{\psi^2 N_c^2 R_{mill}}{900}} \cdot \left(\sqrt{1-\left(\frac{\psi^2 N_c^2 R_{mill}}{900}\right)^2}\right)^3 \cdot \frac{\psi^2 N_c^2 R_{mill}}{900}\right]^2 \end{aligned} \tag{2.39}$$

$$\begin{aligned} E_{V_t} &= \frac{1}{2}L'_{bs} \cdot V_{t_{bmw}}^2 = \frac{1}{2}\left(L_{bs} + \frac{4}{3}\pi[(R_{bs} + \delta)^3 - R_{bs}^3] \cdot \rho_m\right) \cdot [\Phi_{bmwt}(\eta, \varphi_{mw}, \varphi_{mb}, \varphi_{bmw}) \cdot V_t]^2 \\ &= \frac{1}{2}\left(L_{bs} + \frac{4}{3}\pi\left[\left(R_{bs} + \delta_0 \exp\left(\frac{K_\delta \rho_w \varphi_{mw}}{\rho_m (1-\varphi_{mw})\varphi_{mw_0}}\right)\right)^3 - R_{bs}^3\right] \cdot \rho_m\right) \cdot \\ &\left[\Phi_{bmwt}(\eta, \varphi_{mw}, \varphi_{mb}, \varphi_{bmw}) \cdot 8\sqrt{R_{mill} \cdot g \cdot \frac{\psi^2 N_c^2 R_{mill}}{900}} \cdot \right. \\ &\left.\left(1 + 8\left(1 - \left(\frac{\psi^2 N_c^2 R_{mill}}{900}\right)^2\right) \cdot \frac{\psi^2 N_c^2 R_{mill}}{900} \cdot \sqrt{1-\left(\frac{\psi^2 N_c^2 R_{mill}}{900}\right)^2}\right)\right]^2 \end{aligned} \tag{2.40}$$

综上分析，钢球下落时对物料的冲击和磨剥能量与磨机的转速率、MBVR、PD、CVR 及矿浆黏度均相关。基于单个钢球的 DEM 分析表明，钢球和衬板间的摩擦系数决定钢球负荷脱离衬板的“肩部”区域和下落的“底角”区域；钢球与衬板间的反弹系数，决定了冲击后的反弹速度[270]。工业实际中，摩擦系数和反弹系数均会受到磨机负荷参数的影响，并影响钢球对磨机筒体的冲击能量。

以上分析只是针对最外层钢球。

实际上，磨机内钢球数量众多，分层抛落，不同层的冲击力不同；钢球配比不同，不同直径大小的钢球的冲击力不同；不同性质的矿石由于硬度和粒度分布的不同，对冲击的影响不同；不同的矿浆黏度下，对钢球的浮升和黏滞作用不同。实际生产中，还存在泻落状态的钢球，钢球之间相互碰撞产生的冲击力也不相同。因此，不同来源、不同频率的冲击力相互叠加冲击破碎矿石，同时不断冲击磨机筒体。

2.4.2 筒体振动分析

1. 磨机负荷识别与筒体振动系统

球磨机筒体振动系统可认为是受到外界的持续扰动并对外界的扰动无反馈作用的一类机械系统。这一类型的机械振动系统可用如图 2.8 所示的示意图表示。

图 2.8 机械振动系统示意图

图 2.8 中的方块表示要研究的机械系统，其中输入/激励指外界对系统的干扰或施加于系统的动载荷，输出/响应指系统在输入激励作用下产生的振动。对此类振动问题的研究可分为三类[271]：

(1) 振动分析：已知系统的特性和输入，求系统的输出。主要用于对机械和结构进行动态设计时，分析机械系统在已知外部干扰或动态力作用下所产生的位移、速度或加速度响应等。

(2) 系统识别：已知系统的输入和输出，分析和研究该系统的特性。一般是通过激振试验，获得输入与输出数据，建立描述系统动态特性的数学表达式，采用近代系统辨识的理论与方法确定该系统的质量、刚度及阻尼等各种物理参数。

(3) 动载荷识别：根据系统的特性及输出，确定系统的输入。一般的方法是根据已知结构系统的特性，通过测量该系统在未知的外载荷作用下所产生的振动响应，来识别未知载荷的时间历程及其频率特性。工程中很多系统所受的动载荷是无法或很难直接实测的，如本书所研究的磨机负荷对磨机筒体的冲击力。

磨机负荷的检测与识别问题可以归为一类特殊的动载荷识别问题，但识别的不是冲击力，而是与此冲击力直接相关的磨机负荷参数及钢球、物料和水负荷。工业实际中，磨机筒体内的物料、钢球和水负荷连续运动且相对比较稳定(尤其是安装有自动加球机的磨矿过程)，故磨机负荷可看作是磨机筒体结构的一部分[272]。因此，加入磨机负荷后的球磨机筒体振动系统是由磨机筒体及其内部的物料、钢球和水负荷组成的一个受交变应力载荷作用的新机械结构体。该新机械结构体的物理参数(质量、刚度及阻尼等)中包含磨机负荷信息。磨机负荷不同时，该结构体的各种物理参数也同时发生变化。因此，磨机负荷的识别问题就包含了机械振动中的系统识别和动载荷识别两个方面的问题。常规的动载荷识别方法很难用于识别磨机负荷。这也是工业界基于振动、振声等信号间接检测磨机负荷的原因之一。

2. 旋转机械设备负荷与筒体振动信号

结合图 2.7，可依据动量定理计算理想状态下最外层钢球在落回点 B 对磨机衬板的冲击力 F_b：

$$F_{\mathrm{b}}=\sqrt{(F_{\mathrm{bx}})^2+(F_{\mathrm{by}})^2}=\sqrt{(L_{\mathrm{bs}}\cdot V_x'/T_{\mathrm{b}})^2+(L_{\mathrm{bs}}\cdot V_y'/T_{\mathrm{b}})^2} \tag{2.41}$$

$$V_x'=R_{\mathrm{mill}}\cdot\omega_{\mathrm{m}}\cdot(\cos\alpha_{\mathrm{bl}}+\cos 3\alpha_{\mathrm{bl}}) \tag{2.42}$$

$$V_y'=\sqrt{9\cdot R_{\mathrm{mill}}\cdot g\cdot\sin^2\alpha_{\mathrm{bl}}\cdot\cos\alpha_{\mathrm{bl}}}-R_{\mathrm{mill}}\cdot\omega_{\mathrm{m}}\cdot\sin 3\alpha_{\mathrm{bl}} \tag{2.43}$$

$$T_{\mathrm{b}}=k_{\delta}\cdot\sqrt[5]{(R_{\mathrm{b}}L_{\mathrm{b}}'^2)\Bigg/\left(\left(\frac{1-\mu_{\mathrm{b1}}^2}{E_{\mathrm{b1}}}+\frac{1-\mu_{\mathrm{b2}}^2}{E_{\mathrm{b2}}}\right)^2\cdot\sqrt{R_{\mathrm{mill}}\cdot g\cdot\cos\alpha_{\mathrm{bl}}\cdot(9-8\cos^2\alpha_{\mathrm{bl}})}\right)} \tag{2.44}$$

其中，ω_{m} 为磨机转动的角速度，α_{bl} 为钢球脱离角，R_{mill} 为磨机筒体的内径，g 为重力加速度，R_{b} 和 L_{b}' 为单个钢球的半径和质量，T_{b} 为钢球在 B 点对磨机衬板的冲击时间，k_{δ} 为钢球表面的罩盖层厚度对 T_{b} 的影响系数，E_{b1} 和 E_{b2}、μ_{b1} 和 μ_{b2} 分别为钢球和衬板的弹性模量及泊松系数。

由之前的分析可知，磨机负荷参数、矿浆黏度和矿浆温度均会影响钢球在 B 点速度；而且钢球在 B 点对磨机衬板的冲击时间还受到钢球表面的罩盖层厚度的影响。

因此，筒体上的 B 点实际上受到的冲击力 F_{bmw} 可用下式表示：

$$F_{\mathrm{bmw}}=\Phi_{\mathrm{bmwf}}(\eta,\delta,\varphi_{\mathrm{mw}},T_{\mathrm{op}},\varphi_{\mathrm{mb}},\varphi_{\mathrm{bmw}})\cdot F_{\mathrm{b}} \tag{2.45}$$

式中，Φ_{bmwf} 为未知非线性函数，T_{op} 为矿浆温度。

将磨机筒体与衬板看作均匀壳体，忽略衬板与筒体间的耦合效应以及衬板拼接后的相互影响，将磨机筒体近似看作板壳结构体[273]。球磨机筒体振动系统则是由磨机筒体及磨机内的钢球、物料和水负荷组成的受交变应力载荷作用的板壳结构体。该结构体具有无限多个自由度，描述这样的分布参数系统需要用偏微分方程。

因此，我们给出如下假设：

(1) 筒体的变形是微小的，即认为筒体的位移与其厚度相比要小得多。

(2) 筒体的材料是弹性的，即材料满足应力与应变间的线性关系。

(3) 筒体的材料是各向同性的。

(4) 只研究任一径向剖面内的钢球，忽略各个剖面内的钢球间的相互影响，并将该剖面内的钢球理想化，按分层稳态运动处理。

(5) 只研究抛落工作状态下磨机负荷对磨机筒体的作用力。

(6) 假设装入磨机筒体内的钢球负荷保持稳定，运动过程连续。

磨机筒体上 B 点的运动方程可表述为：

$$\underset{\text{(质量特征)}}{M_{\mathrm{wet}}(B_{\mathrm{shell}})}\cdot\underset{\text{(加速度)}}{\frac{\partial^2 u(B_{\mathrm{shell}},t)}{\partial t^2}}+\underset{\text{(阻尼特性)}}{C_{\mathrm{wet}}(B_{\mathrm{shell}})}\cdot\underset{\text{(速度)}}{\frac{\partial u(B_{\mathrm{shell}},t)}{\partial t}}+\sum[\underset{\text{(刚度特性)}}{K_{\mathrm{wet}}(B_{\mathrm{shell}})}\cdot \underset{\text{(位移)}}{u(B_{\mathrm{shell}},t)}]=\underset{\text{(冲击力)}}{F_{\mathrm{bmw}}} \tag{2.46}$$

式中，$u(B_{\mathrm{shell}},t)$ 和 F_{bmw} 代表点 B 的位移和在 B 点处的冲击力；$C_{\mathrm{wet}}(B_{\mathrm{shell}})=\Phi_{\mathrm{CB}}(L_{\mathrm{m}},L_{\mathrm{b}},L_{\mathrm{w}})$ 和 $K_{\mathrm{wet}}(B_{\mathrm{shell}})=\Phi_{\mathrm{KB}}(L_{\mathrm{m}},L_{\mathrm{b}},L_{\mathrm{w}})$ 均为磨机负荷的未知函数，分别表示筒体振动系统的阻尼和刚度的分布特性。

只考虑磨机筒体的径向变形，依据式(2.46)可知筒体径向振动加速度信号(后文简称为筒体振动信号)与磨机筒体的质量、阻尼、刚度特性及冲击力间的映射关系可由下式表示：

$$x_{\mathrm{V}}^{\mathrm{otB}} = \Theta_{\mathrm{a}}\left(M_{\mathrm{wet}}(B_{\mathrm{shell}}), C_{\mathrm{wet}}(B_{\mathrm{shell}}), K_{\mathrm{wet}}(B_{\mathrm{shell}}), F_{\mathrm{bmw}}\right) + \Delta d \tag{2.47}$$

式中，$x_{\mathrm{V}}^{\mathrm{otB}}$ 表示筒体振动信号；Θ_{a} 表示未知非线性函数。

综上所述，筒体振动信号与磨机负荷参数间存在的复杂非线性关系难以采用精确的机理模型描述。但上述分析只是针对最外层的单个钢球在落回点 B 的分析。实际上，磨机筒体上的任一点在磨机筒体旋转一周的任意时刻受到的冲击力可用图 2.9 表示。

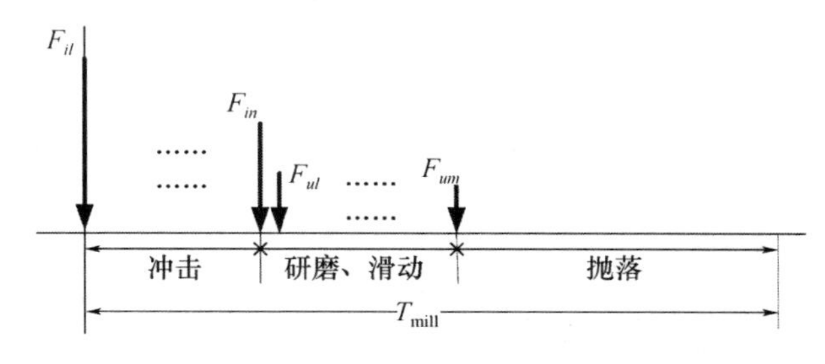

图 2.9　磨机旋转一周内筒体任意点所受冲击力示意图

图 2.9 中，T_{mill} 表示磨机旋转周期，箭头的长短示意磨机筒体受到的冲击力大小。

磨机筒体 B 点在磨机旋转一周过程中不同时刻受到的冲击力，即

$$\begin{aligned}(\boldsymbol{F}_{\mathrm{bmw}}^{\mathrm{1stlayer}})_{\mathrm{period}} = [&(F_{\mathrm{bmw}})_{i1}^{\mathrm{1stlayer}}, \cdots, (F_{\mathrm{bmw}})_{in}^{\mathrm{1stlayer}}, \cdots, (F_{\mathrm{bmw}})_{g1}^{\mathrm{1stlayer}}, \cdots, \\ &(F_{\mathrm{bmw}})_{gm}^{\mathrm{1stlayer}}, \cdots, (F_{\mathrm{bmw}})_{s1}^{\mathrm{1stlayer}}, \cdots, (F_{\mathrm{bmw}})_{sl}^{\mathrm{1stlayer}}, \cdots]\end{aligned} \tag{2.48}$$

式中，$(F_{\mathrm{bmw}})_{in}^{\mathrm{1stlayer}}$、$(F_{\mathrm{bmw}})_{gm}^{\mathrm{1stlayer}}$ 和 $(F_{\mathrm{bmw}})_{sl}^{\mathrm{1stlayer}}$ 表示磨机内部钢球在冲击(Impact)、研磨(Grinding)和滑动(Sliding)阶段的冲击力。

这些冲击力显然具有不同的冲击强度和频率。单独分析某一时刻的筒体振动信号进行磨机负荷参数的估计显然是不合理的。为了能够包含磨机旋转一周内的全部筒体振动信号特性，需要以磨机旋转整周期的信号为单位长度进行分析。

$(F_{\mathrm{bmw}}^{1^{\mathrm{st}}\mathrm{layer}})_{\mathrm{period}}$ 引起的磨机旋转一周的最外层筒体振动可以表示为：

$$\begin{aligned}(\boldsymbol{x}_{\mathrm{V}}^{\mathrm{t}})_{\mathrm{period}}^{\mathrm{1stlayer}} = [&(x_{\mathrm{V}}^{\mathrm{t}})_{i1}^{\mathrm{1stlayer}}, \cdots, (x_{\mathrm{V}}^{\mathrm{t}})_{in}^{\mathrm{1stlayer}}, \cdots, (x_{\mathrm{V}}^{\mathrm{t}})_{g1}^{\mathrm{1stlayer}}, \cdots, \\ &(x_{\mathrm{V}}^{\mathrm{t}})_{gm}^{\mathrm{1stlayer}}, \cdots, (x_{\mathrm{V}}^{\mathrm{t}})_{s1}^{\mathrm{1stlayer}}, \cdots, (x_{\mathrm{V}}^{\mathrm{t}})_{sl}^{\mathrm{1stlayer}}, \cdots]\end{aligned} \tag{2.49}$$

式中，$(x_{\mathrm{V}}^{\mathrm{t}})_{in}^{\mathrm{1stlayer}}$、$(x_{\mathrm{V}}^{\mathrm{t}})_{gm}^{\mathrm{1stlayer}}$ 和 $(x_{\mathrm{V}}^{\mathrm{t}})_{sl}^{\mathrm{1stlayer}}$ 分别表示第一层钢球在冲击、研磨和滑动阶段的冲击力引起筒体振动信号的子组成成分。

实际上，磨机内的钢球数以万计且分层排列，不同层的钢球的运动轨迹不同。理论分析表明，不同层钢球落回点的轨迹是通过磨机筒体中心的螺旋线[253]。因此，各层钢球的循环周期不同，钢球落回点的区域有限，内层钢球只能通过钢球之间的碰撞间接冲击筒体。此外，磨机筒体质量不平衡、安装偏心等原因也会造成筒体振动。这些振动相互耦合、叠加后形成我们通常采集得到的筒体振动信号，可以表示为：

$$
\begin{aligned}
\boldsymbol{x}_{\mathrm{V}}^{\mathrm{ot}} &= (\boldsymbol{x}_{\mathrm{V}}^{\mathrm{t}})_{\mathrm{period}}^{\mathrm{1stlayer}} + (\boldsymbol{x}_{\mathrm{V}}^{\mathrm{t}})_{\mathrm{period}}^{\mathrm{2ndlayer}} + (\boldsymbol{x}_{\mathrm{V}}^{\mathrm{t}})_{\mathrm{period}}^{\mathrm{3rdlayer}} + \cdots + (\boldsymbol{x}_{\mathrm{V}}^{\mathrm{t}})^{\mathrm{millself}} + (\boldsymbol{x}_{\mathrm{V}}^{\mathrm{t}})^{\mathrm{install}} + (\boldsymbol{x}_{\mathrm{V}}^{\mathrm{t}})^{\mathrm{others}} \cdots \\
&= \sum_{j_{\mathrm{V}}=1}^{J_{\mathrm{V}}^{\mathrm{all}}} \boldsymbol{x}_{j_{\mathrm{V}}}^{\mathrm{t}}
\end{aligned} \tag{2.50}
$$

式中，$\boldsymbol{x}_{j_{\mathrm{V}}}^{\mathrm{t}}$ 和 $J_{\mathrm{V}}^{\mathrm{all}}$ 分别表示第 j_{V} 个子信号和子信号的数量；$(\boldsymbol{x}_{\mathrm{V}}^{\mathrm{t}})_{\mathrm{period}}^{j\mathrm{thlayer}}$、$(\boldsymbol{x}_{\mathrm{V}}^{\mathrm{t}})^{\mathrm{millself}}$、$(\boldsymbol{x}_{\mathrm{V}}^{\mathrm{t}})^{\mathrm{install}}$ 和 $(\boldsymbol{x}_{\mathrm{V}}^{\mathrm{t}})^{\mathrm{others}}$ 分别表示由第 j 个层钢球冲击、磨机质量不平衡、安装偏差和其它原因引起的筒体振动多组分中的某个子信号。

文献[274]对 DTM350/700 型球磨机的力学性能分析表明，磨机内部各层钢球数、落点径向冲击速度、抛球间隔也各不相同的。因此，筒体振动是多种运动冲击力的叠加所致。

以上分析表明，虽然筒体振动信号中包含磨机负荷参数信息，但其组成复杂，难以在时域内进行较为有效的特征提取和选择。

3．磨机筒体振动频谱

球磨机筒体振动信号中蕴含着丰富磨机负荷参数信息，但这些信息如何在频域中体现？

众所周知，任何结构体在频域内的振动波形都是该结构体固有模态或外部冲击力引起的模态的体现[275]，振动频谱中每个分频段均表征一个振动模态[276]。结合前面的机理分析可知，筒体振动频谱应该包含至少两个模态，即磨机筒体与磨机内的钢球、物料和水负荷组成的机械结构体的固有模态和外部冲击力引起的冲击模态。这些不同模态中可能包含不同的磨机负荷参数信息。

由前面几节的分析可知，物料研磨是通过磨机筒体的旋转带动钢球的冲击破碎过程来实现的。该过程产生强烈的筒体振动及振声信号，如果球磨机筒体自身存在着质量不平衡或是安装不同心，磨机空转时也会产生振动和振声信号。

下面给出了 XMQL 420×450 格子型实验球磨机在空转(零负荷)时的筒体振动频谱，如图 2.10 所示。

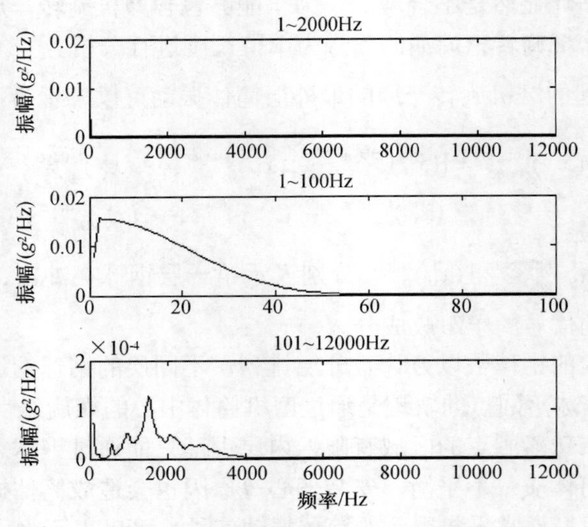

图 2.10　零负荷时筒体的振动频谱

图 2.10 表明零负荷时筒体振动频谱的全谱波形难以分辨。但如果将全谱分为 1～100Hz 和 101～12000Hz 两部分，可知第一部分最大幅值是第二部分的 122 倍。这表明前 100Hz 的振动频谱是由球磨机筒体的自身旋转引起[232]，其余部分是磨机筒体这个机械结构体固有模态的体现。

下文主要分析 101～12000Hz 间的频谱在不同研磨条件下的差异。

文献[257]给出了 XMQL 420×450 格子型实验球磨机的筒体振动信号在(a)空转(零负荷)、(b)空砸(钢球负荷)、(c)干磨(钢球和物料负荷)、(d)水磨(钢球和水负荷)、(e) 湿磨(物料、钢球和水负荷)共 5 种不同的研磨条件下的时域(内部小图)及频域波形(功率谱密度，PSD)，如图 2.11 所示。

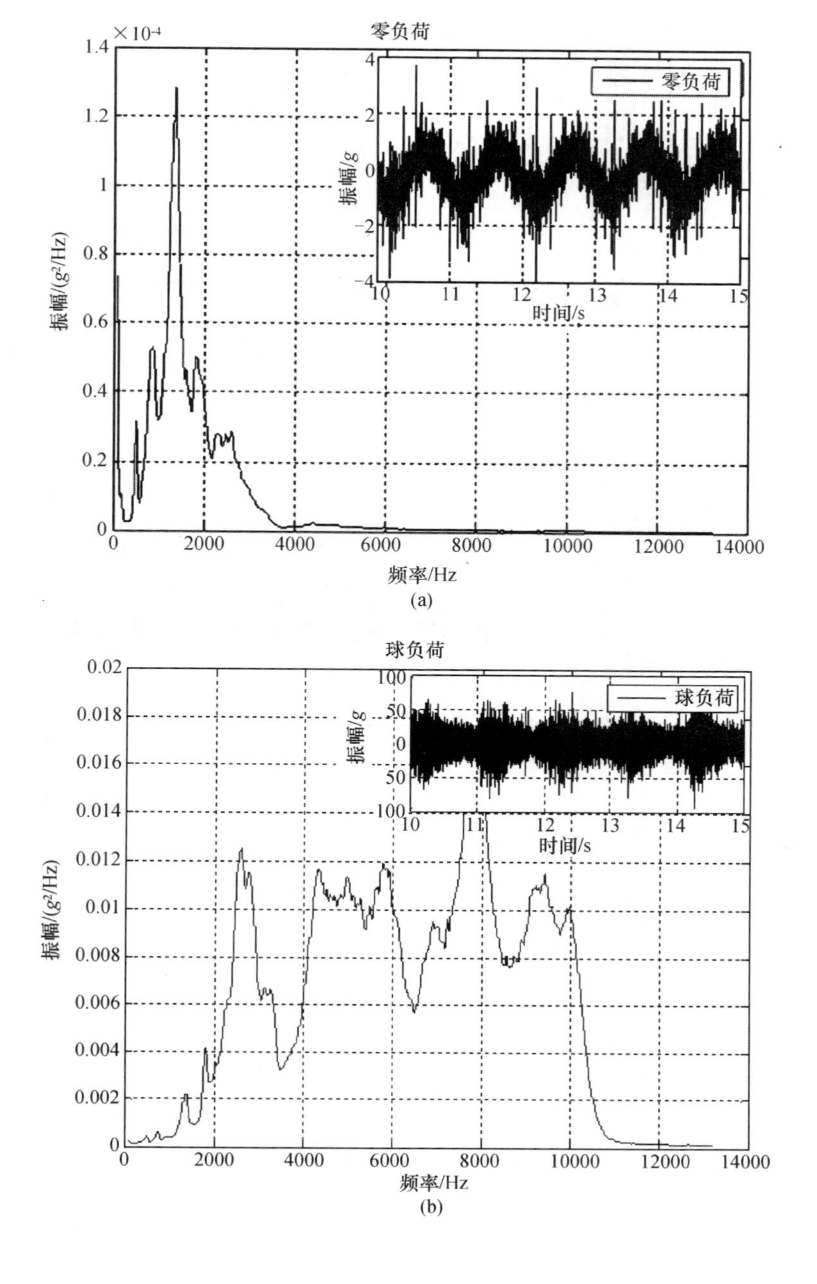

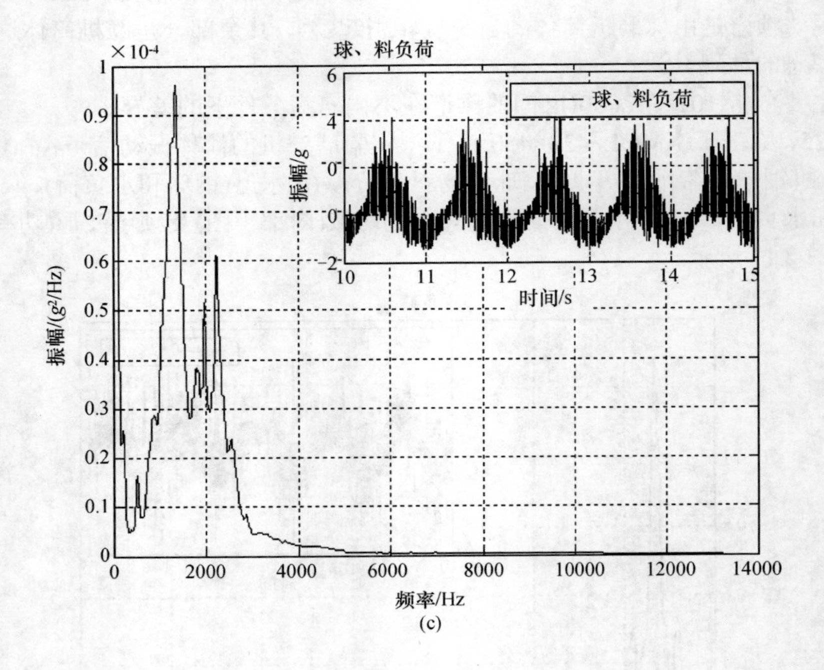
×10⁻⁴
球、料负荷
球、料负荷
振幅/g
时间/s
振幅/(g²/Hz)
频率/Hz

(c)

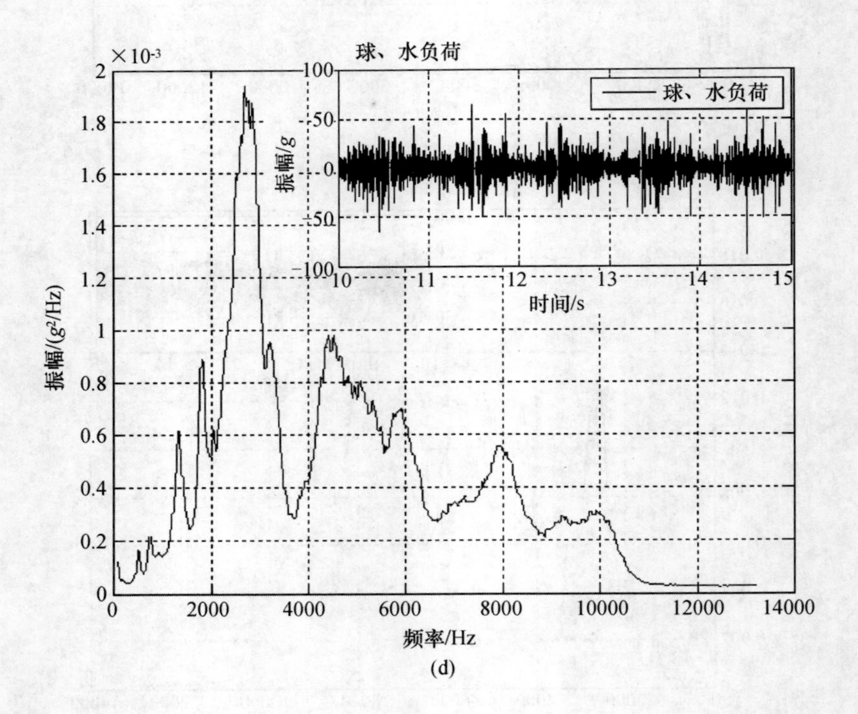
×10⁻³
球、水负荷
球、水负荷
振幅/g
时间/s
振幅/(g²/Hz)
频率/Hz

(d)

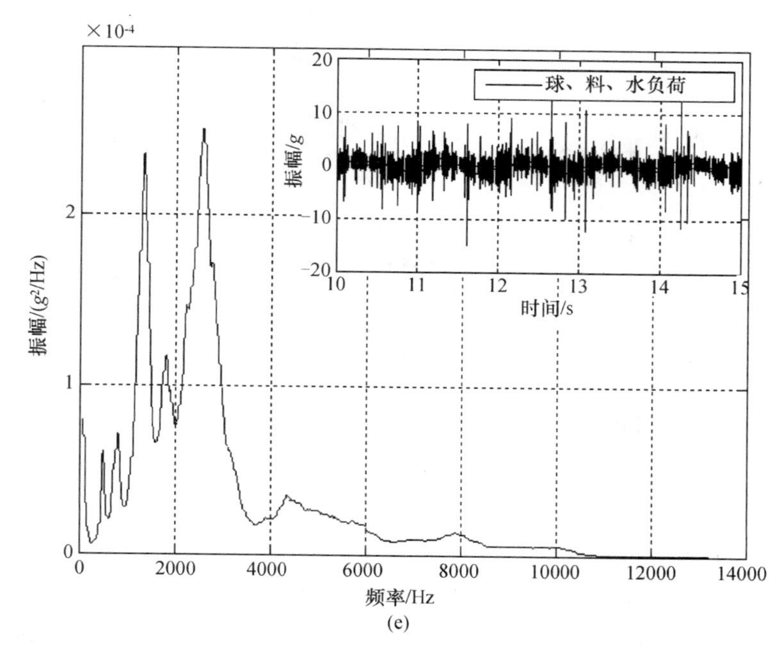

(e)

图 2.11 不同研磨条件下球磨机筒体振动信号的 PSD 及时域波形

(a) 空转时的振动信号的 PSD 及时域波形；(b) 空砸时的振动信号的 PSD 及时域波形；

(c) 干磨时的振动信号的 PSD 及时域波形；(d) 水磨时的振动信号的 PSD 及时域波形；

(e) 湿磨时的振动信号的 PSD 及时域波形。

图 2.11 中的磨机负荷为：钢球负荷 40kg，物料负荷 30kg，水负荷 10kg。

图 2.11 的结果表明，不同研磨条件下的时域及频域波形存在明显差异：在时域内，不同研磨条件下的振幅从 4g 到 100g，干磨条件下振幅最小但特征明显，与 Huang 的描述相符[203]；在频域内，所有频谱均具有相同的 100～2000Hz 分频段，从而表明此分频段是由磨机筒体和磨机内的钢球、物料和水负荷组成的机械结构体的固有模态。

球磨机对物料的研磨作用包括下落钢球的直接冲击破碎、通过其它钢球的间接冲击破碎以及旋转钢球间的磨剥破碎。钢球的运动和研磨条件(干磨、水磨、湿磨)影响着钢球与衬板、钢球与物料、钢球与钢球相互之间的冲击力和冲击时间，并最终体现在筒体振动频谱上。不同研磨条件下，钢球对衬板的冲击力和冲击时间不同。物料的研磨过程可认为是能量的损耗过程，也就是说，物料、水、矿浆以不同的能量损耗机理影响钢球对衬板的冲击，导致筒体振动信号在水磨、干磨、湿磨条件下具有不同的时域和频域波形。文献[257]的研究表明，XMQL 420×450 格子型湿式球磨机的振动频谱可以分为固有模态段、主冲击模态段、次冲击模态段。

综合前文的分析，可知该实验磨机的研磨过程、筒体振动不同模态及磨机负荷参数间的对应关系如图 2.12 所示。

图 2.12 表明，筒体振动频谱的不同分频段包含不同的磨机负荷参数信息。为构建有效的软测量模型进行频谱分频段的划分和为不同的磨机负荷参数选择不同的频谱特征是必要的。更为有效的方法是如何自适应分解筒体振动信号为不同尺度的子信号并分析这些子信号所蕴含的物理含义，为磨机负荷测量提供理论支撑。

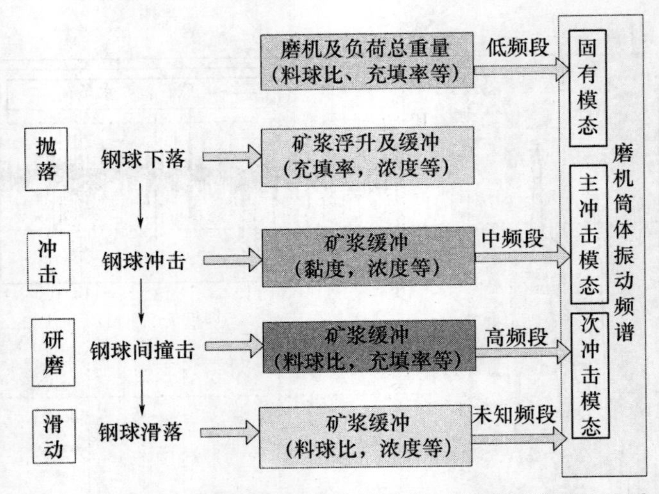

图 2.12　钢球研磨过程、磨机负荷参数及振动频谱间的关系

注释：图 2.12 是结合 XMQL 420×450 实验球磨机给出的钢球研磨过程、磨机负荷参数及振动频谱之间相互关系，这只是一个定性的分析。工业实践表明，经验丰富的领域专家融合多源信息也只能有效识别所熟悉球磨机的负荷。显然，不同磨机特性不同，图 2.12 所描述定性关系的普适性有待深入研究。

2.4.3 振声分析

振声与振动密切相关，振声主要是由声源的振动引起的。振动与振声的区别是：振动量只是时间的函数，振声的波动量则是时间和空间的函数。按振声传递的媒介，机械噪声可以分为空气噪声和结构噪声，其中：空气噪声指经由空气途径(包括通过隔墙)传播到接收点的噪声，结构噪声指通过固体结构传递到接收点附近的构件后声辐射到达接收处的噪声[277]。

磨机振声信号由振动辐射噪声即筒体结构噪声、磨机内部混合声场传输至磨机外部的空气噪声、与磨机负荷无关的环境噪声等三部分组成，其主要来源是筒体振动，图 2.13 所示。

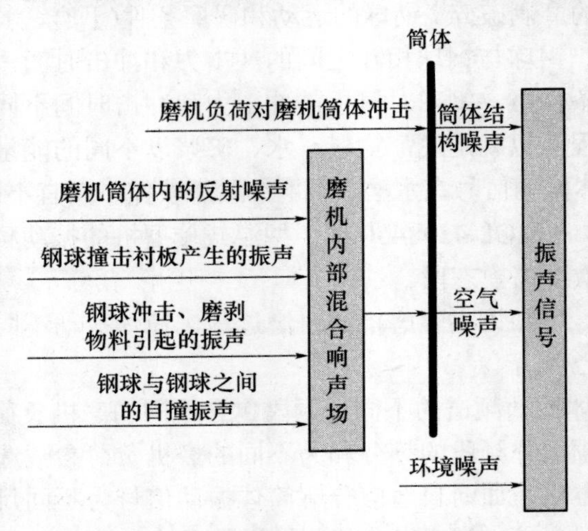

图 2.13　磨机振声信号的组成示意图

球磨机的机械研磨产生较强的机械振动和振声信号[225]。磨机筒体的变形或振动，研磨设备支撑结构的振动等都是振声信号的来源[278]。磨机内部的振声主要是由磨机转动时钢球与衬板、钢球与钢球、钢球与物料间的撞击产生，其中钢球撞击衬板产生的振声以中低频为主，钢球与钢球之间的自撞振声以中高频为主[279]。钢球撞击衬板引起筒体振动，由此振动产生的声辐射即筒体的结构噪声构成了磨机外部振声的主要部分。球磨机筒体是声学上的硬壁面即强反射面，大部分噪声在筒体内连续反射，形成混合响声场。该混合声场噪声的一部分被矿浆及筒体吸收，另外一部分通过筒体和固定磨机衬板的螺栓传输至磨机外部，构成空气噪声。因此，磨机外部可检测的振声信号至少由筒体的结构噪声及通过筒体和固定磨机衬板的螺栓传输至磨机外部的空气噪声两部分组成。

基于上述定性分析可知，振声信号是由多种噪声信号叠加而成，并且不同组成部分蕴含的磨机负荷参数信息明显不同，其组成较筒体振动信号更为复杂，可用下式表示：

$$\boldsymbol{x}_{\mathrm{A}}^{\mathrm{t}}=\sum_{j_{\mathrm{A}}=1}^{J_{\mathrm{A}}}\boldsymbol{x}_{j_{\mathrm{A}}}^{\mathrm{t}} \tag{2.51}$$

式中，$\boldsymbol{x}_{j\mathrm{A}}^{t}$ 表示振声信号的第 j_{A} 个组成成分，J_{A} 表示振声信号组成成分个数。

研究表明，尽管振声组成复杂，但其主要声源依然是球负荷对磨机筒体的冲击[280]。磨机筒体在冲击点处形成的中心频率为 f_0，频率带宽为 Δf 的声级能量可用下式表示[281]：

$$E_{\mathrm{rad}}(A,f_0,\Delta f)=N_{\mathrm{imp}}\frac{A_{\mathrm{wet}}\sigma_{\mathrm{rad}}}{f_0}\frac{1}{\eta_{\mathrm{s}}d_{\mathrm{mill}}}\frac{\Delta f}{f_0}\frac{\rho_0 c_{\mathrm{air}}}{2\pi^2\rho_{\mathrm{m}}}\left|\dot{F}_{\mathrm{bmw}}(f_0)\right|^2\mathrm{Im}[H_{\mathrm{bmw}}(f_0)] \tag{2.52}$$

或是采用对数形式 L_{eq} 表示：

$$\begin{aligned}L_{\mathrm{eq}}(A,f,\Delta f)=&10\lg N_{\mathrm{imp}}+10\lg\left|\dot{F}_{\mathrm{bmw}}(f_0)\right|^2+10\lg\{\mathrm{Im}[H_{\mathrm{bmw}}(f_0)]\}+\\&10\lg(A_{\mathrm{wet}}\sigma_{\mathrm{rad}}/f_0)+10\lg(\Delta f/f_0)-\\&10\lg\eta_{\mathrm{s}}-10\log d_{\mathrm{mill}}+10\lg(\rho_0 c_{\mathrm{air}}/2\pi^2\rho_{\mathrm{b}})\end{aligned} \tag{2.53}$$

式中，N_{imp} 是每秒的冲击次数；$H_{\mathrm{bmw}}(f_0)$ 是冲击点的响应 $h_{\mathrm{bmw}}(t)$ 在频率 f_0 处的傅里叶变换，其定义为 $V_{\mathrm{bmw}}(f_0)=\dot{F}_{\mathrm{bmw}}(f_0)H_{\mathrm{bmw}}(f_0)$，$\dot{F}_{\mathrm{bmw}}(f_0)$ 是磨机筒体冲击点处的冲击力的一阶导数，V_{bmw} 是冲击引起的速度；A_{wet} 是在频率 f_0 处的声级加权系数；σ_{rad} 是在频率 f_0 处的声辐射系数；η_{s} 是在频率 f_0 处的阻尼系数；d_{mill} 是磨机筒体的平度厚度；ρ_0 是空气密度；c_{air} 是空气中的声速。

因此，振声频谱分布主要由磨机筒体的频率响应模型、平均辐射效率及冲击力的导数项决定，其中冲击力与磨机负荷参数密切相关。可见振声频谱蕴含丰富磨机负荷参数信息。

工业生产中球磨机振声信号的检测主要是采用“电耳”，但是电耳输出的是反映较宽频带声压大小的单一值，难以充分反映球磨机噪声中所含的全部信息，更无法提取噪声特征。熟练的球磨机操作人员能够用人耳判断所熟悉的特定磨机的负荷及其内部参数状态。研究表明，人耳本质上是一组自适应带通滤波器。

针对这些现象，文献[282]基于 305×305mm 中心传动式邦德功指数球磨机，采用 HS5670 型积分声级计研究了湿式球磨机振声信号的倍频中心频率的频谱分布与磨机负荷参数间的映射关系，如图 2.14～图 2.16 所示。

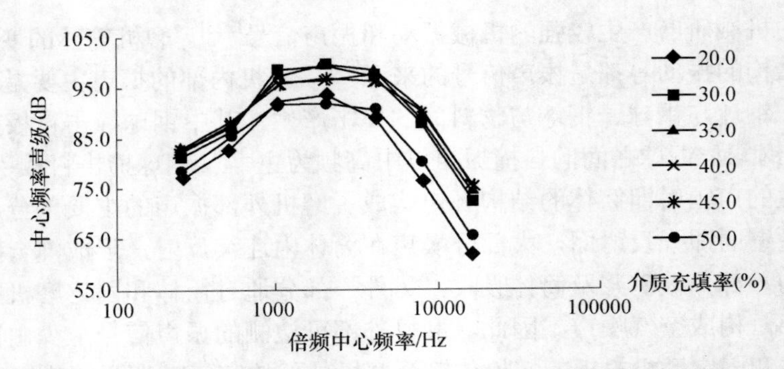

图 2.14　磨矿浓度为 0.80、料球比为 0.56 时，介质充填率对振声频谱分布的影响

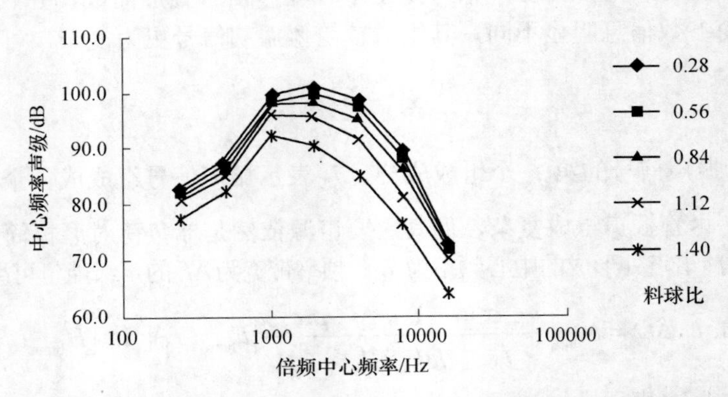

图 2.15　磨矿浓度为 0.80、介质充填率为 0.30 时，料球比对振声频谱分布的影响

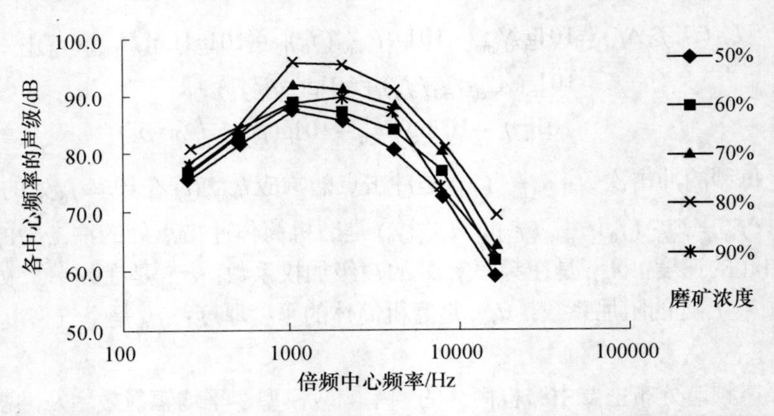

图 2.16　料球比为 1.12、介质充填率为 0.30 时，磨矿浓度对振声频谱分布的影响

图 2.14～图 2.16 表明，振声频谱能够反映磨机负荷参数。当球磨机物料增加时，球磨机噪声发“闷”，即高频部分声级明显降低；球磨机物料减少时，噪声发“脆”，高频部分声级迅速提高。

文献[186]指出，球磨机振声信号能够有效的检测磨机内部料球比。

文献[280]指出，振声信号的低频部分包含更多的磨机负荷信息。

因此，模仿人耳能够在整个振声频域内进行频谱特征分析的能力，提取和选择蕴含不同信息的频谱特征是必要的。将振声信号有效分解为具有不同尺度的子信号，并提取其频谱特征用于构造软测量模型，具有重要价值。

2.4.4 电流分析

磨机驱动电机的电流信号(后文简称磨机电流)与磨机负荷密切相关，已被广泛地应用于干式球磨机、湿式球磨机及自磨和半自磨机的运行控制[11, 261, 263, 283]。

文献[263]给出了基于 Bond 指数模型的湿式磨机功率模型：

$$P_{\text{mill}} = K_{\text{p}} D_{\text{eff}}^{x_{\text{b}}} \sin(\alpha) \rho_{\text{L}} \varphi_{\text{bmweff}} (1-\beta\varphi_{\text{bmweff}}) N_{\text{eff}} L_{\text{mill}} \tag{2.54}$$

其中，P_{mill} 是磨机驱动电机功率；K_{p} 是受磨机的衬板设计和矿浆属性影响的常数；D_{eff} 是去除离心层后的磨机有效半径，m；x_{b} 是 Bond 和 Moys 模型的指数，取 2.3；α 是负荷的休止角；δ_{c} 是离心层的厚度，m；ρ_{L} 是矿浆体积密度，kg/m3；φ_{bmweff} 是去除离心层后磨机充填率；β 是 Bond 模型参数；N_{eff} 是磨机有效转速，r/min；L_{mill} 是磨机长度，m。针对湿式球磨机，不考虑离心层，磨机电流模型 P_{wb} 可由上式简化得到：

$$P_{\text{wb}} = K_{\text{p}} R_{\text{mill}}^{x_{\text{b}}} \sin(\alpha) \cdot \rho_{\text{L}} \cdot \varphi_{\text{bmw}} \cdot (1-\beta\varphi_{\text{bmw}}) N_{\text{mill}} L_{\text{mill}} \tag{2.55}$$

式中，R_{mill} 为球磨机的内径。

结合磨机负荷参数定义，可得：

$$P_{\text{wb}} = K_{\text{p}} R_{\text{mill}}^{x_{\text{b}}} \sin(\alpha) \frac{(L_{\text{m}} + L_{\text{w}}) \cdot \rho_{\text{w}} \cdot \rho_{\text{m}}}{L_{\text{m}} \cdot \rho_{\text{w}} + L_{\text{w}} \cdot \rho_{\text{m}}} \cdot \varphi_{\text{bmw}} \cdot (1-\beta\varphi_{\text{bmw}}) N_{\text{mill}} L_{\text{mill}} \tag{2.56}$$

结合式(2.9)和式(2.10)可知，磨机电流信号包含磨机负荷参数信息。

文献[282]基于 305mm×305mm 中心传动式邦德功指数球磨机，给出了不同的 BCVR 时，MBVR 和 PD 对磨机输入功率(磨机功率)的影响，如图 2.17～图 2.19 所示。

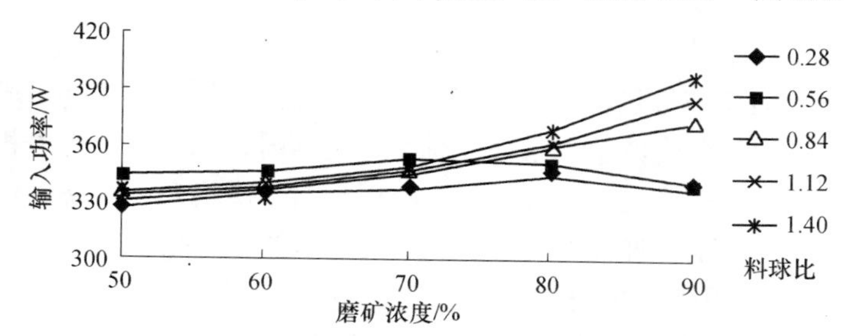

图 2.17　介质充填率为 0.2 时，磨矿浓度和料球比对磨机功率的影响

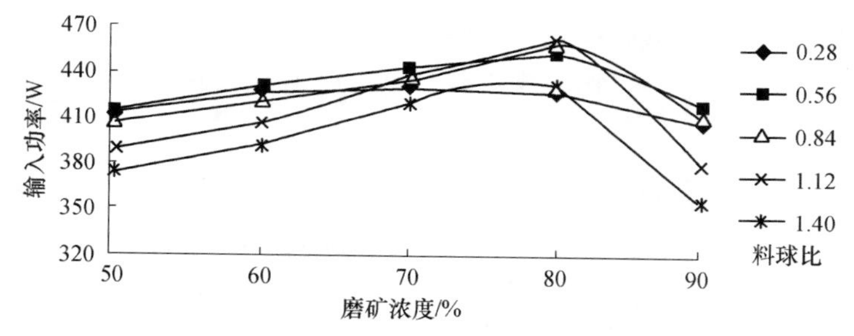

图 2.18　介质充填率为 0.3 时，磨矿浓度和料球比对磨机功率的影响

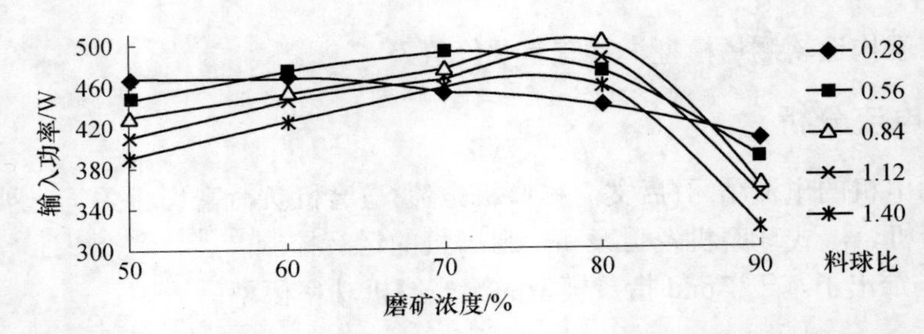

图 2.19　介质充填率为 0.4 时，磨矿浓度和料球比对磨机功率的影响

图 2.17～图 2.19 表明，随着 BCVR 的提高，不同 MBVR 条件下输入功率最大值的位置逐渐向 PD 降低的方向移动。此外，磨机输入功率还会受到磨机转速率影响。

工业应用实际表明，磨机电流虽然能够反映磨机负荷的变化，但是当磨机电流值发生变化时，难以判断磨机是处于欠负荷还是过负荷状态。即使磨矿系统稳定运行，磨机的运行工况始终都会发生波动，从而导致磨机电流波动。实际应用中往往需要采用统计过程控制(SPC)[284]技术对磨机电流信号进行预处理，并结合磨矿过程的其它过程变量，如给矿量、磨矿浓度及溢流浓度的设定值，或磨机的轴承振动信号进行磨机负荷的监视与控制[11, 283]。

综上所述，磨机电流信号可以融合其它多源信息进行磨机负荷参数的有效检测。

2.4.5　软测量模型输入输出关系

本书采用 MBVR、PD 和 CVR 作为待测量的磨机负荷参数。

磨机的钢球、物料和水负荷，磨机负荷状态及磨机负荷参数间的映射关系可用下式表示[258]：

$$L = F(L_{\mathrm{b}}, L_{\mathrm{w}}, L_{\mathrm{m}}) = F'(\varphi_{\mathrm{mb}}, \varphi_{\mathrm{mw}}, \varphi_{\mathrm{bmw}}) \tag{2.57}$$

其中，L 表示磨机负荷状态；$F(\cdot)$ 和 $F'(\cdot)$ 是未知非线性函数。

磨机前后轴承的振动信号包含部分磨机负荷参数信息，但轴承振动信号会受到磨机传动系统的干扰。振声信号包含的信息虽多于轴承振动信号，却受到临近磨机的干扰，且只能有效检测 MBVR[186]。磨机电流信号虽然广泛用于监视磨机负荷状态，但在磨机负荷优化点附近，磨机电流信号减小时难以判断磨机负荷是增加还是减小。基于轴承振动、振声、磨机电流信号和原矿、精矿硬度及粒度的离线化验值，难以检测其它磨机负荷参数。

干式球磨机的磨机负荷软测量研究表明，基于筒体振动信号的模型性能优于振声信号[198, 199]。由磨机研磨机理和筒体振动产生机理的定性分析及筒体振动信号的实验分析可知，筒体振动频谱与磨机负荷参数密切相关。

综上所述，采用筒体振动、振声频谱及磨机电流信号建立的磨机负荷参数软测量模型的输入输出关系可以表示为[258]：

$$\begin{cases} \varphi_{\mathrm{mb}} = F_{p1}(A_{\mathrm{V1}}, f_{\mathrm{V1}}, A_{\mathrm{A1}}, f_{\mathrm{A1}}, A_{\mathrm{I1}}) + \Delta d_1 \\ \varphi_{\mathrm{mw}} = F_{p2}(A_{\mathrm{V2}}, f_{\mathrm{V2}}, A_{\mathrm{A2}}, f_{\mathrm{A2}}, A_{\mathrm{I2}}) + \Delta d_2 \\ \varphi_{\mathrm{bmw}} = F_{p3}(A_{\mathrm{V3}}, f_{\mathrm{V3}}, A_{\mathrm{A3}}, f_{\mathrm{A3}}, A_{\mathrm{I3}}) + \Delta d_3 \end{cases} \tag{2.58}$$

其中，下标 V，A 和 I 分别表示筒体振动、振声及磨机电流信号；$F_{pi}(\cdot)$ 是磨机负荷参数与不同信号间的函数关系；A_{Vi}，A_{Ai}和f_{Vi}，f_{Ai}表示筒体振动和振声频谱的振幅和频率特征；A_{Ii}表示磨机电流信号；$i=1,2,3$时分别表示MBVR、PD和CVR；Δd_i表示未建模动态项。

从多传感器息融合的视角考虑，磨机负荷参数软测量问题就是如何选择性地融合有价值信息准确进行参数估计。因此，磨机负荷参数与有价值多源频谱特征子集间的非线性关系可表示为：

$$\varphi_{mb}=\sum_{j_{sel}=1}^{J_{1sel}} w_{1j_{sel}}\cdot f_{1j_{sel}}(z_{1j_{sel}}) \tag{2.59}$$

$$\varphi_{mw}=\sum_{j_{sel}=1}^{J_{2sel}} w_{2j_{sel}}\cdot f_{2j_{sel}}(z_{2j_{sel}}) \tag{2.60}$$

$$\varphi_{bmw}=\sum_{j_{sel}=1}^{J_{3sel}} w_{3j_{sel}}\cdot f_{3j_{sel}}(z_{3j_{sel}}) \tag{2.61}$$

其中，$z_{ij_{sel}}$表示不同磨机负荷参数选择的特征子集；$J_{i_{sel}}$是选择的频谱特征子集数量；$f_{ij_{sel}}(\cdot)$是基于选择的第j_{sel}特征子集构建的第i磨机负荷参数子模型；$\sum_{j_{sel}=1}^{J_{ij_{sel}}} w_{ij_{sel}}=1$，$0\leqslant w_{ij\text{sel}}\leqslant 1$，$w_{ij_{sel}}$是子模型加权系数。

本书重点研究的是如何采用筒体振动、振声和磨机电流信号对一类旋转机械设备(球磨机)负荷参数(MBVR、PD、CVR)进行有效的在线软测量。在获得负荷参数后，结合式(2.9)～式(2.11)，即可求得球磨机内部的物料、钢球及水负荷。

本书采用软测量模型与数学模型串行结合的两阶段方式实现磨矿过程湿式球磨机负荷检测，如图2.20所示。

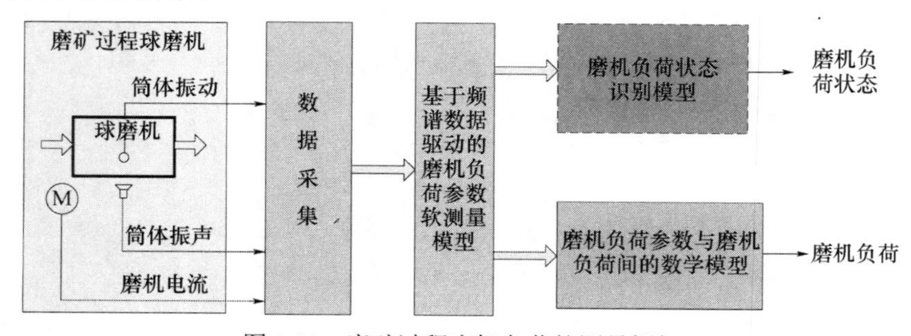

图2.20　磨矿过程磨机负荷软测量框架

注：本书对磨机负荷状态识别部分的相关研究未做描述。

2.5　旋转机械设备负荷软测量模型的难点分析

目前湿式球磨机负荷检测的难点体现在：研磨机理的复杂性、检测传感器的可靠性和磨矿过程运行环境的不稳定性，以及单个传感器获得的信息具有局部性和不确定性。筒体振动信号对磨机负荷参数具有较高的灵敏度，但其时域特征难以提取；频域特征虽然明显，但谱变量存在高维、共线性等问题；与磨机负荷参数间的非线性映射关系难以采用精确的机理模型进行描述。筒体振动、振声和磨机电流信号产生机理不同，并且不同信号包含的信息存在冗余性与互补性。磨矿过程的时变特性需要软测量模型具有自适应更新能力。

结合以上分析，磨机过程球磨机负荷的检测存在以下难点：

(1) 筒体振动及振声信号的特征难以提取与选择。

筒体振动和振声信号具有多组分特性，并且有用信息被“淹没”在噪声中，时域特征难以提取，但频域特征明显。频谱高达数千维，频谱之间存在共线性，不利于建立有效的软测量模型，且不同的磨机负荷参数与不同的频谱特征相关。因此，需要更加有效的频谱特征提取和选择方法。

(2) 多传感器信息需要合理优化融合。

尽管筒体振动比振声和磨机电流更加灵敏，但研究表明不同信号与不同磨机负荷参数相关，如筒体振动和磨矿浓度、振声与料球比、磨机电流与充填率相关性较强。振动及振声频谱的不同频段和不同特征与磨机负荷参数的相关性也不同。可见，频谱不同分频段、不同特征以及筒体振动、振声和电流信号间存在冗余性、互补性；采用单一信号检测的磨机负荷具有不确定性；基于单一模型的软测量模型和简单的融合全部传感器信息建立的集成模型不能提高检测精度。此外，磨机筒体振动及振声信号具有明显的多组分特性，不同组分物理含义及蕴含负荷参数信息不同。因此，需要选择性地融合多源传感器的不同数据特征才能建立有效的磨机负荷软测量模型。

(3) 磨矿过程的时变特性需要有效的模型更新软测量算法。

由于给矿硬度及粒度分布的波动，钢球负荷和磨机衬板的机械磨损和化学腐蚀，以及磨机内部矿浆的流变特性等因素的存在，磨矿过程存在较强的时变特性。球磨机旋转运行的工作特点和磨矿生产过程的不间断性导致难以在建模初期获得足够的建模样本。这些因素降低了离线构建的软测量模型的性能。因此需要研究不断修正软测量模型，使其能够自适应更新的在线建模算法。

第3章 基于筒体振动频谱的特征选择与特征提取方法及其应用

3.1 引 言

磨矿过程旋转机械设备(球磨机)的研磨机理和筒体振动产生机理的定性分析表明，筒体振动频谱与磨机负荷参数密切相关。旋转机械设备筒体与旋转机械设备负荷组成的机械结构体的物理特性随旋转机械设备负荷的变化而变化。研磨过程中磨机负荷对筒体的冲击力难以定量描述。球磨机机械研磨产生的筒体振动信号灵敏度高、抗干扰性强，包含着丰富的与磨机负荷参数相关的信息。磨机筒体振动信号的组成异常复杂，与负荷参数相关的信息被淹没在宽带随机噪声“白噪声”内[224]，难以在时域内进行特征提取。

在时域内，任何信号均可通过正弦波的叠加方式产生。我们可以采用正弦波在频域内表示筒体振动和振动信号[196]。研究表明，这些不同频率的正弦波的相对振幅中包含着与磨机操作参数直接相关的信息[224]。因此，可采用基于FFT的时频转换方法将筒体振动信号转换为与磨机负荷参数更加直接相关的频谱。

采用高维频谱建模，需要处理“Hushes现象”和“维数灾”的问题[285]。特征约简(包括特征提取和特征选择)可以解决这类高维数据的建模问题[24, 25]，可有效避免过拟合、抵制噪声并加强模型的泛化性能和建模精度。

面向高维谱数据，遗传算法(GA)结合PLS算法进行特征选择结果表明分谱模型具有比全谱模型更好的精度[286]。本书将该方法用于选择筒体振动频谱子频段特征，建立磨机负荷参数软测量模型[287]。由于GA随机初始化的特点，需要运行多次才能获得最佳特征子集。面对光谱数据分析和建模的应用表明，基于互信息(Mutual information，MI)的特征选择方法可以有效地选择高维谱数据特征[345]。因此，可以基于筒体振动频谱与磨机负荷参数间的MI进行子频段特征的选择。

基于PCA的特征提取方法广泛应用于工业过程的软测量建模[58]。研究表明，机械结构体的振动频谱的不同分频段代表了该结构体的固有振动模态和周期性的激励力引起的冲击模态[275]。实验球磨机的筒体振动频谱可以被分为三个分频段：自然频率段、主冲击频率段和次冲击频率段[257]，这些不同分频段包含不同的磨机负荷参数信息。因此，文献[288]提出了基于PCA和SVM的建模方法，但该文中的分频段是手动划分的且PCA不能提取非线性特征。KPCA虽然可用于提取非线性特征[85]，与PCA相同的缺点是：提取的谱主元只能够代表频谱的主要变化，频谱内与磨机负荷参数相关的一些信息可能被忽略[139]。此外，采用贡献率低、预测性能高的主元建模会导致软测量模型预测性能的不稳定[26]。因此，仅有的解决方案就是重新选择这些特征[289]。

振动频谱由若干个大的分频段组成，同时也可以看做是很多小的局部波峰的集合，这些局部波峰的质量和中心频率的相对变化中包含着磨机负荷参数信息[145]。局部波峰的这些特征可作为特征子集建立磨机负荷参数软测量模型，但需要通过特征选择方法移除无关和冗余特征。

综合基于 PCA/KPCA 的特征提取方法和基于 MI 的特征选择方法的优点是：提取的特征与频谱的主要变化相关，选择的特征通过某种准则与磨机负荷参数更相关。可以集成三类特征：子频段特征、局部波峰特征以及分频段的谱主元。这些组合后的特征克服了基于振动频谱的特征提取和选择方法均会丢失部分信息的缺点，但这些组合特征中却包含了冗余信息。

频谱特征提取和选择后需要选择适合的建模方法。SVM 是一种流行的适合小样本数据建模的流行算法，但 SVM 需要求解二次规划(Quadratic programming，QP)问题并且不确定的模型输入特征子集和学习参数均影响模型的泛化性[290]。LS-SVM 以求解次优解为代价避开了 QP 问题。SVM/LS-SVM 模型的输入特征和学习参数选择问题可以借助 GA 等其它智能优化算法完成[291]，但标准 GA 具有早熟和进化缓慢等问题。采用交叉概率和变异概率根据适应度值进行自动调整的自适应遗传算法(AGA)[292]可有效避免上述问题。因此，可以采用 AGA 同时选择 LS-SVM 模型的输入特征子集和学习参数的组合优化策略。

基于以上问题，本章描述了基于筒体振动频谱数据的特征提取和特征选择方法[293]。采用实验球磨机的实际运行数据进行了仿真实验，验证了方法的有效性。该特征提取和特征选择方法可以应用于采用振动、振声信号进行关键工业参数软测量的冶金、建材、造纸等工业过程。

3.2 随机振动信号处理

信号指可测量、记录和处理的物理量，一般是时间的函数。按照信号的特性，可分为确定性信号和随机信号两大类。振动信号可以分为确定性振动和随机振动两类。确定性振动指该振动信号的时间历程都可以用一个以时间为自变量的确定性函数来描述，即物体在未来任一时刻的值都可以精确计算得到，又可以分为周期性振动和非周期性振动。随机振动虽然很难确定出变量在任一时刻的确切值，但是通过统计却能够给出该变量在一定范围内的概率值，可以分为平稳随机振动和非平稳随机振动。随机振动常被看做马尔可夫过程，即当变量的当前值给出后，其未来值的随机状态就可唯一地确定下来，并且与过去值无关[294]。随机信号具有一定的统计规律性，通常借助概率论和随机过程理论来分布。若随机信号概率结构不随时间原点的选取而变化，则该信号为平稳的随机信号；反之，称为非平稳的随机信号。如果平稳随机过程的任一样本函数所得的概率密度函数都相等，则该平稳过程称为各态历经的随机过程。

实际的随机振动，严格讲都是非平稳的，但是如果适当分割时间范围，即可把它看做是平稳的。因此，对于磨机筒体振动信号，在某一时间段内即若干个磨机的旋转周期内，可看作平稳的随机振动信号[224]。

在实际过程中要准确地确定随机过程的分布函数并加以分析往往是不现实的，而且从实际应用的角度看，只要知道信号的数字特征即可。随机振动过程可以从时域、幅值域、时差域、频率域等不同的角度进行描述。随着信号处理技术的不断发展，基于信号处理的方法得到不断丰富，并且这些方法在机械故障诊断中得到了广泛应用。主要方法有时域特征分析方法[295，296]、频域特征分析方法、时间序列分析方法[297，298]、Wigner-Ville 时频分析方法[299，300]、小波分析方法[229，301，302]及高阶谱分析[303，304]等。这些新方法被引入到设备振动信号处理中，用来处理不连续、突变、非平稳信号，取得了很大进展。

3.2.1 振动信号的时域分析

所谓时域是指一个或多个信号的取值大小、相互关系等可定义为很多不同的时间函数或参数，其称为时域[305]。时域分析就是指计算这些函数并进行分析。根据时间函数和参数的不同，时域还可细分为幅值域、时差域、倒频域及复时域等。

1. 幅值域

对信号取值进行统计，最重要的基本概念是概率密度函数、概率密度分布、均值、方差、歪度、峭度等。

1) 随机信号的概率

假设有 N 个随机信号样本，在确定时刻 t，随机变量 $X(t)$ 的大小是不同的，并假定其值在 x 和 $x+\Delta x$ 之间的样本个数为 n(表示为 (n))，则可以定义其概率为：

$$P_{\text{rob}}\{x \leqslant X(t) \leqslant x+\Delta x\} = \lim_{N\to\infty}\frac{n}{N} \tag{3.1}$$

2) 概率密度函数

与所研究的时刻有关，定义为：

$$p(x,t) = \lim_{\Delta x\to 0}\frac{P_{\text{rob}}\{x \leqslant X(t) \leqslant x+\Delta x\}}{\Delta x} \tag{3.2}$$

3) 信号的最大值 $x_{\max}$ 和最小值 $x_{\min}$

给出信号变化的范围，表示为：

$$\begin{cases} x_{\max} = \max\{x(n)\} \\ x_{\min} = \min\{x(n)\} \end{cases} \tag{3.3}$$

4) 均值

描述信号的稳定分量，又称为一阶矩，定义为：

$$u_X(t) = \lim_{N\to\infty}\frac{1}{N}\sum_{n=1}^{N} x_n(t) = E[X(t)] \tag{3.4}$$

5) 均方值、均方根值

用于描述信号的能量，其中均方值又称为二阶矩，均方根值定义为均方值的正平方根：

$$\Psi_X^2(t) = \lim_{N\to\infty}\frac{1}{N}\sum_{n=1}^{N} x_n^2(t) = E[X^2(t)] \tag{3.5}$$

6) 方差、标准差

描述信号的波动分量，方差又称为二阶中心矩；标准差定义为方差的正平方根：

$$\sigma_X^2 = \lim_{N\to\infty}\frac{1}{N}\sum_{n=1}^{N}[x_n(t)-u_X(t)]^2 = \Psi_X^2(t)-u_X^2(t) \tag{3.6}$$

7) 歪度

反映信号中大幅值成分的影响，又称为三阶矩，定义为：

$$\alpha_X(t) = \lim_{N\to\infty}\frac{1}{N}\sum_{n=1}^{N}x_n^3(t) = E[X^3(t)] \tag{3.7}$$

8) 峭度

反映信号中大幅值成分的影响，又称为四阶矩，定义为：

$$\beta_X(t) = \lim_{N\to\infty}\frac{1}{N}\sum_{n=1}^{N}x_n^4(t) = E[X^4(t)] \tag{3.8}$$

2. 时差域

对样本记录在不同时刻取值的相关性进行统计，最重要的基本概念是自相关函数、互相关函数和协方差函数等。

1) 自相关函数

描述信号自身的相似程度。对于某个随机过程 $X(t)$，设 $X_1(t_1)$ 和 $X_2(t_2)$ 为任意两个随机变量，其自相关函数定义为：

$$r_{XX}(t_1,t_2) = \lim_{N\to\infty}\frac{1}{N}\sum_{n=1}^{N}x_{1n}(t_1)x_{2n}(t_2) \tag{3.9}$$

2) 互相关函数

描述两个信号之间的相似程度或相关性。对于某两个随机过程 $X(t)$ 和 $Y(t)$，其互相关函数定义为：

$$r_{XY}(t_1,t_2) = \lim_{N\to\infty}\frac{1}{N}\sum_{n=1}^{N}x_n(t_1)y_n(t_2) \tag{3.10}$$

若互相关函数中出现峰值，说明这两个信号是相似的；若处处为零，表示两个信号互不相关。

信号处理主要研究随机过程的均值和自相关。当随机过程的所有统计量都不随时间变化时，称为严格平稳过程。将主要的统计量，如均值、均方值、方差或自相关函数、互相关函数不随时间或所研究的时刻变化的随机过程称为广义的平稳随机过程即宽平稳过程。由于高斯随机过程由其均值和协方差完全定义，此种情况下，宽平稳等效于严格平稳。因此，对于平稳随机过程，均值、均方差与方差等都是常数，自相关函数和互相关函数只是时间差的函数。

3.2.2 振动信号的频域分析

振动信号蕴藏的信息是进行振动系统识别和动态载荷识别的基础。工程上所测信号多为时域信号，进行时域分析只能反映信号幅值随时间变化情况，难以明确揭示信号的频率成分和各频率分量的大小。在很多工程应用中，如机械系统的故障诊断，采用振动信号频率描述振动系统特征更加简洁和明确。

所谓频域是指将周期信号展开为傅里叶(Fourier)级数，研究其中每个正弦谐波信号的幅值和相位等；或者对非周期信号或是各态历经的随机信号进行傅里叶变换，变换后的信号是频率的函数[305]。频域分析是指计算这些傅里叶级数并进行分析。

若一个周期信号 $x(t)$ 满足狄利克雷(Dirichlet)条件，即在一个周期内处处连续或只有有限个不连续点、在一个周期内只有有限个极大值和极小值、在一个周期内的积分存在，即 $\int_0^T |x(t)|\,\mathrm{d}t < \infty$，则此周期信号可以展开为傅里叶级数。根据傅里叶级数的基本理论，具有确定周期的振动信号可分解为许多不同频率的谐波分量。由此可知，周期性振动信号的频谱是离散型的。通过研究此频谱中幅值和相位的关系，就能够根据信号频率结构对信号进行详细分析。

若一个非周期信号或是各态历经过程 $x(t)$ 满足狄利克雷(Dirichlet)条件，即 $x(t)$ 处处连续或只有有限个不连续点、$x(t)$ 只有有限个极大值和极小值、$x(t)$ 在整个时域内的积分存在，即 $\int_{-\infty}^{+\infty} |x(t)|\,\mathrm{d}t < \infty$，则非周期信号或是各态历经过程 $x(t)$ 可以进行傅里叶变换，即：

$$X(f) = \int_{-\infty}^{+\infty} x(t)\mathrm{e}^{-\mathrm{i}2\pi ft}\,\mathrm{d}t \tag{3.11}$$

式中，$X(f)$ 称为非周期信号或是各态历经随机信号 $x(t)$ 的连续频谱即幅值密度谱，其量纲为单位频率上的幅值。若引入 $\delta(t) = \lim\limits_{\alpha=\infty} \frac{\sin \alpha t}{\pi t}$ 函数，则有些不满足狄利克雷条件的周期或非周期信号或是各态历经随机信号的傅里叶变化也是存在的[305]。

$x(t)$ 和 $X(f)$ 为傅里叶变换对，之间存在著名的巴塞阀(Parsaval)等式，即

$$\int_{-\infty}^{+\infty} x^2(t)\mathrm{d}t = \int_{-\infty}^{+\infty} |X(f)|^2\,\mathrm{d}f \tag{3.12}$$

其中，等式的左边表示 $x(t)$ 在 $(-\infty,+\infty)$ 上的总能量，而右端的被积式 $|X(f)|^2$ 相应的称为 $x(t)$ 的能量谱密度，其积分可以理解为总能量的谱表达式[306]。

巴塞阀等式把一个过程在时域上表示的总能量和在频域上表示的总能量建立起了等价关系，即能量谱密度 $|X(f)|^2$ 和 f 轴所围的面积等于 $x^2(t)$ 对 t 的积分。

在工程实际中，只能研究某一有限时间间隔内的 $(-T,+T)$ 上的平均能量(功率)。于是，式

$$X(f) = \int_{-\infty}^{+\infty} x_{\mathrm{T}}(t)\mathrm{e}^{-\mathrm{i}2\pi ft}\,\mathrm{d}t = \int_{-T}^{+T} x(t)\mathrm{e}^{-\mathrm{i}2\pi ft}\,\mathrm{d}t \tag{3.13}$$

称为有限傅里叶变换。

随机振动信号 $x(t)$ 的功率谱密度函数(简称自功率谱密度)定义为：

$$P_{xx}(f) = \lim_{T\to\infty} \frac{1}{2T} |X(f)|^2 \tag{3.14}$$

其单位为(信号的单位)^2/Hz。

随机振动信号是以时间为参数的无限长的非确定性信号，能量无限，不满足傅里叶变换在整个时域内绝对可积的条件，不存在傅里叶变换。但是随机振动信号的自相关函数适合于表征时域内的随机信号，是以时间为参数的确定性函数，并且其傅里叶变换可生成功率谱密度[307]。因此，自功率谱密度与自相关函数是一傅里叶变换对。功率谱不仅

可以表征某些特征频率值的能量集中状况，而且可以研究某一段频带范围内的能量分布水平。

对于某一随机振动信号序列 $x(n)$，从理论上讲，只要先估计其自相关序列，然后计算傅里叶变换即可估计该随机振动信号序列的功率谱。这种方法有两个问题，一是所用的数据不是无限的；二是数据中经常含有噪声或其它干扰信号。因此，谱估计是由有限个含噪的观测数据估计 PSD。谱估计的方法分为两类：第一类是经典方法或非参数方法，即上面所提方法；第二类方法为非经典方法，或参数模型法，即基于信号的一个随机模型来估计功率谱。

1．经典谱估计方法[308]

最早的周期图法是 1898 年 Schuster 研究太阳黑子序列的周期性时提出的。该方法计算容易，但很难获得精确的谱估计。其改进的方法有修正周期图法、Bartlett 法、Welch 法以及 Blackman-Turkey 法。

1) 周期图法

对自相关各态遍历过程且数据量无限时，自相关序列在理论上可用时间平均来确定，但实际上只能做有限区间的估计。对得到的估计做离散时间傅里叶变换(Discrete time Fourier transform，DTFT)，可得到功率谱的一种估计，称为周期图。设 $x_N(n)$ 是 $x(n)$ 在区间 $[0, N-1]$ 的有限长信号：

$$x_N(n)=\begin{cases} x(n), & 0\leqslant n\leqslant N \\ 0, & \text{其它} \end{cases} \tag{3.15}$$

因此，$x_N(n)$ 是 $x(n)$ 与矩形窗 $w_{\mathrm{R}}(n)$ 的乘积：

$$x_N(n)=w_{\mathrm{R}}(n)\cdot x(n) \tag{3.16}$$

这样，自相关序列的估计 $\hat{r}_{xx}(k)$ 可用 $x_N(n)$ 表达为：

$$\hat{r}_{xx}(k)=\frac{1}{N}\sum_{n=-\infty}^{+\infty} x_N(n+k)x_N^*(n)=\frac{1}{N}x_N(k)\cdot x_N^*(-k) \tag{3.17}$$

取其傅里叶变换并利用卷积定理，得到周期图为

$$\hat{P}_{\mathrm{er}}(f)=\frac{1}{N}|X_N(f)|^2=\frac{1}{N}|\sum_{n=0}^{N-1}x(n)\cdot \mathrm{e}^{-\mathrm{j}2\pi fn}|^2 \tag{3.18}$$

式中，$X_N(f)$ 是 N 点数据序列 $x_N(n)$ 的 DTFT。

因此，周期图正比于 DTFT 的幅度平方，从而很容易利用傅里叶变换(FFT)来计算。

2) 修正周期图法

周期图法相当于对原始信号 $x(n)$ 加矩形窗，而用一般的窗 $w(n)$ 对数据加窗所获得的周期图就称为修正周期图，可表达为：

$$\hat{P}_{\mathrm{M}}(f)=\frac{1}{NU}|\sum_{n=-\infty}^{\infty}w(n)\cdot x(n)\cdot \mathrm{e}^{-\mathrm{j}2\pi fn}|^2 \tag{3.19}$$

式中，N 是窗口的长度，而

$$U = \frac{1}{N}\sum_{n=0}^{N-1}|w(n)|^2 \tag{3.20}$$

是特别定义的常数，它使得 $\hat{P}_{\mathrm{M}}(f)$ 渐近无偏。

3) Bartlett 法

该方法是简单的周期图平均。设 $x_{k_n}(n)$ 是随机过程 $x(n)$ 在区间 $0 \leqslant n < L$ 上的 k_n 个不相关实现，$\hat{P}_{\mathrm{er}}^{k_n}(f)$ 是 $x_{k_n}(n)$ 的周期图，即

$$\hat{P}_{\mathrm{er}}^{k_n}(f) = \frac{1}{L}\left|\sum_{n=0}^{L-1} x_{k_n}(n)\cdot \mathrm{e}^{-\mathrm{j}2\pi fn}\right|^2, \quad k_n = 1,2,\cdots,K_N \tag{3.21}$$

取这些周期图的平均，得

$$\hat{P}_{\mathrm{B}}^{k_n}(f) = \frac{1}{K}\sum_{k_n=1}^{K}\hat{P}_{\mathrm{er}}^{k_n}(f) = \frac{1}{N}\sum_{k_n=1}^{K}\left|\sum_{n=0}^{L-1} x(n+k_nL)\cdot \mathrm{e}^{-\mathrm{j}2\pi fn}\right|^2 \tag{3.22}$$

4) Welch 法

该方法是基于交叠子序列的修正周期图的平均，即是对 Bartlett 法提出的两个改进：允许各个子序列相互重叠和对各个子序列加数据窗。假设相继的各子序列偏移 D 个点，各子序列长度为 L，则第 k_n 个序列为：

$$x_{k_n}(n) = x_{k_n}(n+k_nD), \quad n = 0,1,\cdots,L-1 \tag{3.23}$$

$x_{k_n}(n)$ 和 $x_{k_n+1}(n)$ 的重叠量是 $L-D$ 个点。这种子序列重叠的方法可以增加要平均的子序列个数和或长度，从而在分辨率和方差性能之间进行均衡。该方法的谱估计如下式所示：

$$\hat{P}_{W}^{i}(f) = \frac{1}{KLU}\sum_{k_n=1}^{K-1}\left|\sum_{n=0}^{L-1} w(n)\cdot x(n+k_nD)\cdot \mathrm{e}^{-\mathrm{j}2\pi fn}\right|^2 \tag{3.24}$$

5) Blackman-Turkey 法

该方法不同于 Bartlett 和 Welch 法通过平均周期图和平均修正周期图来降低周期图的方差，而是通过周期图平滑实现方差的降低。该方法主要是通过对自相关估计 $\hat{r}_{xx}(k)$ 加窗减少不可靠的 $r_{xx}(k)$ 估计对周期图的贡献，其谱估计为：

$$\hat{P}_{\mathrm{BT}}^{k_n}(f) = \sum_{k=-M}^{M}\hat{r}_{xx}(k)\cdot w(k)\cdot \mathrm{e}^{-\mathrm{j}2\pi fn} \tag{3.25}$$

式中，$w(k)$ 是作用于自相关估计 $\hat{r}_{xx}(k)$ 的时滞窗。

上述经典的所有非参数谱估计的性能主要都依赖于数据序列的长度 N，相互间的差异主要是在分辨率和方差之间做出不同的权衡。

信号的频域处理均是针对有限时间长度的数据，这就相当于用一个矩形时间窗对无限长时间信号的突然截断。从能量的角度看，这种时域上的截断会导致本来集中于某一频率的能量，部分被分散到该频率附近的频域，从而造成频域分析出现误差，造成谱泄漏[309]，也称吉布斯现象。通过对进行傅里叶变换的信号采用不同形状的窗函数，使信号

在截断处逐步衰减平滑过渡，可以减少谱泄漏[310]。

窗函数的选择，力求从各方面的影响加以权衡，尽量选取频率窗有高度集中的主瓣，即主瓣衰减率尽量大，主瓣宽度尽量小，旁瓣高度尽量小。

六种常用窗函数如表 3.1 所示。

表 3.1　六种常用窗函数基本性能参数

窗函数	主瓣宽度	旁瓣峰值衰减/dB	阻带最小衰减/dB
矩形窗	$4\pi / N$	−13	−21
三角形窗	$4\pi / N$	−25	−25
汉宁窗	$8\pi / N$	−31	−44
海明窗	$8\pi / N$	−41	−53
布莱克曼窗	$12\pi / N$	−57	−74
凯泽窗	$14\pi / N$	−57	−80

2. 功率谱估计的参数模型法[308]

非参数估计方法的缺陷是未将信号的可用信息结合到估计过程中。当已知数据样本是如何产生的一些知识时，对非参数估计方法可能是一个严重缺陷。因此，人们期望将信号模型直接结合到谱估计的算法中，以便获得更精确、更高分辨率的谱估计。

谱估计参数方法通过选择一个合适模型(结合先验知识)实现这一目标。通常采用的模型包括自回归(Auto-regressive，AR)、滑动平均(Moving average，MA)、自回归滑动平均(Auto-regressive and moving average，ARMA)模型和谐波模型(噪声中含复指数)。模型选好后，可用给定数据估计模型参数；最后将估计参数代入谱估计参数方法中估计功率谱。该方法的精度主要取决于谱估计模型是否与数据产生方式一致，其次，取决于模型参数能够多准确地被估计出。

3. 其它功率谱估计方法

随机信号功率谱的经典估计方法和参数估计方法分别适用于较长数据记录和较短数据记录的情况。此外还有将信号通过一个窄带带通滤波器组进行功率谱估计的最小方差法；对自相关函数进行精确外推以消除加窗效应，获得更精确谱估计的最大熵方法；基于信号自相关阵特征分解将样本空间分成信号子空间和噪声子空间，然后在噪声子空间内采用频率估计函数估计频率值的 Pisarenko 谐波分解法、多信号分类方法、特征矢量法及最小范数法，主要用于多正弦或复指数并叠加了噪声的谐波过程；基于信号模型的旋转不变性方法和其改进方法等，详见文献[308]。

3.3　维数约简与软测量模型输入特征选择

复杂工业过程的综合复杂特性，如多变量、强耦合和不确定性，使得基于机理的建模方法需要大量领域专家知识。基于数据驱动建模的黑箱建模技术主要基于工业过程观测数据构建。工业过程数据的数量丰富但信息有限，需要进行维数约简才能建立有效的软测量模型。特征提取和特征选择技术是常用方法。

因本书需要采用小样本高维频谱数据建模，故此处只关注面向红外光谱(Near-infrared spectroscopy，NIRS)等高维谱数据的维数约简方法和面向小样本数据的软测量方法。基于PCA/KPCA的特征提取和基于MI的特征选择在工业过程软测量建模中得到了广泛应用。基于结构风险最小化的SVM方法适合于小样本数据建模，但不确定的输入特征子集与学习参数影响模型的泛化性能。

3.3.1 基于主元分析(PCA)/核PCA(KPCA)的特征提取方法

PCA在不丢失原有信息的基础上，将原始相关的高维输入变量转换为低维空间内相互独立的新变量[26]。该方法不但成功地应用在化工和半导体制造等工业过程的监视中[311，312]，而且在基于数据驱动的软测量建模技术中也得到广泛应用[58]。PCA在基于机械振动频谱的设备故障检测和诊断中也取得了较好的应用效果[313，314]。在软测量建模应用中，PCA通常作为人工神经网络[315]、神经模糊系统[316]、SVM、模糊C均值聚类[139]和多模型技术[317]等实际建模方法的预处理步骤。

1. 主元分析(PCA)理论概述

PCA作为一种多变量统计方法，其主要目标是在有一定相依关系的p个变量k个样本值所构成的数据阵列($k\times p$)的基础上，通过建立较小数目的综合变量，使其更集中地反映原来p个变量中所包含的变化信息。

以二维空间为例，讨论主元分析的几何意义[318]。

设有k个样品，每个样品只有两个观测变量x_1和x_2。这样，在由x_1和x_2组成的坐标空间中，k个样品的散布情况如图3.1所示。

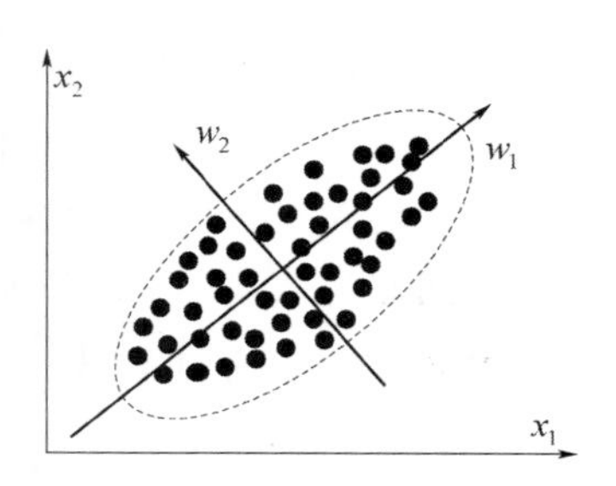

图3.1 主元分析的几何意义

显然，这k个样品在x_1和x_2轴的离散性都比较大，如果只考虑其中的任何一个轴的方差，都会导致原始数据中信息的损失。PCA的目的就是通过考虑x_1和x_2的线性组合，使原始样品的数据可以用新的变量w_1和w_2表示；几何上的表示就是将坐标轴按逆时针方向旋转θ_p角度得到新坐标轴，坐标旋转公式的矩阵形式如下：

$$\begin{bmatrix} w_2 \\ w_2 \end{bmatrix} = \begin{bmatrix} \cos\theta_p & \sin\theta_p \\ -\sin\theta_p & \cos\theta_p \end{bmatrix} \cdot \begin{bmatrix} x_1 \\ x_2 \end{bmatrix} = \boldsymbol{A}_p \cdot \boldsymbol{X} \tag{3.26}$$

其中，$\boldsymbol{A}_p$是旋转变换矩阵，为正交阵，即$\boldsymbol{A}_p^{\mathrm{T}}\boldsymbol{A}_p=\boldsymbol{I}$。

旋转后，k个样品在w_1轴上的离散程度最大，将原始数据中的信息集中到了w_1轴上，从而将维数从2维降为1维。

因此，从几何意义上讲，PCA就是坐标系旋转的过程，各主成分表达式就是新坐标与原始坐标系的转换关系，新坐标系坐标轴的方向就是原始数据方差最大的方向。

PCA只适用于变量间存在较强相关性的数据。一般认为，当原始数据中大部分变量的相关系数小于0.3时，运用主元分析不会取得较好的效果。

工业过程中多源传感器测量的数据之间，一般均具有较强的相关性。

2．PCA 分解及得分向量的计算

PCA 的核心思想是通过建立变量间的线性组合降低变量的维数[26]。假设原始数据 $\boldsymbol{X}_k^0 \in R^{k\times p}$ 由 k 个样本(行)和 p 个变量组成(列)，则 $\boldsymbol{X}_k^0$ 首先被标准化为 0 均值 1 方差的 $\boldsymbol{X}_k$。$\boldsymbol{X}_k$ 按下式分解：

$$\boldsymbol{X}_k = \boldsymbol{t}_1\boldsymbol{p}_1^{\mathrm{T}} + \boldsymbol{t}_2\boldsymbol{p}_2^{\mathrm{T}} + \cdots + \boldsymbol{t}_h\boldsymbol{p}_h^{\mathrm{T}} + \boldsymbol{t}_{h+1}\boldsymbol{p}_{h+1}^{\mathrm{T}} + \cdots + \boldsymbol{t}_p\boldsymbol{p}_p^{\mathrm{T}} \tag{3.27}$$

其中，$\boldsymbol{t}_{i_h}$ 和 $\boldsymbol{p}_{i_h}$（$i_h = 1,2,\cdots,p$）分别是得分向量和负荷向量。$\boldsymbol{p}_{i_h}$ 实际上是相关系数阵 $\mathbf{R}_k \in \Re^{p\times p}$ 的第 i_h 个特征向量，如下式所示：

$$\begin{cases} \boldsymbol{R}_k \approx \dfrac{1}{k-1}\boldsymbol{X}_k^{\mathrm{T}}\cdot\boldsymbol{X}_k \\ (\boldsymbol{R}_k - \lambda_k)\boldsymbol{P}_k = 0 \end{cases} \tag{3.28}$$

其中，λ_k 是 $\boldsymbol{R}_k$ 的特征值，$\boldsymbol{P}_k \in \Re^{p\times p}$ 是 $\boldsymbol{R}_k$ 的特征向量。

由于 $\boldsymbol{T}_k \in \Re^{k\times p}$ 是 $\boldsymbol{X}_k$ 在新的坐标轴 $\boldsymbol{P}_k$ 上的正交投影，可按下式计算得分矩阵 $\boldsymbol{T}_k$：

$$\boldsymbol{T}_k = \boldsymbol{X}_k\boldsymbol{P}_k \tag{3.29}$$

通过分解 $\boldsymbol{X}_k$ 即可实现降维：

$$\boldsymbol{X}_k = \hat{\boldsymbol{X}}_k + \tilde{\boldsymbol{X}}_k = \hat{\boldsymbol{T}}_k\hat{\boldsymbol{P}}_k^{\mathrm{T}} + \tilde{\boldsymbol{T}}_k\tilde{\boldsymbol{P}}_k^{\mathrm{T}} \tag{3.30}$$

其中，$\hat{\boldsymbol{X}}_k$ 和 $\tilde{\boldsymbol{X}}_k$ 分别是模型部分和残差部分；$\hat{\boldsymbol{P}}_k \in \Re^{p\times h}$ 由 $\boldsymbol{R}_k$ 的前 h 个特征向量组成，称为负荷矩阵，其覆盖的空间称之为主元子空间(Principal components subspace，PCS)；$\hat{\boldsymbol{T}}_k \in \Re^{n\times h}$ 是 $\boldsymbol{X}_k$ 在 $\hat{\boldsymbol{P}}_k$ 上的投影，称为得分矩阵；$\tilde{\boldsymbol{P}}_k^{\mathrm{T}} \in \Re^{p\times(p-h)}$ 称为残差负荷矩阵，其覆盖的空间称为残差子空间(Residual subspace，RS)；$\tilde{\boldsymbol{T}}_k \in \Re^{n\times(p-h)}$ 称为残差得分。

$\hat{\boldsymbol{T}}_k$ 和 $\tilde{\boldsymbol{T}}_k$ 可分别重写为：

$$\hat{\boldsymbol{T}}_k = \boldsymbol{X}_k\hat{\boldsymbol{P}}_k \tag{3.31}$$

$$\tilde{\boldsymbol{T}}_k = \boldsymbol{X}_k\tilde{\boldsymbol{P}}_k \tag{3.32}$$

从而，式(3.31)提取的得分矩阵可作为软测量模型输入。

3．核主元分析(KPCA)

KPCA 能提取更多的非线性主元，由 Scholkopf 等人提出[85]，在模式识别、图像处理等领域得到了广泛应用[319，320]，其核心思想是通过非线性变换 $\boldsymbol{\Phi}$ 将输入数据向量 $\boldsymbol{x}_l \in R^p (l=1,2,\cdots,k)$ 从输入空间映射到一个高维特征空间 $\boldsymbol{\varPsi}$ 上，然后在 $\boldsymbol{\varPsi}$ 上执行 PCA。

假设映射后的样本矢量已经被中心化，则映射在高维特征空间 $\boldsymbol{\varPsi}$ 上的样本集的协方差矩阵可定义为：

$$\boldsymbol{C}^{\Psi} = \frac{1}{k}\sum_{l=1}^{k}\boldsymbol{\Phi}(\boldsymbol{x}_l)\boldsymbol{\Phi}^{\mathrm{T}}(\boldsymbol{x}_l), \quad l=1,2,\cdots,k \tag{3.33}$$

在特征空间中计算主元，可通过求解 $\boldsymbol{C}^{\Psi}$ 的特征值 $\lambda_{\mathrm{c}}(\lambda_{\mathrm{c}} \geqslant 0)$ 和特征向量 $\boldsymbol{v} \in \psi, \boldsymbol{v} \neq 0$ 得到。与该矩阵对应的特征值方程为：

$$\lambda_{\mathrm{c}}\boldsymbol{v} = \boldsymbol{C}^{\Psi}\boldsymbol{v} \tag{3.34}$$

以符号 $<x_1,x_2>$ 表示 x_1 和 x_2 间的点积，则式(3.34)等同于：

$$<\boldsymbol{\Phi}(\boldsymbol{x}_l),\boldsymbol{C}^{\Psi}\boldsymbol{v}>=\lambda_{\mathrm{c}}<\boldsymbol{\Phi}(\boldsymbol{x}_l),\boldsymbol{v}> \quad l=1,2,\cdots,k \tag{3.35}$$

由于式(3.34)的所有解均在 $\boldsymbol{\Phi}(\boldsymbol{x}_1),\cdots,\boldsymbol{\Phi}(\boldsymbol{x}_k)$ 张成的子空间内，故存在系数 $\theta_1,\theta_2,\cdots,\theta_k$，可将 $\boldsymbol{\Phi}$ 中的向量 $\boldsymbol{v}$ 表示为

$$\boldsymbol{v}=\sum_{l=1}^{k}\theta_l\boldsymbol{\Phi}(\boldsymbol{x}_l) \tag{3.36}$$

合并式(3.35)和式(3.36)，可得：

$$\lambda_{\mathrm{c}}\sum_{l=1}^{k}\theta_l<\boldsymbol{\Phi}(\boldsymbol{x}_{l_{\mathrm{c}}}),\boldsymbol{\Phi}(\boldsymbol{x}_l)>=\frac{1}{k}\sum_{l=1}^{k}\theta_l<\boldsymbol{\Phi}(\boldsymbol{x}_{l_{\mathrm{c}}}),\sum_{l=1}^{k}\boldsymbol{\Phi}(\boldsymbol{x}_l)> \quad l_{\mathrm{c}}=1,2,\cdots,k \tag{3.37}$$

为简化计算量，通过引入核函数将特征空间 $\boldsymbol{\Phi}$ 的点积运算转化为核函数运算。$k\times k$ 维核矩阵的定义如下：

$$\boldsymbol{K}=[k_{\mathrm{c}_{lm}}]_{k\times k}=<\boldsymbol{\Phi}(\boldsymbol{x}_l),\boldsymbol{\Phi}(\boldsymbol{x}_m)> \quad l,m=1,2,\cdots,k \tag{3.38}$$

式(3.37)可化解为用核函数表示的特征值方程：

$$k\lambda_{\mathrm{c}}\boldsymbol{K}\boldsymbol{\theta}=K^2\boldsymbol{\theta} \tag{3.39}$$

其中，$\boldsymbol{\theta}$ 表示列向量 $[\theta_1,\theta_2,\cdots,\theta_k]^{\mathrm{T}}$。由于 $\boldsymbol{K}$ 是对称矩阵，因此有：

$$k\lambda_{\mathrm{c}}\boldsymbol{\theta}=\boldsymbol{K}\boldsymbol{\theta} \tag{3.40}$$

特征空间中的 PCA 就转化为求解式(3.40)，可得到特征值 $\lambda_{\mathrm{c1}}\geqslant\lambda_{\mathrm{c2}}\geqslant\cdots\geqslant\lambda_{\mathrm{c}k}$ 以及对应的特征向量 $\theta_1,\theta_2,\cdots,\theta_k$。

对于第 h 个特征向量，可以表示为：

$$\boldsymbol{v}_h=\sum_{l=1}^{k}\theta_l^h\boldsymbol{\Phi}(\boldsymbol{x}_l) \tag{3.41}$$

进行如下推导：

$$<\boldsymbol{v}_h,\boldsymbol{v}_h>=\sum_{l=1}^{k}\sum_{m=1}^{k}\theta_l^h\theta_m^h k_{\mathrm{c}_{lm}}=\lambda_{\mathrm{c}}<\theta_h,\theta_h> \tag{3.42}$$

由上式可以看出，可通过对 $\theta_1,\theta_2,\cdots,\theta_k$ 进行标准化达到对特征空间中相应向量的标准化，即

$$<\boldsymbol{v}_h,\boldsymbol{v}_h>=1 \tag{3.43}$$

对于某一测试样本 $\boldsymbol{x}$，主元的选取只需计算 $\boldsymbol{\Phi}(\boldsymbol{x})$ 在特征空间 $\boldsymbol{\Phi}$ 上的特征向量 $\boldsymbol{v}_h$ 上的投影，即 KPCA 的第 h 个主元对应的得分向量：

$$t_h=(v_h\cdot\boldsymbol{\Phi}(\boldsymbol{x}))=\sum_{l=1}^{k}\theta_l^h(\boldsymbol{\Phi}(\boldsymbol{x}_l)\cdot\boldsymbol{\Phi}(\boldsymbol{x}))=\sum_{l=1}^{k}\alpha_l^h\boldsymbol{K}(\boldsymbol{x}_l,\boldsymbol{x}) \tag{3.44}$$

选择前 h 个得分向量组成的得分矩阵即为提取的非线性特征。

4．主元个数选取

一般情况下需要选取 $h(h<p)$ 个主元来代替原来的 p 个相关变量，并要求这 h 个主元

能够概括原 p 个变量所提供的绝大部分信息。文献[321]中介绍了多种选取主元个数的方法，如 Autocorrelation [322]、交叉验证法(Cross-validation)[322，324]、方差累计贡献率法(Cumulative percent variance，CPV)[325]、Scree test[326]、平均特征值法(Average eigenvalues，AE)、内欠误差函数法(Imbedded error function，IEF)[325]、Xu and Kailath's approach[327]、AIC 准则法(Akaike information criterion，AIC)[328，329]、重构误差法(Variance of reconstruction error，VRE)[330]、最小描述长度准则法(Minimum description length criterion)[329，331]。

下面给出最常用的两种方法。

1) 方差累计贡献率法(CPV)

根据 PCA 理论，样本协方差矩阵的最大特征值所对应的特征向量即是第一主轴方向，该特征值就是第一主元的方差；类似地，第二主元的方差和方向是由协方差矩阵的第二大特征值及对应的特征向量来决定。每个主元的方差和总方差的比值称为该主元对样本总方差的贡献率。

确定方差累计贡献率的计算公式为：

$$\mathrm{CPV}_h = 100\sum_{i_h=1}^{h}\lambda_{i_h}\bigg/\sum_{i_h=1}^{p}\lambda_{i_h} \tag{3.45}$$

其中，λ_{i_h} 是协方差矩阵的特征值；p 是变量个数；h 是选择的主元个数。

CPV 值大于期望值时对应的 h 值就是应该保留的主元个数。该方法的缺点是主观性很强，即必须人为地选定一个期望的 CPV 值作为准则，如 90%、95%或 99%。

2) 平均特征值法

该方法选取大于所有特征值均值的特征值作为主元特征值，同时舍弃掉那些小于均值的特征值。对于相关系数矩阵 $\boldsymbol{R}_k$，只有特征值大于 $\bar{\lambda} = \dfrac{\mathrm{trace}(R_k)}{p}$ 的特征值作为主元特征值，选择的主元个数就是大于 $\bar{\lambda}$ 的特征值的个数。

3.3.2 基于互信息(MI)的特征选择方法

基于互信息(MI)的特征选择方法易于理解，并且比较灵活，在高维谱数据和基因数据的特征选择中得到了广泛应用[332，333]。

熵(Entropy)是由香农(C·Shannon)于 1948 年引至信息论中。信息熵可以度量变量中的不确定及标定变量间共享信息的数量 [334]，其原始含义是对物理系统无序度状态的描述或紊乱程度的一种测度，对数据而言解释为不纯度(Impurity)的表示[335]，信息熵采用下式表示：

$$H(X) = -\sum p(x)\lg p(x) \tag{3.46}$$

MI 是基于“信息熵”对两个随机变量间的共享信息进行度量。MI 定义为：

$$\boldsymbol{I}(\boldsymbol{Y};\boldsymbol{X}) = \sum\sum p(y,x)\lg\frac{p(x,y)}{p(x)p(y)} = H(\boldsymbol{Y}) - H(\boldsymbol{Y}\,|\,\boldsymbol{X}) \tag{3.47}$$

其中，$H(\boldsymbol{Y}\,|\,\boldsymbol{X})$ 是 $\boldsymbol{X}$ 已知时 $\boldsymbol{Y}$ 的条件熵，采用下式计算：

$$H(\boldsymbol{Y} \mid \boldsymbol{X}) = -\sum\sum p(y \mid x) \lg(p(y \mid x)) \tag{3.48}$$

对于连续的随机变量，信息熵和 MI 采用如下公式计算：

$$H(\boldsymbol{X}) = -\int_x p(x) \lg p(x) \mathrm{d}x \tag{3.49}$$

$$H(\boldsymbol{Y} \mid \boldsymbol{X}) = -\iint_{x,y} p(y,x) \lg(p(y \mid x))\, \mathrm{d}x\mathrm{d}y \tag{3.50}$$

$$\boldsymbol{I}(\boldsymbol{Y};\boldsymbol{X}) = \iint_{x,y} p(y,x) \lg \frac{p(x,y)}{p(x)p(y)} \mathrm{d}x\mathrm{d}y \tag{3.51}$$

基于概率论和信息论，MI 可用于定量的度量两个变量间的互相依靠程度。基于 MI 的特征选择就是基于高阶统计矩进行特征的选择[336, 337]，主要优点是对噪声和数据变换具有较好的鲁棒性[336, 338]。理论上，该方法可以提供与分类器(估计函数)无关的最优特征子集[339]。

文献[336]提出基于 MI 的特征选择(Mutual information feature selector，MIFS)算法，在候选特征中选择特征子集作为神经网络分类器的输入。该算法首先分别计算每个特征与分类变量以及特征与特征之间的 MI，然后采取的选择准则是：选择与分类变量具有最大 MI 的特征，同时惩罚与已选特征具有较大 MI 的特征。该文采用贪婪算法优选最优特征子集。

文献[340]提出 MIFS-U 算法用于改进 MIFS 算法中输入特征与类别变量间 MI 的估计方法。

文献[314]提出最小冗余最大相关(Minimal-redundancy-maximal-relevance criterion，mRMR)算法，第一步采用最小冗余最大相关的准则寻找候选特征子集，第二步在候选特征子集中基于最小分类误差准则通过前向或后向选择策略选择最佳特征子集，并基于离散数据和连续数据的分类问题进行了所提算法的验证。

文献[324]提出了基于 MI 的最优特征选择 (Optimal feature selection MI，OFI-MI)算法，该算法中采用 Parzen 窗估计器和 QMI (Quadratic mutual information)对 MI 进行更加有效的估计。

文献[343]对各个特征的熵值进行了标准化处理，提出 NMIFS (Normalized mutual information feature selection)方法，并提出了与 GA 相结合的 GAMIFS 算法，用于分类问题。

文献[344]指出基于 MI 的特征选择方法比其它方法更易于理解。

针对高维光谱数据的回归问题，文献[332]提出了采用 MI 选择与输出变量最相关的第一个特征，然后采用前向/后向特征选择算法选择其它特征，建立光谱数据的线性和非线性模型。

文献[345]建立了基于 MI 和 KPLS 的软测量模型，该文简化了 MIFS 算法的特征选择过程，将算法的惩罚参数设为 0，只根据输入特征和输出变量间的 MI 值进行选择。

3.3.3 支持向量机(SVM)模型的输入特征选择

对于独立同分布的样本 $\{z(l), y(l)\}_{l=1}^{k}$，数据驱动建模的目标是采用模型 $g(z(l) \mid \theta)$ 来构建 $y(l)$ 的最佳近似[346]。为了达到预期目标，必须面对三个选择：

(1) 数据模型：记作$g(z|\theta)$，其中$g(\cdot)$是模型，z是输入，θ是参数。模型由设计者根据其应用知识背景决定，参数通过学习算法利用训练数据集调整确定。

(2) 损失函数：记做$L(\cdot)$，用于计算预期输出$y(l)$与给定参数θ的模型预测输出$g(z(l)|\theta)$之间的近似误差。

(3) 优化算法：求解最小化近似误差参数$\theta^* = \arg\min(L(\cdot))$时采用的优化方法。

不同数据建模方法的区别在于数据模型、损失度量和优化算法的不同。通常需要依据所要解决的具体问题进行合适的选择。

1. 支持向量机(SVM)建模原理

支持向量机(SVM)是 Vapnik 提出的基于统计学习理论和结构风险最小化原则的建模方法[347]，其基本思想是把输入空间通过非线性变换映射到高维特征空间，然后在特征空间中求取一个能够把样本线性分开的最优分类面，最后再将分类后的结果映射回输入空间，实现样本分类。SVM 具有泛化能力强、小样本学习的特点，能有效避免过拟合、局部最小化以及“维数灾难”等问题。SVM 分类在模式识别和目标探测等领域得到了广泛应用[348]。采用回归函数代替符号函数即可将 SVM 用于函数估计和软测量建模，在工业过程难以检测参数软测量等领域中也得到了广泛应用[317，349]。

假设采用输入输出数据对$\{z(l), y(l)\}_{l=1}^{k}$近似一个非线性函数。我们考虑采用如下的回归模型构造该非线性函数：

$$f(z) = w^{\mathrm{T}} \varphi(z) + b \tag{3.52}$$

其中，w是权系数，b是偏置项；$\varphi(z)$代表高维特征空间，由输入空间z的非线性映射得到。

通常采用核技巧$K_L(z, z_l) = \varphi(z)^{\mathrm{T}} \varphi(z)$实现高维特征空间的映射。对于核函数$K(z, z_l)$的选择，只需满足 Mercer条件[350]。目前，SVM普遍采用的内积核函数有三类：①多项式核函数：$K(z, z_l) = (z \cdot z_l + 1)^d$；②径向基核函数：$K(z, z_l) = \exp\left(-\dfrac{1}{2\delta_{\mathrm{R}}^2} \| z - z_l \|^2\right)$；③多层感知器核函数：$K(z, z_l) = \tanh(\beta_1 (z \cdot z_l) + \beta_2)$。

我们定义经验函数：

$$R_{\mathrm{emp}}(\theta) = \frac{1}{k} \sum_{l=1}^{k} \left| y_l - (\boldsymbol{w}^{\mathrm{T}} \varphi(z) + \boldsymbol{b}) \right|_{\varepsilon} \tag{3.53}$$

其中，ε是 Vapnik 不敏感损失函数，其定义为：

$$|y_l - f(z)| = \begin{cases} 0 & |y_l - f(z)| \leqslant \varepsilon \\ |y_l - f(z)| - \varepsilon & \text{其它} \end{cases} \tag{3.54}$$

ε代表近似的准确度。系数向量$\boldsymbol{w}$和$\boldsymbol{b}$可以通过求解如下的主优化问题估计得到：

$$\begin{cases} \min & J_p = \dfrac{1}{2} \boldsymbol{w}^{\mathrm{T}} w \\ s.t: & \left| y_l - (\boldsymbol{w}^{\mathrm{T}} \varphi(z) + \boldsymbol{b}) \right| \leqslant \varepsilon \end{cases} \tag{3.55}$$

如果ε的值太小，某些数据点将不会被包含在ε的 tube 之内。因此，引入了松弛因子ξ_k和ξ_k^*，则上述的主优化问题被更改为：

$$\begin{cases} \min & J_p = \dfrac{1}{2}\boldsymbol{w}^{\mathrm{T}}\boldsymbol{w} + \gamma\sum\limits_{l=1}^{k}(\xi_l + \xi_l^*) \\ s.t: & -(\varepsilon + \xi_l^*) \leqslant \left|y_l - (\boldsymbol{w}^{\mathrm{T}}\varphi(z) + \boldsymbol{b})\right| \leqslant \varepsilon + \xi_l^* \end{cases} \tag{3.56}$$

其中，γ是一个可调整的因子，即对误差的惩罚参数，是对结构风险和样本误差的均衡，其取值与可容忍的误差相关。

使用 Lagrangian 乘子方法解决约束条件下的最优问题，构建如下的 Lagrangian 函数：

$$\begin{aligned} L(\boldsymbol{w},\boldsymbol{b},\xi,\beta,\beta^*,\eta,\eta^*) = J_p - \sum_{l=1}^{k}\beta_l[(\boldsymbol{w}^{\mathrm{T}}z_l + \boldsymbol{b}) - y_l + (\varepsilon + \xi_l)] - \\ \sum_{l=1}^{k}\beta_l^*[(y_l - \boldsymbol{w}^{\mathrm{T}}z_l + \boldsymbol{b}) + (\varepsilon + \xi_l)] - \sum_{i=l}^{k}(\eta_l\xi_l + \eta_l^*\xi_l^*) \end{aligned} \tag{3.57}$$

其中，β_l，β_l^*，η_l，$\eta_l^* \geqslant 0$，其值为求解 Lagrangian 函数$L(\boldsymbol{w},\boldsymbol{b},\xi,\beta,\beta^*,\eta,\eta^*)$的鞍点(Saddle):

$$\max_{\beta_l,\beta_l^*,\eta_l,\eta_l^*}\ \min_{\boldsymbol{w},\boldsymbol{b},\xi,\xi^*} L(\boldsymbol{w},\boldsymbol{b},\xi,\beta,\eta,\beta^*,\xi^*,\eta^*) \tag{3.58}$$

为了便于求解主优化问题，将其转化为求解其对偶问题：

$$\begin{cases} \max\limits_{\alpha,\alpha^*} & J_D(\beta,\beta^*) = -\dfrac{1}{2}\sum\limits_{l,m=1}^{k}(z_l - \beta_l^*)(\beta_m - \beta_m^*)z_l^{\mathrm{T}}z_m - \varepsilon\sum\limits_{l=1}^{k}(\beta_l - \beta_l^*) + \sum\limits_{l=1}^{k}y_l(\beta_l - \beta_l^*) \\ s.t: & \sum\limits_{l=1}^{k}(\beta_l - \beta_l^*) = 0, \beta_l \geqslant 0 \end{cases} \tag{3.59}$$

其中，β_l和β_l^*是带有约束的Lagrangian乘子，可通过标准的QP软件包得到；$\boldsymbol{b}$可以通过求解如下的Kuhn-Tucker条件得到：

$$\begin{cases} \beta_l^*\{y_l[\boldsymbol{w}^{\mathrm{T}}\varphi(z_l) + \boldsymbol{b}] - 1 + \xi_l\} = 0 \\ (\gamma - \beta_l^*)\xi_l^* = 0, (\gamma - \beta_l)\xi_l = 0 \end{cases} \tag{3.60}$$

从而可以得到如下结论：只有针对$\beta_l^* = \gamma, \beta_l = 0$或者$\beta_l = \gamma, \beta_l^* = 0$的样本$(z_l, z_l)$位于不敏感损失函数$\varepsilon$的tube的外面，也就是说，只有满足$|\beta_l - \beta_l^*| = \gamma$的支持向量位于tube的外面；否则$|\beta_l - \beta_l^*| < \gamma$，相应的支持向量位于tube内侧。最终求解得到的非线性函数的表达式如下：

$$f(x) = \sum_{l=1}^{k}(\beta_l - \beta_l^*)K_L(z_l, z) + \boldsymbol{b} \tag{3.61}$$

由于很多$(\beta_l - \beta_l^*) = 0$，最终得到的解向量是稀疏的[351]。

最终的非线性函数采用非零值(支持向量)表示如下：

$$f(x)=\sum_{l=1}^{sv}(\beta_l-\beta_l^*)K_L(z_l,z)+\boldsymbol{b} \tag{3.62}$$

其中，sv 是支持向量的数量。

基于上述分析可知，SVM 采用最小化结构风险代替最小化经验风险，从而具有更好的预测性能，有效地避免了过拟合问题[352]。

2．最小二乘—支持向量机(LS-SVM)建模原理

针对 SVM 需要解决 QP 问题，LS-SVM 选择误差的二次项 $\zeta_k{}^2$ 作为 SVM 优化目标中的损失函数，通过求解线性方程组得出模型参数。

针对函数估计问题的 LS-SVM 的原理描述如下。

LS-SVM 需要考虑解决如下的优化问题：

$$\begin{cases}\min\limits_{W\cdot b} & J=\dfrac{1}{2}\boldsymbol{w}^{\mathrm{T}}\boldsymbol{w}+\dfrac{1}{2}\gamma\sum\limits_{l=1}^{k}\zeta_l{}^2 \\ s.t: & y_l=\boldsymbol{w}^{\mathrm{T}}\boldsymbol{\Phi}(z_{s_l})+\boldsymbol{b}+\zeta_l\end{cases} \tag{3.63}$$

上式的 Lagrangian 形式为：

$$\mathrm{L}(\boldsymbol{w},b,\xi,\beta)=\frac{1}{2}\boldsymbol{w}^{\mathrm{T}}\boldsymbol{w}+\frac{1}{2}\gamma\sum_{l=1}^{k}\zeta_i{}^2-\sum_{l=1}^{k}\beta_l[\boldsymbol{w}^{\mathrm{T}}\boldsymbol{\Phi}(z_{s_l})+\boldsymbol{b}+\zeta_l-y_l] \tag{3.64}$$

其中，β_l 是 Lagrangian 乘子。

根据优化条件

$$\frac{\partial L}{\partial W}=0,\frac{\partial L}{\partial b}=0,\frac{\partial L}{\partial \xi}=0,\frac{\partial L}{\partial \beta}=0 \tag{3.65}$$

可得：

$$\begin{cases}\boldsymbol{w}-\sum\limits_{l=1}^{k}\beta_l\boldsymbol{\Phi}(x_k)=0 \\ \sum\limits_{l=1}^{k}\beta_l=0 \\ \alpha_l=c\xi_l \\ \boldsymbol{w}^{\mathrm{T}}\boldsymbol{\Phi}(x_l)+\boldsymbol{b}+\xi_l-y_l=0\end{cases} \tag{3.66}$$

定义核函数 $k(x,x_l)$ 代替非线性映射，则上式求解的优化问题转化为求解线性方程：

$$\begin{bmatrix}0 & 1 & \cdots & 1 \\ 1 & k(x_1,x_1)+\dfrac{1}{c} & \cdots & k(x_1,x_k) \\ \vdots & \vdots & \vdots & \vdots \\ 1 & k(x_k,x_1) & \cdots & k(x_k,x_k)+\dfrac{1}{c}\end{bmatrix}\cdot\begin{bmatrix}\boldsymbol{b} \\ \alpha_1 \\ \vdots \\ \alpha_k\end{bmatrix}=\begin{bmatrix}1 \\ y_1 \\ \vdots \\ y_k\end{bmatrix} \tag{3.67}$$

将上式改写为：

$$\boldsymbol{A}_k\boldsymbol{\Theta}_k=\boldsymbol{Y}_k' \tag{3.68}$$

其中，$\boldsymbol{A}_k=\begin{bmatrix}0 & \tilde{1}^{\mathrm{T}}\\ \tilde{1} & \boldsymbol{\Omega}+\frac{1}{\gamma}\boldsymbol{I}\end{bmatrix}$，$\boldsymbol{\Theta}_k=\begin{bmatrix}\boldsymbol{b}\\ \boldsymbol{B}_k\end{bmatrix}$，$\boldsymbol{Y}_k'=\begin{bmatrix}0\\ \boldsymbol{Y}_k\end{bmatrix}$，$\tilde{1}=[1,1,\cdots,1]^{\mathrm{T}}$，$\boldsymbol{B}_k=[\beta_1,\beta_2,\cdots,\beta_k]^{\mathrm{T}}$，$\boldsymbol{Y}_k=[y_1,y_2,\cdots,y_k]^{\mathrm{T}}$，$\boldsymbol{I}$ 是 $k\times k$ 的单位阵，$\boldsymbol{\Omega}$ 为核矩阵。

最终，LS-SVM 模型可表示为：

$$y(z)=\sum_{l=1}^{k}\beta_k\boldsymbol{K}_l(z\ ,z_l)+\boldsymbol{b} \qquad (3.69)$$

3．模型输入特征子集和超参数选择

SVM/LS-SVM 良好的学习和泛化能力在很大程度上取决于模型学习参数(超参数)的选择。针对如何选择 SVM 模型的最优学习参数，粒子群优化算法[357]、遗传算法(GA)、遗传模拟退火算法[353]、遗传算法和梯度算法相结合的混合遗传算法[354]、贝叶斯模型优选准则[355]等方法均在不同领域得到了成功应用。

研究表明，为基于 SVM 的软测量模型选择输入特征子集可以提高模型的泛化性、计算效率，以及增加特征的可解释性。通常的特征选择方法都是将输入特征子集和模型学习参数单独进行，但这种方法会导致与分类或建模过程相关信息的丢失[356]。

基于智能优化算法，同时选择 SVM 模型的输入特征子集和学习参数的组合优化策略可有效解决这一问题[357]。也就是说，为基于 SVM 的软测量模型同时选择了优化的模型输入特征子集和学习参数。针对 LS-SVM 模型，文献[352]提出了采用 GA 同时优化选择输入特征子集和学习参数的组合优化策略，但 GA 存在早熟和进化缓慢等问题。

3.3.4 上述特征提取与特征选择方法的局限性

尽管 PLS 能够对存在高维、共线性等特征的数据建立有效的线性回归模型[27]，但是大量实验和研究表明，选择过多输入变量和潜变量个数是 PLS 模型过拟合的主要原因[358]。针对高维谱数据，如何选择有效的输入变量是目前的研究热点之一。由 Leardi 提出的基于 GA-PLS 的特征选择方法，在谱数据特征选择[359, 360]及其它数据输入变量选择中取得了较好的应用效果[361, 362]。针对频谱数据，文献[363]提出了采用滤波和 GA 正交投影方法进行频谱数据特征变量的选择，提高了对轴承平行错位和角度错位状态的估计精度；文献[257]采用 GA-PLS 方法选择筒体振动频谱子频段特征，建立磨机负荷参数模型，但该方法计算消耗大，需要运行多次才能得到较优解，同时特征选择结果不稳定且只能选择线性特征[139]。采用 GA-KPLS 和人工神经网络(ANN) 相结合的方法可以解决非线性特征选择问题[364]，但计算消耗较 GA-PLS 更大。

采用基于 PCA/KPCA 的特征提取方法提取的特征用于分类或是函数估计时，存在如下问题：

(1) PCA/KPCA 考虑的主要是输入数据空间的变化信息，未考虑输入与输出数据间的关系。有可能前面的主元中包含着较多的与被预测变量相关的信息，也可能较少。实践表明，该现象与不同背景的数据有关，如文献[356]将 PCA 用于回转窑火焰图像的特征提取，其前面的第 1 及第 2 主元对于回转窑燃烧工况分类识别的贡献较小。

(2) 即使 PCA/KPCA 提取的主要主元与输出数据相关，结合非线性模型的结构和参数选择，如何选择合适的主元也是个难题。若是 PCA/KPCA 中提取的主元中具有较小贡献率的主元对建模具有较大的贡献，采用此类主元建模会导致软测量模型稳定性降低。因此，用于建模的特征需要在给定贡献率下获得的主元特征中进行重新选择。

基于 MI 的选择特征方法是一种基于变量之间共享信息的特征选择技术，是特征选择中的“Filter”方法。该方法的研究和应用多面向分类问题，针对函数估计问题研究得较少。基于 MI 的特征选择技术建立软测量模型存在如下问题：

(1) MI 的值是基于样本的概率密度函数估计得到的，当建模样本有限时，难以对 MI 进行准确有效的估计。

(2) 基于MI的特征选择算法选择的特征虽然与输出变量相关，但仍会舍弃部分特征，而这部分舍弃的特征可能与分类器(回归器)较相关。因此，可以考虑通过其它的特征提取或选择方法弥补这些缺点。

基于 SVM 的选择特征方法是特征选择中的“Wrapper”方法，该方法充分利用了 SVM 采用结构风险最小化建模策略且适合于小样本数据建模的特点，但面对高维数据时其学习速度明显变慢。针对 SVM 模型输入特征子集和学习参数相互影响的问题，基于智能寻优算法的组合优化解决方案得到了成功应用。

由上述分析可知，基于 PLS 的特征选择方法、基于 PCA/KPCA 的特征提取方法、基于 MI 和基于 SVM 的特征选择方法各有其特点。面对类似磨机负荷检测这样的具体问题，采取适当的维数约简集成策略是非常必要的。

3.4 旋转机械振动频谱特征提取与特征选择及其应用

3.4.1 基于组合优化的特征提取与特征选择策略

综合特征提取和特征选择方法的优点以及 SVM 软测量模型的特点，提出了基于筒体振动频谱的特征提取和特征选择策略。该策略由信号预处理、频谱特征选择、频谱特征提取和模型输入特征及学习参数组合优化模块共四部分组成，如图 3.2 所示。

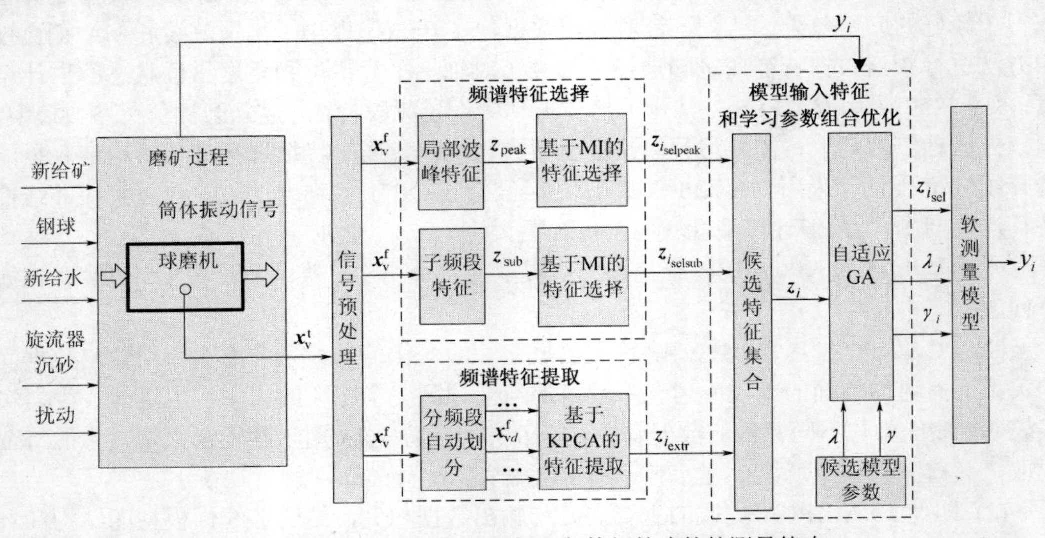

图 3.2　基于组合优化特征提取与特征策略的软测量策略

在图 3.2 中，上标 t 和 f 分别表示时域和频域信号；下标 v 表示筒体振动信号；$\boldsymbol{x}_{\mathrm{v}}^{\mathrm{t}}$ 表示时域信号；$\boldsymbol{x}_{\mathrm{v}}^{\mathrm{f}}$ 表示振动频谱；$\boldsymbol{x}_{\mathrm{v}d}^{\mathrm{f}}$ 表示振动频谱的分频段，$d=1,\cdots,D_{\mathrm{v}}$，$D_{\mathrm{v}}$ 为振动频谱分频段的个数；$\boldsymbol{z}_{\mathrm{peak}}$ 是振动频谱的局部波峰特征；$\boldsymbol{z}_{i_{\mathrm{selpeak}}}$ 是针对第 i 个磨机负荷参数基于 MI 算法选择的局部波峰特征；$\boldsymbol{z}_{i_{\mathrm{extr}}}$ 是针对第 i 个磨机负荷参数基于 KPCA 算法提取的分频段谱主元；$\boldsymbol{z}_{i_{\mathrm{selsub}}}$ 是针对第 i 个磨机负荷参数基于 MI 算法的提取的子频段特征；$\boldsymbol{z}_i=[\boldsymbol{z}_{i_{\mathrm{selpeak}}},\boldsymbol{z}_{i_{\mathrm{extr}}},\boldsymbol{z}_{i_{\mathrm{selsub}}}]$ 表示候选特征集合；λ 和 γ 表示软测量模型的候选参数集合；λ_i、γ_i 和 $\boldsymbol{z}_{i_{\mathrm{sel}}}$ 表示组合优化算法选择模型的学习参数和输入特征子集；为了表述方便，采用 y_i 和 $\hat{y}_i$ 分别表示磨机负荷参数的真值与预测值；$i=1,2,3$ 分别表示 MBVR、PD 和 CVR，即 y_1、y_2 和 y_3 分别代表第 2 章的符号 φ_{mb}、φ_{mw} 和 φ_{bmw}。

图 3.2 表明该软测量模型的输入和输出分别是 $\boldsymbol{x}_{\mathrm{v}}^{\mathrm{t}}$ 和 y_i。各模块的功能如下所示：

(1) 信号预处理模块：进行基于 FFT 的振动信号时频转换。

(2) 频谱特征选择模块：采用基于 MI 的特征选择方法选择频谱中与磨机负荷参数具有较多互信息的特征，包括局部波峰特征和子频段特征两类。

(3) 频谱特征提取模块：采用频谱聚类算法将振动频谱自动划分为若干个分频段，然后采用 KPCA 算法提取能够代表分频段中主要信息的谱主元。

(4) 模型输入特征和学习参数组合优化模块：将局部波峰特征、分频段的谱主元和子频段特征组合为候选特征，采用自适应遗传算法(Adaptive genetic algorithm，AGA)优化选择软测量模型的输入特征子集和学习参数，本书称为组合优化策略。执行组合优化的原因：①不同特征中的磨机负荷参数信息是冗余与互补的；②不同的磨机负荷参数需要选择不同的特征；③对于某个输入特征子集，优化的模型学习参数可以提高模型预测性能；④模型的输入特征子集和学习参数相互影响。

基于筒体振动频谱的特征提取和特征选择策略的实现过程为：时域信号首先通过 FFT 转换为振动频谱；然后在频谱中采用 MI、频谱聚类和 KPCA 等方法选择和提取子频段特征、局部波峰特征及分频段的谱主元等特征，并组合为候选特征；最后，采用基于 AGA 的组合优化方法，同时选择软测量模型的输入子集和学习参数，建立磨机负荷参数软测量模型。

3.4.2 基于组合优化的特征提取与特征选择方法

1. 信号预处理

磨矿过程球磨机的机械研磨产生强烈的振动及振声信号，其中包含着丰富的与磨机负荷相关的信息。但在时域内，该信息被淹没在宽带随机噪声“白噪声”内[224]。现实中任何信号均可通过正弦波的叠加方式产生。这些正弦波可以在频域内表示磨机振动信号的复杂波形[196]。不同频段正弦波的相对振幅中包含着与研磨状态直接相关的信息[224]。

针对筒体随机振动信号，需要进行以下处理：①为了提高谱估计的精度和降低计算消耗，需要对原始数据进行重新采样；②为消除振动信号在测量、记录传输过程中可能引入的虚假值，需要对剔点进行判断、剔除及内插处理；③为消除信号中的直流分量引起对信号低频段的误差，需要进行信号的中心化处理；④为提高谱估计的精度，需要选择合适的谱估计方法和估计参数；⑤为克服磨机研磨过程运行工况波动的影响，最终谱估计需采用磨机旋转多个周期的平均值。

1) 数据重采样

在未知磨机筒体振动信号带宽，并要求准确重构磨机筒体振动信号的情况下，筒体加速度传感器的采样速率往往较高。因此，需要通过降采样来减少数据的冗余，降低计算量。同时，为了提高磨机筒体振动信号时频转换的精度，本书中将进行 FFT 变换的数据量限定为磨机旋转一周的数据外，数据量也通过重采样技术处理为 2 的整数倍。重采样过程首先要确定重采样参数，然后再依据该参数进行升采样和降采样，详细描述见文献[366]。

针对磨机筒体振动信号，重采样参数的确定如下。

假定原始数据的采样频率为 F_{so}，由 FFT 确定的信号带宽(幅度谱降到其 1%时对应的频谱)为 B_{v}。依据香农采样定理，重采样后的频率至少为 $f_{\mathrm{sv}}=2\cdot B_{\mathrm{v}}$，一般取 $f_{\mathrm{sv}}=2.56B_{\mathrm{v}}$。同时，考虑到减少 FFT 引起的混叠误差，进行时频转换的数据长度为 $N_{\mathrm{v0}}=2^{n_{\mathrm{v}}}$，其中 n_{v} 为自然数。

设磨机的转速为 N_{mill}，最终的重采样速率 F_{s} 按下式计算：

$$F_{\mathrm{s}}=N_{\mathrm{v0}}\frac{N_{\mathrm{mill}}}{60}\qquad F_{\mathrm{s}}\geqslant f_{\mathrm{sv}}\tag{3.70}$$

通过合理地选择 n_{v}，可以确定重采样速率 F_{s}，其大小要大于 f_{sv}。对原始信号进行重采样的参数 p_{vs} 和 q_{vs} 为 F_{s} 和 F_{so} 约去公因子后的分子与分母值。

2) 剔点处理

在实验数据的测量、记录、传输过程中，有时因突然受到严重噪声的干扰、信号丢失或传感器失灵等原因，会使记录信号引进一些异常虚假值。这些异常假值的渗入，会造成时间历程的波形产生过高或是过低的突变点，如果对这些记录进行采样，则采样值中出现些异常的虚假采样点，即剔点。对于剔点较为集中的，可能被分析为一种频率成分，从而会歪曲数据的分析结果[367]。

球磨机是旋转运行的机械设备，筒体振动信号的变化周期与磨机的旋转周期相同。因此，通过计算出其整周期的均值 u_{X} 及均方根偏差值 σ_{X}，数据 x_n 应被剔除的标准按下式判定[367]：

$$|x_n-u_{\mathrm{X}}|>4\sigma_{\mathrm{X}}\tag{3.71}$$

剔点的值采用被剔除值前后的相邻值进行内插，按下式计算：

$$x_n=\frac{1}{2}(x_{n+1}+x_{n-1})\tag{3.72}$$

3) 数据中心化处理

数据中心化处理即零均值处理，就是将采得的数据序列进行转化，使其平均值为零，便于后续处理。非零均值的数据相当于在信号上叠加了一个直流及准直流成分的干扰，犹如一矩形脉冲，若不进行中心化处理，尤其是针对随机信号的处理，会在低频段引起很大误差。

4) 功率谱估计

针对非参数谱估计的方法，其性能主要依赖于数据序列的长度；而对于参数谱估计方法，其主要优点是可将信号的可用信息结合到估计过程中。

对于在目前的研究阶段采集的磨机筒体振动信号，数据序列的长度较大，故选用经典的非参数 Welch 法进行谱估计。需要设定的参数有：样本序列长度、采样频率、段长度、分段数目、数据重叠及窗函数。

针对筒体振动信号，样本序列长度为磨机旋转一周的数据量 N_{v0}；采样频率为对原始信号进行重新采样后的频率 F_s；对段长度 L_{seg} 的要求是其要远小于样本序列长度；分段数目 N_{seg} 是样本序列长度除以段长度的商；数据重叠长度 L_{over} 取为段长度的 50%。

窗函数的选择需要针对不同信号和不同处理目的来确定才能收到良好的效果。本书中选用最广泛的海明窗，其定义如下：

$$w(n_{win})=\begin{cases}0.54-0.46\cos\left(\dfrac{2\pi n_{win}}{L_{win}-1}\right) & 0\leqslant n_{win}\leqslant L_{win}-1\\ 0 & 其它\end{cases} \tag{3.73}$$

其中，L_{win} 为段长度与重叠长度之和。汉明窗的中心处，$w(n_{win})$ 的值是1；在两个端点处，其值为0.08，从而最大限度地降低了由窗函数带来的谱泄漏。

2．频谱特征选择算法

1) 局部波峰特征选择

振动频谱由很多小的局部波峰组成。基于干式球磨机的研究表明，振声频谱的中心频率和频率的变化率能够反映磨机负荷[235]。研究表明，湿式球磨机振动频谱的局部波峰的质量和中心频率中包含与磨机负荷参数相关的信息[145]。此处采用基于 MI 的特征选择方法为不同的磨机负荷参数选择不同的局部波峰特征，如图 3.3 所示。

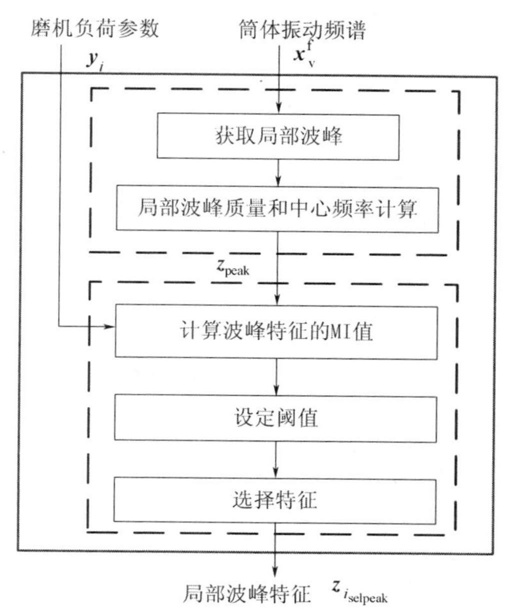

图 3.3　基于 MI 的局部波峰特征选择方法

图 3.3 中各符号的含义与图 3.2 相同。该方法由局部波峰特征提取和局部波峰特征选择两部分组成，其输入是筒体振动频谱和磨机负荷参数，输出是局部波峰特征。

(1) 局部波峰特征提取。

将振动频谱表示为 $\{x_n^{\mathrm{f}} > 0,\ n = 1,2,\cdots,N\}$，在给定的频率范围 $[n_1, n_2]$ 之间，满足以下条件为一个局部波峰[276]：

① 在 $[n_1, n_2]$ 范围内，只有一个频率点 $x_{L_f}^{\mathrm{f}}$ $(n_1 \leqslant L_f \leqslant n_2)$ 满足

$$\begin{cases} x_{L_{\mathrm{f}}-1}^{\mathrm{f}} \leqslant x_{L_{\mathrm{f}}}^{\mathrm{f}} \\ x_{L_{\mathrm{f}}+1}^{\mathrm{f}} \leqslant x_{L_{\mathrm{f}}}^{\mathrm{f}} \end{cases} \tag{3.74}$$

则称 $x_{L_{\mathrm{f}}}$ 为局部波峰的波峰。

② 在 $[n_1, n_2]$ 范围内，对于其它的频率点 x_n^{f}，存在

$$\begin{cases} x_n^{\mathrm{f}} \leqslant x_{n+1}^{\mathrm{f}}, n_1 \leqslant n < L_{\mathrm{f}} \\ x_n^{\mathrm{f}} \leqslant x_{n-1}^{\mathrm{f}}, L_{\mathrm{f}} \leqslant n < n_2 \end{cases} \tag{3.75}$$

其中，x_n^{f} 是在频率点 f_n 处的幅值。

根据以上定义，将振动频谱划分为若干个局部波峰，按下式计算局部波峰质量和中心频率：

$$L_m = \sum_{n=n_1}^{n_2} x_n^{\mathrm{f}} \tag{3.76}$$

$$L_f = \left(\sum_{n=n_1}^{n_2} f_n x_n^{\mathrm{f}} \middle/ \sum_{n=n_1}^{n_2} x_n^{\mathrm{f}} \right) \tag{3.77}$$

因此，振动频谱可以采用如下的数据序列表示：

$$\boldsymbol{z}_{\mathrm{peak}} = \{L_{m1}, L_{f1}, \ldots, L_{mN_{\mathrm{peak}}}, L_{fN_{\mathrm{peak}}}\} \tag{3.78}$$

其中，N_{peak} 表示局部波峰数量。

(2) 局部波峰特征选择。

计算局部波峰的每个特征与磨机负荷参数间的 MI 值：

$$I_{i_{\mathrm{peak}}}(\boldsymbol{z}_{\mathrm{peak}}; \boldsymbol{y}_i) = \int_{z_{\mathrm{peak}}} \int_{y_i} \sum \sum p(z_{\mathrm{peak}}, y_i) \lg \frac{p(z_{\mathrm{peak}}, y_i)}{p(z_{\mathrm{peak}}) p(y_i)} \mathrm{d}z_{\mathrm{peak}} \mathrm{d}y_i \tag{3.79}$$

其中，$p(z_{\mathrm{peak}})$ 和 $p(y_i)$ 是 z_{peak} 和 y_i 的边缘概率密度；$p(z_{\mathrm{peak}}, y_i)$ 是联合概率密度；$i = 1,2,3$ 时分别表示 MBVR、PD 和 CVR。

本书中，$I_{i_{\mathrm{peak}}}(\boldsymbol{z}_{\mathrm{peak}}; \boldsymbol{y}_i)$ 采用密度估计方法(Parzen 窗法)近似计算[341]。

为不同的磨机负荷参数选择不同的局部波峰特征，采用简化的文献[336]提出的特征选择方法：依据经验给定 MI 阈值，高于该阈值的特征被选择，低于该阈值的被丢弃。

综上所述，局部波峰特征的选择步骤如下：

① 获得局部波峰并计算其特征。

② 计算每个局部波峰特征与磨机负荷参数间的 MI 值。

③ 通过给定的阈值选择局部波峰特征。

采用上述方法，为不同的磨机负荷参数选择的局部波峰特征采用下式表示：

$$\boldsymbol{z}_{i_{\text{selpeak}}} = \{L_{i_{m1}}, \ldots, L_{i_{mN_{\text{peak}\_m_i}}}, L_{i_{f1}}, \ldots, L_{i_{fN_{\text{peak}\_f_i}}}\} \tag{3.80}$$

其中，$N_{\text{peak}\_m_i}$ 和 $N_{\text{peak}\_f_i}$ 是为第 i 个磨机负荷参数选择的局部波峰特征的数量，分别对应局部波峰的质量和局部波峰的中心频率。

2) 子频段特征提取

此处采用基于 MI 的特征选择方法，结构与图 3.3 相同，步骤如下：

(1) 将振动频谱划分为等间隔的子频段。

(2) 计算每个子频段与磨机负荷参数间的 MI 值。

(3) 通过给定阈值选择子频段。

采用上述方法，为磨机负荷参数选择的子频段特征可表示为：

$$\boldsymbol{z}_{i_{\text{selsub}}} = \{x^{\text{f}}_{i_{\text{sub1}}}, \ldots, x^{\text{f}}_{i_{\text{sub}N_{\text{sub}_i}}}\} \tag{3.81}$$

其中，N_{sub_i} 表示为第 i 个磨机负荷参数选择的特征个数。

3. 频谱特征提取算法

1) 基于频谱聚类的分频段划分

振动频谱由许多局部波峰组成，相近的局部波峰可以组成一个分频段，每个分频段代表一个振动模态[276]。实验球磨机筒体振动频谱至少可以分为三个分频段，每个分频段具有不同的物理解释和包含不同的磨机负荷参数信息。

为了克服人工硬性划分的随意性，通过改进文献[276]提出的波峰聚类的方法实现振动频谱分频段的自动分割，结构如图 3.4 所示。

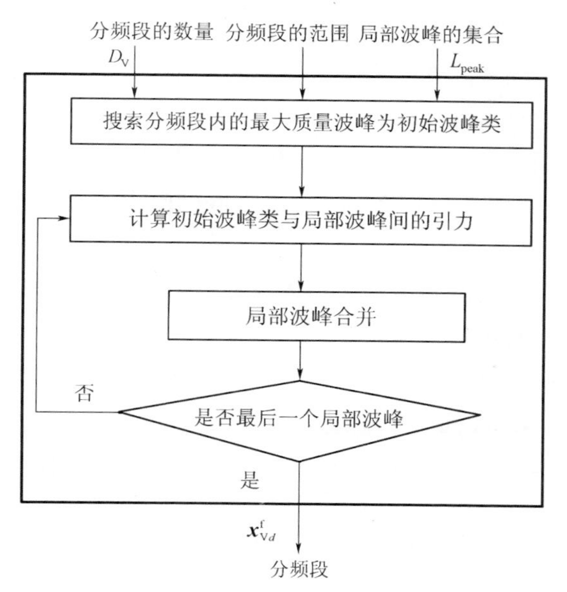

图 3.4　基于频谱聚类的分频段自动划分

图 3.4 中，$\boldsymbol{x}_{\mathrm{V}d}^{\mathrm{f}}$ 表示振动频谱的分频段，$d=1,\cdots,D_{\mathrm{V}}$，$D_{\mathrm{V}}$ 为分频段的个数。

该方法的输入是局部波峰的集合、分频段的个数及依据经验给定的分频段的大概范围，输出是具有不同物理含义的分频段。

为实现分频段的准确划分，首先定义局部波峰的质心 B_{c}：

$$L_{\mathrm{c}}=\left(\sum_{n=n_1}^{n_2} n(x_n^{\mathrm{f}})^2 \bigg/ \sum_{n=n_1}^{n_2}(x_n^{\mathrm{f}})^2\right) \tag{3.82}$$

我们采用$<n_1,n_2,L_{\mathrm{f}},L_{\mathrm{m}},L_{\mathrm{c}}>$表示局部波峰，第 z 个局部波峰记为$L_z=<n_{z1},n_{z2},L_{z\mathrm{f}},L_{z\mathrm{m}},L_{z\mathrm{c}}>$。

将局部波峰看做是待聚类的样本，根据某种准则将某些局部波峰聚为一个波峰类。一个波峰类就是振动频谱的一个模态即要划分的分频段。将分频段表示为$\{S_{n_1},S_{n_2},S_{B_{\mathrm{m}}},S_{B_{\mathrm{c}}}\}$，其中$S_{n_1}$ 和S_{n_2} 是分频段的频率范围，$S_{B_{\mathrm{m}}}$ 和$S_{B_{\mathrm{c}}}$ 是分频段的质量和质心；将第 d 个分频段表示为$S_d=\{S_{dn_1},S_{dn_2},S_{dB_{\mathrm{m}}},S_{dB_{\mathrm{c}}}\}$。

局部波峰和分频段间的引力定义如下[276]：

$$G_{\mathrm{f}}(L,S)=\left(L_{\mathrm{m}}S_{B_{\mathrm{m}}} \big/ (L_{\mathrm{c}}-S_{B_{\mathrm{c}}})^2\right) \tag{3.83}$$

本书提出的基于频谱聚类的分频段划分算法步骤如下：

步骤 1：给定局部波峰的集合 $L_{\mathrm{peak}}=\{L_1,\cdots,L_z,\cdots,L_{N_{\mathrm{peak}}}\}$，$z=1,2,\cdots,N_{\mathrm{peak}}$。

步骤2：给定分频段的范围，在每个分频段的范围内搜索最大质量的局部波峰，并将这些局部波峰作为初始的分频段。所有的分频段按频率的升序排列，可以表示为 $S_{\mathrm{seg}}=\{S_1,\cdots,S_d,\cdots,S_{D_{\mathrm{V}}}\},d=1,2,\cdots,D_{\mathrm{V}}\}$，其中 D_{V} 是分频段的数量。

步骤 3：计算第 z 个局部波峰的质心与每个初始分频段的质心间的距离($L_{z\mathrm{c}}-S_{dB_{\mathrm{c}}}$)，从而判断第 z 个波峰与分频段间的相对位置。

步骤 4：如果第 z 个局部波峰在第一分频段的左面，将该局部波峰合并到第一个初始分频段，得到一个新的分频段。

步骤 5：如果第 z 个分频段位于两个初始分频段的中间，采用公式(3.83)计算该局部波峰与相邻两个分频段的引力，并将局部波峰合并到引力较大的相邻初始分频段，得到一个新的分频段。

步骤 6：如果第 z 个局部波峰在最后一个分频段的右面，将该局部波峰合并到最后一个初始分频段，得到一个新的分频段。

步骤 7：重新计算每个新得到的初始分频段的质量 $S_{B_{\mathrm{m}}}$、质心 $S_{B_{\mathrm{c}}}$。重复步骤 4 到步骤 6 直到所有局部波峰均聚到某一分频段。

通过以上算法，振动频谱被分割为 D_{V} 个分频段，可表示为：

$$\boldsymbol{x}_{\mathrm{V}}^{\mathrm{f}}=[\boldsymbol{x}_{\mathrm{V}1}^{\mathrm{f}},\cdots,\boldsymbol{x}_{\mathrm{V}d}^{\mathrm{f}},\cdots\boldsymbol{x}_{\mathrm{V}D_{\mathrm{V}}}^{\mathrm{f}}] \quad d=1,\cdots,D_{\mathrm{V}} \tag{3.84}$$

其中，$\boldsymbol{x}_{\mathrm{V}d}^{\mathrm{f}}$ 表示第 d 个分频段。

2) 基于 KPCA 的分频段特征提取

采用 KPCA 的目标是在核特征空间中提取具有最大方差的非线性频谱特征。此处，我们定义样本的数量为 k ，以第 d 个分频段 $\{(\boldsymbol{x}_{\mathrm{V}d}^{\mathrm{f}})_l\}_{l=1}^{k}$ 为例，其过程是首先分频段被非线性映射到高维特征空间，即 $\boldsymbol{\Phi}:(\boldsymbol{x}_{\mathrm{V}d}^{\mathrm{f}})_l \to \boldsymbol{\Phi}((\boldsymbol{x}_{\mathrm{V}d}^{\mathrm{f}})_l)$ ；然后执行线性 PCA 算法，得到原始空间的非线性特征。

采用以下核技巧，可得分频段核矩阵表示的非线性映射：

$$< \boldsymbol{\Phi}(\boldsymbol{x}_{\mathrm{V}d}^{\mathrm{f}})_l) \cdot \boldsymbol{\Phi}((\boldsymbol{x}_{\mathrm{V}d}^{\mathrm{f}})_m >= \boldsymbol{K}_{\mathrm{V}d}^{\mathrm{f}} \qquad l,m=1,2,\cdots,k \tag{3.85}$$

采用下式对核矩阵 $\boldsymbol{K}_{\mathrm{V}d}^{\mathrm{f}}$ 进行中心化处理：

$$\tilde{\boldsymbol{K}}_{\mathrm{V}d}^{\mathrm{f}} = \left(\boldsymbol{I} - \frac{1}{k}1_k 1_k^{\mathrm{T}}\right)\boldsymbol{K}_{\mathrm{V}d}^{\mathrm{f}}\left(\boldsymbol{I} - \frac{1}{k}1_k 1_k^{\mathrm{T}}\right) \tag{3.86}$$

其中，$\boldsymbol{I}$ 是一个 k 维单位阵，1_k 表示所有元素为 1 的向量。

KPCA 通过求解核矩阵的双特征值问题得到核主元(KPC):

$$\tilde{\boldsymbol{K}}_{\mathrm{V}d}^{\mathrm{f}}\boldsymbol{\alpha}_{\mathrm{V}d}^{h_{\mathrm{V}}} = k\lambda_h \boldsymbol{\alpha}_{\mathrm{V}d}^{h_{\mathrm{V}}} = \hat{\lambda}\boldsymbol{\alpha}_{\mathrm{V}d}^{h_{\mathrm{V}}} \tag{3.87}$$

其中，$\boldsymbol{\alpha}_{\mathrm{V}d}^{h_{\mathrm{V}}} = (\boldsymbol{\alpha}_{\mathrm{Vq}}^{h_{\mathrm{V}}}, \boldsymbol{\alpha}_{\mathrm{V}2}^{h_{\mathrm{V}}}, \cdots, \boldsymbol{\alpha}_{\mathrm{Vk}d}^{h_{\mathrm{V}}})^{\mathrm{T}}$ 是对应第 h_{V} 个最大特征值的标准化后的特征向量。

在核特征空间中，核主元(Kernel principal component，KPC)表示如下：

$$\boldsymbol{v}_{\mathrm{V}d} = [\boldsymbol{v}_{\mathrm{V}d}^{1}, \cdots, \boldsymbol{v}_{\mathrm{V}d}^{h_{\mathrm{V}d\max}}]^{\mathrm{T}} = [\boldsymbol{\Phi}((\boldsymbol{x}_{\mathrm{V}d}^{\mathrm{f}})_1), \cdots, \boldsymbol{\Phi}((\boldsymbol{x}_{\mathrm{V}d}^{\mathrm{f}})_k)]\boldsymbol{A}_{\mathrm{V}d}^{\mathrm{f}} \tag{3.88}$$

其中，$\boldsymbol{v}_{\mathrm{V}d}^{h_{\mathrm{V}}}$ 表示 $\boldsymbol{v}_{\mathrm{V}d}$ 的第 h_{V} 列，$\boldsymbol{A}_{\mathrm{V}d}^{\mathrm{f}}$ 是以 $\boldsymbol{\alpha}_{\mathrm{V}d}^{h_{\mathrm{V}}}$ 为列的矩阵，$h_{\mathrm{V}} = 1,2,\cdots,h_{\mathrm{V}d\max}$ 。

分频段 $\boldsymbol{x}_{\mathrm{V}d}^{\mathrm{f}}$ 的第 h_{V} 个得分向量为：

$$\boldsymbol{t}_{\mathrm{V}d}^{\mathrm{f}}(h_{\mathrm{V}}) = \boldsymbol{v}_{\mathrm{V}d} \cdot \boldsymbol{\Phi}(z_{\mathrm{V}d}^{\mathrm{f}}) = \sum_{l=1}^{k}(\boldsymbol{\alpha}_{\mathrm{V}d}^{h_{\mathrm{V}}})_l \tilde{\boldsymbol{K}}_{\mathrm{V}d} \tag{3.89}$$

采用 KPCA 算法针对分频段 $\boldsymbol{x}_{\mathrm{V}d}^{\mathrm{f}}$ 提取的非线性特征可表示为：

$$\boldsymbol{T}_{\mathrm{VK}d}^{\mathrm{f}} = [\boldsymbol{t}_{\mathrm{V}1}^{\mathrm{f}}, \cdots, \boldsymbol{t}_{\mathrm{V}h_{\mathrm{V}}}^{\mathrm{f}}, \cdots, \boldsymbol{t}_{\mathrm{V}h_{\mathrm{V}d\max}}^{\mathrm{f}}] \qquad h_{\mathrm{V}} = 1,\cdots,h_{\mathrm{V}d\max} \tag{3.90}$$

其中，$h_{\mathrm{V}d\max}$ 表示分频段 $\boldsymbol{x}_{\mathrm{V}d}^{\mathrm{f}}$ 选择的主元个数，其值由 KPC 的 CPV 确定。

不同磨机负荷参数选择的主元个数不同。最终在振动频谱 $\boldsymbol{x}_{\mathrm{V}}^{\mathrm{f}}$ 中为第 i 个磨机负荷参数提取的非线性特征可表示为：

$$\boldsymbol{z}_{i_{\mathrm{extr}}} = [\boldsymbol{T}_{i_{\mathrm{VK}1}}^{\mathrm{f}}, \cdots, \boldsymbol{T}_{i_{\mathrm{VK}d}}^{\mathrm{f}}, \cdots, \boldsymbol{T}_{i_{\mathrm{VKD}_V}}^{\mathrm{f}}] \qquad d = 1,\cdots,D_{\mathrm{V}} \tag{3.91}$$

4. 模型输入特征和学习参数组合优化算法

将特征选择与特征提取得到的 3 类特征组合为候选特征集合，记为：

$$\boldsymbol{z}_i = [\boldsymbol{z}_{i_{\mathrm{selpeak}}}, \boldsymbol{z}_{i_{\mathrm{extr}}}, \boldsymbol{z}_{i_{\mathrm{selsub}}}] \tag{3.92}$$

由于每类特征均有其优缺点，简单的组合会导致特征冗余和模型预测性能的降低。选择过多的输入变量也是导致模型过拟合的主要原因之一[358]。因此，本书在候选特征中选择模型的输入特征子集的同时优选模型学习参数，并将这一问题作为一个组合优化问题进行求解。选择 LS-SVM 方法作为软测量模型的建模算法，采用 AGA 算法对软测量模型的输入子集和学习参数进行优化选择。

1) 编码与解码

选择 LS-SVM 模型的核函数为 RBF，将模型的惩罚系数和核参数记为 λ 和 γ；定义 f_{ea_i} 为候选特征的参数。对代表这些参数的遗传基因采用二进制的编码方式，如图 3.5 所示。

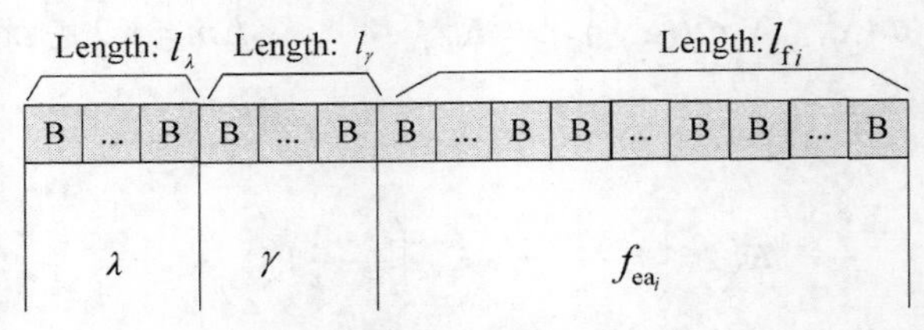

图 3.5 基因编码方式

图 3.5 中，$B=\{0，1\}$；l_λ、l_γ 和 $l_{\mathrm{f}i}$ 分别为参数 λ、γ 和 f_{ea_i} 的编码长度。

对于参数 λ，采用如下公式进行解码：

$$\lambda=\lambda_{\min}+\frac{\lambda_{\max}-\lambda_{\min}}{2^{l_\lambda-1}}\times\sum_{l_i=1}^{l_\lambda}(2^{l_i}\cdot B) \tag{3.93}$$

其中，$\lambda_{\min}$ 和 $\lambda_{\max}$ 分别是 λ 的最小值和最大值。

参数 γ 的解码与参数 λ 相同。

对于参数 f_{ea_i}，“1”代表选中，“0”代表未选中。

2) 适应度函数的设计

采用 AGA 算法进行组合优化的目标是通过选择 $f_{\mathrm{ea}_{i\mathrm{sel}}}$、$\lambda_i$ 和 γ_i，使软测量模型的输出 $\hat{y}$ 和目标 y 间的误差 ξ 最小。为提高预测精度和模型的泛化能力，本书采用 Akaike's information criteria (AIC)[368]准则设计如下的适应度函数：

$$\mathrm{Fitness}(f_{\mathrm{ea}_i},\lambda,\gamma)=k\cdot\ln\left(\left(\frac{1}{k}\sum_{l=1}^{k}[\boldsymbol{y}(l)-\hat{\boldsymbol{y}}(l)]^2\right)\Big/k\right)+2\cdot(n_{\mathrm{subset}}+1) \tag{3.94}$$

其中，k 是验证样本的数量，n_{subset} 是输入子集的特征个数，$\hat{y}(l)$ 是验证数据的预测值。

3) 自适应交叉和变异概率 p_{c} 和 p_{m}

文献[19]提出了 p_{c} 和 p_{m} 随着适应度的变化进行动态调整的方法：

$$\begin{cases} p_{\mathrm{c}}=p_{\mathrm{k1}}\dfrac{f_{\max}-f_{\mathrm{larger}}}{f_{\max}-f_{\mathrm{ave}}}, & f_{\mathrm{larger}}\geqslant f_{\mathrm{ave}} \\ p_{\mathrm{c}}=p_{\mathrm{k2}}, & f_{\mathrm{larger}}<f_{\mathrm{ave}} \end{cases} \tag{3.95}$$

$$\begin{cases} p_{\mathrm{m}}=p_{\mathrm{k3}}\dfrac{f_{\max}-f_{\mathrm{larger}}}{f_{\max}-f_{\mathrm{ave}}}, & f_{\mathrm{larger}}\geqslant f_{\mathrm{ave}} \\ p_{\mathrm{m}}=p_{\mathrm{k4}}, & f_{\mathrm{larger}}<f_{\mathrm{ave}} \end{cases} \tag{3.96}$$

其中，$p_{k1}, p_{k2}, p_{k3}, p_{k4} \leqslant 1.0$；$f_{ave}$ 和 f_{max} 是种群的平均和最大适应度；f_{larger} 是进行交叉的个体中较大的适应度。

因进化初期群体中的优良个体不一定是优化的全局最优解，上述方法易使进化走向局部最优。因此，按如下公式计算交叉率和变异率[369]：

$$\begin{cases} p_c = p_{c1} - \dfrac{(p_{c1} - p_{c2})(f_{max} - f_{larger})}{f_{max} - f_{ave}}, & f_{larger} \geqslant f_{ave} \\ p_c = p_{c1}, & f_{larger} < f_{ave} \end{cases} \tag{3.97}$$

$$\begin{cases} p_m = p_{m1} - \dfrac{(p_{m1} - p_{m2})(f_{max} - f_{larger})}{f_{max} - f_{ave}}, & f_{larger} \geqslant f_{ave} \\ p_m = p_{m1}, & f_{larger} < f_{ave} \end{cases} \tag{3.98}$$

一般取 $p_{c1} = 0.9$、$p_{c2} = 0.6$、$p_{m1} = 0.1$ 和 $p_{m2} = 0.001$。

5．基于最小二乘—支持向量机(LS-SVM)的软测量模型

对于不同的磨机负荷参数软测量模型，基于 AGA 的组合优化算法在候选特征集合中优选的输入特征子集所包含的特征数量不同，但模型结构相同，如图 3.6 所示。

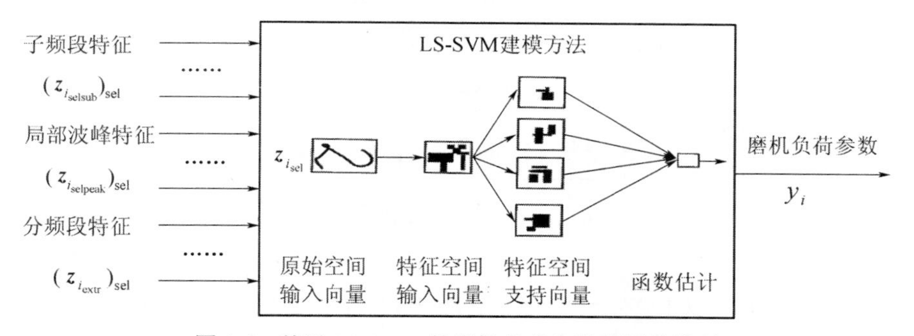

图 3.6　基于 LS-SVM 的磨机负荷参数软测量模型

由图 3.6 可知，磨机负荷参数软测量模型的输入特征子集包括三部分，即频段特征、局部波峰特征和分频段特征，可用下式表示：

$$\boldsymbol{z}_{i_{sel}} = \left[(\boldsymbol{z}_{i_{selsub}})_{sel}, (\boldsymbol{z}_{i_{extr}})_{sel}, (\boldsymbol{z}_{i_{selpeak}})_{sel} \right] \tag{3.99}$$

结合 3.3.3 节描述的 LS-SVM 算法，磨机负荷参数的软测量模型可表示为：

$$y_i = \sum_{l=1}^{k} \beta_k \boldsymbol{K}_l (\boldsymbol{z}_{i_{sel}}, (\boldsymbol{z}_{i_{sel}})_l) + b \tag{3.100}$$

3.4.3　算法步骤

基于筒体振动频谱的特征提取与特征选择算法的流程图如图 3.7 所示。

1．离线训练步骤

(1) 数据预处理：采用 Welch 方法计算振动频谱。

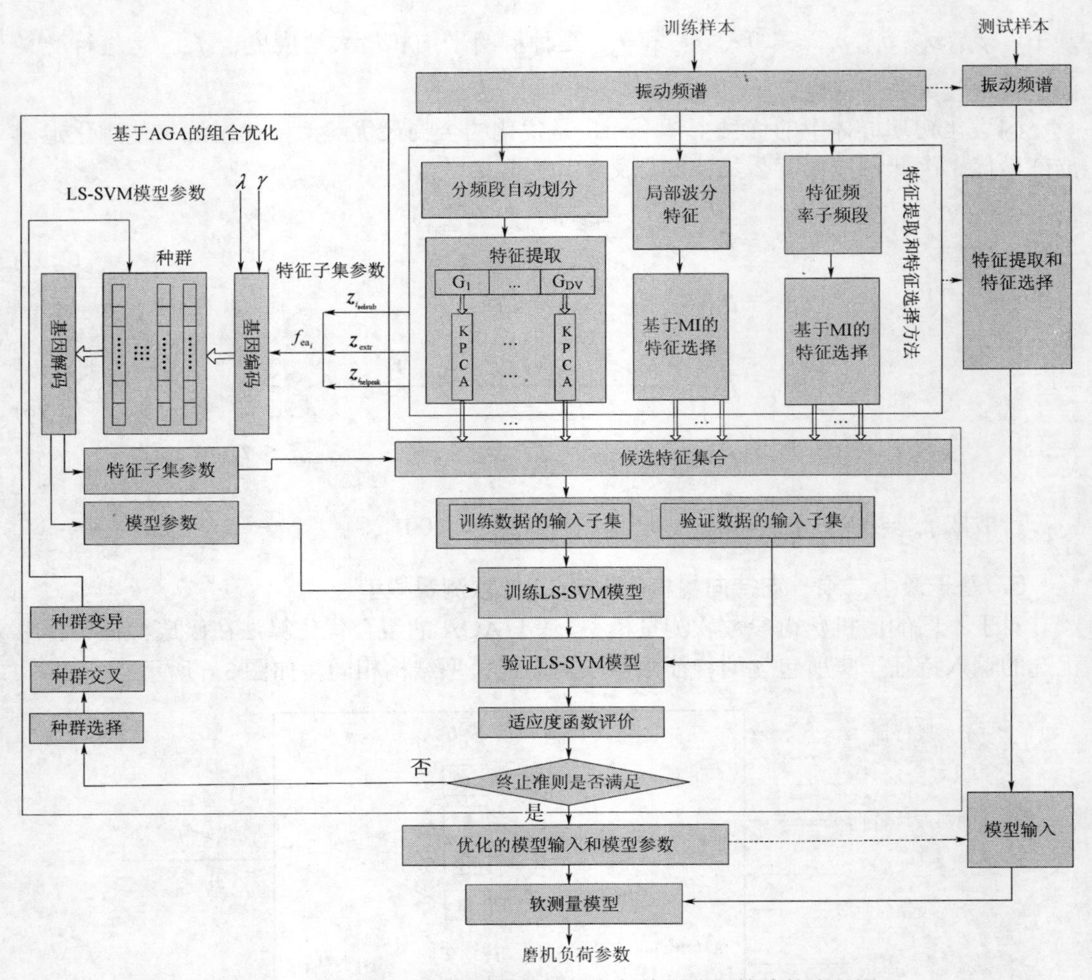

图 3.7 基于筒体振动频谱的特征提取与特征选择算法的流程图

(2) 谱特征提取与选择：

① 首先按式(3.74)和(3.75)得到局部波峰，再按式(3.76)和式(3.77)计算得到局部波峰的特征，然后按式(3.77)计算局部波峰特征的 MI 值，最后按式(3.80)为不同磨机负荷参数选择局部波峰特征。

② 将振动频谱划分为等间隔的子频段，按式(3.79)的方法计算每个子频段的 MI，最后按式(3.81)为不同的磨机负荷参数选择子频段特征。

③ 首先按式(3.82)计算局部波峰的质心，并依据经验给出分频段的范围，然后按照 3.4.2 节中的“基于频谱聚类的分频段划分”算法实现分频段的自动划分，最后按照式(3.90)为不同的磨机负荷参数提取谱主元。

④ 按照式(3.92)组合特征，得到候选特征集合。

(3) 基于 AGA 的组合优化：

① 按图 3.5 的方法对 λ ，γ 和 f_{ea_i} 进行编码。

② 初始化种群。

③ 按照式(3.93)进行解码。

④ 针对选择的模型特征子集及学习参数建立种群中每个个体的模型。

⑤ 按照式(3.94)计算适应度。

⑥ 如果满足终止准则，则获得模型的最优输入特征子集和学习参数，转步骤④；否则，转步骤⑦。

⑦ 进行种群选择，按照式(3.97)和式(3.98)进行种群自适应交叉和变异，生成新种群，转步骤③。

(4) 获得最优模型输入特征子集和学习参数，建立磨机负荷参数软测量模型。

2. 在线测量步骤

(1) 数据预处理：对新样本采用与训练样本相同的参数进行预处理。

(2) 特征提取与选择：获得新样本的候选特征集合。

(3) 特征选择：获得新样本的特征子集。

(4) 在线测量。

3.4.4 实验研究

1. 实验球磨机与实验实施

实验在如图 3.8 所示的 XMQL420×450 格子型球磨机上进行，其滚筒外径和长度均为 460mm。该磨机由功率为 2.12kW 的三相电机驱动，最大钢球装载量为 80kg，设计磨粉能力为 10kg/h，转速为 57r/min。磨机中部开口，用于添加钢球、物料和水负荷。实验中采用的物料为铜矿石，直径均小于 6mm，密度为 4.2 t/m^3。采用直径为 30mm、20mm 和 15 mm 的钢球作为研磨介质，配比为 3:4:3。

磨机筒体振动信号数据采集系统安装在磨机筒体上，主要由高分辨率的加速度传感器和数字信号处理(Digital signal processing，DSP)设备组成，DSP 设备采用电池供电，可存储原始振动信号。其安装如图 3.8 所示。

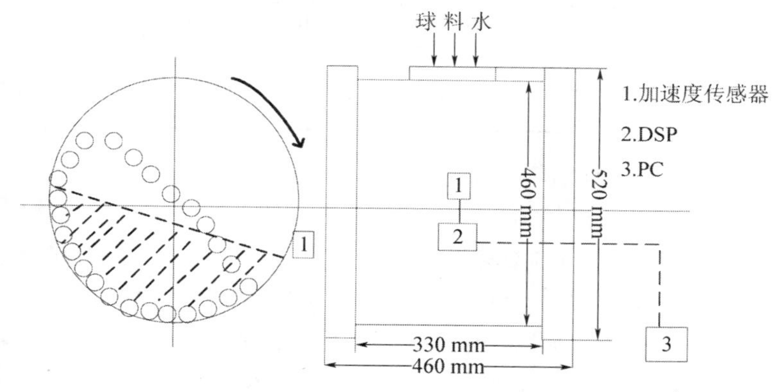

图 3.8 实验磨机及测试设备

采用该球磨机进行实验的步骤如下：首先在磨机内装入钢球、铜矿石和水；然后均匀混合钢球、铜矿石和水，启动磨机运行设定时间；最后停止并清洗磨机。

为保证磨机内钢球保持抛落运动模式，钢球负荷由经验丰富的操作人员确定。同时，为找到每种负荷和每个负荷参数在不同的研磨条件下对磨机筒体振动信号的影响，实验多在大波动范围的工况下进行。这些实验模拟了工业现场中的欠负荷、过负荷、低 PD、高 MBVR 等多种异常工况。这样，便于研究磨机负荷与振动信号的相关性。取得阶段性的成果后，可进行接近现场工况的研磨试验。

为便于读者理解，并与其它类似实验进行比较，将钢球、物料和水负荷转为磨机内部容积的百分数表示，其转换公式如下：

$$\varphi_{\mathrm{b}} = (L_{\mathrm{b}} / \rho_{\mathrm{b}}) / V_{\mathrm{mill}} \tag{3.101}$$

$$\varphi_{\mathrm{m}} = L_{\mathrm{m}} / \rho_{\mathrm{m}} / V_{\mathrm{mill}} \tag{3.102}$$

$$\varphi_{\mathrm{w}} = L_{\mathrm{w}} / \rho_{\mathrm{w}} / V_{\mathrm{mill}} \tag{3.103}$$

实验中，分别在空砸、干磨、水磨和湿磨四种工况下进行了振动信号的检测，详见表3.2。

表 3.2　四种研磨工况的详细实验表

研磨工况	研磨时间/s	实验次数	磨机负荷/kg						每次实验增加负荷 /kg	CVR范围
			钢球				矿石	水		
			大球	中球	小球	全部球				
空砸	60	15	0	0	10～80	10～80	0	0	5	5.03%～40.1%
	60	3	0	20～80	0	20～80	0	0	30	10.1%～ 40.3%
	60	2	22～50	0	0	22～50	0	0	28	11.1%～25.2%
干磨	120	5	20	10	10	40	10～40	0	10	20.1%
	120	3	6～18	8～24	6～18	20-60	10	0	6，8，6	10.1%～30.2%
水磨	30	6	6	8	6	20	0	5～50	5，10	12.6%～87.5%
湿磨	60	6	12	16	12	40	10	5～40	5，10	20.1%～79.1%
	60	7	12	16	12	40	20	2～20	3，2，5	20.1%～49.7%
	60	6	12	16	12	40	10～20	2	2	20.1%～20.1%
	60	9	12	16	12	40	22～50	10	2，5	33.9%～45.0%
	60	6	6～9	8～16	6～12	20～37	4	5	3，4，3	14.2%～18.6%

(1) 空砸，即磨机内只有钢球负荷的实验。

该实验的目的是为了找出不同尺寸的钢球及不同的钢球负荷对应筒体振动信号的变化情况，如表 3.2 所示共设计了 3 组实验：直径为 15mm 的小球实验共进行了 15 次，球的质量从 10kg 到 80kg(φ_{b} =2.12%～16.96%)，每次钢球重量增加 5kg；由于钢球对磨机衬板的冲击力随着钢球直径的增加而快速增加，采用直径为 20mm 的中球实验只进行了 3 次，负荷为 20kg、50kg 和 80kg(φ_{b} : 4.24%，10.6%，16.96%)；大球的实验只进行了 2 次，负荷为 22kg 和 50kg(φ_{b} ： 4.66%，10.6%)。

(2) 干磨，即磨机内的负荷为球负荷和物料负荷。

如表 3.2 所示共设计了 2 组实验：第一组，保证球负荷不变，40kg(φ_{b} =8.48%)，料负荷从 10kg 增到 40kg (φ_{m} =3.97%～15.87%)；第二组，保持物料负荷不变 10kg(φ_{m} =3.97%)，球负荷从 20 kg 增到 60 kg (φ_{b} =4.24%～12.72%)。

(3) 水磨，即磨机内的负荷为球负荷和水负荷。

如表 3.2 所示实验中球负荷保持 20kg(φ_b=4.24%)不变，而水负荷从 5kg 增到 50kg (φ_w=8.3%～83%)。

(4) 湿磨，即磨机内的负荷为球负荷、料负荷及水负荷。

这是本书的主要实验，如表3.2所示分为3种情况进行：只有球负荷变化，只有物料负荷变化和只有水负荷变化。其中后两种情况的数据更符合磨机实际运行工况，即短期内磨机内的球负荷变化不大，这些数据用于构建软测量建模。对于第一种情况，球负荷从20kg增加到37kg(φ_b=4.24%～7.85%)，而料和水负荷保持4kg(φ_m=1.59%)和5kg(φ_w=8.33%)不变。第二种及第三种情况中球负荷均保持40kg(φ_b=8.48%)不变，物料负荷的质量和粒度分布变化如表3.3所示。

表 3.3　物料负荷的粒度变化情况统计

实验分组编号		物料/kg										
		原矿	1M	2M	3M	4M	5M	6M	7M	8M	>8M	总负荷
1	1	0	0	0	0	0	0	0	0	10	0	10
	2	0	0	0	0	0	0	0	0	10	0	10
	3	0	0	0	0	0	0	0	0	10	0	10
	4	0	0	0	0	0	0	0	0	10	0	10
	5	0	0	0	0	0	0	0	0	0	10	10
	6	0	0	0	0	0	0	0	0	0	10	10
2	1	0	0	0	0	0	0	0	0	0	10	10
	2	2	2	0	0	0	0	0	0	0	10	14
	3	2	2	2	0	0	0	0	0	0	10	16
	4	2	2	2	2	0	0	0	0	0	10	18
	5	2	2	2	2	2	0	0	0	0	10	20
3	1	0	2	2	2	2	2	0	0	0	10	20
	2	0	0	2	2	2	2	2	0	0	10	20
	3	0	0	0	2	2	2	2	2	0	10	20
	4	0	0	0	0	2	2	2	2	2	10	20
	5	0	0	0	0	0	2	2	2	2	12	20
	6	0	0	0	0	0	0	2	2	2	14	20
4	1	2	0	0	0	0	0	0	2	2	16	22
	2	2	2	0	0	0	0	0	0	2	18	24
	3	2	2	2	0	0	0	0	0	0	20	26
	4	2	2	2	2	0	0	0	0	0	20	28
	5	2	2	2	2	2	0	0	0	0	20	30
	6	5	2	2	2	2	2	0	0	0	20	35
	7	5	5	2	2	2	2	2	0	0	20	40
	8	5	5	5	2	2	2	2	2	0	20	45
	9	5	5	5	5	2	2	2	2	2	20	50

由表3.3可知，共进行了4组实验：

① 第一组：料负荷为10kg(φ_m =3.97%)，水负荷从5kg增加到40kg(φ_w =8.33%～46.67%)；

② 第二组：料负荷为20kg（φ_m =7.94%)，水负荷从2kg增加到20kg(φ_w =3.33%～33.33%)；

③ 第三组：水负荷为2kg（φ_w =3.33%)，料负荷从10kg增加到20kg(φ_m =3.97%～7.94%)；

④ 第四组：水负荷为10kg（φ_w =16.67%)，料负荷从22kg增加到50kg(φ_m =8.73%～19.84%)。

2．实验球磨机筒体振动频谱分析

依据空砸(只有球负荷)筒体振动信号 PSD 确定该实验磨机筒体振动信号带宽为11000Hz。为了降低计算消耗和增加 FFT 转换的精度，首先对原始采样信号进行了重新采样，重采样的频率为 31130Hz；然后对信号进行了剔点和中心化处理；最后采用 Welch 法求 PSD，其参数为：数据长度 32768，对应磨机旋转一周的时间；段数 32；重叠段长度 512。

1) 空砸(球负荷)时的频谱分析

为研究球负荷对磨机筒体振动的影响，采用三种不同直径的钢球(ϕ30mm，ϕ20mm，ϕ15mm)以不同的质量进行了实验。其中，直径为ϕ15mm 的小球实验中，其质量从 10kg 到 80kg (φ_b =2.12%～16.96%)的 PSD 瀑布图如图 3.9 所示。

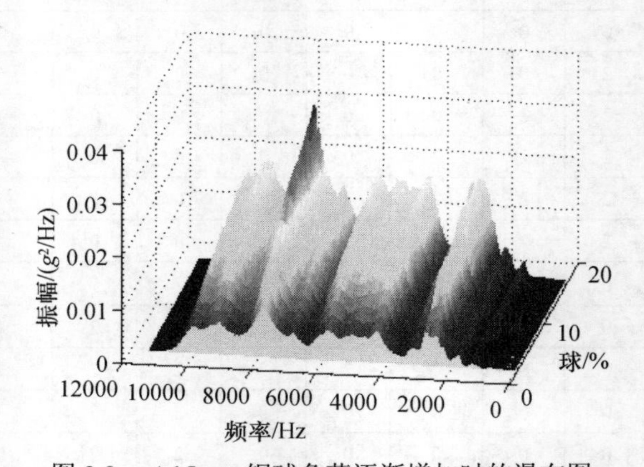

图 3.9　ϕ15mm 钢球负荷逐渐增加时的瀑布图

从图 3.9 中可以明显看出，振动信号 PSD 幅值随着球负荷质量的增加而增加，而且高频段的幅值高于中、低频段，但信号带宽保持不变。这可以解释为：根据钢球运动的戴维斯理论，钢球沿着磨机内壁移动到某一点后，大部分的钢球做抛物线运动。这样，钢球和磨机衬板之间产生大量的直接撞击，而这种撞击力与球的直径的三次方成正比。筒体振动能量随着钢球的直径和质量的增加而显著增加：如 PSD 最大幅值在小球 80kg (φ_b =16.96%) 时为 0.0263g^2/Hz、中球 30kg(φ_b =6.36%) 时为 0.1092g^2/Hz、大球 22kg(φ_b =4.66%)时为 0.1234g^2/Hz。

实验还表明，PSD 形状随钢球直径的不同而不同，但信号带宽保持不变。

2) 水磨(球、水负荷)时的频谱分析

为了研究水负荷对筒体振动信号的影响，保持磨机内的球负荷 20kg（φ_b=4.24%）不变，水负荷从 5kg 到 50kg (φ_w=8.3%～83%) 进行实验，其 PSD 的瀑布图如图 3.10 所示。

从图 3.10 中可以看出，振动信号的幅值随着水负荷的增加而增加，特别是在 2000～4000 频率段。该组实验与只有球负荷的研磨条件相比，水作为缓冲的介质不仅降低了冲击的强度，而且将最高冲击点从 7900Hz 左右转换到 3000Hz 左右；另外，峰值的移动可解释为水的缓冲作用使钢球对衬板的冲击时间延长。

3) 湿磨(球、料、水负荷)时的频谱分析

(1) 只有水负荷变化时的振动频谱。

该组实验中钢球负荷 40kg (φ_b=8.48%)，物料负荷 10kg (φ_m=3.97%)。水负荷从 5kg 变化到 40kg (φ_w=8.33%～46.67%)时，PD 变化范围是 66.7%～20%，CVR 变化范围是 20.1%～9.1%。该组实验的筒体振动频谱瀑布图如图 3.11 所示。

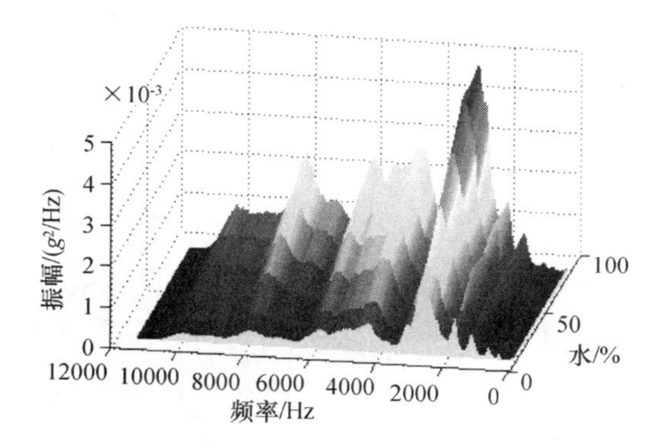

图 3.10　水磨时水负荷逐渐增加时的瀑布图

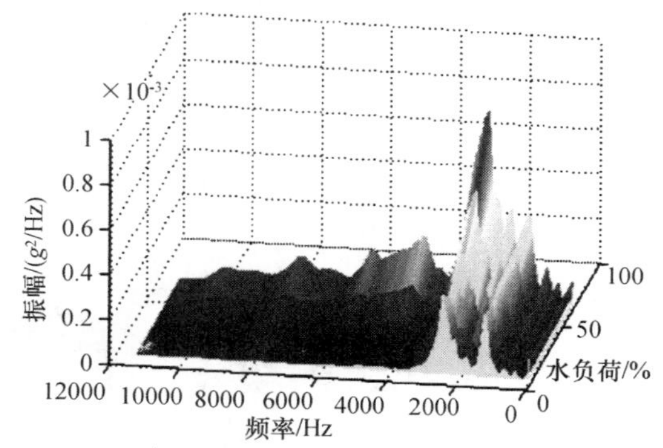

图 3.11　湿磨时水负荷逐渐增加的瀑布图

本组实验与水磨(钢球负荷与水负荷)实验相比，幅值下降了 1/5，信号带宽为 3500Hz。这两组实验的主要区别就是对钢球负荷的缓冲介质从水变为矿浆。开始时，磨机中的水负荷只有 5kg (φ_w=8.33%)，PD 为 φ_{mw}=66.7%，信号带宽为 3500Hz；但随着水负荷的增加，3500Hz 以上频段的幅值逐渐增加，其中 2800Hz 处的峰值快速增加，1500Hz 的峰值则增加缓慢。比较合理的解释就是：1500Hz 是磨机筒体与磨机内的物料、钢球和水负荷组成的机械结构体固有模态的中心频率，其幅值随水负荷增加而变化较慢；2000～3500Hz 的频率段是由钢球对磨机衬板的冲击引起的，受 PD 和 CVR 的影响显著，幅值增加较快。结合第 2 章的机理分析可知：随着水负荷的增加，PD 下降，矿浆黏度下降，进而钢球表面罩盖层厚度减小，缓冲作用减弱，冲击力增强。

图 3.11 的结果表明矿浆的流变特性对振动频谱幅值有明显影响。

(2) 只有物料负荷变化时的振动频谱。

该实验中球负荷为 40kg (φ_b=8.48%)，水负荷为 10kg (φ_w=16.67%)。物料负荷从 22kg 到 50kg (φ_m=8.73%～19.84%)时，PD 变化范围是 68.8%～83.3%，CVR 变化范围是 34.6%～45.0%。该组实验的筒体振动频谱瀑布图如图 3.12 所示。

本组实验中，振动信号主要带宽是3500Hz，但在3500～8000Hz间仍然存在微小振动。由图3.12可知，当物料负荷从22kg (φ_m=8.73%)增加到30kg(φ_m=11.9%) 时，振动频谱在2800Hz 和1500Hz处的幅值下降很快；但当物料负荷由30kg(φ_m=11.9%) 增加到50kg(φ_m=19.84%)时，则变化缓慢。由表3.2可知，当物料负荷为30kg(φ_m=11.9%)时，对应PD为75%。较为合理的解释就是：钢球表面的罩盖层厚度在PD达到75%以后不再随着PD的增加而增加，从而使钢球与衬板、钢球与钢球间的缓冲作用不再增强，从而钢球负荷对磨机筒体的冲击力不再发生较大变化。在本组的最后一次实验中，3500～8000Hz频段的幅值几乎为零，其原因在于此时的PD很高，MBVR也很大。

以上实验结果和分析与磨矿原理相符合，即当PD高于某个值时，矿浆黏度不再发生变化[253]。

(3) 只有球负荷变化的振动频谱。

该组实验中物料负荷为4kg(φ_m=1.59%)，水负荷为5kg (φ_w=8.33%)。钢球负荷从20kg到37kg (φ_b=4.24%～7.85%)，CVR的变化范围是14.2%～18.6%，BCVR的变化范围是10.1%～18.6%。该组实验的筒体振动频谱瀑布图见图3.13。

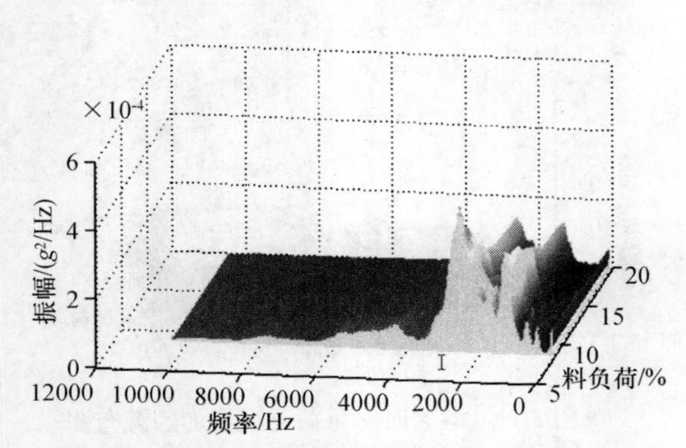

图3.12　湿磨时料负荷逐渐增加的瀑布图

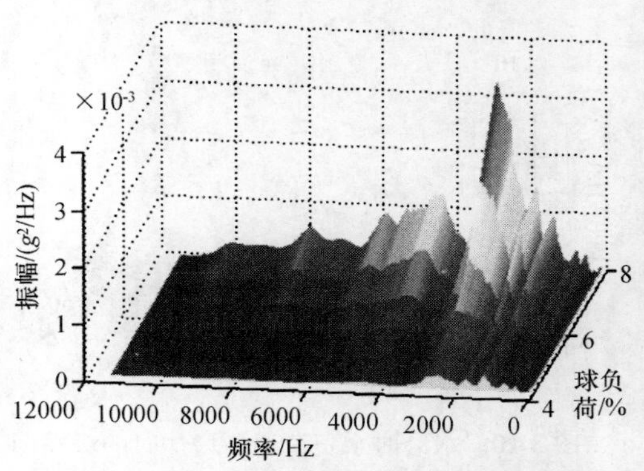

图3.13　湿磨时球负荷逐渐增加的瀑布图

如图3.13所示，当球负荷从20kg (φ_b=4.24%)增加到27kg (φ_b=5.73%)时，PSD幅值变化缓慢；但是当负荷由30kg (φ_b=6.36%)增加到37kg (φ_b=7.85%)时变化显著，尤其在3500～8000Hz间的幅值，随着球负荷的增加而迅速增加。主要原因是：当球负荷为27kg (φ_b=6.36%)时，CVR(φ_{bmw}=16.2%)几乎与BCVR(φ_{bf}=15.1%)相同，也就是说，所有的矿浆都填充在钢球空隙中。该组实验中，PD(φ_{mw}=44.4%)和物料负荷保持恒定，钢球表面的罩盖层厚度保持不变。因此，随着球负荷的增加，钢球与衬板、钢球与钢球的直接相撞次数增加和高频冲击增加，导致筒体振动信号的带宽和幅值发生显著变化。

4) 频谱分析小结

综合不同研磨条件下筒体振动频谱的差异，并结合磨矿过程研磨机理和筒体振动信号产生机理的定性分析，基于FFT的原始筒体振动信号频谱可分为两部分：固有模态段，100～1800Hz，暂称为低频段；冲击模态段，1800～11000Hz，暂称为中、高频段。通过比较磨机空转状态与其它研磨状态的频谱可知：

(1) 低频段可能是由磨机筒体及其内部的钢球、物料和水负荷组成的机械结构体的固有模态，其幅值变化随球负荷与水负荷的增加而增加，随物料负荷的增加而降低。

(2) 中高频段主要由钢球负荷对磨机衬板的冲击及钢球与钢球、钢球与物料间的高频冲击引起的，可分为主冲击频率段 1800～3600Hz(中频段)和次要冲击频率段 3600～11000Hz(高频段)。中频段存在于磨机负荷参数的正常变化范围之内。高频段多在特殊工况下存在，如低 PD、高 CVR、低 MBVR 等。从另外一个视角看，中、高频段的划分可解释为矿浆(湿磨)的缓冲作用介于水(水磨)与物料(干磨)之间。从冲击力的角度考虑，中频段是由于钢球直接或间接对衬板的冲击引起的，高频段是由于钢球对钢球的高频冲击或其它高频振动引起的。

由图 3.13 可知，在 BCVR 逐渐增加的情况下，除各个频段的幅值变化较大外，三个频段的变化范围不大。如果 BCVR 即钢球负荷的连续变化范围很大，则存在频段偏移的情况。研究中还发现，在保持钢球负荷恒定且 CVR 很高(>54%)、PD 相差很大(如 20%与 50%)情况下，两者的振动频谱在低、中频段差异不大，高频段差异相对于低、中频稍大。此时，较难区分两种工况。但是这两种工况在实际生产中是很难存在的，即使存在，也可以结合之前的工况判断是哪种工况。因此，磨机负荷软测量需要结合其它传感器信息和领域专家经验知识才能更可靠。

总之，本书的振动频谱分析是基于实验球磨机的，并且多是在大范围波动工况下进行的。针对振动频谱的深入分析与研究，还需要结合研磨过程数值仿真、筒体振动分析建模以及更为详细的实验深入进行。

3. 筒体振动频谱

采用钢球负荷保持不变，物料和水负荷变化的 4 组实验数据用于构建磨机负荷参数软测量模型。由之前的筒体振动信号分析可知，1～100Hz 部分为磨机筒体自身旋转引起的振动，建模时予以剔除。因此，只是采用 100～11000Hz 部分频谱建模，建模数据如图 3.14 所示。

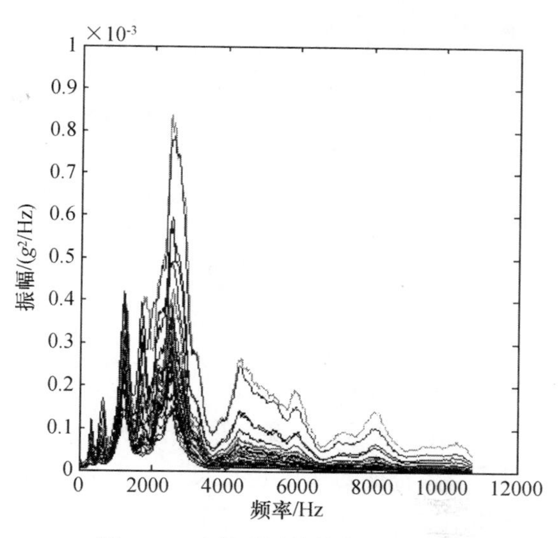

图 3.14　建模采用的筒体振动频谱

4．筒体振动频谱特征的选择

按 3.4.2 节给出的相关定义，可求得局部波峰的质量和中心频率，如图 3.15 所示。

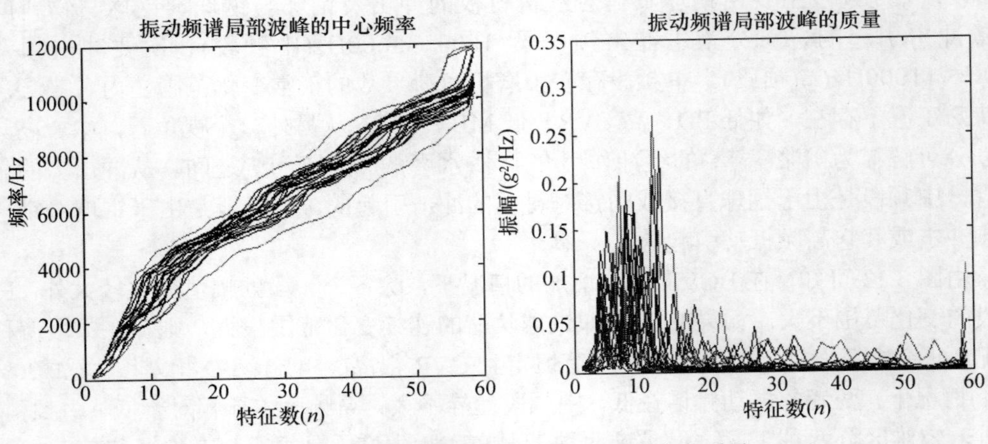

图 3.15　振动频谱局部波峰的的中心频率和质量

局部波峰的特征与磨机负荷参数间的 MI 值采用 MutualInfo 0.9 软件包[341]计算得到，结果如图 3.16 所示。

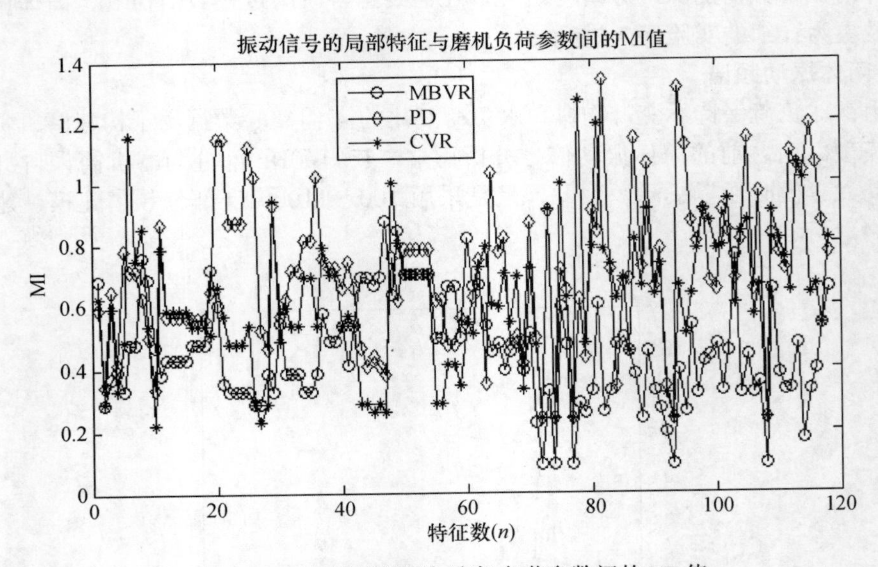

图 3.16　局部波峰特征与磨机负荷参数间的 MI 值

首先将振动频谱等间隔划分为 109 个子频段，然后采用与局部波峰特征相同的方法计算子频段与磨机负荷参数间的 MI 值，结果如图 3.17 所示。

完成局部波峰特征和子频段特征的 MI 值计算后，需要确定适合的阈值进行特征子集选择，此处结合图 3.16 和图 3.17 并依据经验给定阈值。为不同磨机负荷参数设定的阈值以及依据此阈值选择的特征数量，如表 3.4 所示。

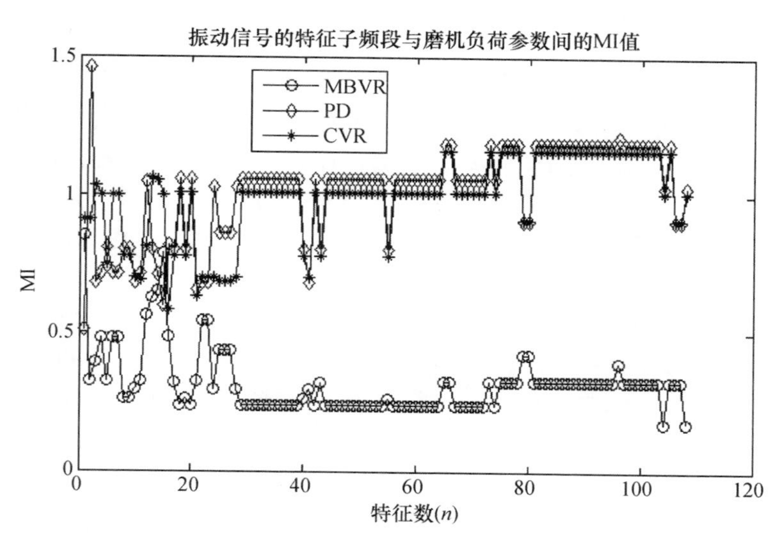

图 3.17　子频段与磨机负荷参数间的 MI 值

表 3.4　基于 MI 的磨机负荷参数特征选择数据统计

	MBVR		PD		CVR	
特征个数与阈值	数量(n)	阈值	数量(n)	阈值	数量(n)	阈值
局部波峰特征	35	0.5	38	0.8	21	0.8
子频段特征	16	0.4	78	1	77	1

结合图 3.16、图 3.17 和表 3.4，以及筒体振动信号的定性机理分析，可知：

(1) 同一频谱特征与不同磨机负荷参数间的映射关系是不同的。如 PD 和 CVR 与局部波峰特征和子频段特征的 MI 值都高于 MBVR，这与前文机理分析相符合，同时也说明虽然振动信号的灵敏度高，但其频谱包含的 MBVR 信息并不多。如果要可靠的检测磨机负荷，需要融合能够比较准确地检测 MBVR 的振声信号。

(2) 不同的频谱特征与同一磨机负荷参数的 MI 值不同。如对于 PD，局部波峰特征与 PD 的 MI 值波动较大，而子频段特征与 PD 的 MI 值则要相对平稳，这表明不同的特征子集包含的磨机负荷参数信息是不同的，进行特征子集选择是必要的。

(3) 合理地选择阈值是必要的，阈值越大选择的特征数目越多。在实际应用中，还要考虑选择的特征数量、软测量模型结构等因素，结合经验和实际情况选择阈值。

5．实验球磨机筒体振动频谱特征的提取

筒体振动频谱分频段自动划分的过程如下：

(1) 首先依据经验将振动频谱划分为 4 个分频段，其范围分别为 100～1600Hz(低频段，Low frequency，LF)，1600～4000Hz(中频段，Medium frequency，MF)，4000～7000Hz(高频段，High frequency，HF)和 7000～11000Hz(高高频段，High high frequency，HHF)。

(2) 按 3.4.2 节的波峰聚类算法，计算得到每个分频段范围内的具有最大局部波峰质量的局部波峰<848，1375，1205，0.03420，1255>、<2595，3679，2884，0.04895，2760>、<4626，4928，4769，0.002186，4762>和<7303，7415，7357，0.000272，7356>，并将

其分别作为初始的分频段。

(3) 将局部波峰按低频到高频进行排列，然后计算每个局部波峰的质心与每个初始分频段的质心间的距离，判断局部波峰与分频段间的相对位置；如果位于两个初始分频段的中间，则计算局部波峰和两个分频段的引力，如第 7 个局部波峰<1674，1841，1754，0.0006305，1752>位于第一个分频段和第二个分频段的中间，计算该局部波峰与两个分频段间的引力分别为 8.729681914424170e-011 和 3.037503050988914e-011，则第 7 个波峰要合并到第一个初始分频段。

(4) 重复以上过程，最后得到的分频段分别表示为<102，2023，0.03420，1255>、<2347，4523，0.04895，2760>、<4523，7088，0.002186，4762>和<7171，11000，0. 000272，7356>。最后将 13 个训练样本划分的分频段的起始和终止频率值进行平均，可得到的四个分频段的范围为：102～2385Hz(LF)、2385～4122Hz(MF)、4122～7227Hz(HF)和 7227～11000Hz(HHF)。

结合前面的频谱分析可知不同分频段的可能解释为：LF 为自然频率段，是磨机筒体和磨机内的物料、钢球和水负荷组成的机械结构体的固有模态；MF 为主冲击频率段，主要是钢球负荷对筒体的周期性冲击引起的冲击模态；HF 和 HHF 为次冲击频率段，主要是钢球与钢球之间的高频冲击等其它原因引起的冲击模态。

采用 KPCA 算法提取每个分频段的主元并分析不同分频段数据间变化的差异性。基于 KPCA 提取的分频段的主元贡献率的统计结果如表 3.5 所示，其中 KPCA 均采用 RBF 核函数，核半径均为 100。

表 3.5　基于 KPCA 提取的分频段的主元贡献率

	LF	MF	HF	HHF
1	0.8732	0.9847	0.9988	0.9967
2	0.9474	0.9964	0.9994	0.9993
3	0.9777	0.9979	0.9996	0.9996
4	0.9885	0.9989	0.9997	0.9998
5	0.9934	0.9995	0.9998	0.9998

表 3.5 表明 MF、HF 和 HHF 频段的灵敏度高于 LF 频段，这与前面的机理分析相符合。本书为不同的磨机负荷参数选择了相同的主元个数，设定的累计方差贡献率的阈值为 99.8%，并且保证了每个分频段至少选择一个主元，则在 LF、MF、HF 和 HHF 中提取的谱主元的个数分别为 5、3、1 和 1。

6．模型输入特征与学习参数的组合优化结果

组合基于 KPCA 提取的分频段谱主元和基于 MI 选择的频谱特征，最终 MBVR、PD 和 CVR 三个磨机负荷参数的候选特征的个数分别为 61、126 和 108 个。结合 LS-SVM 建模算法，基于 AGA 组合优化方法从候选特征中优选软测量模型的输入子集，同时选择模型学习参数。

AGA 算法在学习阶段的适应度及特征个数的变化曲线如图 3.18(以 PD 模型为例)所示。

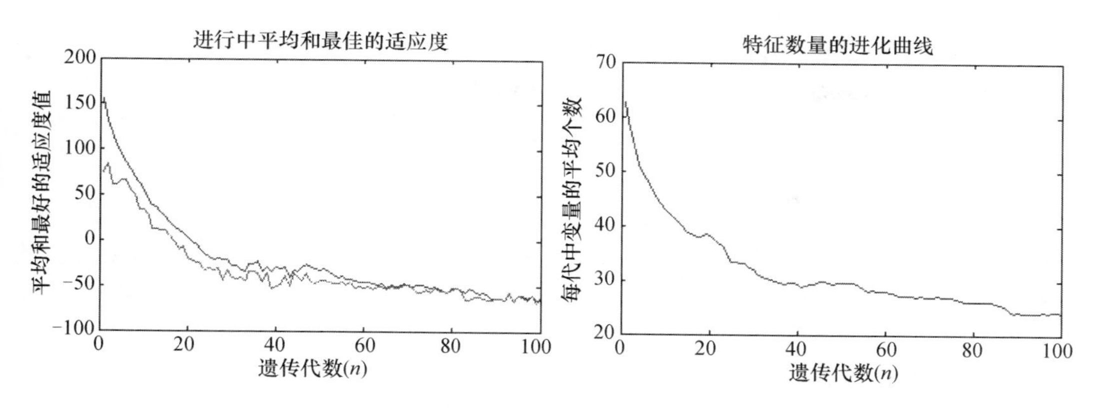

图 3.18　训练阶段的适应度函数和变量选择曲线系

考虑到遗传算法初始化的随机性，组合优化过程运行 20 次，每次选择的特征如图 3.19 所示。表 3.6 同时给出了选择的不同特征数量的统计结果，并与原始特征进行了比较，其中 AGA 选择的特征是 20 次运行结果的平均值。表 3.6 中，“Can”表示全部的候选特征，“Sel”表示选择的特征，“Peak”表示局部波峰特征，“Sub”表示子频段特征，“KPCA”表示分频段特征。

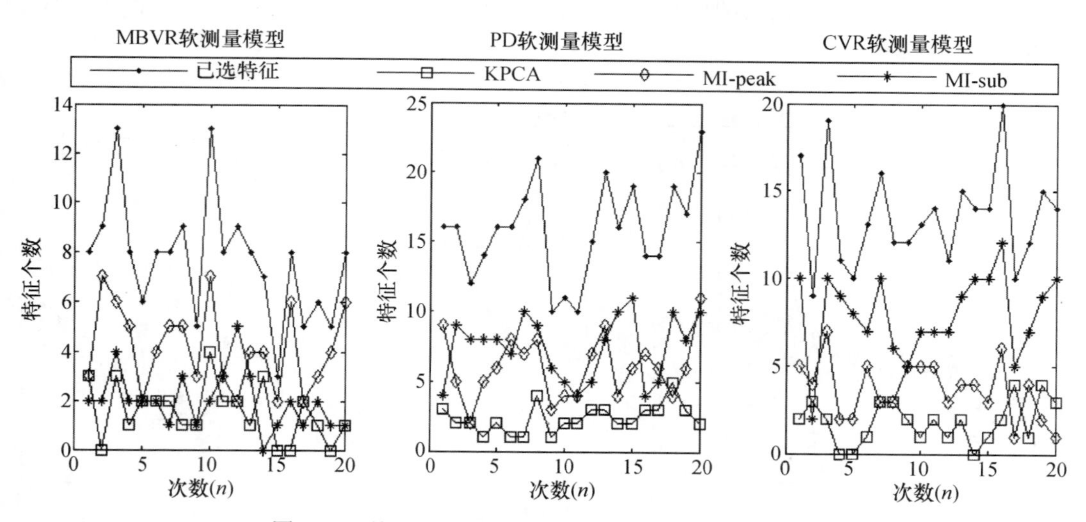

图 3.19　基于 AGA 的组合优化算法选择的特征个数

表 3.6　基于 AGA 组合优化方法的选择特征与原始特征的比较

	原始特征(n)				AGA 选择后的特征(n)			
	“KPCA”	“Peak”	“Sub”	“Can”	“KPCA”	“Peak”	“Sub”	“Sel”
MBVR	10	35	16	61	1.55	4.15	2	7.7
PD	10	38	78	126	2.35	6.05	7.45	15.85
CVR	10	21	77	108	1.85	3.7	8	13.55

图 3.19 和表 3.6 表明：

(1) 本书所提方法选择的输入特征的个数远小于原始特征，简化了模型结构，如对于MBVR模型，候选特征与选择特征的数量从61缩减到7.7。

(2) 磨机负荷参数与不同特征间的相关性不同，如子频段特征与CVR更相关，子频段特征占全部59%。

(3) KPCA 提取的特征在选择的特征中占的比例最小，在MBVR、PD和CVR模型中占的比例分别为20%、15%和6%，表明能够反映大部分频谱变化的频谱主元对建模的贡献不大。因此，应该采用能够同时提取输入输出数据的最大变化的非线性特征建立软测量模型。

7. 磨机负荷参数软测量结果

为比较不同的磨机负荷参数与振动频谱间灵敏度的差异，采用测试样本的均方根相对误差(Root mean squared relative error，RMSRE) 评估模型性能，其定义如下：

$$\mathrm{RMSRE}=\sqrt{\left\{\sum_{l=1}^{k_{\text{test}}}\left[\left(y_l-\hat{y}_l\right)/y_l\right]^2\right\}\Big/k_{\text{test}}} \tag{3.104}$$

其中，k_{test} 样本数量，y_l 和 $\hat{y}_l$ 分别表示第 l 个测试样本的真值和测量值。

为与所提出的特征提取和选择方法相比较，图 3.20 给出了基于不同特征的 LS-SVM 软测量模型的测试曲线。

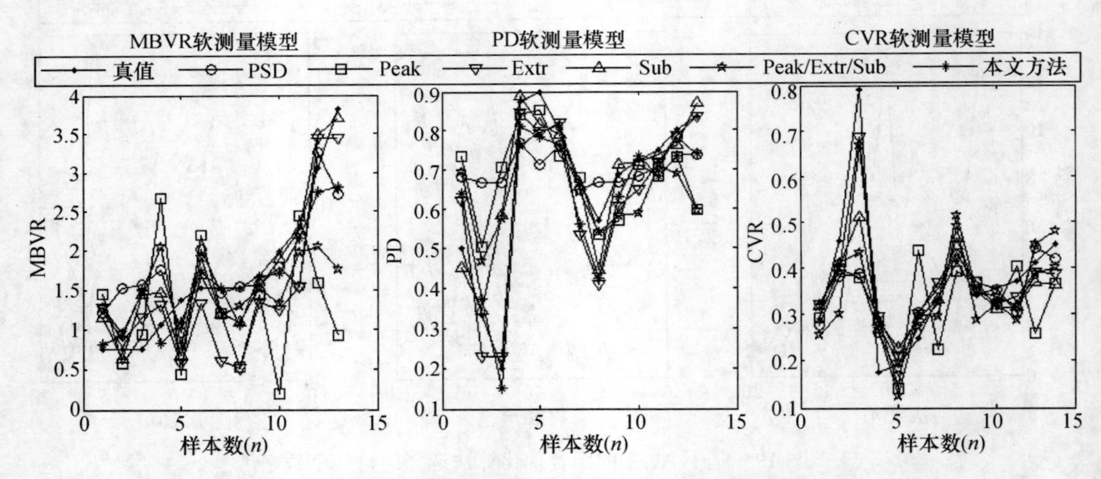

图 3.20 基于不同特征的 LS-SVM 软测量模型的测试结果

不同建模方法的测试误差及相关参数的统计结果如表 3.7 所示。在表 3.7 中，“特征(Peak/Extra /Sub/PSD)” 分别代表不同的建模数据，其中“Peak”代表基于MI选择的局部波峰特征；“Eatr”代表采用KPCA方法提取的特征；“Sub”代表基于MI选择的子频段特征；“Peak/Extr/Sub”代表候选特征的集合；“参数(N_fea，λ，γ)”表示建模参数，其中“N_fea”代表不同特征子集中特征的数量；“λ”和“γ”分别代表LS-SVM模型的惩罚参数和核半径宽度。

表 3.7 基于不同输入特征的 LS-SVM 模型测试结果

特征(Peak/Extr/Sub/PSD)	MBVR		PD		CVR		RMSRE (平均)
	参数 (N_fea, λ, γ)	RMSRE	参数 (N_fea, λ, γ)	RMSRE	参数 (N_fea, λ, γ)	RMSRE	
PSD	(10901, 38748, 509)	0.5026	(10901,36699,295)	0. 7181	(10901, 79, 990)	0.2277	0.4828
Peak	(35, 25000, 12)	0.5494	(38, 3440, 262)	0.7360	(21, 59, 16)	0.3634	0.5496
Extr_kpca	(10, 25000, 99)	0.4176	(10, 2548, 125)	0.1623	(10, 80, 998	0.2215	0.2671
Sub	(16, 269642, 31)	0.3467	(78, 630, 63)	0. 4942	(77, 1674, 992)	0. 2379	0.3596
Peak/Extr/Sub	(61, 31235, 570)	0.4874	(126, 359, 63)	0. 5575	(108, 20, 140)	0. 2285	0.4244
本书方法	(6, 9381, 17)	0. 3104	(10, 206, 563)	0. 1524	(23, 858, 41)	0.1866	0.2165

上述结果表明，本书所提方法具有最佳的平均预测精度。

基于“Sub”和“Extr”数据集的模型比基于“PSD”数据集的模型精度高，表明了特征提取和特征选择方法的有效性；基于“Peak”数据集的模型精度并没有提高，这与本次建模数据的特点相关；基于“PSD”数据集的模型具有最慢的建模速度。基于候选特征集和“Peak/Extr/Sub”的模型精度低于基于“Sub”和“Extr”数据集的模型，表明简单地组合不同的特征并不能提高模型的性能，进行重新选择是必要的。

采用本书所提方法，为 MBVR、PD、CVR 软测量模型选择的特征数量分别是 6、10、23；惩罚参数λ和核半径γ分别是 9381 和 17、206 和 563、858 和 41，结果表明：

(1) 不同的磨机负荷参数选择不同的特征，表明了本书所提方法是有效的。

(2) 模型学习参数λ和γ的值比较大，主要原因在于建模数据多是来自于大范围波动工况，样本的分布范围较广。

(3) 基于 RMSRE 的统计结果表明，PD 和 CVR 比 MBVR 对振动信号更加灵敏，这也说明，需要融合其它信号才能更加有效地检测 MBVR。

总之，本书提出特征提取和特征选择组合优化方法提高了软测量模型的预测精度。实际上，工业球磨机运行环境十分恶劣。因此，本方法需要考虑如何结合现有研究成果、领域专家的经验进行进一步的深入研究和验证。

第4章 基于频谱数据驱动的旋转机械设备负荷选择性集成建模及其应用

4.1 引 言

通常球磨机负荷主要通过磨机电流(功率)信号进行检测，但该方法难以保证磨机运行在最佳负荷状态[261]。基于磨机振声信号[235]针对干式球磨机负荷的检测仪表已产品化，并成功应用于氧化铝回转窑制粉系统的磨机负荷控制[15]。Gugel 等人基于振动频谱采用人工神经网络测量水泥磨机料位[198, 199]，研究表明该方法的分辨率是传统方法的数倍。目前的研究多针对干式球磨机，针对于湿式球磨机的研究较少。选矿过程中湿式球磨机的负荷检测主要是结合领域专家知识、规则推理、统计过程控制及融合轴承振动、振声、磨机电流等多源信号估计磨机负荷状态[11, 370]，但这种方法具有较大的主观性和随意性。为保证磨矿生产过程的安全性，防止因磨机过负荷导致设备损坏甚至停产，球磨机常运行在低负荷状态，造成能源浪费和钢耗增加。

众多实验表明，磨机内部 PD 和磨矿粒度等关键参数与磨机轴承振动和振声频谱的子频段特征直接相关[225]。尽管振声信号比轴承振动信号包含更多的磨机负荷信息，却受到邻近磨机的交叉干扰[225]。基于半自磨机筒体振动信号的研究表明，筒体振动能够反映磨机内部的 PD 和黏度[204]。张勇等基于振声、轴承压力和磨机功率及磨矿过程的其它变量对 MBVR、PD 及 BCVR 等磨机负荷参数进行软测量[245, 246]，但该文中采用较难测量的轴承压力作为模型的输入之一，也未对振声信号进行有效的频域特征提取。Zeng 等人基于人工设定阈值选择不同子频段特征[228]，但采用该方法选择的子频段特征不一定与研磨参数具有较强的映射关系。Tang 等人基于 GA-PLS 选择筒体振动频谱的子频段特征进行建模[257]，但 GA 随机初始化的特点，使该特征选择过程计算消耗大，并且面对小样本时所选取的特征具有一定的随机性，稳定性较弱。

从振动系统分析的角度讲，基于振动频谱的磨机负荷检测的实质是针对由磨机筒体与磨机负荷组成的机械振动系统的物理参数及其冲击载荷的识别问题。当振动频谱的频率分辨率较高时，分频段的载荷识别方法可以提高识别模型的稳定性和可靠性[371]。不同的分频段与不同磨机负荷参数间的映射不同，通过提取振动频谱的分频段特征，Tang 等人提出了基于 PCA 和 SVM 的软测量方法[288]，但该方法存在分频段硬性划分、PCA 只能提取线性特征、SVM 需要解决二次规划问题等缺点。

尽管筒体振动信号比振声、磨机电流等信号更加灵敏和抗干扰，研究却表明筒体振动与 PD[204]、振声与 MBVR[186]、磨机电流与 CVR[263]更相关。因此，针对不同信号、同一信号的不同分频段包含信息的冗余与互补性，基于 PCA/KPCA 融合多源数据特征的磨机负荷参数软测量方法取得了较好的效果[258]。PCA/KPCA 提取的主元虽能够解释原始输入数据，但没有考虑对输出数据的影响[139]；采用方差变化率很小的主元建模会导致模型性能的不稳定[26]。

偏最小二乘方法(Partial least squares，PLS)能够提取输入与输出数据中的潜变量建立多元线性回归模型，可对存在共线性、高维、病态等特征的数据进行有效回归[372]。在分析化学领域，集成 PLS(Ensemble PLS，EPLS)的方法在高维近红外复杂谱数据建模中成功应用[112]。基于移除非确定性变量的 EPLS 方法的应用表明，模型的稳定性和建模精度得到了进一步提高[113]。基于振动频谱，Tang 等人采用 PLS 算法首先建立不同分频段的子模型，然后结合 AWF 算法加权集成各子模型获得磨机负荷参数集成模型[117]，但该方法存在振动频谱手动划分、只能建立线性回归模型及部分子模型的建模精度高于集成模型等问题。基于频谱聚类进行分频段自动划分和基于 KPLS 算法建立的磨机负荷参数集成模型[393]解决了上述问题，但该方法同样存在部分子模型的建模精度高于集成模型的问题，而且未融合振声、磨机电流等信号。

Zhou 提出了 GASEN 方法，表明集成部分子模型可以得到比集成全部子模型更好的模型性能[64]，但该方法存在计算消耗大、算法中需要人工设定阈值确定子模型取舍、选择的子模型采用简单平均法进行加权和 GA 寻优结果为次优等问题。选择性集成建模可以看做为一个同时优选集成子模型及其加权系数的最优化问题。BB 算法作为组合优化工具，可以通过分支和定界过程以较高计算效率获得最优子集，并在特征选择问题上广泛应用[373-375]。因此，可以结合基于 BB 的寻优算法和基于 AWF 的加权算法，实现同时选择最佳集成子模型和计算子模型加权系数的选择性集成建模。

这些软测量方法均以传统的基于 FFT 获得的单尺度筒体振动和振声频谱为基础，对磨机采取多种不同方式进行特征提取和特征选择，获得具有不同优缺点的候选特征子集，但是每个特征子集的具体物理含义却难以解释，难以获得对磨机负荷检测问题的更深入理解。

磨矿过程是涉及破碎力学、矿浆流变学、机械振动与噪声学、导致金属磨损和腐蚀的“物理—力学”与“物理—化学”等多个学科的复杂过程。磨机内物料和钢球粒径大小及分布的变化、钢球和磨机衬板磨损及腐蚀的不确定性、与钢球冲击破碎直接相关的矿浆黏度的复杂多变等多种因素导致磨机筒体受到大量的不同强度、不同频率的冲击力，由此产生的筒体振动和振声信号具有较强的非线性、非平稳性和多组分特性。如何从产生机理上分析这些信号组成，以及如何将它们有效分解和进行系统解释是目前基于这些信号进行磨机负荷参数软测量面临的挑战之一。

Huang 等人提出的经验模态分解(Empirical mode decomposition，EMD)是一种基于信号局部特征的自适应分解方法[376]，可以有效地将原始时域信号分解为具有多尺度时频特性的本征模态函数(Intrinsic mode functions，IMFs)。该方法在旋转机械故障诊断领域、高层建筑和桥梁健康状态监测中得到了广泛应用[377-379]，分解得到的 IMFs 具有不同的物理含义，如文献[379]给出了高层建筑健康状态监测信号 EMD 分解后的物理含义。基于文献[380]提出的基于 EMD 和 PSD 的故障诊断方法的启发，本书结合 EMD、PSD 和 PLS 分析了筒体振动信号[381]，并提出了基于 PLS 潜变量的方差贡献率度量 IMF 信号蕴含信息量的准则；基于这一准则，Zhao 等人详细分析了不同研磨工况下 IMF 分量及其频谱的变化，提出了基于 EMD 和 PLS 的选择性集成建模方法[382]；因这两种方法仅仅是基于 PLS 模型的第 1 个潜变量方差贡献率选择子模型，其合理性有待探讨，建模精度也较低。文献[383]建立了基于 EMD、KPLS、BB 和误差信息熵加权算法的磨机负荷参数选择性集成模型。上述基于 EMD 的建模方法均未对信号组成复杂机理进行分析，未对 IMF 频谱特征进行分析及选择，未对磨机负荷参数与 IMF 间的关系进行深入分析，并且没有考虑选择性融合振声 IMF 频谱，未能结合 EMD 技术、机理分析、领域专家的操作经验对 IMF 频谱与磨机负荷参数间的关系进行深入探讨。

基于以上问题，本章描述了基于筒体振动频谱集成建模[393]、基于选择性集成多传感器频谱特征[384]和基于 EMD 和选择性集成学习算法[185]的磨机负荷参数软测量方法。不同方法可简单概述为：

(1) 基于筒体振动频谱的集成建模。首先依据磨矿过程的研磨机理，将振动频谱采用波峰聚类方法自动划分具有不同物理意义的分频段；然后利用 KPLS 算法分别建立各分频段的磨机负荷参数子模型；最后依据子模型训练数据预测误差的信息熵获得初始权重，加权得到最终的磨机负荷参数集成预测模型；在线测量过程中根据子模型预测误差的变化进行权值的在线自适应更新。

(2) 基于选择性集成多传感器频谱特征的软测量。为实现多源传感器信息的有效融合和提高模型的泛化性能，提出了由数据预处理、特征子集选择、选择性集成及参数/负荷转换模块组成的选择性集成多传感器信息的磨机负荷软测量方法。首先通过 FFT 获得磨机筒体振动、振声频谱，然后采用基于频谱聚类的分频段自动分割算法实现分频段的自动划分，采用基于 MI 的特征选择方法为不同的负荷参数选择局部波峰特征及子频段特征；将分频段、局部波峰特征、子频段特征、原始频谱及磨机电流分别作为特征子集，采用 KPLS 算法建立每个特征子集的磨机负荷参数子模型；结合基于 BB 的寻优算法和基于 AWF 的加权算法选择最优子模型并计算加权系数，获得最终的磨机负荷参数选择性集成模型；最后将负荷参数转换为磨机内部的物料、钢球和水负荷。

(3) 基于 EMD 和选择性集成学习算法的软测量。针对磨机筒体振动和振声信号组成复杂与难以解释、蕴含信息存在冗余性与互补性和磨机负荷参数映射关系难以描述等问题，提出了基于 EMD 技术和选择性集成学习算法分析筒体振动与振声信号组成和建立磨机负荷参数软测量模型的新方法。首先从机理上定性分析了筒体振动及振声信号组成的复杂性；然后采用 EMD 技术将原始信号自适应分解为具有不同时间尺度的系列组成成分，即 IMFs；接着在频域内采用 MI 方法分析并选择 IMF 频谱特征；最后采用基于 KPLS、BB 和 AWF 的选择性集成学习算法建立磨机负荷参数软测量模型，实现了多源多尺度频谱特征的选择性信息融合。基于实验球磨机的实际运行数据仿真验证了该方法的有效性。

本书只是在小型实验球磨机上进行了大范围波动工况下的初步实验研究，仍然需要进行接近工业现场磨矿条件的连续磨矿作业，进一步验证本书所提出的软测量方法。本书所提出的选择性集成软测量方法可以在光谱、频谱等小样本高维数据的建模中进行推广应用，在工业过程建模和控制等领域具有很大的应用潜力。

4.2 选择集成建模与多传感器信息优化融合

此处主要对集成子模型进行并行组合的选择性集成建模相关技术进行介绍，这是由本书所面对的旋转机械设备负荷测量的固有特点所决定的。面向磨机负荷参数检测设备的传感器通常为多个，这些设备所包含的信息通常是冗余与互补的，并且从不同传感器中提取的特征通常也包含不同的负荷参数信息。领域专家通常也是选择性融合多源信息对磨机负荷进行识别。

4.2.1 神经网络集成理论框架

文献[101]给出了构造集成回归器的通用理论框架，提出了建立在均方误差(MSE)意义下性能优于任何子模型的混合神经网络集成模型，其特点为：有效利用了参与集成的全部神经网络；有效利用了全部训练数据并且未造成过拟合；通过平滑函数空间的内在正则化避免了过拟合；利用局部最小构造了改进的估计器；适用于理想情况下的并行计算等。

混合多个神经网络集成的关键问题是如何设计网络结构、如何合并不同神经网络的最优输出获得最佳估计和如何利用数量有限的建模数据集。通过重新采样技术可以从单个建模数据集中得到多个具有差异的神经网络系统。通常的做法是选择具有最佳预测性能的神经网络，这是非常低效的。通过平均函数空间而非参数空间的集成建模方法可以提高效率并避免局部最小问题。

下文给予详细描述。

1．基本集成方法(Basic ensemble method，BEM)

BEM 主要是合并一组子回归估计器估计函数 $f(x)$，其定义为 $f(x)=E[y\mid x]$。假定我们有两个独立的有限数据集，训练集 $\boldsymbol{X}^{\text{train}}=\{x_l,y_l\}_{l=1}^{k}$ 和交叉验证数据集 $\boldsymbol{X}^{\text{valide}}=\{x_m,y_m\}_{m=1}^{k_{\text{valide}}}$；进一步假定采用 $\boldsymbol{X}^{\text{train}}$ 产生一系列的函数集，$\varGamma=\{f_j(x)\}_{j=1}^{J}$，目标是采用 $\varGamma$ 寻求 $f(x)$ 的最好近似。

通常的选择是采用基于最小化均方误差(Mean squared error，MSE)的估计器 $f_{\text{Naive}}(x)$：

$$f_{\text{Naive}}(x)=\arg\min_{j}\{\text{MSE}[f_j]\} \tag{4.1}$$

其中，

$$\text{MSE}[f_j]=E_{x^{\text{valide}}}[(y_m-f_j(x_m))^2] \tag{4.2}$$

该方法难以得到满意数据模型的原因有 2 个：一是在所有神经网络中只是选择一个网络时会丢弃其它网络所含有的有用信息；二是验证数据集随机会导致其它网络中可能对其它未见过数据的预测性能好于选择的估计器 $f_{\text{Naive}}(x)$。对未见过数据进行可靠估计的方法是平均 $\varGamma$ 中所有估计器的性能，即采用 BEM 估计器 $f_{\text{BEM}}(x)$。

定义函数 $f_j(x)$ 偏离真值的偏差为偏差函数，记为 $m_j(x)\equiv f(x)-f_j(x)$，则 MSE 可以改写为 $\text{MSE}[f_j]=E[m_j^2]$。平均 MSE 可表示为：

$$\overline{\text{MSE}}=\frac{1}{J}\sum_{j=1}^{J}E[m_j^2] \tag{4.3}$$

将 $f_{\text{BEM}}(x)$ 回归函数定义为：

$$f_{\text{BEM}}(x)=\frac{1}{J}\sum_{j=1}^{J}f_j(x)=f(x)-\frac{1}{J}\sum_{j=1}^{J}m_j(x) \tag{4.4}$$

假定 $m_j(x)$ 是零均值互相独立的，采用下式计算 $f_{\text{BEM}}(x)$ 的 MSE：

$$
\begin{aligned}
\text{MSE}[f_{\text{BEM}}] &= E\left[\left(\frac{1}{J}\sum_{j=1}^{J}{}_j\right)^2\right] \\
&= \frac{1}{J^2}E\left[\left(\sum_{j=1}^{J}m_j\right)^2\right]+\frac{1}{J^2}E\left[\sum_{j\neq s}m_j m_s\right] \\
&= \frac{1}{J^2}E\left[\left(\sum_{j=1}^{J}m_j\right)^2\right]+\frac{1}{J^2}\sum_{j\neq s}E[m_j]E[m_s] \\
&= \frac{1}{J^2}E\left[\left(\sum_{j=1}^{J}m_j\right)^2\right] \\
&= \frac{1}{J^2}\overline{\text{MSE}}
\end{aligned}
\tag{4.5}
$$

因此，通过平均若干个子回归估计器，可以有效减小 MSE。这些子回归器或多或少地跟踪真值回归函数。若把偏差函数作为叠加在真值回归函数上的随机噪声函数，并且这些噪声函数是零均值不相关的，则对这些子回归器进行平均就如同对噪声进行平均。在这种意义下，集成方法就是平滑函数空间。

集成方法的另外一个优点是可以合并不同来源的多个子回归器。因此可以容易的扩展统计 Jackknife、Bootstrap 和交叉验证技术用于获得性能更佳的回归函数。

但是，由于 Γ 中的所有偏差函数间不是不相关的，也不是零均值的，上述期望的结果往往难以获得。

2．广义集成方法(Generalized ensemble method，GEM)

此处介绍 Γ 中子回归器的最佳线性合并方法，即 GEM 方法，可以获得低于最佳子回归器 $f_{\text{Naive}}(x)$ 和 BEM 回归器 $f_{\text{BEM}}(x)$ 的估计误差。定义 GEM 回归器 $f_{\text{GEM}}(x)$ 如下：

$$
f_{\text{GEM}}(x)\equiv\sum_{j=1}^{J}w_j f_j(x)=f(x)+\sum_{j=1}^{J}w_j m_j(x) \tag{4.6}
$$

其中，w_j 是实数，并且满足 $\sum w_j=1$。

定义误差函数之间的对称相关系数矩阵 $\boldsymbol{C}_{js}\equiv E[m_j(x)m_s(x)]$。我们的目标是选择合适的 w_j 来最小化目标函数 $f(x)$ 的 MSE，即需要最小化：

$$
\begin{aligned}
\boldsymbol{w}_{\text{opt}} &= \arg\min\left(\text{MSE}[f_{\text{GEM}}]\right) \\
&= \arg\min\left(\sum_{j,s}w_j w_s \boldsymbol{C}_{js}\right)
\end{aligned}
\tag{4.7}
$$

将 $\boldsymbol{w}_{\text{opt}}$ 的第 j^* 个变量记为采用 w_{opt,j^*}。采用 Lagrangian 乘子法求解 $\boldsymbol{w}_{\text{opt}}$：

$$
\partial w_{\text{opt},j^*}\left[\sum_{j,s}w_j w_s \boldsymbol{C}_{js}-2\lambda\left(\sum_{j}w_j-1\right)\right]=0 \tag{4.8}
$$

上式可简写为：

$$\sum_{j^*} w_{j^*} \boldsymbol{C}_{j^*j} = \lambda \tag{4.9}$$

考虑到$\sum w_j = 1$，可得：

$$w_{\text{opt},j^*} = \frac{\sum_j \boldsymbol{C}_{sj}^{-1}}{\sum_{j^*} \sum_j \boldsymbol{C}_{j^*j}^{-1}} \tag{4.10}$$

进一步，可知最优 MSE 为：

$$\text{MSE}[f_{\text{GEM}}] = \left[\sum_{js} \boldsymbol{C}_{js}^{-1} \right]^{-1} \tag{4.11}$$

上述结果依赖于两个假设：$\boldsymbol{C}$ 的行与列是线性独立；我们能够可靠估计 $\boldsymbol{C}$。

实际上，我们几乎是在 $\boldsymbol{\Gamma}$ 中复制神经网络，进而 $\boldsymbol{C}$ 的行与列几乎都是线性依靠的。这样，求逆的过程会很不稳定，导致$\boldsymbol{C}^{-1}$的估计是不可靠的。

4.2.2 基于遗传算法的神经网络选择性集成(GASEN)

为提高神经网络模型预测性能，针对 GEM 在解决实际问题时难以直接使用的问题，文献[64]提出了 GASEN 算法。该方法采用 GA 通过演化子模型的随机权重来解决最优权重问题：首先 BPNN 用于构建候选子模型，接着采用 GAOT 工具箱[385]用于优化子模型权重，然后通过预先设定的阈值确定优选子模型，最后通过简单平均加权合并选择的子模型。该算法的简化步骤如下：

GASEN 算法：给定训练和验证数据集 S 和 S^{valid}，设定 GA 算法的个体数量为 p_{GA}，并设定子模型选择阈值为 $\lambda_{\text{GA}} = 1/p_{\text{GA}}$。

步骤 1　从训练样本 S 中采用 Bootstrap 算法产生 p_{GA} 个训练子集 $\{S_{j_{\text{sub}}}\}_{j_{\text{sub}}=1}^{p_{\text{GA}}}$。

步骤 2　采用训练子集 $\{S_{j_{\text{sub}}}\}_{j_{\text{sub}}=1}^{p_{\text{GA}}}$ 构造候选子模型 $\{f_{\text{BPNN}}(S_{j_{\text{sub}}})\}_{j_{\text{sub}}=1}^{p_{\text{GA}}}$。

步骤 3　计算验证数据集 S^{valid} 基于全部候选子模型的输出 $\{\hat{y}_{j_{\text{sub}}}^{\text{valid}}\}_{j_{\text{sub}}=1}^{p_{\text{GA}}}$。

步骤 4　计算候选子模型的预测误差 $\{e_{j_{\text{sub}}}^{\text{valid}}\}_{j_{\text{sub}}=1}^{p_{\text{GA}}}$。

步骤 5　构造预测误差的相关系数矩阵 $[C_{\text{error}}]_{p_{\text{GA}} \times p_{\text{GA}}}$。

步骤 6　产生随机权重 $\{w_{j_{\text{sub}}}\}_{j_{\text{sub}}=1}^{p_{\text{GA}}}$。

步骤 7　采用 GAOT 工具箱对权重向量进行演化，将新权重记为 $\{w_{j_{\text{sub}}}^*\}_{j_{\text{sub}}=1}^{p_{\text{GA}}}$。

步骤 8　选择 $w_{j_{\text{sub}}}^* \geqslant \lambda_{\text{GA}}$ 的候选子模型，并重新标记为 $\{f_{j_{\text{sub}}}^{\text{BPNN}}(S_{j_{\text{sub}}}^*)\}_{j_{\text{sub}}=1}^{p_{\text{GA}}^*}$，其中 p_{GA}^* 为集成子模型的数量，即集成尺寸。

步骤 9　计算验证数据集的集成输出：$\hat{y}_{\text{BPNN}}^{\text{valid}} = \sum_{j_{\text{sub}=1}}^{p_{\text{GA}}^*} \hat{y}_{j_{\text{sub}}}^{\text{valid}}$。

基于测试数据集 S^{test} 的预测输出可记为：

$$\hat{y}_{\text{BPNN}}^{\text{test}} = \sum_{j_{\text{sub}=1}}^{p_{\text{GA}}^*} \hat{y}_{j_{\text{sub}}}^{\text{test}} = \sum_{j_{\text{sub}=1}}^{p_{\text{GA}}^*} f_{j_{\text{sub}}}^{\text{BPNN}}(S^{\text{test}}) \tag{4.12}$$

4.2.3 特征选择与选择性集成建模

特征选择最直接的方法是在所有原始特征的可能组合得到的特征子集中选择模型性能最优的特征子集。穷举方法可以获得最优特征子集，但计算效率低。基于 BB 算法的特征选择方法提高了搜索效率，但在包含上千个特征的高维数据挖掘和文本分类等应用中，计算效率也常常难以满足要求。为了在优化特征子集和提高计算效率间进行均衡，出现了序列前向浮动搜素、序列后向浮动搜素及模拟退火法、Tabu 搜索法、GA 等基于智能优化方法的特征选择方法，但这些方法选择的特征均为次优解。

集成建模的基本步骤是集成模型结构的选择、训练子集生成、集成子模型的选择和子模型合并方法选择，其中集成模型结构可以分为子模型的串联、并联和混联等多种方式，采用哪种结构需要依据具体问题而定；训练子集生成可以结合具体问题采取适当方式；集成子模型选择是在保证集成模型具有较好泛化能力和建模精度的基础上选择最佳子模型，该问题是选择性集成建模中的难点；子模型合并方法选择是采用有效的方法将子模型输出进行合并。

特征选择过程与选择性集成建模过程间的对比关系如图 4.1 所示。

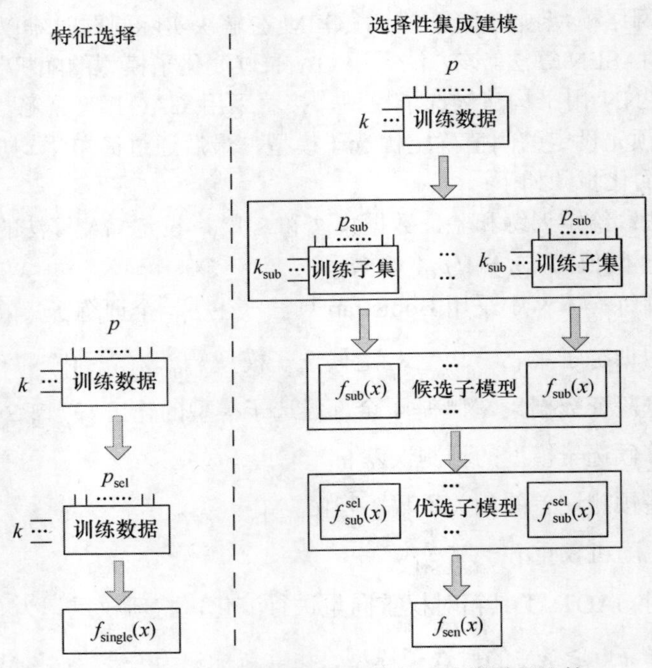

图 4.1 特征选择过程与选择性集成建模过程比较

由图 4.1 可知，在确定集成模型结构，完成候选子模型构建，并确定子模型合并方法后，选择性集成建模的实质就是子模型的优化选择问题，该过程类似于最优特征选择问题；不同的是前者选择最优子模型进行合并，后者选择最优特征进行模型构建。

面对有具体工业背景的数据建模问题，如果选择具有具体物理含义的数据建立候选子模型，则子模型的数量是有限的。因此，完全可以将最优特征选择方法用于构建选择性集成模型。

4.2.4 基于自适应加权融合(AWF)算法的多传感器信息融合

信息融合就是将来自多个传感器或多源的信息在一定准则下加以自动分析、综合，以完成所需的决策和估计任务而进行的信息处理过程。多传感器信息融合常在系统中单个传感器难以提供足够准确和可靠的测量值等情况下应用。

自适应加权融合(AWF)算法的思想是在总均方差最小的条件下，根据各个传感器所得到的测量值以自适应的方式寻找各个传感器所对应的最优加权因子，使融合后的目标观测值达到最优。假定各传感器的测量值之间彼此独立，其获得观测值的最优权重需要解决如下优化问题：

$$\begin{cases} \min \quad \sigma^2 = \sum_{j_{\text{AWF}}=1}^{J_{\text{sel}}} w_{j_{\text{AWF}}}^2 \sigma_{j_{\text{AWF}}}^2 \\ s.t. \quad \sum_{j_{\text{AWF}}=1}^{J_{\text{sel}}} w_{j_{\text{AWF}}} = 1 \end{cases} \tag{4.13}$$

其中，σ 是需要融合的观测值 $\hat{y}_{\text{AWF}}$ 的方差 ；σ_j 是测试值 $\{\hat{y}_{j_{\text{AWF}}}^l\}(l=1,2,\cdots,k)$ 的方差；J_{sel} 是测量值的数量。

求解上述问题可获得最优权重：

$$w_{j_{\text{AWF}}} = 1 \Bigg/ \left((\sigma_{j_{\text{AWF}}})^2 \sum_{j_{\text{AWF}}=1}^{J_{\text{sel}}} \frac{1}{(\sigma_{j_{\text{AWF}}})^2} \right) \tag{4.14}$$

最优观测值通过下式计算：

$$\hat{y}_{\text{AWF}} = \sum_{j_{\text{AWF}}=1}^{J_{\text{sel}}} w_{j_{\text{AWF}}} \hat{y}_{j_{\text{AWF}}} \tag{4.15}$$

AWF算法具有线性无偏最小方差特性[386]：

(1) 融合后的估计值是多传感器测量值或测量值样本均值的线性函数。

(2) 算法是无偏估计。

(3) 与单个传感器均值做估计和用多个传感器均值做估计的均方误差相比较，AWF估计算法的均方误差一定是最小的。

4.2.5 选择性多源信息融合

实际工业过程中，领域专家往往通过视觉、听觉、自动化系统的实时过程数据、其它工作人员提供的实时语音信息等多种渠道，获得大量互补与冗余的多源信息，依据自身总结经验进行组合和处理，进而对复杂工业过程运行状态进行理解和认知。这显然是一个对多源信息进行选择性融合的过程。以基于多源频谱数据特征进行磨机负荷参数软测量这一工业实际问题为例，我们需要模拟领域专家的磨机负荷识别过程，即面对众多数据特征，选择部分优化特征信息构建选择性集成模型，实现磨机负荷参数的准确估计。

综合前面几个章节可知：采用 AWF 算法可以实现总均方差最小意义下的观测值最

优融合；基于“操纵输入特征”的选择性集成学习需要选择部分特征子集构建子模型进行合并，在确定了子模型加权算法的条件下，建立子模型后再进行子模型优化选择的过程类似于最优特征选择问题，即将每个子模型作为一个特征进行处理；在特征数量有限的情况下，BB 算法可以较高效率实现最优特征选择。

依据上述想法，基于多源信息的难以检测过程参数软测量问题可以通过特征选择、选择性集成学习、多传感器信息融合等不同领域的理论与技术的交汇融合予以解决。本书中将其称之为面向复杂工业过程难以检测参数软测量的选择性多源信息融合，示意图如图 4.2 所示。

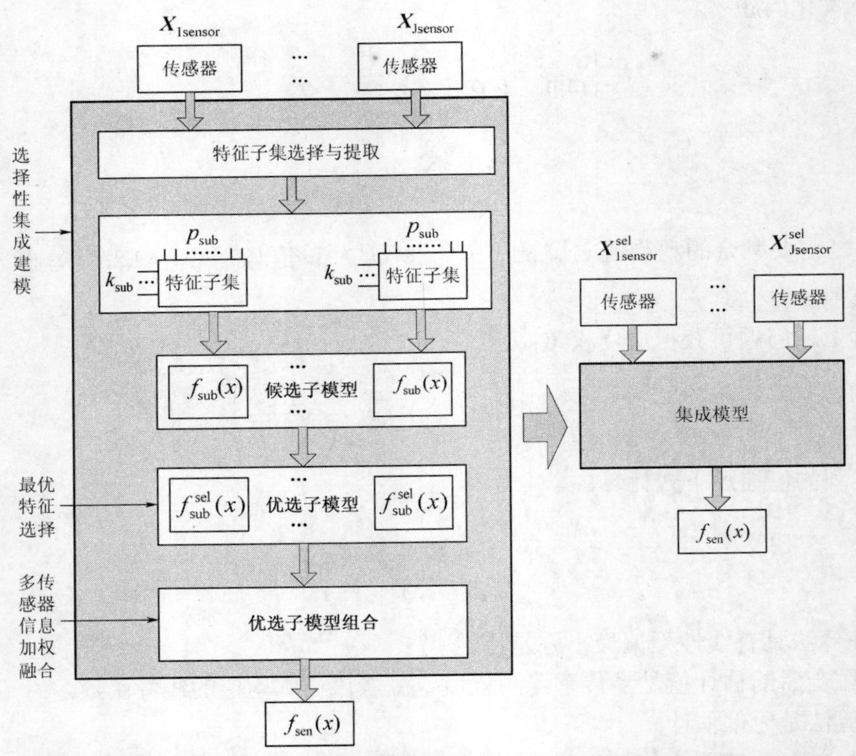

图 4.2　面向复杂工业过程难以检测参数软测量的选择性多源信息融合示意图

图 4.2 描述了这些不同领域知识间的相互关系：在基于并行结构的选择性集成学习框架下，在训练子集构建阶段将具有不同物理含义的多传感器数据特征选择和提取出来用于构建并行的子模型，在子模型选择和子模型合并阶段分别借助最优特征选择和多传感器信息融合技术，最终实现选择性的多源信息融合。

4.3　基于偏最小二乘(PLS)/核 PLS(KPLS)的集成建模方法及存在的问题

本书在绪论中已经对集成建模方法进行了综述，故此处仅对基于 PLS/KPLS 的集成建模方法进行描述，并指出其存在的问题。

4.3.1 基于 PLS/KPLS 的集成建模方法

PLS 算法是一种将高维空间信息投影到由几个隐含变量组成的低维信息空间的多元线性回归方法，隐含变量间互相独立并且包含了原始数据中的重要信息[27]。该方法被广泛地应用于化学计量学、稳态过程和动态过程的建模及过程监视[73]。

1．PLS 算法原理[387]

假设数据矩阵 $\boldsymbol{Z}$ 和 $\boldsymbol{Y}$，其中 $\boldsymbol{Z}\in\Re^{k\times p}$， $\boldsymbol{Y}\in\Re^{k\times q}$，将 $\boldsymbol{Z}$ 经标准化处理后的数据矩阵记为 $\boldsymbol{E}_0=(\boldsymbol{E}_{01}\boldsymbol{E}_{02}\cdots\boldsymbol{E}_{0p})_{k\times p}$，将 $\boldsymbol{Y}$ 经标准化处理后的数据矩阵记为 $\boldsymbol{F}_0=(\boldsymbol{F}_{01}\boldsymbol{F}_{02}\cdots\boldsymbol{F}_{0q})_{k\times q}$。记 $\boldsymbol{t}_1$ 是 $\boldsymbol{E}_0$ 的第一个成分，$\boldsymbol{t}_1=\boldsymbol{E}_0\boldsymbol{w}_1$， $\boldsymbol{w}_1$ 是 $\boldsymbol{E}_0$ 的第一个轴且有 $\|\boldsymbol{w}_1\|=1$；记 $\boldsymbol{u}_1$ 是 $\boldsymbol{F}_0$ 的第一个成分， $\boldsymbol{u}_1=\boldsymbol{F}_0\boldsymbol{c}_1$， $\boldsymbol{c}_1$ 是 $\boldsymbol{F}_0$ 的第一个轴且有 $\|\boldsymbol{c}_1\|=1$，要使 $\boldsymbol{t}_1$ 与 $\boldsymbol{u}_1$ 的协方差达到最大，需要解决如下优化问题：

$$
\begin{aligned}
&Max(\boldsymbol{E}_0\boldsymbol{w}_1,\boldsymbol{F}_0\boldsymbol{c}_1)\\
&s.t.\begin{cases}\boldsymbol{w}_1^{\mathrm{T}}\boldsymbol{w}_1=1\\ \boldsymbol{c}_1^{\mathrm{T}}\boldsymbol{c}_1=1\end{cases}
\end{aligned}
\tag{4.16}
$$

采用拉格朗日算法求解，记

$$
L_S=\boldsymbol{w}_1{}^{\mathrm{T}}\boldsymbol{E}_0{}^{\mathrm{T}}\boldsymbol{F}_0\boldsymbol{c}_1-\lambda_1(\boldsymbol{w}_1{}^{\mathrm{T}}\boldsymbol{w}_1-1)-\lambda_1(\boldsymbol{c}_1{}^{\mathrm{T}}\chi_1-1)
\tag{4.17}
$$

对于 L_S 分别求关于 $\boldsymbol{w}_1$、 $\boldsymbol{c}_1$、 λ_1 和 λ_2 的偏导，并令之为 0，有：

$$
\frac{\partial L_S}{\partial \boldsymbol{w}_1}=\boldsymbol{E}_0{}^{\mathrm{T}}\boldsymbol{F}_0\boldsymbol{c}_1-2\lambda_1\boldsymbol{w}_1=0
\tag{4.18}
$$

$$
\frac{\partial L_S}{\partial \boldsymbol{c}_1}=\boldsymbol{F}_0{}^{\mathrm{T}}\boldsymbol{E}_0\boldsymbol{w}_1-2\lambda_2\boldsymbol{c}_1=0
\tag{4.19}
$$

$$
\frac{\partial L_S}{\partial \lambda_1}=-(\boldsymbol{w}_1\boldsymbol{w}_1{}^{\mathrm{T}}-1)=0
\tag{4.20}
$$

$$
\frac{\partial L_S}{\partial \lambda_2}=-(\boldsymbol{c}_1\boldsymbol{c}_1{}^{\mathrm{T}}-1)=0
\tag{4.21}
$$

将以上四式的解记为：

$$
\theta_1=2\lambda_1=2\lambda_2=\boldsymbol{w}_1{}^{\mathrm{T}}\boldsymbol{E}_0{}^{\mathrm{T}}\boldsymbol{F}_0\boldsymbol{c}_1
\tag{4.22}
$$

将式(4.18)和式(4.19)写为：

$$
\boldsymbol{E}_0{}^{\mathrm{T}}\boldsymbol{F}_0\boldsymbol{c}_1=\theta_1\boldsymbol{w}_1
\tag{4.23}
$$

$$
\boldsymbol{F}_0{}^{\mathrm{T}}\boldsymbol{E}_0\boldsymbol{w}_1=\theta_1\boldsymbol{c}_1
\tag{4.24}
$$

并将 $\boldsymbol{\theta}_1^{\mathrm{T}}$ 分别乘以上两式两边，可得：

$$
\boldsymbol{E}_0^{\mathrm{T}}\boldsymbol{F}_0\boldsymbol{F}_0{}^{\mathrm{T}}\boldsymbol{E}_0\boldsymbol{w}_1=\theta_1^2\boldsymbol{w}_1
\tag{4.25}
$$

$$
\boldsymbol{F}_0{}^{\mathrm{T}}\boldsymbol{E}_0\boldsymbol{E}_0^{\mathrm{T}}\boldsymbol{F}_0\boldsymbol{c}_1=\theta_1^2\boldsymbol{c}_1
\tag{4.26}
$$

可见，$\boldsymbol{w}_1$ 和 $\boldsymbol{c}_1$ 分别是对应于矩阵 $\boldsymbol{E}_0^{\mathrm{T}}\boldsymbol{F}_0\boldsymbol{F}_0^{\mathrm{T}}\boldsymbol{E}_0$ 和 $\boldsymbol{F}_0^{\mathrm{T}}\boldsymbol{E}_0\boldsymbol{E}_0^{\mathrm{T}}\boldsymbol{F}_0$ 的最大特征值 θ_1^2 的单位特征向量。从而，可得到 $\boldsymbol{t}_1$ 和 $\boldsymbol{u}_1$，进一步得到：

$$\boldsymbol{E}_0 = \boldsymbol{t}_1\boldsymbol{p}_1^{\mathrm{T}} + \boldsymbol{E}_1 \tag{4.27}$$

$$\boldsymbol{F}_0 = \boldsymbol{u}_1\boldsymbol{q}_1^{\mathrm{T}} + \boldsymbol{F}_1^0 \tag{4.28}$$

$$\boldsymbol{F}_0 = \boldsymbol{t}_1\boldsymbol{r}_1^{\mathrm{T}} + \boldsymbol{F}_1 \tag{4.29}$$

其中，回归向量系数为 $\boldsymbol{p}_1 = \dfrac{\boldsymbol{E}_0^{\mathrm{T}}\boldsymbol{t}_1}{\|\boldsymbol{t}_1\|^2}$、$\boldsymbol{q}_1 = \dfrac{\boldsymbol{F}_0^{\mathrm{T}}\boldsymbol{u}_1}{\|\boldsymbol{u}_1\|^2}$、$\boldsymbol{r}_1 = \dfrac{\boldsymbol{F}_0^{\mathrm{T}}\boldsymbol{t}_1}{\|\boldsymbol{t}_1\|^2}$；$\boldsymbol{E}_1$、$\boldsymbol{F}_1^0$、$\boldsymbol{F}_1$ 分别是三个回归方程的方差矩阵。

用残差矩阵 $\boldsymbol{E}_1$ 和 $\boldsymbol{F}_1$ 取代 $\boldsymbol{E}_0$ 和 $\boldsymbol{F}_0$，求第二个主成分 $\boldsymbol{t}_2$ 和 $\boldsymbol{u}_2$，直到残差矩阵 $\boldsymbol{E}_h = \boldsymbol{F}_h = 0$。

从而，PLS 的外部和内部关系可写为：

$$\boldsymbol{Z} = \sum_{i_h=1}^{h} \boldsymbol{t}_{i_h}\boldsymbol{p}_{i_h}^{\mathrm{T}} + \boldsymbol{E} \tag{4.30}$$

$$\boldsymbol{Y} = \sum_{i_h=1}^{h} \boldsymbol{u}_{i_h}\boldsymbol{q}_{i_h}^{\mathrm{T}} + \boldsymbol{F} \tag{4.31}$$

$$\hat{\boldsymbol{u}}_{i_h} = \boldsymbol{b}_{i_h}\boldsymbol{t}_{i_h} = \left(\frac{\boldsymbol{t}_{i_h}^{\mathrm{T}}\boldsymbol{u}_{i_h}}{\boldsymbol{t}_{i_h}^{\mathrm{T}}\boldsymbol{t}_{i_h}}\right)\cdot \boldsymbol{t}_{i_h} \tag{4.32}$$

依据线性 PLS 的算法原理，输入输出矩阵 $\boldsymbol{Z}$ 和 $\boldsymbol{Y}$ 最终分解为：

$$\boldsymbol{Z} = \boldsymbol{T}\boldsymbol{P}^{\mathrm{T}} + \boldsymbol{E}_h \tag{4.33}$$

$$\boldsymbol{Y} = \boldsymbol{T}\boldsymbol{B}\boldsymbol{Q}^{\mathrm{T}} + \boldsymbol{F}_h \tag{4.34}$$

其中，$\boldsymbol{T} = [\boldsymbol{t}_1, \boldsymbol{t}_2, \cdots, \boldsymbol{t}_h]$，$\boldsymbol{P} = [\boldsymbol{p}_1, \boldsymbol{p}_2, \cdots, \boldsymbol{p}_h]$，$\boldsymbol{Q} = [\boldsymbol{q}_1, \boldsymbol{q}_2, \cdots, \boldsymbol{q}_h]$，$\boldsymbol{B} = \mathrm{diag}\{b_1, b_2, \cdots, b_h\}$。

估计值 $\hat{Y}$ 采用如下的回归矩阵 $\boldsymbol{B}'$ 计算得到：

$$\hat{\boldsymbol{Y}} = \boldsymbol{Z}\boldsymbol{B}' \tag{4.35}$$

$$\boldsymbol{B}' = \boldsymbol{Z}^{\mathrm{T}}\boldsymbol{U}(\boldsymbol{T}^{\mathrm{T}}\boldsymbol{Z}\boldsymbol{Z}^{\mathrm{T}}\boldsymbol{U})^{-1}\boldsymbol{T}^{\mathrm{T}}\boldsymbol{Y} \tag{4.36}$$

2．PLS 算法步骤

在实际计算中，对于给定输入矩阵 $\boldsymbol{Z}$ 和输出矩阵 $\boldsymbol{Y}$，为了保持 $\boldsymbol{t}_{i_h}$ 和 $\boldsymbol{u}_{i_h}$ 更多的具有对方的信息，PLS 常采用非线性迭代偏最小二乘算法(Nonlinear iterative partial least squares algorithm，NIPALS)[388]，算法步骤如下：

步骤 1　标准化矩阵 $\boldsymbol{Z}$ 和 $\boldsymbol{Y}$ 为零均值 1 方差。

步骤 2　令 E_0=$\boldsymbol{Z}$，F_0=$\boldsymbol{Y}$ 和 $h=1$。

步骤 3　对于每一个潜在变量(LV)h，令 $u_h = y_{j_q}$，y_{j_q} 取 $\boldsymbol{F}_{h-1}$ 中的某一个值。

步骤 4　计算矩阵 $\boldsymbol{Z}$ 的权重：$\boldsymbol{w}_h^{\mathrm{T}} = \boldsymbol{u}_h^{\mathrm{T}}\boldsymbol{E}_{h-1}/(\boldsymbol{u}_h^{\mathrm{T}}u_h)$；标准化 $\boldsymbol{w}_{\mathrm{h}}$：$\boldsymbol{w}_h = \boldsymbol{w}_h/\|\boldsymbol{w}_h\|$。

步骤 5　计算矩阵 $\boldsymbol{Z}$ 的得分：$\boldsymbol{t}_h = \boldsymbol{E}_{h-1}\boldsymbol{w}_h$。

步骤 6 计算 $\boldsymbol{Y}$ 的载荷：$\boldsymbol{q}_h^{\mathrm{T}} = \boldsymbol{t}_h^{\mathrm{T}} \boldsymbol{F}_{h-1} / (\boldsymbol{t}_h^{\mathrm{T}} \boldsymbol{t}_h)$，标准化 $\boldsymbol{q}_h$：$\boldsymbol{q}_h = \boldsymbol{q}_h / \|\boldsymbol{q}_h\|$。

步骤 7 计算矩阵 $\boldsymbol{Y}$ 的得分：$\boldsymbol{u}_h = \boldsymbol{F}_{h-1} \boldsymbol{q}_h$。

步骤 8 重复进行步骤 3～步骤 6 直至收敛。比较步骤 5 中的 $\boldsymbol{t}_h$ 与上次循环中的值，如相等或误差在某一范围之内，转至步骤 9，否则转至步骤 4。

步骤 9 计算矩阵 $\boldsymbol{Z}$ 的载荷：$\boldsymbol{p}_h^{\mathrm{T}} = \boldsymbol{t}_h^{\mathrm{T}} \boldsymbol{E}_{h-1} / (\boldsymbol{t}_h^{\mathrm{T}} \boldsymbol{t}_h)$，进行标准化：$\boldsymbol{p}_h = \boldsymbol{p}_h / \|\boldsymbol{p}_h\|$，$\boldsymbol{t}_h = \boldsymbol{t}_h \| \boldsymbol{p}_h \|$，$\boldsymbol{w}_h = \boldsymbol{w}_h \| \boldsymbol{p}_h \|$。

步骤 10 计算回归系数：$\boldsymbol{b}_h^{\mathrm{T}} = \boldsymbol{u}_h^{\mathrm{T}} \boldsymbol{t}_{h-1} / (\boldsymbol{t}_h^{\mathrm{T}} \boldsymbol{t}_h)$。

步骤 11 计算潜变量 h 的残差：$\boldsymbol{E}_h = \boldsymbol{E}_{h-1} - \boldsymbol{t}_h \boldsymbol{p}_h^{\mathrm{T}}$，$\boldsymbol{F}_h = \boldsymbol{F}_{h-1} - b_h \boldsymbol{t}_h \boldsymbol{q}_h^{\mathrm{T}}$。

步骤 12 令 $h = h+1$，返回步骤 3 直到所有的 LV 计算完毕。

3．KPLS 算法原理

针对 PLS 方法难以建立非线性模型的问题，出现了多种非线性的 PLS 方法如二次型 PLS、神经网络 PLS、模糊 PLS 及核 PLS 方法等，其中核 KPLS 算法应用广泛[58]。

KPLS 算法就是采用核技巧将训练样本映射到高维特征空间，在这个特征空间中执行线性的 PLS 算法，得到原始输入空间的非线性模型[389]。其原理如图 4.3 所示。

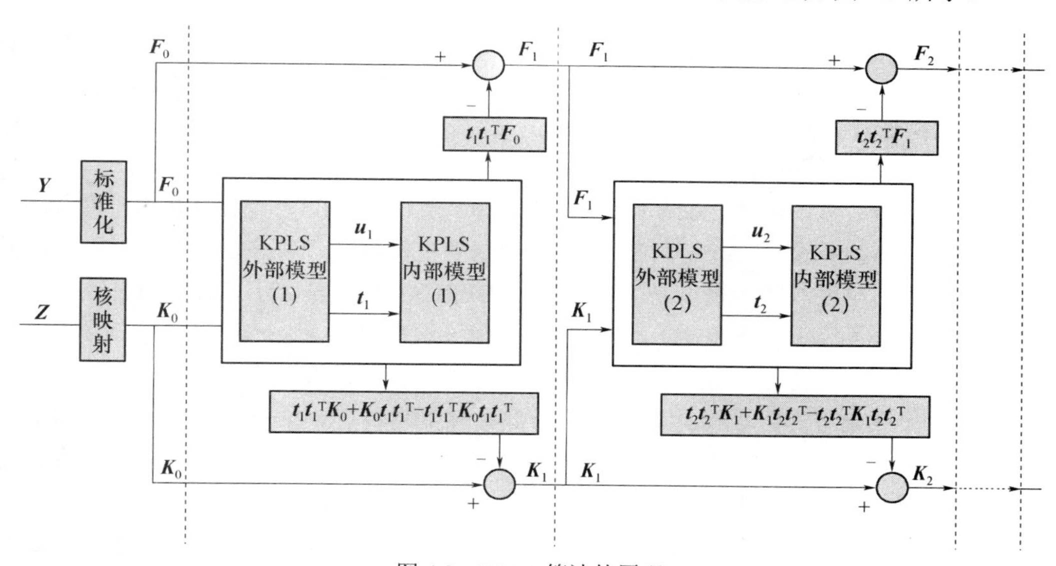

图 4.3 KPLS 算法的原理

KPLS 算法描述：

假定 h_{KLV} 是需要选择的核潜在变量数量，按如下步骤重复 $i_{\mathrm{KLV}} = 1$ 到 h_{KLV}。

步骤 1 令 $i_{\mathrm{KLV}} = 1$，$\boldsymbol{K}_1 = \boldsymbol{K}$，$\boldsymbol{Y}_1 = \boldsymbol{Y}$。

步骤 2 随机初始化 $\boldsymbol{u}_{i_{\mathrm{KLV}}}$ 等于 $\boldsymbol{Y}_{i_{\mathrm{KLV}}}$ 中的任何一列。

步骤 3 $\boldsymbol{t}_{i_{\mathrm{KLV}}} = \boldsymbol{K}_{i_{\mathrm{KLV}}}^{\mathrm{T}} \boldsymbol{u}_{i_{\mathrm{KLV}}}, \boldsymbol{t}_{i_{\mathrm{KLV}}} \leftarrow \boldsymbol{t}_{i_{\mathrm{KLV}}} / \| \boldsymbol{t}_{i_{\mathrm{KLV}}} \|$。

步骤 4 $\boldsymbol{c}_{i_{\mathrm{KLV}}} = \boldsymbol{Y}_{i_{\mathrm{KLV}}}^{\mathrm{T}} \boldsymbol{t}_{i_{\mathrm{KLV}}}$。

步骤 5 $\boldsymbol{u}_{i_{\mathrm{KLV}}} = \boldsymbol{Y}_{i_{\mathrm{KLV}}} \boldsymbol{c}_{i_{\mathrm{KLV}}}, \boldsymbol{c}_{i_{\mathrm{KLV}}} \leftarrow \boldsymbol{c}_{i_{\mathrm{KLV}}} / \| \boldsymbol{c}_{i_{\mathrm{KLV}}} \|$。

步骤 6 若 $\boldsymbol{t}_{i_{\mathrm{KLV}}}$ 收敛，转至步骤 7；否则转至步骤 3。

步骤 7　计算残差：$K_{i_{\mathrm{KLV}}} \leftarrow (I-t_{i_{\mathrm{KLV}}} t_{i_{\mathrm{KLV}}}^{\mathrm{T}}) K_{i_{\mathrm{KLV}}} (I-t_{i\mathrm{KLV}} t_{i_{\mathrm{KLV}}}^{\mathrm{T}})$，$Y_{i_{\mathrm{KLV}}} \leftarrow Y_{i_{\mathrm{KLV}}} - t_{i_{\mathrm{KLV}}} t_{i_{\mathrm{KLV}}}^{\mathrm{T}} Y_{i_{\mathrm{KLV}}}$。

步骤 8　设定 $i_{\mathrm{KLV}} = i_{\mathrm{KLV}} + 1$，若 $i_{\mathrm{KLV}} \geqslant h_{\mathrm{KLV}}$，终止；否则转至步骤 2。

提取设定数量的 KLV 后，基于训练数据的预测模型为：

$$\hat{Y} = KU(T^{\mathrm{T}} K U)^{-1} T^{\mathrm{T}} Y \tag{4.37}$$

基于测试数据 $\{(z_{\mathrm{t}})_l\}_{l=1}^{k_{\mathrm{t}}}$ 的预测模型为：

$$\hat{Y}_{\mathrm{t}} = K_{\mathrm{t}} U(T^{\mathrm{T}} KU)^{-1} T^{\mathrm{T}} Y \tag{4.38}$$

其中，K_{t} 是测试样本的核矩阵：

$$K_t = K((z_{\mathrm{t}})_l, (z_j)_m) \tag{4.39}$$

上述训练和测试样本的核矩阵 K 和 K_{t} 采用下式进行标定：

$$\tilde{K} = \left(I - \frac{1}{k} 1_k 1_k^{\mathrm{T}} \right) K \left(I - \frac{1}{k} 1_k 1_k^{\mathrm{T}} \right) \tag{4.40}$$

$$\tilde{K}_{\mathrm{t}} = \left(K_{\mathrm{t}} I - \frac{1}{k} 1_{k\mathrm{t}} 1_k^{\mathrm{T}} K \right) \left(I - \frac{1}{k} 1_k 1_k^{\mathrm{T}} \right) \tag{4.41}$$

其中，I 是 k 维的单位阵；1_k 和 $1_{k\mathrm{t}}$ 是值为 1 长度为 k 和 k_{t} 向量。

4．PLS/KPLS 集成建模

针对高维谱数据的建模，文献[390]给出了基于改进Boosting算法的EPLS建模方法，并应用近红外谱数据建模；文献[112]提出了根据随机选择的训练集建立PLS子模型，并根据子模型建模精度判断子模型是否参与集成的EPLS建模方法。上述建模方法中，均采用简单平均加权子模型输出值的方法作为EPLS模型的输出。

文献[110]提出了通过采用不同的特征子集增加训练数据的个数，从而获得子模型的多样性建立集成模型的方法。针对磨机负荷参数软测量问题，文献[117]提出了采用PLS算法建立振动频谱不同分频段的子模型，并结合AWF算法[391，392]加权集成各子模型的EPLS建模方法。针对文献[117]存在的振动频谱手动划分、只能建立线性回归模型等问题，文献[393]提出了基于KPLS的集成模型的方法，子模型加权系数采用不同子模型建模误差的熵值确定。

4.3.2　PLS/KPLS 集成建模方法存在的问题

PLS/KPLS建模方法在工业过程软测量建模中得到了广泛应用，特别是在维数高、样本少、变量之间具有较强相关性的计量化学领域，但基于PLS/KPLS的集成建模存在如下问题：

(1) PLS 只能建立线性回归模型，而现在的许多实际过程的模型均为非线性的；KPLS方法基于核映射虽能够实现输入输出空间的非线性映射，但核函数和核参数的选择往往依赖于特定的应用问题。

(2) 针对基于小样本高维数据的集成PLS/KPLS建模，可以采用增加特征子集的方式增加训练数据子集的数量，但该方法建立的集成模型并不具有最佳建模精度，甚至个别子模型的精度还高于集成模型。因此，采用选择性集成PLS/KPLS的建模方法是解决该问题的有效手段。

(3) 选择性集成建模方法是目前的研究热点之一。如何结合具体问题，采用有效的方法选择最佳集成子模型并同时求解这些子模型的加权系数是目前的研究热点之一。

4.4 基于筒体振动频谱的旋转机械设备负荷参数集成建模

4.4.1 基于筒体振动频谱的集成建模策略

众所周知，任何结构体在频域内的振动波形都是该结构体固有模态或外部冲击力引起模态的体现[275]，并且振动频谱中每个大的波峰均表征振动的一个模态[276]。筒体振动加速度频域信号应该包含至少三个模态即磨机与负荷组成的新机械结构体的固有模态、直接冲击磨机衬板引起的冲击模态和其它高频冲击力引起的次冲击模态等。不同的振动模态中包含不同的磨机负荷信息。

结合小型球磨机的磨矿过程，提出了由数据预处理、频谱自动分割、磨机负荷参数子模型及在线加权集成算法模块共 4 部分组成的磨机负荷参数软测量策略：数据预处理模块主要是针对原始信号进行重采样、处理离群点以及滤除振动信号中的低频和高频干扰，同时将特征难以提取的时域信号转换为频域信号；频谱自动分割模块结合先验知识采用波峰聚类方法实现频谱自动分割并选择分频段；磨机负荷参数子模型模块建立基于 KPLS 算法的分频段磨机负荷参数子模型；在线加权集成算法模块加权子模型的预测输出获得最终磨机负荷参数估计值并在线测量时实时更新权值，如图 4.4 所示。

图 4.4 中，上标 t 及 f 分别表示时域及频域信号；$\boldsymbol{x}_{\mathrm{o}}^{\mathrm{t}}$ 表示未经信号预处理的时域信号；$\boldsymbol{x}^{\mathrm{t}}$ 表示预处理后的时域信号；$\boldsymbol{x}^{\mathrm{f}}$ 表示振动频谱；$\boldsymbol{x}_j^{\mathrm{f}}$ 表示为分频段频谱，其中 $j=1,2,3$ 时分别表示频谱的低频(Low frequency，LF)、中频(Medium frequency，MF)和高频(High frequency，HF)段；$\hat{y}_{ji}$ 表示磨机负荷参数子模型的预测输出，其中 $i=1,2,3$ 分别表示 MVBR、PD、CVR；w_{ji} 表示子模型的加权系数；$\hat{y}_i$ 表示集成预测模型的输出。

4.4.2 基于筒体振动频谱的集成建模算法

1. 基于波峰聚类的分频段自动识别算法

见 3.4.2 节部分算法，将分段后的振动频谱记为：

$$\boldsymbol{x}^{\mathrm{f}}=[\boldsymbol{x}_1^{\mathrm{f}},\cdots,\boldsymbol{x}_d^{\mathrm{f}},\cdots\boldsymbol{x}_{D_{\mathrm{V}}}^{\mathrm{f}},] \qquad d=1,\cdots,D_{\mathrm{V}} \tag{4.42}$$

其中，$\boldsymbol{x}_d^{\mathrm{f}}$ 表示振动频谱的第 d 段；D_{V} 表示总段数。本书中 $D_{\mathrm{V}}=4$，结合先验知识，只取前 3 个分频段建立子模型。

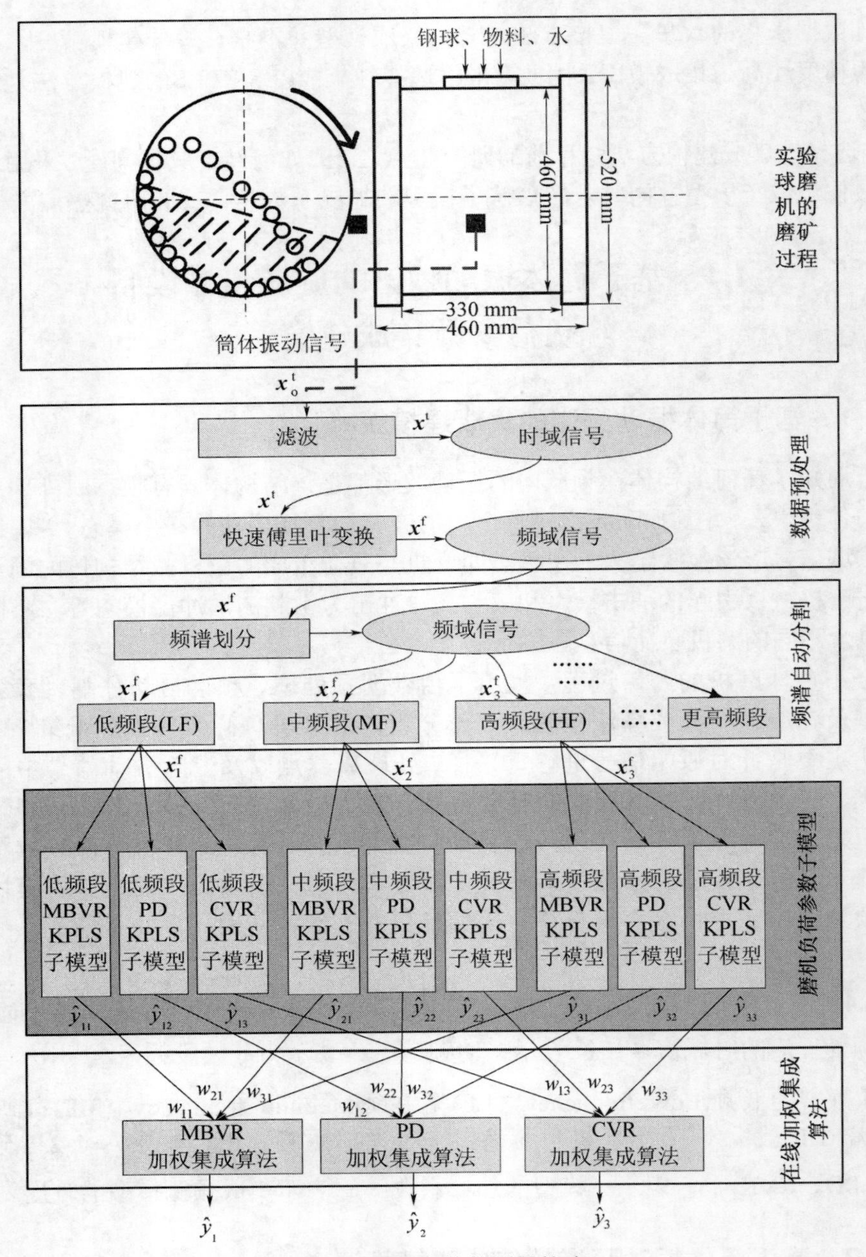

图 4.4　磨机负荷软测量策略

2．基于 KPLS 算法的预测子模型

划分后的分频段分别对应着筒体振动的三个不同模态：$\boldsymbol{x}_1^{\mathrm{f}}$ 表示由磨机筒体和磨机负荷组成的新结构体的固有振动模态；$\boldsymbol{x}_2^{\mathrm{f}}$ 表示钢球周期性的直接撞击磨机衬板引起的冲击模态；$\boldsymbol{x}_3^{\mathrm{f}}$ 则表示钢球之间的磨剥或冲击作用等其它原因引起的次冲击模态。显然，不同频段与磨机负荷参数间的映射是不同的。

振动频谱具有超高维共线性的特点，难以建立有效模型。PLS算法能够通过提取频谱中与磨机负荷参数相关的潜变量实现降维及消除共线性，并保持频谱中尽可能多的变化信息。假设训练样本数量是k，分频段频谱包含的频率个数为p_j。KPLS算法将分频段频谱$\{(\boldsymbol{x}_j^{\mathrm{f}})_l\}_{l=1}^k$非线性映射到高维特征空间。即映射为$\boldsymbol{\Phi}:(\boldsymbol{x}_j^{\mathrm{f}})_l \to \boldsymbol{\Phi}((\boldsymbol{x}_j^{\mathrm{f}})_l)$。在这个高维特征空间中执行线性PLS算法，得到原始输入空间的非线性模型。

为避免显示的非线性映射，采用核技巧：

$$\boldsymbol{K}_j = ((\boldsymbol{x}_j^{\mathrm{f}})_l)^{\mathrm{T}} \boldsymbol{\Phi}((\boldsymbol{x}_j^{\mathrm{f}})_m), \quad l,m=1,2,\cdots,k \tag{4.43}$$

将训练样本$\{(\boldsymbol{x}_j^{\mathrm{f}})_l\}_{l=1}^k$映射到高维特征空间。

对分频段的核矩阵$\boldsymbol{K}_j$按下式进行中心化处理：

$$\tilde{\boldsymbol{K}}_j = \left(\boldsymbol{I} - \frac{1}{k} 1_k 1_k^{\mathrm{T}}\right) \boldsymbol{K}_j \left(\boldsymbol{I} - \frac{1}{k} 1_k 1_k^{\mathrm{T}}\right) \tag{4.44}$$

其中，$\boldsymbol{I}$是k维的单位阵；1_k是值为1，长度为k的向量。

训练数据$\{(\boldsymbol{x}_j^{\mathrm{f}})_l\}_{l=1}^k$基于KPLS的磨机负荷预测子模型可表示为：

$$\hat{y}_{ji} = \boldsymbol{\Phi}_j \boldsymbol{B}_{ji} = \tilde{\boldsymbol{K}}_j \boldsymbol{U}_j (\boldsymbol{T}_j^{\mathrm{T}} \tilde{\boldsymbol{K}}_j \boldsymbol{U}_j)^{-1} \boldsymbol{T}_j^{\mathrm{T}} y_i \tag{4.45}$$

对于测试样本$\{(\boldsymbol{x}_{\mathrm{t},j}^{\mathrm{f}})_l\}_{l=1}^{k_{\mathrm{t}}}$，则要首先对测试样本按下式进行标度处理：

$$\tilde{\boldsymbol{K}}_{\mathrm{t},j} = \left(\boldsymbol{K}_{\mathrm{t},j} \boldsymbol{I} - \frac{1}{k} 1_{k\mathrm{t}} 1_k^{\mathrm{T}} \boldsymbol{K}_j\right) \left(\boldsymbol{I} - \frac{1}{k} 1_k 1_k^{\mathrm{T}}\right) \tag{4.46}$$

其中，$\boldsymbol{K}_{\mathrm{t},j}$是测试样本的核矩阵，$\boldsymbol{K}_{\mathrm{t},j} = \boldsymbol{K}_j((\boldsymbol{x}_{\mathrm{t},j}^{\mathrm{f}})_l, (\boldsymbol{x}_j^{\mathrm{f}})_m)$，$\{(\boldsymbol{x}_j^{\mathrm{f}})_m\}_{m=1}^k$是训练数据；$k_{\mathrm{t}}$是测试样本的个数；$1_{k\mathrm{t}}$是值为1，长度为$k_{\mathrm{t}}$的向量。

测试样本$\{(\boldsymbol{x}_{\mathrm{t},j}^{\mathrm{f}})_l\}_{l=1}^{k_{\mathrm{t}}}$基于KPLS的磨机负荷参数预测子模型为：

$$\hat{y}_{\mathrm{t},ji} = \boldsymbol{\Phi}_{\mathrm{t},j} \boldsymbol{B}_{ji} = \tilde{\boldsymbol{K}}_{\mathrm{t},j} \boldsymbol{U}_j (\boldsymbol{T}_j^{\mathrm{T}} \tilde{\boldsymbol{K}}_j \boldsymbol{U}_j)^{-1} \boldsymbol{T}_j^{\mathrm{T}} y_i \tag{4.47}$$

3．基于信息熵的在线集成预测模型

首先根据训练数据的预测值确定各子模型的初始加权系数；然后再针对每个测试样本进行集成预测和依据预报误差在线自适应更新权系数。

1) 依据训练样本数据计算初始权值[115]

设y_{il}为训练样本中第i个磨机负荷参数在时刻l的实际值，$\hat{y}_{jil}$为第j个预测子模型对第i个磨机负荷参数在时刻l的预报值，计算初始加权系数的步骤如下：

步骤1　计算第j个预测子模型在每个时刻的预测相对误差为

$$e_{jil} = \begin{cases} \left|(y_{il} - \hat{y}_{jil})/y_{il}\right|, & 0 \leqslant \left\|(y_{il} - \hat{y}_{jil})/y_{il}\right\| < 1 \\ 1 & \left\|(y_{il} - \hat{y}_{jil})/y_{il}\right\| \geqslant 1 \end{cases} \tag{4.48}$$

其中，$j=1,2,3$分别表示LF、MF和HF分频段的预测模型；$i=1,2,3$分别表示磨机负荷参数：料球比、矿浆浓度和充填率；$l=1,\cdots,k$，k为训练样本的个数。

步骤2　计算第j个预测模型的预测相对误差的比重p_{jil}：

$$p_{jil}^k = e_{jil} \Big/ \left(\sum_{l=1}^{k} e_{jil} \right) \tag{4.49}$$

步骤3　计算第j个预测模型的预测相对误差的熵值E_{ji}：

$$E_{ji}^k = \frac{1}{\ln k} \sum_{l=1}^{k} p_{jil}^k \cdot \ln p_{jil}^k \tag{4.50}$$

步骤4　计算第j个预测模型的加权系数W_{ji}：

$$W_{ji}^k = \frac{1}{J-1} \left(1 - (1 - E_{ji}^k) \Big/ \sum_{j=1}^{J} (1 - E_{ji}^k) \right) \tag{4.51}$$

其中，$\sum\limits_{j=1}^{J} W_{ji}^k = 1$，$J$是针对第$i$个磨机负荷参数预测模型的个数，此处$J$=3。

2) 针对测试样本数据的集成预测和权值的在线更新

在模型的在线使用中，首先根据初始权值进行集成预测，然后根据新样本的预测相对误差的变化更新子模型权值，步骤如下：

步骤1　对新样本进行预测，将新样本记为$\boldsymbol{x}_{\mathrm{t},j}^{\mathrm{f}}$，其对应的KPLS子模型的预测值记为$\hat{y}_{\mathrm{t},ji}^{k+1}$，则加权集成模型的预测输出为：

$$\hat{y}_{\mathrm{t},i}^{k+1} = \sum_{j=1}^{J} w_{ji}^k \cdot \hat{y}_{\mathrm{t},ji}^{k+1} \tag{4.52}$$

步骤2　计算新样本的预测相对误差

$$e_{ji}^{k+1} = \begin{cases} \left| (y_{\mathrm{t},i}^{k+1} - \hat{y}_{\mathrm{t},ji}^{k+1}) / \hat{y}_{\mathrm{t},i}^{k+1} \right|, & 0 \leqslant \left\| (y_{\mathrm{t},i}^{k+1} - \hat{y}_{\mathrm{t},ji}^{k+1}) / \hat{y}_{\mathrm{t},i}^{k+1} \right\| < 1 \\ 1 & \left\| (y_{\mathrm{t},i}^{k+1} - \hat{y}_{\mathrm{t},ji}^{k+1}) / \hat{y}_{\mathrm{t},i}^{k+1} \right\| \geqslant 1 \end{cases} \tag{4.53}$$

并记$e_{jil}^{k+1} = [e_{jil}; e_{ji}^{k+1}]$。

步骤3　更新第j个预测模型的预测相对误差的比重p_{jil}^{k+1}：

$$p_{jil}^{k+1} = e_{jil}^{k+1} \Big/ \left(\sum_{l=1}^{k+1} e_{jil}^{k+1} \right) \tag{4.54}$$

步骤4　更新第j个预测模型的预测相对误差的熵值E_{ji}^{k+1}：

$$E_{ji}^{k+1} = \frac{1}{\ln(k+1)} \sum_{l=1}^{k+1} p_{jil}^{k+1} \cdot \ln p_{jil}^{k+1} \tag{4.55}$$

步骤5　更新第j个预测模型的加权系数W_{ji}^{k+1}，并替代W_{ji}^k：

$$W_{ji}^{k+1} = \frac{1}{J-1} \left(1 - (1 - E_{ji}^{k+1}) \Big/ \sum_{j=1}^{J} (1 - E_{ji}^{k+1}) \right) \tag{4.56}$$

4.4.3　实验研究

针对实验室内小型球磨机筒体振动数据，进行了数据重采样、离群点剔除、中心化处理后采用Welch法计算PSD。由振动频谱的曲线可知，频谱至少可以被分割为三个频段。采用自动分割模块将频谱准确划分为4个分频段，其频率范围是102～2385Hz(LF)、2385～4122Hz (MF)、4122～7227Hz (HF)和7227～11000Hz (HHF)。本书取前三个频段，采用13个样本基于KPLS算法建立MBVR、PD和CVR的子模型，其中核函数采用径向基函数(RBF)，核半径均为10。

分频段频谱和磨机负荷参数对应的各潜变量方差变化率如图4.5所示。

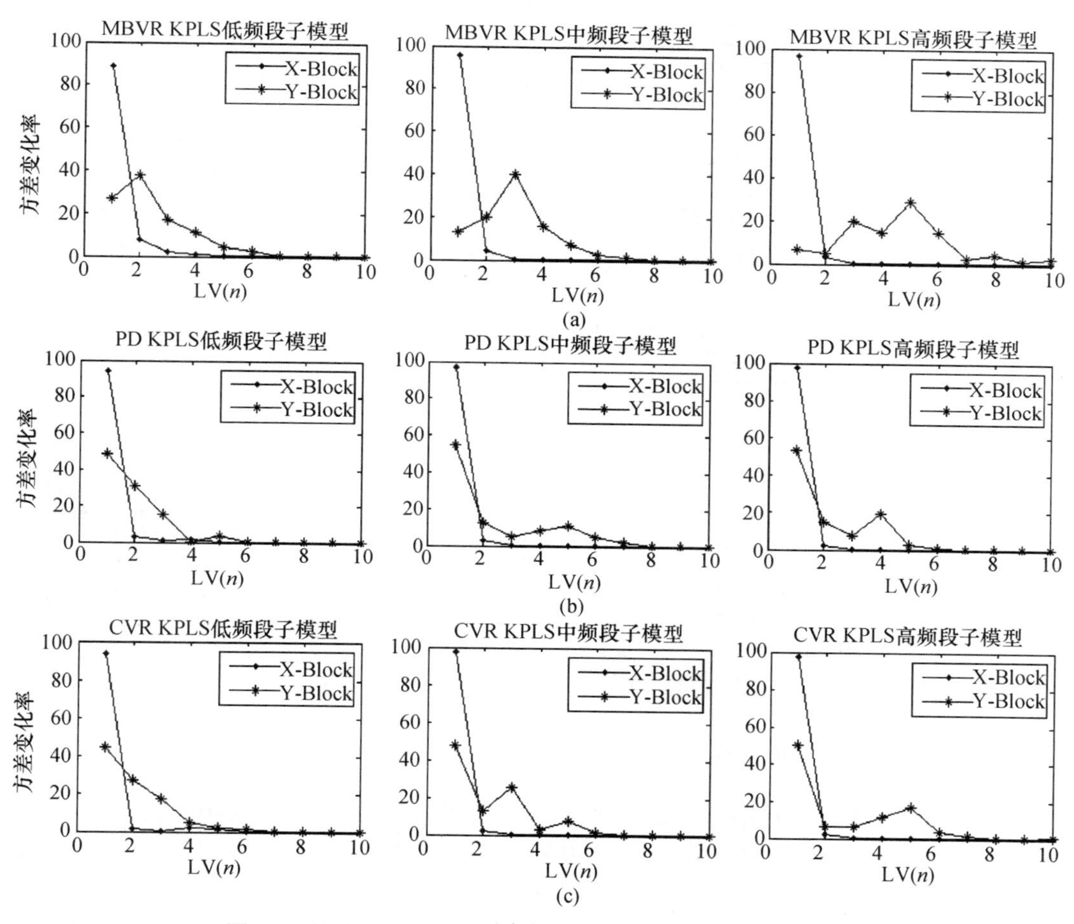

图 4.5　筒体振动分频段频谱与磨机负荷参数的方差变化率

(a) MBVR 子模型的方差变化率；(b) PD 子模型的方差变化率；(c) CVR 子模型的方差变化率。

由图4.5可知：

(1) 不同频段的振动频谱的变化率不同，以低频段最低，中频段次之，高频段最高，这与研磨机理相符合：因为低频段是磨机筒体和负荷组成的机械结构体的固有振动模态，并且实验过程中，球负荷保持不变，因水和料负荷导致的振动模态变化相对较弱；中频和高频主要是由球负荷冲击引起的，PD和CVR对冲击力的影响比较明显。

(2) 不同磨机负荷参数与各个频段的相关性也不同：MBVR的方差变化率与频谱方差变化率并不一致，这也是MBVR模型精度较低的原因之一；PD和CVR则是与中高频段的相关性稍高于低频段，其方差变化率与频谱的方差变化率一致。

在建立分频段KPLS子模型后，按本节方法得到初始训练权值。

测试样本与训练样本的采集方式相同，分批获得后进行模型测试。

测试样本更新后的权值如图4.6～图4.8所示。

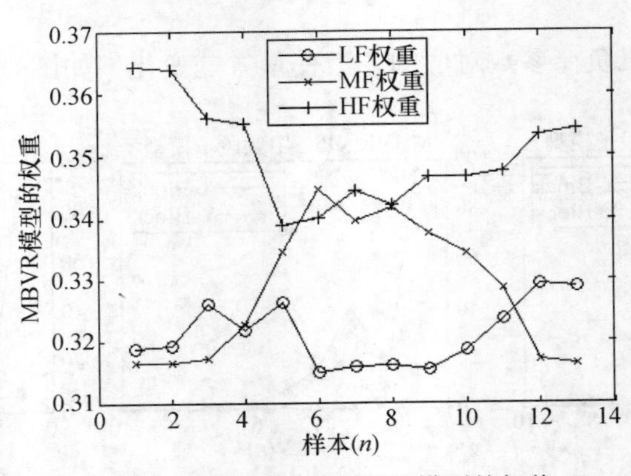

图 4.6　MBVR 不同频段子模型的权值

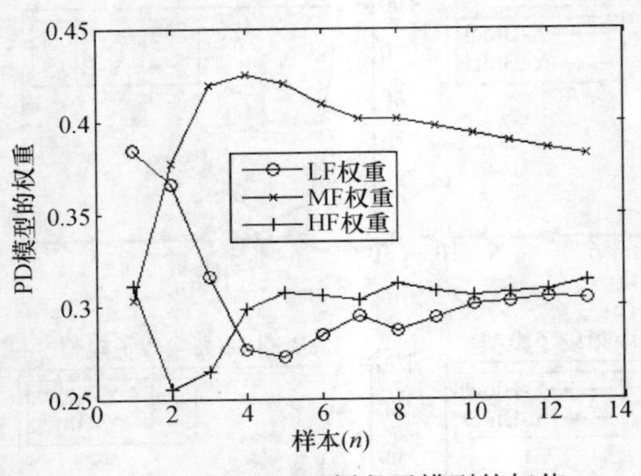

图 4.7　PD 不同频段子模型的权值

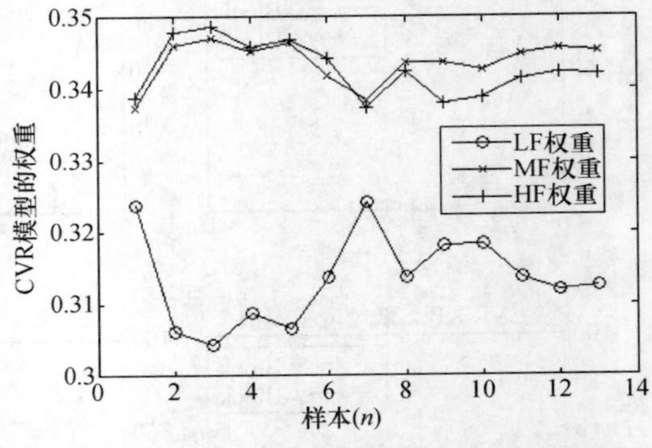

图 4.8　CVR 不同频段子模型的权值

由图4.6～图4.8可知，MBVR集成预测模型的权系数均在0.31和0.36间波动，变化范围较小；CVR集成预测的权系数在0.30和0.35间波动，中频段和高频段的权系数略高于低频段，而且权值更新的波动也比较的平缓。PD的权系数波动比较大，其范围是0.25～0.43，根据训练数据得到的初始权值和更新后的权值差异较大，这与建模选择的样本覆盖的范围相关，但是更新后中频段的权值最大，这与研磨过程的机理分析相符。

图4.6～图4.8同时表明需要更多接近实际工业过程的实验数据进行深入验证。

为了与本书提出的方法相比较，建立了基于全谱的主元回归(Principal component regression，PCR)、PLS、GA-PLS和KPLS模型，将PCA提取的分频段特征串行组合后作为输入的PCA-SVM、PCA-LSSVM模型，以及基于在线AWF算法的PLS、KPLS集成预测模型，其统计结果见表4.1。表4.1中，“A_Weighted”和“A_O_Weighted”分别表示不在线和在线的AWF方法，“E_Weighted”和“E_O_Weighted”分别表示不在线和在线的基于信息熵的加权融合方法，“LVs/PCs”表示潜变量和主元个数，“LF\MF\HF”和“LF+MF+HF”分别表示建模的数据集是分频段和全谱。

表 4.1　磨机负荷软测量建模统计结果

方法	数据集	MBVR		PD		CVR		平均
		LVs/PCs	RMSREs	LVs/PCs	RMSREs	LVs/PCs	RMSREs	RMSREs
PCR	LF+MF+HF	10	0.4747	10	0.2662	10	0.2494	0.3301
PLS	LF+MF+HF	7	0.5626	4	0.2140	2	0.2434	0.3400
GA-PLS	LF+MF+HF	2	0.3279	1	0.3406	2	0.2847	0.3177
PCA-SVM	LF+MF+HF	(5，3，1)	0.4303	(5，3，1)	0.1483	(5，3，1)	0.2732	0.2839
PCA-LSSVM	LF+MF+HF	(5，3，1)	0.4458	(5，3，1)	0.3783	(5，3，1)	0.1675	0.3305
PLS	LF	9	0.6755	11	0.4346	11	0.2460	0.4520
PLS	MF	4	0.7650	3	0.3134	3	0.2795	0.4526
PLS	HF	5	2.2921	5	0.9190	6	0.6811	1.2974
PLS+A_Weighted	LF\MF\HF	(9，4，5)	0.7063	(11，3，5)	0.1878	(11，3，6)	0.2789	0.3910
PLS+A_O_Weighted	LF\MF\HF	(9，4，5)	0.8191	(11，3，5)	0.1500	(11，3，6)	0.3335	0.4342
PLS+E_Weighted	LF\MF\HF	(9，4，5)	0.5286	(11，3，5)	0.1491	(11，3，6)	0.2643	0.3140
PLS+E_O_Weighted	LF\MF\HF	(9，4，5)	0.6782	(11，3，5)	0.1752	(11，3，6)	0.2607	0.3713
KPLS	LF+MF+HF	8	0.4725	3	0.4641	11	0.1736	0.3701
KPLS	LF	9	0.4529	4	0.1553	12	0.1579	0.2554
KPLS	MF	3	0.5132	1	0.3399	1	0.2906	0.3812
KPLS	HF	4	0.6201	7	0.3750	1	0.2866	0.4272
KPLS+A_Weighted	LF\MF\HF	(9，3，4)	0.3483	(4，1，7)	0.1220	(12，1，1)	0.2501	0.2401
KPLS+A_O_Weighted	LF\MF\HF	(9，3，4)	0.3339	(4，1，7)	0.1355	(12，1，1)	0.2293	0.2329
KPLS+E_Weighted	LF\MF\HF	(9，3，4)	0.3344	(4，1，7)	0.1133	(12，1，1)	0.2084	0.2187
KPLS+E_O_Weighted	LF\MF\HF	(9，3，4)	0.3345	(4，1，7)	0.0937	(12，1，1)	0.2294	0.2192

磨机负荷集成预测模型与分频段预测模型的结果如图4.9～图4.11所示。

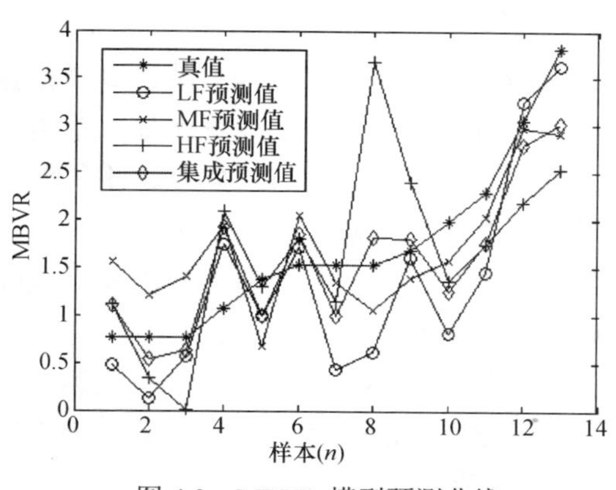

图 4.9　MBVR 模型预测曲线

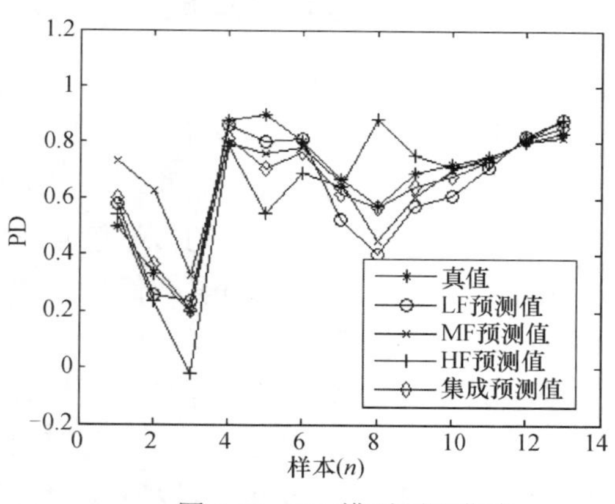

图 4.10　PD 模型预测曲线

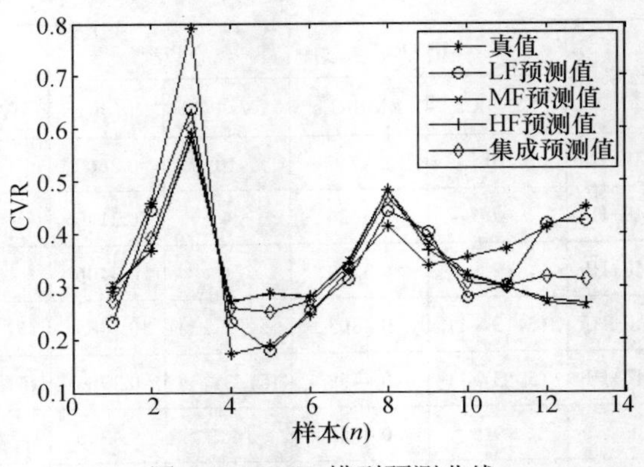

图 4.11 CVR 模型预测曲线

基于PCA的模型，在低、中和高频段选择的主元个数分别为5、3和1。从仿真结果看，集成预测模型的预测精度高于单一预测模型；基于信息熵集成算法的预测精度高于基于AWF算法；核PLS方法的精度高于PLS方法，表明了振动频谱与磨机负荷参数间存在非线性关系；基于PCA算法模型精度低于集成预测方法，说明了PLS/KPLS算法用于频谱建模的合理性，但通过适当地选择主元个数和模型参数，基于结构风险最小的PCA-SVM/PCA-LSSVM可以具有更好的泛化能力。在线集成预测方法的精度却稍微低于非权值更新的预测算法，原因一是样本点较少且多数都是异常工况，难以充分说明问题；二是进行了基于每个样本的权值更新，恶化了预测性能。为适应工业过程的时变特性，需要更深入地实验验证在线权值更新算法，同时进行KPLS更新算法的研究。同时考虑到筒体振动和振声频谱及磨机电流所包含信息的冗余与互补性，需要深入地进行优化KPLS子模型的核类型及核参数、建立基于信息融合及选择性集成建模方法的研究。

4.5 基于选择性集成多传感器频谱特征的旋转机械设备负荷参数软测量

4.5.1 基于选择性集成多传感器频谱特征的建模策略

生产实际中，磨矿过程中的很多信息如磨机电流、振声和其它过程变量，离线化验的矿石硬度及其它信息均被领域专家用于识别磨机负荷状态[11, 23]。该过程实际上就是一个选择性信息融合的过程。因此，采用选择性集成多传感器信息的方法建立软测量模型主要基于以下原因：①不同的信号包含不同的磨机负荷参数信息；②同一个信号的不同特征也包含不同的磨机负荷参数信息；③不同信号间存在冗余与互补信息；④基于领域专家的磨机负荷状态识别过程本质上就是一个选择有价值信息进行集成的过程。

综上，采用如图 4.12 所示的基于选择性集成多传感器信息的磨机负荷软测量策略。该策略由基于 FFT 的预处理，基于频谱聚类和 MI 的特征子集选择，基于 KPLS、BB 和 AWF 算法的选择性集成建模以及参数/负荷转换模块组成。

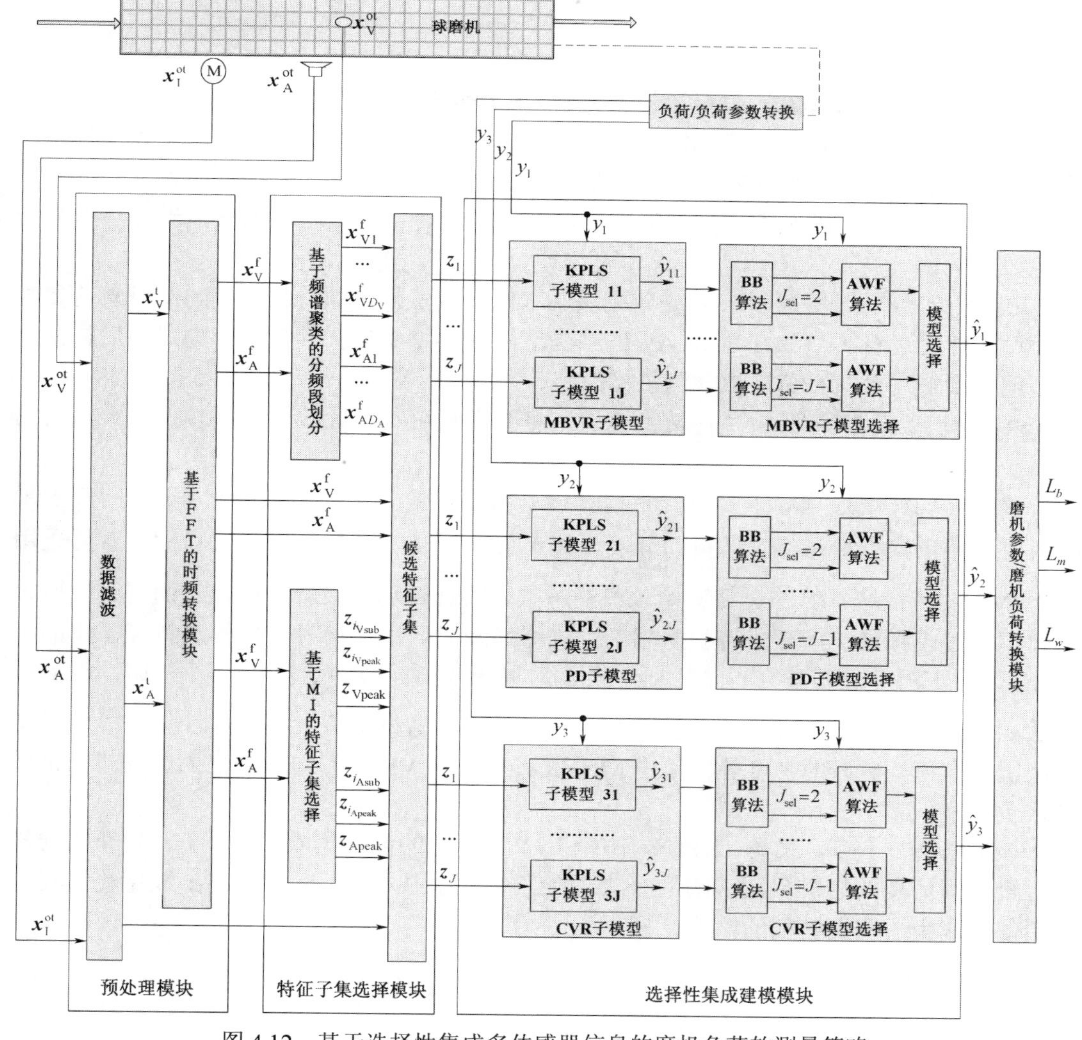

图 4.12　基于选择性集成多传感器信息的磨机负荷软测量策略

图 4.12 中，上标 t 及 f 分别表示时域及频域信号；下标 V、A 和 I 分别表示筒体振动、振声及时域电流信号；$\boldsymbol{x}_{\mathrm{V}}^{\mathrm{ot}}$、$\boldsymbol{x}_{\mathrm{A}}^{\mathrm{ot}}$ 和 $\boldsymbol{x}_{\mathrm{I}}^{\mathrm{ot}}$ 表示未经信号预处理的时域信号；$\boldsymbol{x}_{\mathrm{V}}^{\mathrm{t}}$、$\boldsymbol{x}_{\mathrm{A}}^{\mathrm{t}}$ 和 $\boldsymbol{x}_{\mathrm{I}}^{\mathrm{t}}$ 表示预处理后的时域信号；$\boldsymbol{x}_{\mathrm{V}}^{\mathrm{f}}$ 和 $\boldsymbol{x}_{\mathrm{A}}^{\mathrm{f}}$ 表示振动和振声频谱；$\boldsymbol{x}_{\mathrm{V}d_{\mathrm{V}}}^{\mathrm{f}}$ 表示振动分频段频谱，$d_{\mathrm{V}}=1,\cdots,D_{\mathrm{V}}$，$D_{\mathrm{V}}$ 为振动频谱分频段的个数；$\boldsymbol{x}_{\mathrm{A}d_{\mathrm{A}}}^{\mathrm{f}}$ 表示振声分频段频谱，$d_{\mathrm{A}}=1,\cdots,D_{\mathrm{A}}$，$D_{\mathrm{A}}$ 为振声频谱分频段的个数；$\boldsymbol{z}_{\mathrm{Vpeak}}$ 和 $\boldsymbol{z}_{\mathrm{Apeak}}$ 是振动与振声频谱的局部波峰特征；$\boldsymbol{z}_{i_{\mathrm{Vpeak}}}$ 和 $\boldsymbol{z}_{i_{\mathrm{Apeak}}}$ 是针对第 i 个磨机负荷参数基于 MI 算法选择的局部波峰特征；$\boldsymbol{z}_{i_{\mathrm{Vsub}}}$ 和 $\boldsymbol{z}_{i_{\mathrm{Asub}}}$ 是针对第 i 个磨机负荷参数基于 MI 算法选择的子频段特征；$\boldsymbol{z}=\{\boldsymbol{z}_1,\cdots,\boldsymbol{z}_j,\cdots,\boldsymbol{z}_J\}$ 表示候选特征子集的集合，J 为特征子集的个数；$\hat{y}_{ij}$ 表示第 j 个子特征对应的第 i 个磨机负荷参数子模型的输出；$\hat{y}_i$ 表示第 i 个磨机负荷参数选择性集成模型的测量输出；$i=1, 2, 3$ 分别表示 MVBR、PD 和 CVR；$j=1,\cdots,J$，表示特征子集编号。

由图 4.10 可知，该软测量策略的输入 $X=\{\boldsymbol{x}_{\mathrm{V}}^{\mathrm{ot}},\boldsymbol{x}_{\mathrm{A}}^{\mathrm{ot}},\boldsymbol{x}_{\mathrm{I}}^{\mathrm{ot}}\}$，输出 $y_{\mathrm{load}}=\{L_b,L_m,L_w\}$。该策略中不同模块的功能如下：

(1) 预处理模块：滤波时域信号并将筒体振动和振声信号转换至频域。

(2) 特征子集选择模块：采用基于 MI 的特征选择方法分别选择频谱的子频段特征及局部波峰特征，结合频谱聚类的分频段划分算法实现筒体振动和振声频谱各分频段的自动分割，并将子频段特征、局部波峰特征、各分频段、全谱及时域电流信号分别作为一个特征子集。

(3) 选择性集成建模模块：首先建立基于 KPLS 算法的不同特征子集的磨机负荷参数子模型；然后运行 $J-2$ 次 BB 和 AWF 算法，得到 $J-2$ 个选择性集成模型；最后依据建模精度得到最终磨机负荷参数软测量模型。

(4) 磨机负荷参数/磨机负荷转换模块：将磨机负荷参数经数学模型转换为磨机内的钢料、物料和水负荷。

该策略的实现过程如下：首先将筒体振动与振声信号转换为频谱 $\boldsymbol{x}_{\mathrm{V}}^{\mathrm{f}}$ 和 $\boldsymbol{x}_{\mathrm{A}}^{\mathrm{f}}$；接着采用改进的频谱聚类算法将频谱自动分段，其 d 个分频段分别表示为 $\boldsymbol{x}_{\mathrm{V}d_{\mathrm{V}}}^{\mathrm{f}}$ 和 $\boldsymbol{x}_{\mathrm{A}d_{\mathrm{A}}}^{\mathrm{f}}$；并采用基于 MI 的特征选择算法选择原始频谱的子频段特征及局部波峰特征，从而得到由原始频谱、分频段频谱、子频段特征、局部波峰特征及时域电流信号组成候选特征子集的集合 $\boldsymbol{z}$；采用 KPLS 算法建立每个特征子集 $\boldsymbol{z}_j$ 对磨机负荷参数的子模型；采用 BB 和 AWF 算法相结合选择子模型并计算加权系数，获得最终的磨机负荷参数选择性集成模型；结合磨机的容积、矿石的密度等参数由 MBVR、PD 和 CVR 计算得到磨机内的物料、钢球及水负荷。

该策略通过 FFT、聚类、KPLS、BB 和 AWF 算法的创新集成，给出了一种新的选择性融合多源信息的磨机负荷软测量方法。在工业实际中，还可以考虑将离线化验等其它有用信息作为软测量模型的输入。

4.5.2 基于选择性集成多传感器频谱特征的建模算法

1. 筒体振动及振声频谱的特征子集选择

1) 基于频谱聚类的特征子集选择

采用本书第 3 章提出的基于频谱聚类的分频段自动划分算法，实现筒体振动和振声频谱的自动划分。将分段后的筒体振动和振声频谱记为：

$$\boldsymbol{x}_{\mathrm{V}}^{\mathrm{f}}=\{\boldsymbol{x}_{\mathrm{V}1}^{\mathrm{f}},\cdots,\boldsymbol{x}_{\mathrm{V}d_V}^{\mathrm{f}},\cdots,\boldsymbol{x}_{\mathrm{V}D_{\mathrm{V}}}^{\mathrm{f}}\} \quad d_{\mathrm{V}}=1,\cdots,D_{\mathrm{V}} \tag{4.57}$$

$$\boldsymbol{x}_{\mathrm{A}}^{\mathrm{f}}=\{\boldsymbol{x}_{\mathrm{A}1}^{\mathrm{f}},\cdots,\boldsymbol{x}_{\mathrm{A}d_A}^{\mathrm{f}},\cdots,\boldsymbol{x}_{\mathrm{A}D_{\mathrm{A}}}^{\mathrm{f}}\} \quad d_{\mathrm{A}}=1,\cdots,D_{\mathrm{A}} \tag{4.58}$$

将每个分频段分别作为一个特征子集。

2) 基于 MI 的特征子集选择

采用本书 3.4.2 节的基于 MI 的特征选择算法，实现筒体振动及振声频谱的局部波峰特征和子频段特征的选择，分别表示如下：

$$\boldsymbol{z}_{i_{\mathrm{Vselpeak}}}=\{L_{i_{\mathrm{Vma1}}},\cdots,L_{i_{\mathrm{Vma}N_{\mathrm{Vpeak\_ma}_i}}},L_{i_{\mathrm{Vf1}}},\cdots,L_{i_{\mathrm{Vf}N_{\mathrm{Vpeak\_f}_i}}}\} \tag{4.59}$$

$$z_{i_{\text{Aselpeak}}} = \{L_{i_{\text{Ama}1}}, \cdots, L_{i_{\text{Ama}N_{\text{peak\_ma}_i}}}, L_{i_{\text{Af}1}}, \cdots, L_{i_{\text{Af}N_{\text{Apeak\_f}_i}}}\} \tag{4.60}$$

$$z_{i_{\text{Vselsub}}} = \{x^{\text{f}}_{i_{\text{Vsub}1}}, \cdots, x^{\text{f}}_{i_{\text{Vsub}j}}, \cdots, x^{\text{f}}_{i_{\text{Vsub}N_{\text{Vsub}_i}}}\} \tag{4.61}$$

$$z_{i_{\text{Aselsub}}} = \{x^{\text{f}}_{i_{\text{Asub}1}}, \cdots, x^{\text{f}}_{i_{\text{Asub}j}}, \cdots, x^{\text{f}}_{i_{\text{Asub}N_{\text{Asub}_i}}}\} \tag{4.62}$$

其中，$N_{\text{Vpeak\_ma}_i}$ 和 $N_{\text{Apeak\_ma}_i}$，$N_{\text{Vpeak\_f}_i}$ 和 $N_{\text{Apeak\_f}_i}$ 表示振动和振声频谱中为第 i 个磨机负荷参数选择的局部波峰特征中的波峰质量和中心频率的数量；N_{Vsub_i} 和 N_{Asub_i} 表示振动和振声频谱中为第 i 个磨机负荷参数选择的子频段数量。

3) 候选特征子集

子模型的多样性可以提高集成模型的精度，本书通过包括不同频谱特征的多个子集实现子模型的多样性，针对不同磨机负荷参数的候选特征子集的集合表示为：

$$\begin{aligned} z_i &= \{\boldsymbol{x}^{\text{f}}_{\text{V}1}, \cdots, \boldsymbol{x}^{\text{f}}_{\text{V}d_{\text{V}}}, \cdots, \boldsymbol{x}^{\text{f}}_{\text{V}D_{\text{V}}}, \boldsymbol{x}^{\text{f}}_{\text{V}}, \boldsymbol{x}^{\text{f}}_{\text{A}1}, \cdots, \boldsymbol{x}^{\text{f}}_{\text{A}d_{\text{A}}}, \cdots, \boldsymbol{x}^{\text{f}}_{\text{A}D_{\text{A}}}, \\ &\quad \boldsymbol{x}^{\text{f}}_{\text{A}}, \boldsymbol{x}^{\text{t}}_{\text{I}}, z_{i_{\text{Vselpeak}}}, z_{i_{\text{Aselpeak}}}, z_{i_{\text{Vselsub}}}, z_{i_{\text{Aselsub}}}\} \\ &= \{z_{i1}, \cdots, z_{ij}, \cdots, z_{iJ}\} \end{aligned} \tag{4.63}$$

可见，候选特征子集包括三大类：磨机电流、筒体振动及振声频谱；频谱又包含四类特征：分频段、全谱、局部波峰特征及子频段特征。

2．基于选择性集成 KPLS 的旋转机械设备负荷参数软测量

集成建模的目标是通过有效地合并多个子模型提高软测量模型的性能，如更好的泛化性、更快的效率和更清晰的结构。本书中用于建立磨机负荷参数集成模型的振声、筒体振动及磨机电流信号是并行的多传感器信号。因此，采用并联的集成模型结构建立磨机负荷参数软测量模型。

下面分别对子模型建模算法、子模型集成方法、选择性集成的优化描述及求解进行叙述。

1) 基于 KPLS 算法的子模型建模

不同特征子集与磨机负荷参数间的映射关系不同。建立不同特征子集的子模型有利于比较不同特征子集与磨机负荷参数的相关性，并验证前文的机理定性分析。

假设有 k 个训练样本，KPLS 算法就是将特征子集 $\{(z_{ij})_l\}_{l=1}^{k}$ 非线性映射到高维特征空间即 $\boldsymbol{\Phi}:(z_{ij})_l \to \boldsymbol{\Phi}((z_{ij})_l)$，在高维特征空间中执行线性 PLS 算法，得到原始输入空间的非线性模型。为避免显式非线性映射，采用核技巧：

$$\boldsymbol{K}_{ij} = \boldsymbol{\Phi}((z_{ij})_l)^{\text{T}} \boldsymbol{\Phi}((z_{ij})_m), \qquad l, m = 1, 2, \cdots, k \tag{4.64}$$

将训练样本 $\{(z_{ij})_l\}_{l=1}^{k}$ 映射到高维特征空间。对特征子集的核矩阵 $\boldsymbol{K}_{ij}$ 按下式进行中心化处理：

$$\tilde{\boldsymbol{K}}_{ij} = \left(\boldsymbol{I} - \frac{1}{k} 1_k 1_k^{\text{T}}\right) \boldsymbol{K}_{ij} \left(\boldsymbol{I} - \frac{1}{k} 1_k 1_k^{\text{T}}\right) \tag{4.65}$$

其中，$\boldsymbol{I}$是k维的单位阵；1_k 是值为1，长度为 k 的向量。

基于NIPALS算法和再生核希尔伯特空间(Reproducing kernel Hilbert space，RKHS)理论，训练数据$\{(z_{ij})_l\}_{l=1}^k$基于KPLS算法的磨机负荷参数子模型可表示为：

$$\hat{y}_{ij} = \tilde{\boldsymbol{K}}_{ij}\boldsymbol{U}_{ij}(\boldsymbol{T}_{ij}{}^{\mathrm{T}}\tilde{\boldsymbol{K}}_{ij}\boldsymbol{U}_{ij})^{-1}\boldsymbol{T}_{ij}{}^{\mathrm{T}}y_i \tag{4.66}$$

对于测试样本$\{(z_{\mathrm{t},ij})_l\}_{l=1}^{k_\mathrm{t}}$，首先按下式进行标定处理：

$$\tilde{\boldsymbol{K}}_{\mathrm{t},ij} = \left(\boldsymbol{K}_{\mathrm{t},ij}\boldsymbol{I} - \frac{1}{k}1_{kt}1_k^{\mathrm{T}}\boldsymbol{K}_{ij}\right)\left(\boldsymbol{I} - \frac{1}{k}1_k1_k^{\mathrm{T}}\right) \tag{4.67}$$

其中，$\boldsymbol{K}_{t,ij}$是测试样本的核矩阵，$\boldsymbol{K}_{t,ij} = \boldsymbol{\Phi}((z_{\mathrm{t},ij})_l\boldsymbol{\Phi}((z_{ij})_m)$，$\{(z_{ij})_m\}_{m=1}^k$是训练数据；$k_\mathrm{t}$是测试样本的个数；$1_{kt}$是值为1，长度为$k_\mathrm{t}$的向量。

测试样本$\{(z_{\mathrm{t},ij})_l\}_{l=1}^{k_\mathrm{t}}$基于KPLS算法的磨机负荷参数子模型可表示为：

$$\hat{y}_{\mathrm{t},ij} = \tilde{\boldsymbol{K}}_{\mathrm{t},ij}\boldsymbol{U}_{ij}(\boldsymbol{T}_{ij}{}^{\mathrm{T}}\tilde{\boldsymbol{K}}_{ij}\boldsymbol{U}_{ij})^{-1}\boldsymbol{T}_{ij}{}^{\mathrm{T}}y_i \tag{4.68}$$

2) 基于AWF算法的子模型集成方法

AWF算法主要用于多传感器信息的融合，其主要思想是在总均方差最小的条件下，根据各个传感器所得到的测量值以自适应的方式寻找各传感器所对应的最优加权因子，使融合后的目标观测值最优。

本书采用AWF算法计算被选子模型的加权系数，其计算公式如下[116]：

$$w_{ij_{\mathrm{sel}}} = 1\bigg/\left((\sigma_{ij_{\mathrm{sel}}})^2\sum_{j_{\mathrm{sel}}=1}^{J_{\mathrm{sel}}}\frac{1}{(\sigma_{ij_{\mathrm{sel}}})^2}\right) \tag{4.69}$$

其中，$\sum_{j_{\mathrm{sel}}=1}^{J_{\mathrm{sel}}} w_{ij_{\mathrm{sel}}} = 1$，$0 \leqslant w_{ij\mathrm{sel}} \leqslant 1$，$w_{ij_{\mathrm{sel}}}$是基于第$j_{\mathrm{sel}}$个子特征建立的第$i$个磨机负荷参数子模型所对应的加权系数；$\sigma_{ij_{\mathrm{sel}}}$为子模型输出值$\{\hat{y}_{ij_{\mathrm{sel}}}^l\}(l=1,2,\cdots,k)$的标准差，$k$为样本个数；$j_{\mathrm{sel}} = 1,2,\cdots,J_{\mathrm{sel}}$，$J_{\mathrm{sel}}$是选择的集成子模型的个数。

选择性集成模型对第i个磨机负荷参数的输出值$\hat{y}_i$由下式计算：

$$\hat{y}_i = \sum_{j_{\mathrm{sel}}=1}^{J_{\mathrm{sel}}} w_{ij_{\mathrm{sel}}}\hat{y}_{ij_{\mathrm{sel}}} \tag{4.70}$$

其中，$\hat{y}_{ij\mathrm{sel}}$表示基于第j_{sel}个子特征建立的第i个磨机负荷参数子模型的输出。

3) 选择性集成的优化描述

在集成模型结构和子模型集成方法确定的情况下，选择性集成建模的实质是优选子模型的过程。选择性集成模型的均方根相对误差(RMSRE)可表示为：

$$E_{\mathrm{rmsre}} = \sqrt{\frac{1}{k}\sum_{l=1}^{k}\left(\frac{y_i^l - \hat{y}_i^l}{y_i^l}\right)^2} = \sqrt{\frac{1}{k}\sum_{l=1}^{k}\left(\frac{y_i^l - \sum_{\mathrm{j_{sel}}=1}^{J_{\mathrm{sel}}} w_{ij_{\mathrm{sel}}}\hat{y}_{ij_{\mathrm{sel}}}^l}{y_i^l}\right)^2} \tag{4.71}$$

其中，k为样本个数；y_i^l为第i个磨机负荷参数的第l个样本的真值；$\hat{y}_i^l$为第i个磨机负荷参数的选择性集成模型对第l个样本的软测量值；$\hat{y}_{ij_{\text{sel}}}^l$为基于第$j_{\text{sel}}$个子特征建立的第$i$个磨机负荷参数子模型对第$l$个样本的软测量值。

建立选择性集成模型的过程需要确定集成子模型数量、选择集成子模型和集成子模型的加权系数$w_{ij_{\text{sel}}}$，可表述为如下优化问题：

$$\min\ E_{\text{rmsre}} = \sqrt{\frac{1}{k}\sum_{l=1}^{k}\left(\frac{y_i^l - \sum_{j_{\text{sel}}=1}^{J_{\text{sel}}} w_{ij_{\text{sel}}}\hat{y}_{ij_{\text{sel}}}^l}{y_i^l}\right)^2} \tag{4.72}$$

$$s.t.\quad \sum_{j_{\text{sel}}=1}^{J_{\text{sel}}} w_{ij_{\text{sel}}} = 1,\quad 0 \leqslant w_{ij_{\text{sel}}} \leqslant 1,\quad 1 < j_{\text{sel}} < J_{\text{sel}},\quad 1 < J_{\text{sel}} \leqslant J$$

采用优化目标最大化，上述优化问题转化为：

$$\max\ E_{\text{rmsre}} = \theta_{\text{th}} - \sqrt{\frac{1}{k}\sum_{l=1}^{k}\left(\frac{y_i^l - \sum_{j_{\text{sel}}=1}^{J_{\text{sel}}} w_{ij_{\text{sel}}}\hat{y}_{ij_{\text{sel}}}^l}{y_i^l}\right)^2} \tag{4.73}$$

$$s.t.\quad \sum_{j_{\text{sel}}=1}^{J_{\text{sel}}} w_{ij_{\text{sel}}} = 1,\quad 0 \leqslant w_{ij_{\text{sel}}} \leqslant 1,\quad 1 < j_{\text{sel}} < J_{\text{sel}},\quad 1 < J_{\text{sel}} \leqslant J$$

其中，θ_{th}为设定阈值。

直接求解式(4.73)的优化问题需要同时确定集成子模型的数量，选择集成子模型及集成子模型的加权系数。但我们事先并不知道需要集成多少子模型，并且集成子模型的加权系数是在选择完集成子模型后再通过加权算法得到的，而且最优子模型的数量也是未知的。

我们将这一较为复杂的优化问题分解为若干个子优化问题：

(1) 首先给定集成子模型的数量。

(2) 然后选择集成子模型并计算加权系数。

(3) 在选择完具有不同子模型数量的最优选择性集成模型后，排序选择具有最小建模误差的选择性集成模型作为最终磨机负荷参数软测量模型。

4) 基于 BB 优化和 AWF 加权算法的选择性集成

在权系数采用 AWF 算法确定的情况下，在上述准则下选择最优集成子模型的算法类似于最优特征选择算法。已知最优特征个数，能够实现最优特征选择的算法只有枚举和 BB 算法。

本书采用多次运行 BB 算法的方式实现最优子模型的选择：首先分别确定子模型个数为 2，3，…，$(J-1)$时的最优选择性集成模型，然后将这些选择性集成模型进行排序，依据建模精度选择最终的磨机负荷软测量模型。

综上所述，本书提出的基于BB和AWF的选择性集成KPLS(SEKPLS)算法如下：

步骤1　建立 J 个不同特征子集的KPLS子模型。

步骤2　设定选择子模型的数量 $J_{sel}=2$。

步骤3　依据式(4. 73)，结合BB和AWF算法选择包含 J_{sel} 个子模型的最优选择性集成模型。

步骤4　令 $J_{sel}=J_{sel}+1$。

步骤5　若 $J_{sel}=J-1$，转至步骤6，否则，转至步骤3。

步骤6　排序 $(J-2)$ 个选择性集成模型，确定最终的磨机负荷参数集成模型。

3．旋转机械设备负荷转化模块

按2.2.2节中式(2.9)～式(2.11)，将磨机负荷参数转换为物料、钢球和水负荷。

4.5.3　建模步骤

本书所提软测量方法的离线训练和在线使用步骤分别描述如下。

1．离线训练步骤

1) 数据预处理

按 3.4.2 节的方法对筒体振动、振声及磨机电流时域信号进行预处理，并采用 Welch 方法计算筒体振动和振声频谱。

2) 特征子集选择

(1) 分频段划分：采用 3.4.2 节的分频段识别算法自动划分筒体振动和振声频谱，得到的特征子集如式(4.57)和式(4.58)所示。

(2) 特征子集选择：采用 3.5.2 节的基于 MI 的特征选择算法选择局部波峰特征子集和子频段特征子集，得到的局部波峰特征子集如式(4.59)和式(4.60)所示；子频段特征子集如式(4.61)和式(4.62)所示。

(3) 候选特征子集集合：如式(4.63)所示。

3) 选择性集成 KPLS

(1) 建立基于 KPLS 算法的各个特征子集的子模型：采用 4.5.2 节的“基于 KPLS 算法的子模型建模算法”建立不同特征子集的磨机负荷参数软测量模型，首先采用式(4.65)对特征子集进行中心化处理，然后建立各个特征子集的留一交叉验证模型，采用式(4.66)计算软测量模型的输出。

(2) 设定选择子模型的数量 $J_{sel}=2$。

(3) 用 BB 和 AWF 算法选择包含 J_{sel} 个子模型的最优集成模型，其中子模型的加权系数采用式(4.69)计算，集成模型的输出采用式(4.70)计算。

(4) 令 $J_{sel}=J_{sel}+1$。

(5) 若 $J_{sel}=J-1$，转至步骤(6)，否则，转至步骤(3)。

(6) 按照式(4.71)计算 $(J-2)$ 选择性集成模型的 RMSRE，排序选择精度最佳的选择性集成模型作为最终的磨机负荷参数软测量模型。

4) 负荷转换

按式(2.9)～式(2.11)将磨机负荷参数转换为物料、钢球和水负荷。

上述算法的流程图如图 4.13 所示。

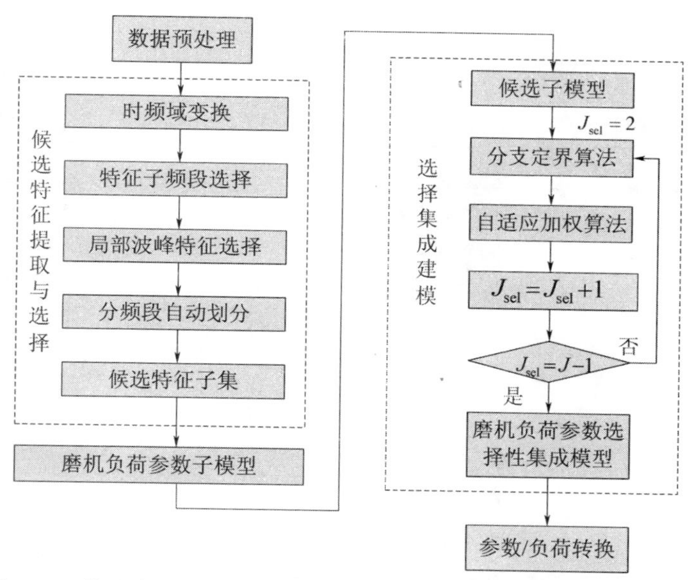

图 4.13　基于选择性集成多传感器信息的磨机负荷软测量方法流程图

2．在线测量步骤

(1) 数据预处理：对新样本采用与训练样本相同的参数对筒体振动、振声及磨机电流信号进行预处理。

(2) 特征子集选择：首先按 4.5.2 节的“特征子集选择”的方法得到新样本的候选特征子集集合，然后依据离线建模结果选择最优的特征子集。

(3) 集成输出：将选择的最优特征子集按式(4.67)进行中心化处理，然后按照式(4.68)计算新样本的输出，最后采用式(4.70)计算磨机负荷参数集成模型的输出。

(4) 负荷转换：按式(2.9)～式(2.11)将磨机负荷参数转换为物料、钢球和水负荷。

4.5.4　实验研究

1．筒体振动、振声频谱的特征子集

按文献[276]定义计算局部波峰，并采用频谱聚类算法将筒体振动频谱分割为 4 个分频段，其频率范围是：100～2416Hz(VLF)、2417～4645Hz (VMF)、4646～7111Hz (VHF)和 7111～11000Hz (VHHF)；将振声频谱自动分割为 3 个分频段，其频率范围是：1～976Hz (ALF)、977～1644Hz (AMF)和 1645～3918Hz (AHF)。将振动及振声频谱的局部波峰和中心频率组成的频谱特征子集分别记为 VLP 和 ALP；将振动及振声的全谱记为 VFULL 和 AFULL；磨机电流记为 Imill。

特征子集及本书中相关缩写的含义见表 4.2。

表 4.2　特征子集及本书中相关缩写的含义

编号	特征子集的编号、缩写及含义		本书中其它缩写和含义	
	缩写	含义	缩写	含义
1	VLF	振动频谱低频段	MBVR	磨机负荷参数：料球比
2	VMF	振动频谱中频段	PD	磨机负荷参数：磨矿浓度

(续)

编号	特征子集的编号、缩写及含义		本书中其它缩写和含义	
	缩写	含义	缩写	含义
3	VHF	振动频谱高频段	CVR	磨机负荷参数：充填率
4	VHHF	振动频谱高高频段	BCVR	磨机负荷参数：介质充填率
5	VFULL	振动全谱	GPR	磨矿生产率
6	VLP	振动频谱的局部波峰特征	PLS	偏最小二乘
7	ALF	振声频谱低频段	EPLS	集成偏最小二乘
8	AMF	振声频谱中频段	SEPLS	选择性集成偏最小二乘
9	AHF	振声频谱高频段	KPLS	核偏最小二乘
10	AFULL	振声全谱	EKPLS	集成核偏最小二乘
11	ALP	振声频谱的局部波峰特征	SEKPLS	选择性集成核偏最小二乘
12	Imill	磨机电流	MI	互信息
13	MI-VLP	基于互信息选择的振动频谱的局部波峰特征	BB	分支定界算法
14	MI-ALP	基于互信息选择的振声频谱的局部波峰特征	AWF	自适应加权融合算法
15	MI-VSUB	基于互信息选择的振动频谱的特征子频段	PCA	主元分析
16	MI-ASUB	基于互信息选择的振声频谱的特征子频段	KPCA	核主元分析

采用第 3 章的方法分别计算振动/振声频谱的局部波峰特征，计算这些特征与磨机负荷参数间的 MI 值。磨机负荷参数与筒体振动和振声频谱的局部波峰特征的 MI 值如图 3.16 和图 4.14 所示。

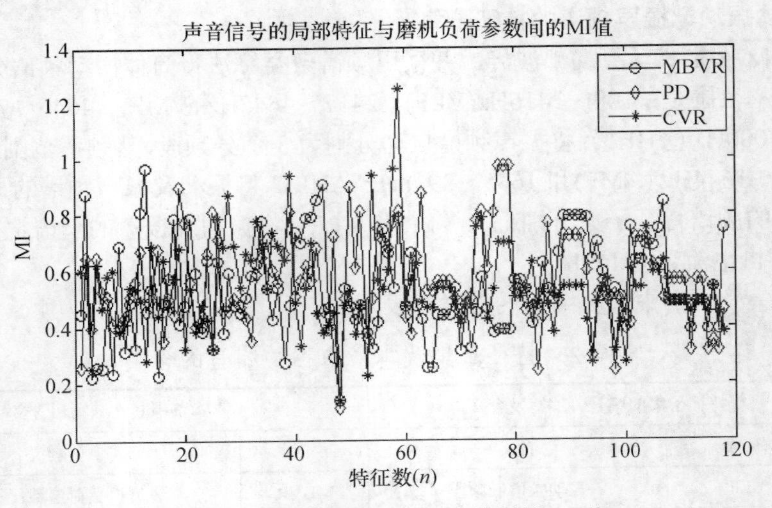

图 4.14　振声频谱的局部波峰特征的 MI 值

对筒体振动和振声频谱，分别间隔 100 和 50 个频率点，将筒体振动及振声频谱划分为 109 个和 80 个子频段。采用文献[341]的方法，计算不同子频段与磨机负荷参数间的 MI 值，如图 3.17 和图 4.15 所示。

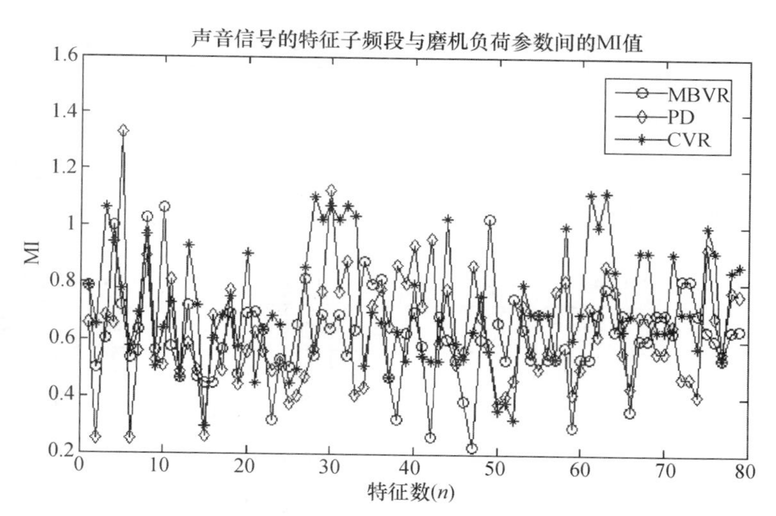

图 4.15 振声频谱的特征子频段的 MI 值

由此可知，不同特征与磨机负荷参数的 MI 信息不同：

(1) MBVR 与筒体振动频谱特征的 MI 低于振声频谱特征。

(2) PD 和 CVR 与筒体振动频谱的 MI 高于振声频谱。

(3) 振声频谱与磨机负荷参数的 MI 差异不大。

可见，融合多源信号检测磨机负荷参数是必要的。

采用 MI 方法提取的特征子集的特征数量及阈值的统计值详见表 4.3。

表 4.3 MI 方法提取的特征子集的特征数量及设定阈值

	MBVR		PD		CVR	
	数量(*n*)	阈值	数量(*n*)	阈值	数量(*n*)	阈值
VLP	35	0.5	38	0.8	21	0.8
VSUB	16	0.4	78	1	77	1
ALP	37	0.6	44	0.6	34	0.6
ASUB	47	0.6	38	0.6	56	0.6

将以上特征子集分别编号，其集合可表示：{1_VLF，2_VMF，3_VHF，4_VHHF，5_VFULL，6_VLP，7_ALF，8_AMF，9_AHF，10_AFULL，11_ ALP，12_ Imill，13_MI_VLP，14_MI_ALP，15_MI_VSUB，16_MI_ASUB}。

2．基于特征子集的磨机负荷参数模型

采用 13 个训练样本基于 KPLS 算法分别建立 16 个特征子集针对 3 个磨机负荷参数 MBVR、PD 和 CVR 的子模型，共建立 16×3=48 个子模型。每个子模型的核函数均采用径向基函数(RBF)，潜变量个数采用留一交叉验证方法确定。

采用独立的 13 个样本对各个子模型进行测试。每个子模型核函数的半径、潜变量个数(LVs)、测试数据的 RMSRE 及前 3 个潜变量的方差变化率的统计结果如表 4.4～表 4.6 所示。

表 4.4　料球比(MBVR)子模型的统计结果

子模型序号	核半径	LVs	RMSRE (测试)	潜变量的方差变化率							
				Z-Block				Y-Block			
				第1个LV	第2个LV	第3个LV	累计	第1个LV	第2个LV	第3个LV	累计
1	71	5	0.5083	96.66	2.98	0.17	99.81	20.28	42.78	24.56	87.61
2	11	1	0.5177	96.55	3.42	0.03	100.00	12.06	19.70	41.02	72.78
3	100	1	0.5161	99.97	0.03	0.00	100.00	4.74	8.09	16.57	29.41
4	100	1	0.5063	99.98	0.02	0.00	100.00	5.74	10.48	5.30	21.51
5	100	8	0.5006	99.85	0.08	0.02	99.95	8.62	57.54	17.33	83.49
6	0.40	2	0.5166	25.22	7.82	10.89	43.93	76.21	22.05	1.35	99.62
7	110	2	0.2659	41.57	32.71	6.60	80.88	68.11	17.02	12.24	97.36
8	11	6	0.2998	90.51	2.56	4.57	97.64	51.96	36.50	5.42	93.88
9	11	12	0.3101	80.97	9.35	1.81	92.13	61.18	27.70	10.22	99.10
10	11	5	0.2690	79.10	7.56	2.29	88.95	62.49	31.23	5.82	99.54
11	100	1	0.4636	54.49	38.36	1.16	94.01	52.55	24.91	20.56	98.03
12	0.81	1	0.3780	19.91	—	—	19.91	81.84	—	—	81.84
13	31	1	0.4836	78.86	13.60	3.21	95.67	18.76	17.91	21.07	57.74
14	160	1	0.4901	81.17	12.85	1.66	95.68	36.26	37.95	16.93	91.15
15	0.9	12	0.3814	21.22	23.77	16.28	61.28	84.31	9.75	3.49	97.55
16	31	4	0.2925	89.18	4.76	1.15	95.09	57.40	29.49	8.05	94.95

由表 4.4 可知，MBVR 子模型按建模误差 RMSRE 排序为：'7_ALF'、'10_AFULL'、'16_MIASUB'、'8_AMF'、'9_AHF'、'12_I'、'15_MIVSUB'、'11_ALP'、'13_MIVLP'、'14_MIALP'、'5_VFULL'、'4_VHHF'、'1_VLF'、'3_VHF'、'6_VLP'和'2_VMF'。可见，基于振声信号的特征子集与 MBVR 密切相关，这与文献[186]的结论一致。

对比表 4.4 中给出的特征子集和 MBVR 的第 1 个潜变量(LV)的方差变化率可知：

(1) 振动全谱 99.85%的变化只与 MBVR 的 8.62%的变化相关；振声全谱则是 79.10%的变化与 MBVR 的 62.49%的变化相关，可见振声比筒体振动包含更多的 MBVR 信息。

(2) 采用 MI 算法选择的筒体振动及振声频谱的子频段特征，将第 1 个 LV 的方差变化率提高到了 21.22%和 89.18%。

(3) 对于振声频谱，低频段 ALF 包含更多的 MBVR 信息，其子模型的预测误差 RMSRE 为 0.2659。

由表 4.5 可知，PD 子模型按建模误差 RMSRE 排序为：'15_MIVSUB'、'1_VLF'、'4_VHHF'、'6_VLP'、'3_VHF'、'5_VFULL'、'2_VMF'、'13_MIVLP'、'8_AMF'、'16_MIASUB'、'10_AFULL'、'7_ALF'、'9_AHF'、'11_ALP'、'12_I'和'14_MIALP'。可见，基于振动频谱的特征子集与 PD 密切相关，这与文献[204]的结论一致。

表 4.5 磨矿浓度(PD)子模型的统计结果

子模型序号	核半径	LVs	RMSRE (测试)	潜变量的方差变化率							
				Z-Block				Y-Block			
				第1个LV	第2个LV	第3个LV	累计	第1个LV	第2个LV	第3个LV	累计
1	61	4	0.1141	98.17	0.37	1.22	99.76	43.24	46.94	3.91	94.08
2	100	1	0.3258	99.95	0.04	0.01	100.00	47.35	19.93	5.55	72.83
3	100	1	0.3017	99.98	0.02	0.00	100.00	47.19	23.15	14.32	84.67
4	10	5	0.1757	98.72	1.28	0.01	100.00	57.84	17.53	6.55	81.92
5	31	4	0.3192	99.61	0.26	0.06	99.92	50.67	29.88	11.09	91.64
6	41	6	0.1801	82.82	4.22	7.16	94.20	58.86	28.07	5.71	92.64
7	110	1	0.5881	15.43	14.30	36.44	66.17	79.65	13.52	4.31	97.47
8	11	2	0.4023	69.81	22.26	4.59	96.66	43.52	38.39	8.56	90.47
9	11	2	0.6258	17.31	70.93	4.21	92.45	78.12	9.45	11.32	98.89
10	101	2	0.5528	15.81	74.53	2.19	92.52	83.31	7.67	8.54	99.51
11	31	12	0.6931	80.45	7.64	3.28	91.38	35.34	53.34	8.50	97.18
12	91	1	0.8007	99.94	—	—	99.94	7.96	—	—	7.96
13	31	12	0.3669	91.65	3.60	2.06	97.31	60.87	19.04	8.78	88.69
14	0.4	2	0.8463	59.70	26.48	3.34	89.52	54.12	27.95	11.45	93.52
15	201	3	0.07998	99.99	0.01	0.01	100.00	49.42	38.67	2.16	90.25
16	11	1	0.5103	20.73	69.41	3.72	93.86	76.53	7.34	12.32	96.18

对比表 4.5 中给出的特征子集和 PD 的第 1 个潜变量(LV)的方差变化率可知：

(1) 振动全谱 99.61%的变化与 PD 的 50.67%的变化相关；振声全谱是 15.81%的变化与 PD 的 83.31%的变化相关，可见筒体振动比振声对 PD 更灵敏。

(2) 对于筒体振动频谱，基于 MIVSUB 子集的子模型具有最佳建模精度，其预测误差 RMSRE 为 0.07998。

(3) 对于振声频谱，中频段 AMF 包含更过 PD 信息。

由表 4.6 可知，CVR 按建模误差 RMSRE 排序为：'1_VLF'、'5_VFULL'、'15_MIVSUB'、'2_VMF'、'6_VLP'、'4_VHHF'、'8_AMF'、'3_VHF'、'10_AFULL'、'7_ALF'、'16_MIASUB'、'9_AHF'、'12_I'、'13_MIVLP'、'14_MIALP'和'11_ALP'。可见，基于筒体振动频谱的特征子集与 CVR 密切相关。

表 4.6　充填率(CVR)子模型的统计结果

子模型序号	核半径	LVs	RMSRE(测试)	潜变量的方差变化率							
				Z-Block				Y-Block			
				第1个LV	第2个LV	第3个LV	累计	第1个LV	第2个LV	第3个LV	累计
1	11	11	0.1424	93.88	2.62	0.28	96.78	44.97	25.64	19.80	90.42
2	0.1	4	0.2149	31.32	26.66	16.38	74.36	88.64	7.20	1.99	97.84
3	100	1	0.2854	99.98	0.02	0.00	100.00	46.09	9.47	13.89	69.45
4	41	1	0.2770	99.92	0.08	0.00	100.00	51.04	8.37	4.81	64.22
5	11	10	0.1645	98.00	1.36	0.55	99.92	50.78	24.08	12.68	87.54
6	41	3	0.2543	81.96	5.63	6.46	94.05	45.15	28.55	9.46	83.16
7	10	1	0.3111	34.30	25.88	7.00	67.18	75.55	18.89	4.91	99.35
8	1	2	0.2843	55.51	11.64	7.77	74.92	61.73	30.35	6.54	98.63
9	1	3	0.3183	32.01	14.19	7.11	53.32	81.89	16.81	1.26	99.96
10	1	2	0.3010	30.12	14.85	6.81	51.78	82.75	16.18	1.04	99.97
11	1	2	0.4024	13.13	15.06	5.54	33.73	87.55	10.57	1.71	99.84
12	100	1	0.3504	99.96	—	—	99.96	39.95	—	—	39.95
13	11	2	0.3733	83.44	5.60	9.03	98.06	56.32	12.15	3.20	71.67
14	1	3	0.3814	15.33	19.26	8.78	43.37	89.91	8.55	1.34	99.80
15	1	7	0.1673	71.55	5.08	9.67	86.31	64.06	19.67	5.67	89.40
16	0.7	2	0.3132	40.46	18.58	5.50	64.54	75.95	20.96	2.76	99.67

对比表 4.6 中给出的特征子集和 CVR 的第 1 个潜变量(LV)的方差变化率可知：

(1) 振动全谱是 98.00%的变化与 CVR 的 50.78%的变化相关；振声全谱是 30.12%的变化与 CVR 的 82.75%的变化相关。

(2) 对于筒体振动频谱，低频段 VLF 包含较多的 CVR 信息。基于特征子集 VLF 的子模型具有最佳的精度，其预测精度 RMSRE 为 0.1424。可见，基于振动频谱的子模型精度高于基于振声频谱的子模型精度，说明基于振动频谱可准确检测 CVR。

(3) 对于振声频谱，中频段 AMF 包含较多 CVR 信息。

Z-block (特征子集)和 Y-block(磨机负荷参数)第 1 个潜变量(LV) 的方差变化率(PV)，以及子模型的预测精度((1-RMSRE)*100)如图 4.16 所示。

对 MBVR、PD 和 CVR 软测量模型，建模精度最佳的 3 个子模型分别为{'7_ALF', '10_AFULL', '16_MIASUB'}、{'15_MIVSUB', '1_VLF', '4_VHHF'}和{'1_VLF', '5_VFULL', '15_MIVSUB'}。每个子模型对应的潜变量方差变化率如图 4.17～图 4.19 所示。

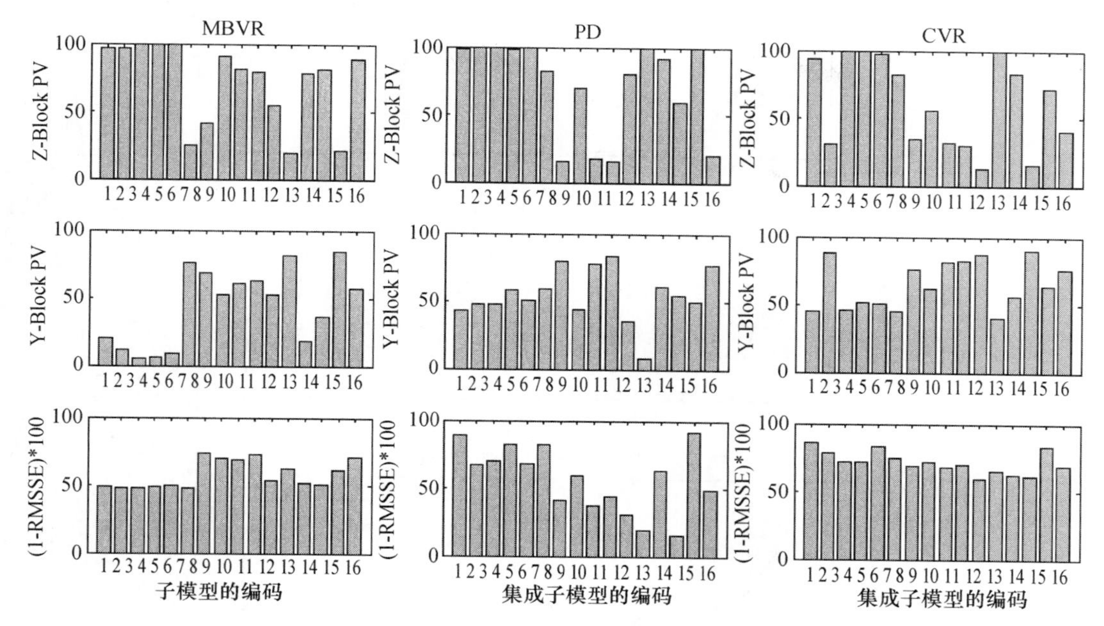

图 4.16　磨机负荷参数子模型的统计结果

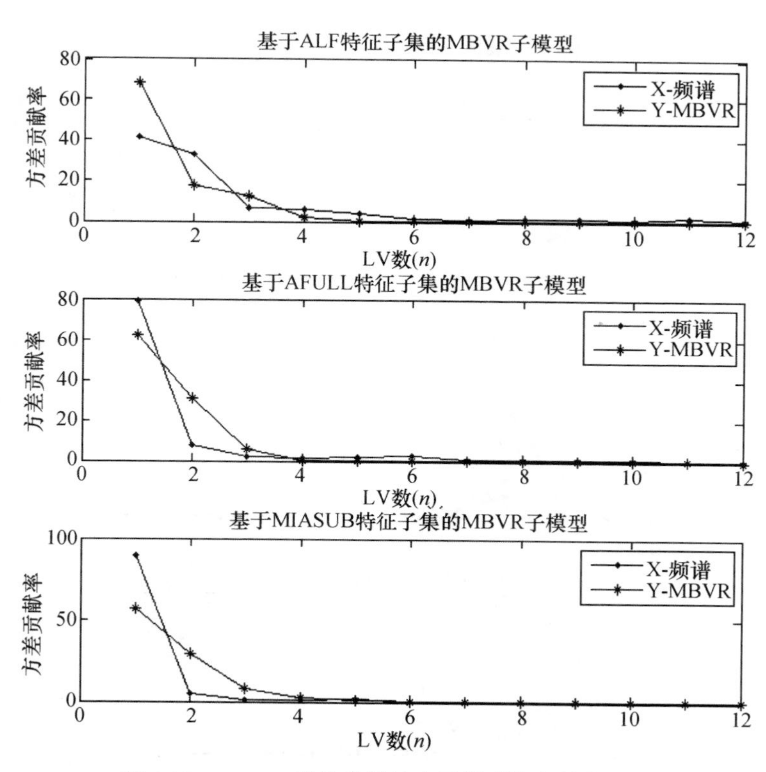

图 4.17　MBVR 最佳建模精度子模型的方差变化率

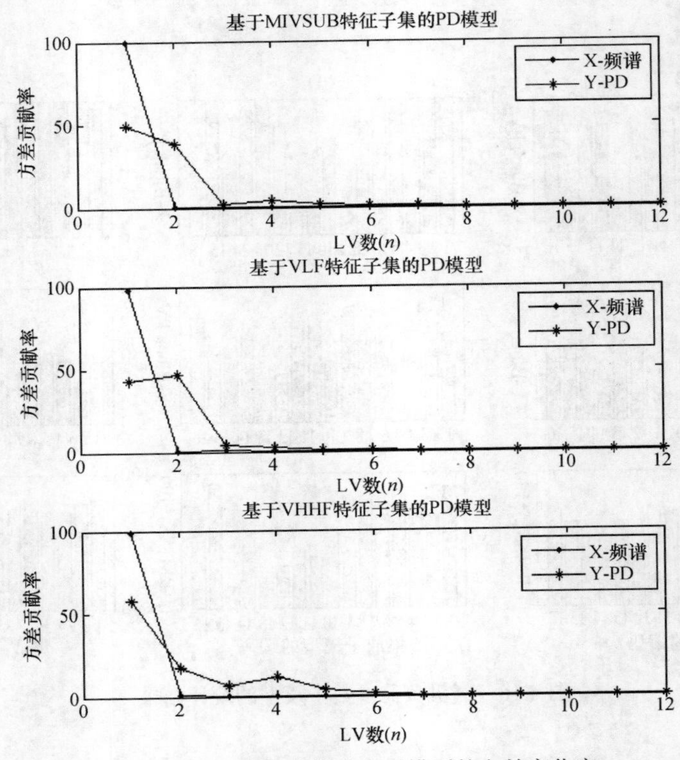

图 4.18　PD 最佳建模精度子模型的方差变化率

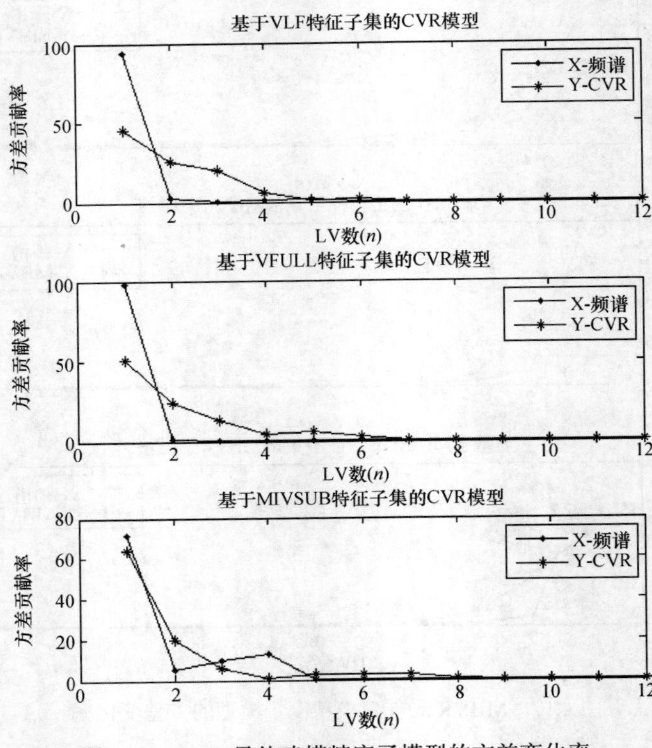

图 4.19　CVR 最佳建模精度子模型的方差变化率

由图 4.17～图 4.19 可知，建模精度较好的 KPLS 子模型的特点是：特征子集与磨机负荷参数的第 1 个 LV 的方差变化率都较高，并且特征子集及磨机负荷参数的方差变化率随 LV 个数增加而变化的趋势基本一致。

综合对表 4.4～表 4.6 的分析和图 4.17～图 4.19，可得到如下结论：

(1) 同一信号的不同特征子集与磨机负荷参数间的映射关系不同，说明进行筒体振动和振声频谱的特征子集的提取和选择是必要的，也说明通过增加不同的特征子集的方式增加子模型多样性的方法是可取的。

(2) KPLS 算法可以同时提取特征子集和磨机负荷参数的最大变化，适合于建立非线性磨机负荷参数子模型。

(3) 磨机负荷参数子模型的建模误差表明，不同信号与不同磨机负荷参数相关：如 MBVR 主要与振声和磨机电流信号相关，而 PD 和 CVR 主要与筒体振动信号相关。为不同的磨机负荷参数选择性集成不同的子模型是非常必要的。因此，只有对多传感器信息进行选择性的融合才能得到最佳的建模精度。

注释：由于实验磨机较小，电流与磨机负荷参数的相关性还需进一步的验证。

3. 基于选择性集成建模的磨机负荷估计结果

采用本书提出的基于 BB 和 AWF 的选择性集成方法对磨机负荷参数子模型进行优化选择，并按测试数据的测量精度进行排序。不同集成尺寸的磨机负荷参数软测量模型包含的集成子模型及其测试误差的统计结果，如表 4.7～表 4.9 所示。

表 4.7 MBVR 选择性集成模型的测试误差及其子模型

序号	选择的子模型																RMSRE
1	12	9	8	16	10	7	—	—	—	—	—	—	—	—	—	—	0.2049
2	15	12	9	8	16	10	7	—	—	—	—	—	—	—	—	—	0.2054
3	8	16	10	7	—	—	—	—	—	—	—	—	—	—	—	—	0.2206
4	11	15	12	9	8	16	10	7	—	—	—	—	—	—	—	—	0.2265
5	9	8	16	10	7	—	—	—	—	—	—	—	—	—	—	—	0.236
6	16	10	7	—	—	—	—	—	—	—	—	—	—	—	—	—	0.2484
7	10	7	—	—	—	—	—	—	—	—	—	—	—	—	—	—	0.2551
8	5	14	13	11	15	12	9	8	16	10	7	—	—	—	—	—	0.2767
9	13	11	15	12	9	8	16	10	7	—	—	—	—	—	—	—	0.2825
10	14	13	11	15	12	9	8	16	10	7	—	—	—	—	—	—	0.2985
11	1	4	5	14	13	11	15	12	9	8	16	10	7	—	—	—	0.3671
12	6	1	4	5	14	13	11	15	12	9	8	16	10	7	—	—	0.369
13	4	5	14	13	11	15	12	9	8	16	10	7	—	—	—	—	0.3804
14	2	6	1	4	5	14	13	11	15	12	9	8	16	10	7	—	0.3941
15	3	2	6	1	4	5	14	13	11	15	12	9	8	16	10	7	0.4314

表 4.8　PD 选择性集成模型的测试误差及其子模型

序号	选择的子模型																RMSRE
1	1	15	—	—	—	—	—	—	—	—	—	—	—	—	—	—	0.0778
2	4	1	15	—	—	—	—	—	—	—	—	—	—	—	—	—	0.0858
3	6	4	1	15	—	—	—	—	—	—	—	—	—	—	—	—	0.0912
4	5	3	6	4	1	15	—	—	—	—	—	—	—	—	—	—	0.1317
5	3	6	4	1	15	—	—	—	—	—	—	—	—	—	—	—	0.1366
6	2	5	3	6	4	1	15	—	—	—	—	—	—	—	—	—	0.1715
7	8	13	2	5	3	6	4	1	15	—	—	—	—	—	—	—	0.1747
8	13	2	5	3	6	4	1	15	—	—	—	—	—	—	—	—	0.1759
9	16	8	13	2	5	3	6	4	1	15	—	—	—	—	—	—	0.1984
10	10	16	8	13	2	5	3	6	4	1	15	—	—	—	—	—	0.2198
11	7	10	16	8	13	2	5	3	6	4	1	15	—	—	—	—	0.2428
12	9	7	10	16	8	13	2	5	3	6	4	1	15	—	—	—	0.2676
13	11	9	7	10	16	8	13	2	5	3	6	4	1	15	—	—	0.2879
14	14	11	9	7	10	16	8	13	2	5	3	6	4	1	15	—	0.3223
15	12	14	11	9	7	10	16	8	13	2	5	3	6	4	1	15	0.5113

表 4.9　CVR 选择性集成模型的测试误差及其子模型

序号	选择的子模型																RMSRE
1	15	5	1	—	—	—	—	—	—	—	—	—	—	—	—	—	0.1378
2	5	1	—	—	—	—	—	—	—	—	—	—	—	—	—	—	0.1449
3	6	2	15	5	1	—	—	—	—	—	—	—	—	—	—	—	0.1479
4	2	15	5	1	—	—	—	—	—	—	—	—	—	—	—	—	0.1512
5	4	6	2	15	5	1	—	—	—	—	—	—	—	—	—	—	0.1741
6	8	4	6	2	15	5	1	—	—	—	—	—	—	—	—	—	0.1803
7	3	8	4	6	2	15	5	1	—	—	—	—	—	—	—	—	0.1987
8	10	3	8	4	6	2	15	5	1	—	—	—	—	—	—	—	0.2043
9	7	10	3	8	4	6	2	15	5	1	—	—	—	—	—	—	0.2102
10	16	7	10	3	8	4	6	2	15	5	1	—	—	—	—	—	0.2155
11	9	16	7	10	3	8	4	6	2	15	5	1	—	—	—	—	0.2204
12	12	9	16	7	10	3	8	4	6	2	15	5	1	—	—	—	0.2322
13	13	12	9	16	7	10	3	8	4	6	2	15	5	1	—	—	0.2363
14	11	13	12	9	16	7	10	3	8	4	6	2	15	5	1	—	0.2444
15	14	11	13	12	9	16	7	10	3	8	4	6	2	15	5	1	0.3976

采用不同数量子模型的磨机负荷参数选择性集成模型的测试误差如图 4.20 所示。

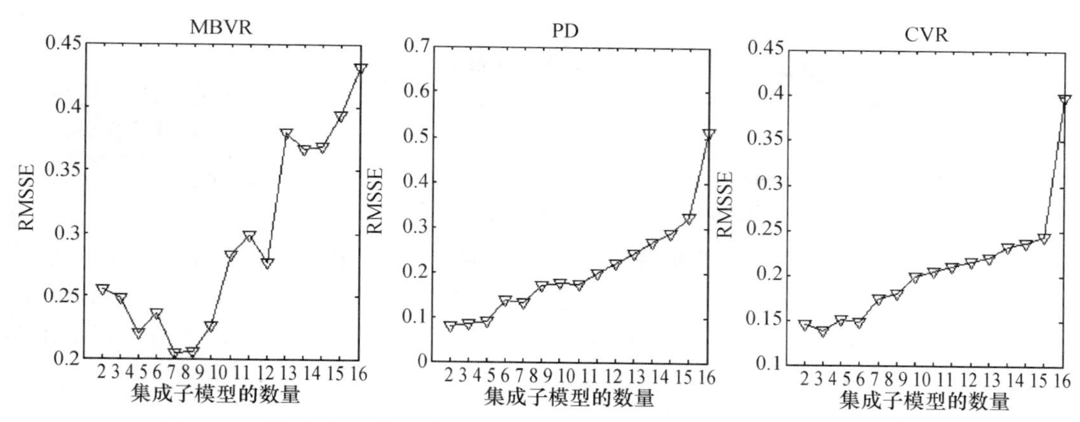

图 4.20　采用不同数量子模型的磨机负荷参数选择性集成模型的测试误差

磨机负荷参数选择性集成模型选择的子模型及其权系数如图 4.21 所示。

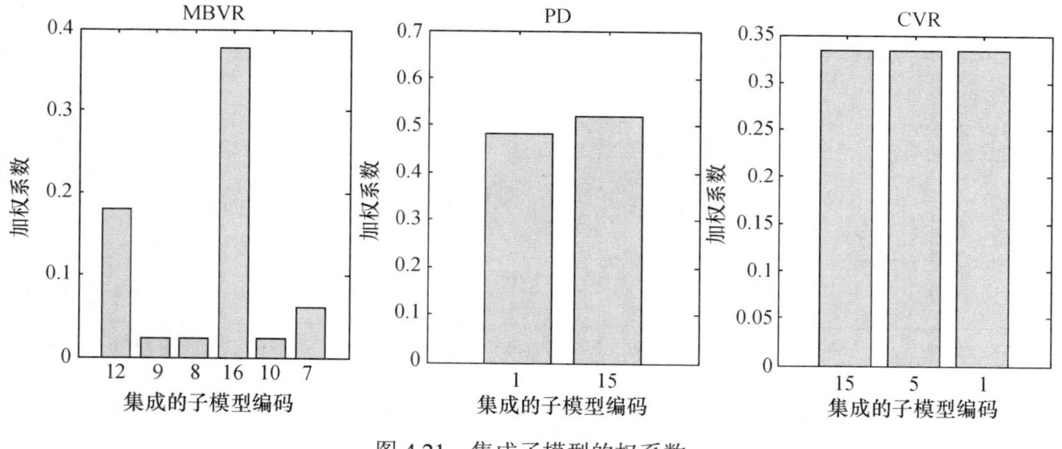

图 4.21　集成子模型的权系数

由表 4.7～表 4.9 和图 4.20～图 4.21 可知，不同磨机负荷参数软测量模型选择的集成子模型的来源、顺序及数量各不同：

(1) MBVR 的选择性集成模型先后选择了 7_ALF、10_AFULL、16_MIASUB、8_AMF、9_AHF 和 12_I 共 6 个子模型，表明 MBVR 的信息主要分布在振声频谱的低频段，但是与振声全谱、振声频谱子频段特征、振声频谱中频段、振声频谱高频段及磨机电流融合可获得最佳建模效果，说明不同频谱特征包含的信息不同，此结论与干式球磨机采用振声可以较为准确地检测料位相符。

(2) PD 的选择性集成模型先后选择了 1_VLF 和 15_MIVSUB 共 2 个子模型，表明 PD 主要和筒体振动频谱相关，融合筒体振动频谱的低频段 VLF 与筒体振动频谱的子频段特征 MIVSUB 模型即可达到最小建模误差 0.0778，PD 与振声及磨机电流的相关性不大，此结论与文献[204]在 SAG 磨机上的研究相符。

(3) CVR 的选择性集成模型选择了 1_VLF、5_VFULL 和 15_MIVSUB 共 3 个子模型，

表明 CVR 也主要和筒体振动频谱相关，此结论与文献[263]在 SAG 磨机上的研究不相符的原因有两个：一是在实验磨机较小，对磨机电流的灵敏度难以与工业磨机相比；二是本次实验为湿式球磨机，与 SAG 磨机的研磨工况差异较大。

总之，筒体振动、振声及磨机电流信号中包含的磨机负荷参数信息是冗余和互补的，进行选择性地信息融合可以得到性能最佳的软测量模型。

本书中，采用“sub_KPLS”和“sub_PLS”表示最佳 KPLS 和 PLS 子模型；“EKPLS”和“EPLS”表示集成全部子模型的 KPLS 和 PLS 集成模型；“SEKPLS”和“SEPLS”表示采用本书方法建立的选择性集成部分子模型的 KPLS 和 PLS 选择性集成模型。SEKPLS、sub_KPLS 及 EKPLS 模型对应的子模型和加权系数，测试误差 RMSRE 及测试结果曲线如表 4.10 和图 4.22～图 4.24 所示。表 4.10 中的“子模型及权系数”表示建立该软测量模型的子模型及对应的加权系数；EKPLS/EPLS 模型的权系数省略未写。

表 4.10　不同建模方法的磨机负荷参数软测量模型的测试误差比较

建模方法	子模型与测试误差						RMSRE (均值)
	MBVR		PD		CVR		
	子模型及权系数	RMSRE	子模型及权系数	RMSRE	子模型及权系数	RMSRE	
EPLS	{1:16} {…}	0.3530	{1:16} {…}	0.3771	{1:16} {…}	0.3537	0.3612
sub-PLS	{7}	0.2660	{1}	0.2455	{15}	0.2123	0.2413
SEPLS	{10，7} {0.4588，0.5412}	0.2567	{2，1} {0.5734，.4265}	0.1760	{1，5，15} { 0.2927，0.3760，0.3313}	0.1940	0.2089
EKPLS	{1:16} {…}	0.4314	{1:16} {…}	0.5113	{1:16} {…}	0.2502	0.3976
sub-KPLS	{7}	0.2659	{15}	0.07998	{1}	0.1424	0.1628
SEKPLS	{12，9，8，16，10，7} {0.1797，0.0220，0.0221，0.3775，0.0217，0.0597}	0.2049	{1，15} {0.4816，0.5183}	0.07781	{15，5，1} {0.3337，0.3331，0.3332}	0.1377	0.1401

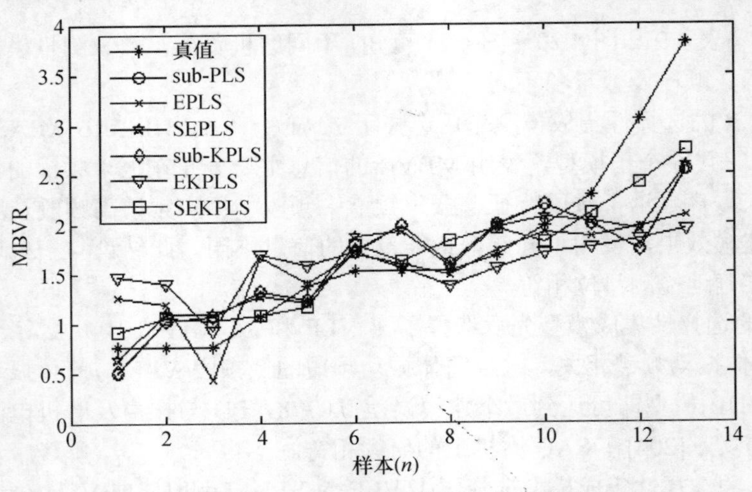

图 4.22　MBVR 软测量模型的测试结果

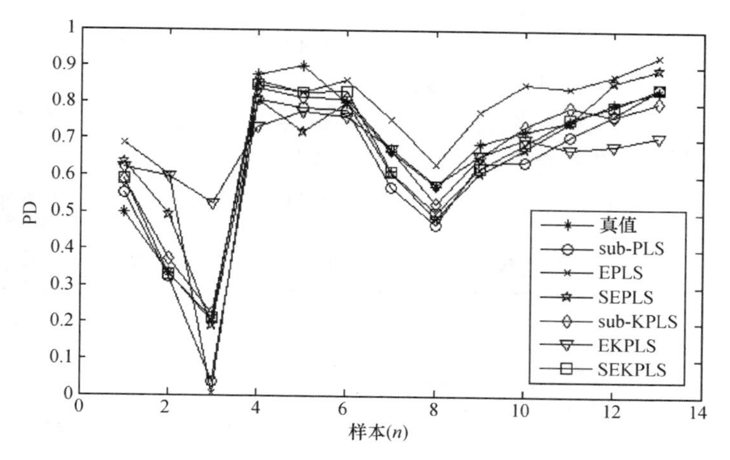

图 4.23　PD 软测量模型的测试结果

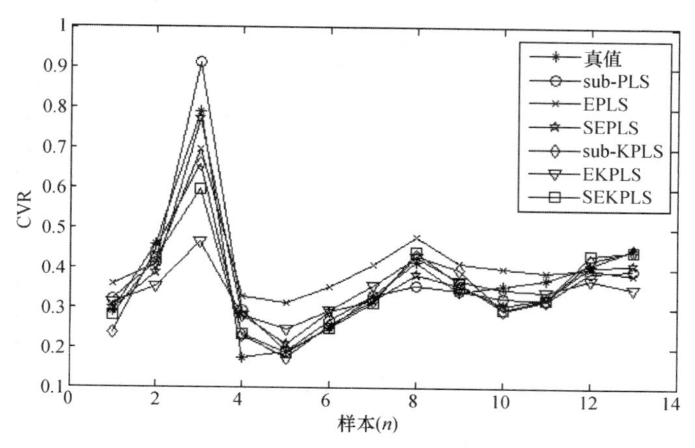

图 4.24　软测量模型的测试结果

由表 4.10 和图 4.22～图 4.24 可知：

(1) 基于 SEKPLS 方法的磨机负荷参数子模型的平均测试误差 RMSRE 为 0.1401，高于基于 SEPLS 方法的 0.2089，说明磨机电流、振动和振声频谱与磨机负荷参数间的非线性映射关系的存在，验证了前文的定性机理分析。

(2) 不同的磨机负荷参数模型选择集成的特征子集及其数量也各不相同：如 MBVR 的 SEKPLS 模型选择的特征子集为{12，9，8，16，10，7}，但是采用 SEPLS 模型则选择了特征子集{10，7}，说明了磨机的振声频谱及磨机电流与 MBVR 间的非线性映射关系的存在；PD 的 SEKPLS 模型选择了特征子集{1，15}，SEPLS 模型选择了特征子集{2，1}，说明 PD 主要与筒体振动频谱相关，这与现有文献和前文分析相符；CVR 的 SEKPLS 模型选择特征子集{15，5，1}，SEPLS 模型同样选择{1，5，15}，但测试误差从 0.2089 提高到了 0.1401，表明筒体振动频谱与 CVR 间的非线性映射关系。

(3) 集成全部特征子集的 EKPLS 和 EPLS 模型的精度最差，说明简单的融合全部传感器信息并不能获得最佳的建模性能。

(4) 基于 SEKPLS 的 PD 模型具有最佳的测试误差 0.07781，其次为 CVR，最差为 MBVR，该结果表明 PD 与筒体振动信号间具有较高的灵敏度。

注释：本书结论是基于有限样本的实验球磨机筒体振动和振声数据获得的，在下一阶段研究中将通过更多实验进行充分验证。

根据第 2 章的磨机负荷转换公式，依据磨机容积、介质空隙率及物料、钢球和水的密度，可计算得到球磨机中的钢球、物料和水负荷的值。

不同建模方法的统计结果和测试曲线如表 4.11 和图 4.25～图 4.27 所示。

表 4.11　不同建模方法的磨机负荷测试误差比较(RMSRE)

方法 \ 参数	L_b	L_m	L_w	均值
EPLS	0.5302	0.6952	0.6863	0.6372
sub-PLS	0.3873	0.3348	0.5587	0.4269
SEPLS	0.3145	0.2519	0.6524	0.4063
EKPLS	0.1495	0.4287	0.9267	0.2368
sub-KPLS	0.2124	0.1678	0.3301	0.5016
SEKPLS	0.2227	0.1660	0.2573	0.2153

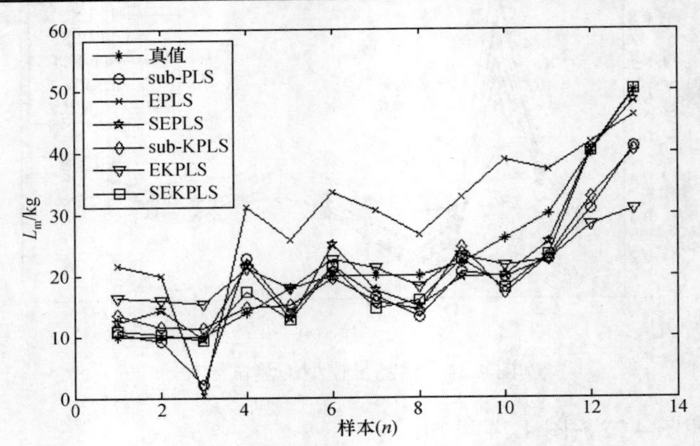

图 4.25　物料负荷的测试结果

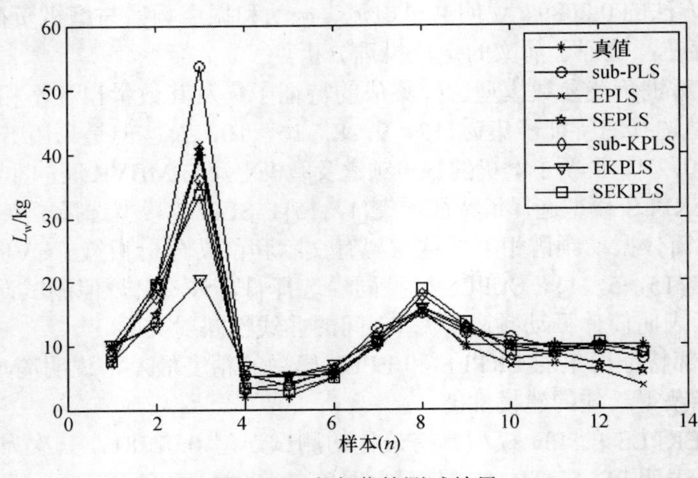

图 4.26　水负荷的测试结果

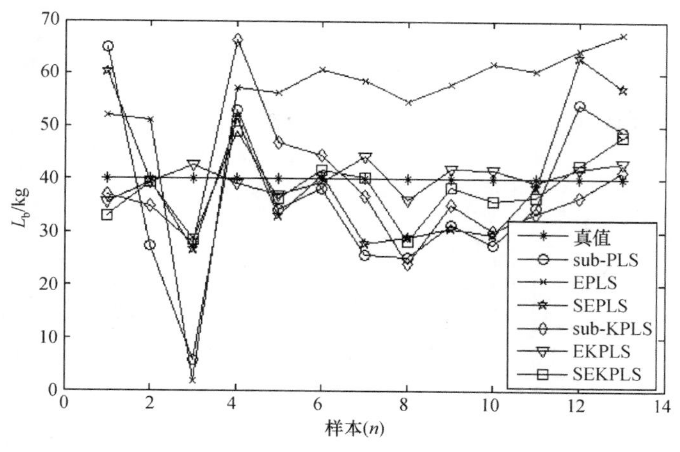

图 4.27　钢球负荷的测试结果

由表 4.11 和图 4.25～图 4.27 可知，SEKPLS 模型的物料负荷的 RMSRE 为 0.1660，高于钢球负荷的 0.2227 和水负荷的 0.2573；这是由于本次实验中，钢球负荷保持 40kg 恒定，而物料和水负荷递增或递减。由图 4.27 可知，钢球负荷的波动范围较大。因此，需要进一步地进行钢球负荷小范围波动的实验，进行模型的进一步验证。

研究表明不同类型的实验磨机、不同的研磨工况以及工业磨机在筒体振动及振声频谱存在差异。上述分析是基于 XMQL420×450 球磨机的实验结果。

4.6　基于经验模态分解(EMD)和选择性集成学习的旋转机械设备负荷参数软测量

4.6.1　基于 EMD 和选择性集成学习的建模策略

对磨机筒体振动和振声信号进行有效分解并提取和选择这些信号主要组成成分特征，是深入理解和建立寓意明确的磨机参数软测量模型的关键。基于之前的研究成果，本书提出了由信号分解、频谱特征选择、频谱特征子模型、选择性集成学习模块 4 部分组成的软测量策略，其中：信号分解模块采用 EMD 算法将预处理后的筒体振动和振声信号自适应分解为若干个 IMF；频谱特征选择模块将时域 IMF 信号变换为频谱，并采用 MI 方法选择频谱特征；频谱特征子模型模块建立基于 IMF 频谱特征的 KPLS 磨机负荷参数子模型；选择性集成学习模块采用 BB 和子模型加权算法优化选择并加权 KPLS 子模型，获得最终磨机负荷参数选择性集成模型。结构如图 4.28 所示。

图 4.28 中，$\boldsymbol{x}_{\mathrm{V}}^{\mathrm{t}}$、$\boldsymbol{x}_{\mathrm{A}}^{\mathrm{t}}$ 和 $\boldsymbol{x}_{\mathrm{I}}^{\mathrm{t}}$ 分别表示时域筒体振动、振声和磨机电流信号；$\boldsymbol{x}_{\mathrm{VIMF1}}^{\mathrm{t}}$ 和 $\boldsymbol{x}_{\mathrm{VIMFJ_v}}^{\mathrm{t}}$ 表示第 1 个和第 J_{v} 个筒体振动 IMF 信号；$\boldsymbol{x}_{\mathrm{AIMF1}}^{\mathrm{t}}$ 和 $\boldsymbol{x}_{\mathrm{AIMFJ_A}}^{\mathrm{t}}$ 表示第 1 个和第 J_{A} 个振声 IMF 信号；$\boldsymbol{z}_{ji}$ 表示为第 i 个磨机负荷参数选择的第 j 个特征子集；$\hat{y}_{ji}$ 表示第 i 个磨机负荷参数的第 j 个子模型的输出；$\hat{y}_i$ 表示第 i 个磨机负荷参数选择性集成模型的输出；$i=1,2,3$ 时分别表示 MVBR、PD 和 CVR；$j=1,2,\cdots,J_{\mathrm{sel}i}$ 表示频谱特征子集的编号；$J_{\mathrm{sel}i}$ 表示针对第 i 个磨机负荷参数选择的频谱特征子集的数量。

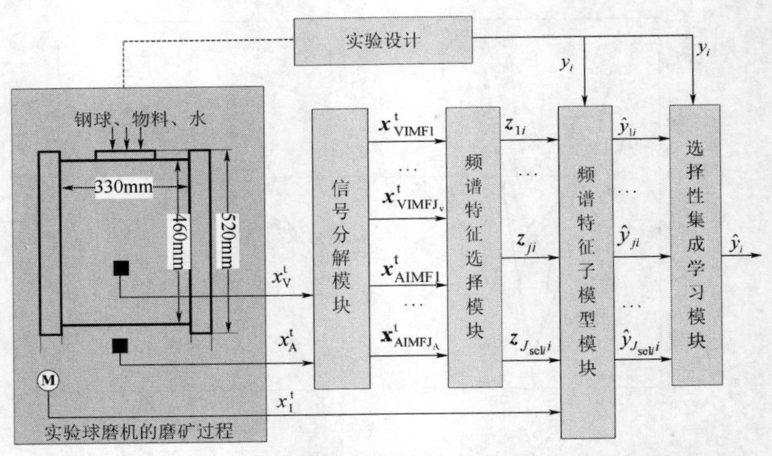

图 4.28 基于 EMD 和选择性集成学习算法的磨机负荷参数软测量策略

4.6.2 基于 EMD 和选择性集成学习的建模算法

1. 基于经验模态分解(EMD)的筒体振动及振声信号分解

筒体振动和振声信号是由周期性作用于磨机筒体的不同振幅和频率的冲击力形成的振动相互叠加产生，并耦合其它与磨机负荷无关的信号，构成复杂并且难以解释。研究表明，这种具有强非线性、非平稳性和多组分等特性的信号适合于采用 EMD 技术进行自适应分解和分析。

采用 EMD 算法自适应分解筒体振动和振声信号为不同尺度 IMF 信号的步骤如表 4.12 所示(以筒体振动为例)。

表 4.12 筒体振动信号自适应分解算法

输入：磨机旋转若干周的筒体振动信号
输出：不同时间尺度的 IMF 信号
步骤： (1) 寻找筒体旋转若干周振动信号 $\boldsymbol{x}_{\mathrm{V}}^{\mathrm{t}}$ 极值点。 (2) 连接筒体振动信号最大点和最小点获得上下包络线。 (3) 计算上下包络线均值 m_{V1}，将原始信号 $\boldsymbol{x}_{\mathrm{V}}^{\mathrm{t}}(t)$ 与 m_{V1} 的差值作为第 1 成分，记为 h_{V1}： $$h_{\mathrm{V1}}=\boldsymbol{x}_{\mathrm{V}}^{\mathrm{t}}(t)-m_{\mathrm{V1}} \tag{4.74}$$ (4) 检查 h_{V1} 是否满足 IMF 准则，即：极值点和过零点的个数必须相等或最多相差 1 个；在任何点上，局部最大包络和局部最小包络的均值是 0。如果 h_{V1} 是 IMF，则 h_{V1} 是 $\boldsymbol{x}_{\mathrm{V}}^{\mathrm{t}}(t)$ 的第 1 个成分。 (5) 如果不是 IMF，重复步骤(1)到步骤(3)，此时，h_{V1} 作为原始信号： $$h_{\mathrm{V11}}=h_{\mathrm{V1}}-m_{\mathrm{V11}} \tag{4.75}$$ 其中，m_{V11} 是 h_{V1} 上下包络的均值。这个过程重复 k_{V} 次直到 $h_{\mathrm{V1}k_{\mathrm{V}}}$ 满足 IMF 准则： $$h_{\mathrm{V1}k}=h_{\mathrm{V1}(k_{\mathrm{V}}-1)}-m_{\mathrm{V1}k_{\mathrm{V}}} \tag{4.76}$$ 每次都要检查 $h_{\mathrm{V1}k_{\mathrm{V}}}$ 的过 0 次数是否与极值点个数相等；最后得到的成分即第 1 个 IMF，并记为：

(续)

<table>
<tr><td>

$$x^{t}_{VIMF1_V} = h_{V1k_V} \tag{4.77}$$

其中，$x^{t}_{VIMF1_V}$ 包含筒体振动信号的最小时间尺度。

(6) 从原始信号 $x^{t}_{V}(t)$ 中剥离 $x^{t}_{VIMF1_V}$ 得到：

$$r^{t}_{V1} = x^{t}_{V} - x^{t}_{VIMF1_V} \tag{4.78}$$

(7) 判断是否满足 EMD 分解终止条件：若不满足，令 $x^{t}_{V} = r^{t}_{V1}$，并转至步骤(1)；若满足，则分解结束。
</td></tr>
</table>

按上述步骤，筒体振动和振声信号可以分解为若干个 IMFs 和 1 个残差之和。分解得到的 IMF 信号按照频率从高到低的顺序进行排列。

EMD 分解得到的各 IMF 信号与原始筒体振动和振声信号的关系可用如下公式表示：

$$x^{t}_{V} = \sum_{j_V=1}^{J_V} x^{t}_{VIMFj_V} + r_{J_V} \tag{4.79}$$

$$x^{t}_{A} = \sum_{j_A=1}^{J_A} x^{t}_{AIMFj_A} + r_{J_A} \tag{4.80}$$

其中，r_{J_V} 和 r_{J_A} 分别表示筒体振动和振声信号分解后的残差。

2. 基于 MI 的 IMF 频谱特征选择

筒体振动和振声信号分解得到的 IMF 时域信号中蕴含着与磨机负荷参数直接相关的信息，但仍然难以提取有益信息，并且建模需要关注的是磨机筒体上任意点旋转整数周期内蕴含的信息；频谱与磨机负荷参数虽然直接相关，但不同频谱与不同磨机负荷参数的映射关系差异性很大，需要一种能够对 IMF 频谱特征进行分析和选择的方法。

研究表明，MI 能有效地描述输入和输出数据间的映射关系。

基于 MI 选择 IMF 特征的算法步骤如表 4.13 所示(以筒体振动信号为例)。

表 4.13　基于 MI 的筒体振动 IMF 频谱选择算法

<table>
<tr><td>输入：筒体振动 IMF 信号，MI 阈值</td></tr>
<tr><td>输出：筒体振动 IMF 频谱特征</td></tr>
<tr><td>

步骤：

(1) 采用 Welch's 方法计算 IMF 频谱，并将振动信号的第 j 个 IMF 频谱表示为 $x^{f}_{VIMFj_V}$。

(2) 计算频谱 $x^{f}_{VIMFj_V}$ 的第 $p_{j_V m_V}$ 个变量与第 i 个磨机负荷参数间的 MI 值：

$$MI_i((x^{f}_{VIMFj_V})_{p_{j_V m_V}}; y_i) = \int_{(x^{f}_{VIMFj_V})_{p_{j_V m_V}}} \int_{y_i} \sum\sum p((x^{f}_{VIMFj_V})_{p_{j_V m_V}}, y_i) \log \frac{p((x^{f}_{VIMFj_V})_{p_{j_V m_V}}, y_i)}{p((x^{f}_{VIMFj_V})_{p_{j_V m_V}}) p(y_i)} d((x^{f}_{VIMFj_V})_{p_{j_V m_V}}) dy_i \tag{4.81}$$

其中，$p((x^{f}_{VIMFj_V})_{p_{j_V m_V}})$ 和 $p(y_i)$ 是 $(x^{f}_{VIMFj_V})_{p_{j_V m_V}}$ 和 y_i 的边缘概率密度；$p((x^{f}_{VIMFj_V})_{p_{j_V m_V}}, y_i)$ 是联合概率密度；$MI_i((x^{f}_{VIMFj_V})_{p_{j_V m_V}}; y_i)$ 采用密度估计方法(Parzen 窗法)近似计算[341]。

(3) 依据经验设定 MI 阈值 θ_{MIi}。

(4) 若 $MI_i((x^{f}_{VIMFj_V})_{p_{j_V m_V}}; y_i) \geqslant \theta_{MIi}$，保留该谱变量；否则，丢弃该特征。

(5) 重复步骤(2)和步骤(4)，直到选择完全部频谱变量，记为 $x^{f}_{VIMFj_{sel\_V}i}$，并简写为 z_{Vji}。
</td></tr>
</table>

采用上述算法为第 i 个磨机负荷参数选择的筒体振动和振声的 IMF 频谱特征的集合 z_i 采用下式表示：

$$z_i = \{z_{V1i}, \cdots, z_{Vji}, , \cdots, z_{VJ_{sel\_V}i}, z_{A1i}, \cdots, z_{Aji}, , \cdots, z_{AJ_{sel\_A}i}\}$$
$$= \{x^f_{VIMF1_{sel\_V}i}, \ldots, x^f_{VIMFj_{sel\_V}i}, \ldots, x^f_{VIMFJ_{sel\_V}i}, x^f_{AIMF1_{sel\_A}i}, \ldots, x^f_{AIMFj_{sel\_A}i}, \ldots, x^f_{AIMFJ_{sel\_A}i}\} \tag{4.82}$$

其中，$x^f_{VIMFj_{sel\_V}i}$ 和 $x^f_{AIMFj_{sel\_A}i}$ 是为第 i 个磨机负荷参数选择的筒体振动和振声 IMF 频谱特征变量。

由式(4.82)可知，为第 i 个磨机负荷参数选择得到的频谱特征子集为 $(J_{sel\_V}i + J_{sel\_A}i)$ 个。此处记 $J_{sel}i = J_{sel\_V}i + J_{sel\_A}i$，并将频谱特征子集重新编号，采用下式表示：

$$z_i = \{z_{1i}, \cdots, z_{ji}, \cdots, z_{J_{sel}i}\} \tag{4.83}$$

其中，z_{ji} 表示为第 i 个磨机负荷参数选择的第 j 个频谱特征子集。

3. 基于 KPLS 频谱特征子模型

采用基于 MI 的 IMF 频谱特征选择时并没有考虑频谱变量间的相关性，但与能够消除输入变量间的相关性并提取与输入输出数据均相关的潜变量建模的 KPLS 算法结合后克服了这一缺点。

以频谱特征子集 z_{ji} 为例，假设训练样本数量是 k，z_{ji} 包含的频谱变量个数为 p_j，基于 KPLS 频谱特征子模型算法步骤如表 4.14 所示。

表 4.14 基于 KPLS 的 z_{ji} 频谱特征子模型建模算法

输入：筒体振动 IMF 的频谱特征
输出：筒体振动 IMF 频谱特征子模型
步骤： (1) 将 $\{(z_{ji})_l\}_{l=1}^k$ 映射到高维特征空间，获得建模样本的核矩阵： $$K_{ji} = \Phi((z_{ji})_l)^T \Phi((z_{ji})_m), \quad l, m = 1, 2, \cdots, k \tag{4.84}$$ (2) 对核矩阵 K_{ji} 进行中心化处理： $$\tilde{K}_{ji} = \left(I - \frac{1}{k}1_k 1_k^T\right) K_{ji} \left(I - \frac{1}{k}1_k 1_k^T\right) \tag{4.85}$$ (3) 基于NIPALS算法，运用留一交叉验证方法建立频谱特征子模型；计算交叉验证模型对训练样本 $\{(z_{ji})_l\}_{l=1}^k$ 的输出： $$\hat{Y}_{ji} = \tilde{K}_{ji} U_{ji} (T_{ji}{}^T \tilde{K}_{ji} U_{ji})^{-1} T_{ji}{}^T Y_i \tag{4.86}$$ 其中，T_{ji} 和 U_{ji} 是建模样本的得分矩阵。 (4) 计算测试样本 $\{(z_{t,ji})_l\}_{l=1}^{k_t}$ 的核矩阵： $$K_{t,ji} = \Phi((z_{t,ji})_l \Phi((z_{ji})_m) \tag{4.87}$$ (5) 对测试样本核矩阵进行中心化处理： $$\tilde{K}_{t,ji} = \left(K_{t,ji} I - \frac{1}{k}1_{k_t} 1_k^T K_{ji}\right)\left(I - \frac{1}{k}1_k 1_k^T\right) \tag{4.88}$$ (6) 计算测试样本的输出： $$\hat{Y}_{t,ji} = \tilde{K}_{t,ji} U_{ji} (T_{ji}{}^T \tilde{K}_{ji} U_{ji})^{-1} T_{ji}{}^T Y_i \tag{4.89}$$ 其中，Y_i 是建模样本第 i 个磨机负荷参数的输出矩阵。

采用上述算法，针对第 i 个磨机负荷参数共建立 $J_{sel}i$ 个频谱特征子模型，训练样本输出记为：

$$\hat{\boldsymbol{Y}}_i = \{\hat{\boldsymbol{Y}}_{1i}, \cdots, \hat{\boldsymbol{Y}}_{ji}, \cdots, \hat{\boldsymbol{Y}}_{J_{\mathrm{sel}i}i}\} \tag{4.90}$$

其中，$\hat{\boldsymbol{Y}}_{ji}$ 为 $\boldsymbol{z}_{ji}$ 频谱特征子集的输出。

4．选择性集成学习模块

筒体振动和振声信号的 IMF 分量具有不同时间尺度和难以描述的物理意义。基于 IMF 频谱特征子模型映射了这些 IMF 分量与磨机负荷参数间的函数关系。基于选择性集成学习算法的磨机负荷参数软测量模型就是如何选择最佳子模型及它们之间的最佳组合方式得到最佳映射关系描述。在某种意义下，可以将该过程看作是最优特征选择过程。

基于文献[384]的研究成果，此处采用首先确定加权系数(不限定加权系数的确定方法)，再采用 BB 优化算法选择子模型及子模型加权系数的选择集成建模方法，算法步骤如表 4.15 所示。

表 4.15　基于频谱特征子集的选择性集成算法

输入：基于频谱特征子集的候选子模型

输出：最优选择性集成模型

步骤：

(1) 按如下准则排序候选子模型的预测精度：

$$J_{\mathrm{rmsre\_sub}}i = \theta_{\mathrm{th}} - \sqrt{\frac{1}{k}\sum_{l=1}^{k}\left(\frac{y_{ji}^l - \hat{y}_{ji}^l}{y_{ji}^l}\right)^2} \tag{4.91}$$

其中，k 为样本个数；y_i^l 为第 i 个磨机负荷参数的第 l 个样本的真值；$\hat{y}_{ji}^l$ 为基于 $\boldsymbol{z}_{ji}$ 建立的磨机负荷参数子模型对第 l 个样本的估计值；θ_{th} 为依据经验设定的阈值。

(2) 设定第 i 个磨机负荷参数集成子模型的数量 $J_{\mathrm{selopt}}i = 2$ 。

(3) 基于子模型排序，结合 BB 优化算法和子模型加权系数计算方法，按如下准则选择最优的集成子模型：

$$\max J_{\mathrm{rmsre\_ens}}i = \theta_{\mathrm{th}} - \sqrt{\frac{1}{k}\sum_{l=1}^{k}\left(\frac{y_i^l - \sum\limits_{j_{\mathrm{sel}}=1}^{J_{\mathrm{selopt}}i} w_{j_{\mathrm{sel}}i}\hat{y}_{j_{\mathrm{sel}}i}^l}{y_i^l}\right)^2} \tag{4.92}$$

其中，$J_{\mathrm{rmsre\_ens}}i$ 为选择性集成模型的子模型数量为 $J_{\mathrm{selopt}}i$ 时的预测精度；$w_{j_{\mathrm{sel}}i}$ 为子模型加权系数。

若采用自适应加权融合(AWF)[384]、基于误差信息熵的加权[115]等方法计算加权系数，对 $w_{j_{\mathrm{sel}}i}$ 的约束条件为：

$$\sum_{j_{\mathrm{sel}}=1}^{J_{\mathrm{selopt}}i} w_{j_{\mathrm{sel}}i} = 1, \qquad 0 \leqslant w_{j_{\mathrm{sel}}i} \leqslant 1 \tag{4.93}$$

若采用各种线性、非线性回归方法计算权系数，$w_{j_{\mathrm{sel}}i}$ 用下式表示：

$$w_{j_{\mathrm{sel}}i} = f_w\left(\hat{y}_{j_{\mathrm{sel}}i}\right) = f_w\left(f_{j_{\mathrm{sel}}i}\left(\boldsymbol{z}_{j_{\mathrm{sel}}i}\right)\right) \tag{4.94}$$

其中，$f_w(\cdot)$ 表示选择的频谱特征子模型输出矩阵 $\hat{\boldsymbol{Y}}_{\mathrm{sel}\_i}$ 与真值 $\boldsymbol{Y}_i$ 间的映射关系；$f_{j_{\mathrm{sel}}i}(\cdot)$ 表示频谱特征子集 $\boldsymbol{z}_{j_{\mathrm{sel}}i}$ 与磨机负荷参数 $\boldsymbol{Y}_i$ 间的映射关系。

(4) 令 $J_{\mathrm{selopt}}i = J_{\mathrm{selopt}}i + 1$ 。

(5) 若 $J_{\mathrm{selopt}}i = J_{\mathrm{sel}i}i - 1$ ，转至步骤(6)；否则转至步骤(3)。

(6) 从大到小排序 $(J_{\mathrm{sel}}i - 2)$ 个选择性集成模型，确定 max($J_{\mathrm{rmsre\_ens}}$)的选择集成模型为最终磨机负荷参数模型。

采用上述算法，针对第 i 个磨机负荷参数建立的选择性集成模型记为：

$$y_i = \sum_{j_{\text{sel}}=1}^{J_{\text{selopt}}i} w_{j_{\text{sel}}i} \hat{y}_{j_{\text{sel}}i} = \sum_{j_{\text{sel}}=1}^{J_{\text{selopt}}i} w_{j_{\text{sel}}i} f_{j_{\text{sel}}i}(z_{j_{\text{sel}}i}) \tag{4.95}$$

其中，$J_{\text{selopt}}i$、$z_{j_{\text{sel}}i}$ 和 $f_{j_{\text{sel}}i}(z_{j_{\text{sel}}i})$ 分别是第 i 个磨机负荷参数的软测量模型的子模型数量、频谱特征子集和子模型表达式。

4.6.3 实验研究

1. 多尺度频谱分解结果

考虑到数据量较大，取磨机旋转 4 周期长度的筒体振动和振声信号采用 EMD 方法自适应分解，然后再对每个 IMF 信号采用与第 3 章相同的参数变换到频域，获得具有不同时间尺度的频谱。

1) 不同研磨工况下的分解结果

在图 4-29 中(a)空转(零负荷)、(b)空砸(球负荷)、(c)水磨(球负荷、水负荷)、(d)干磨(球负荷、物料负荷)和(e)湿磨(球负荷、物料负荷、水负荷)共 5 种条件的筒体振动信号进行自适应分解，其分解得到的不同 IMFs 及其频谱如图 4.29 所示(此处只给出了 2 个周期)，其中球、物料和水负荷分别为 40kg、30kg 和 10kg。

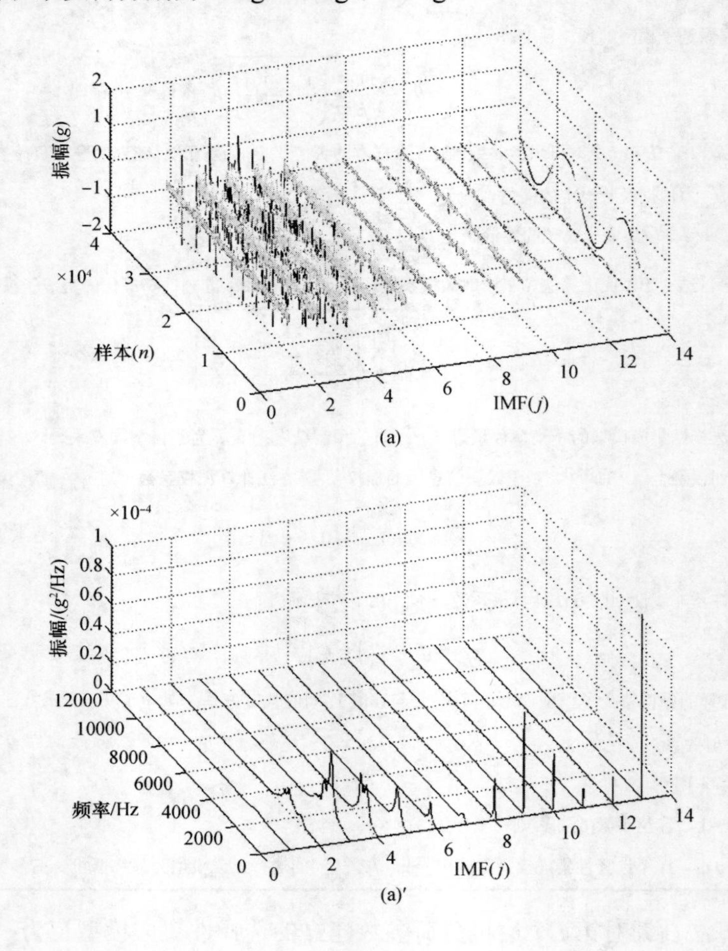

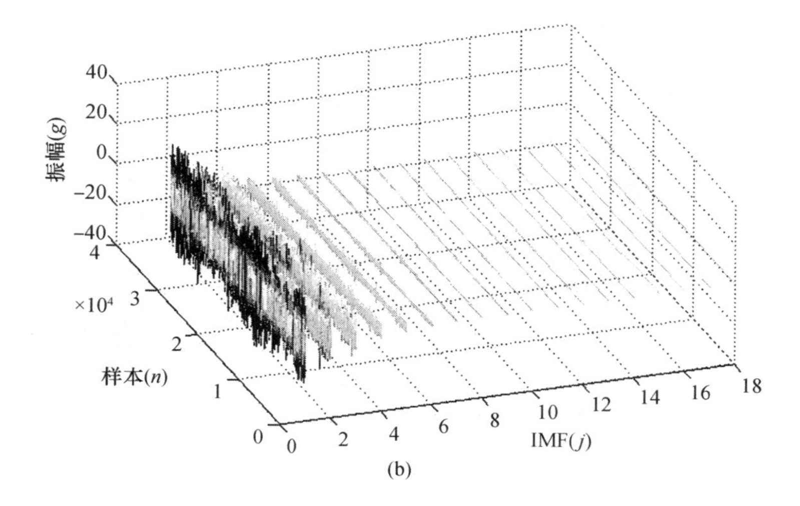

振幅(g)
40
20
0
−20
−40
4
×10⁴
3
2
样本(n)
1
0
0
2
4
6
8
10
12
14
16
18
IMF(j)

(b)

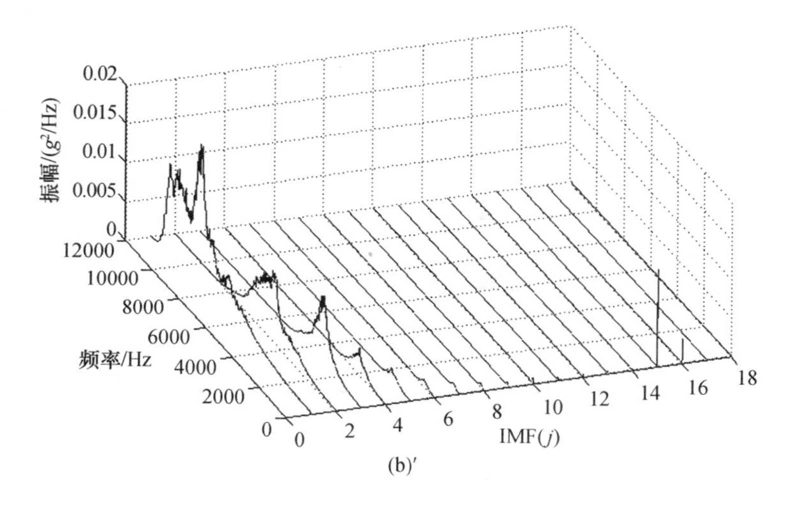

振幅/(g²/Hz)
0.02
0.015
0.01
0.005
0
12000
10000
8000
6000
频率/Hz
4000
2000
0
0
2
4
6
8
10
12
14
16
18
IMF(j)

(b)′

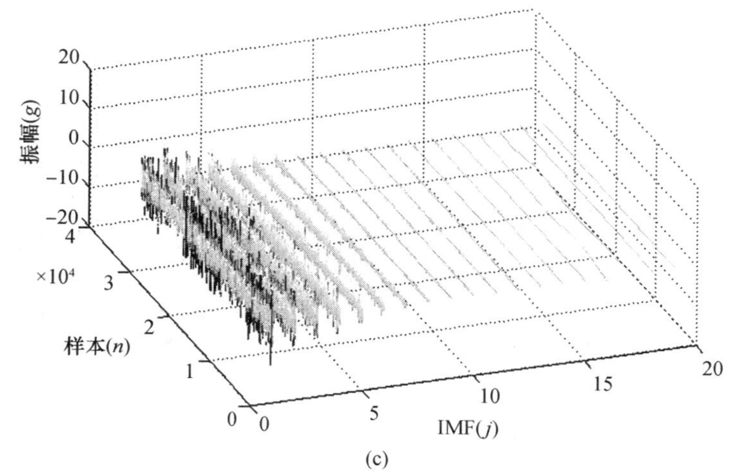

振幅(g)
20
10
0
−10
−20
4
×10⁴
3
2
样本(n)
1
0
0
5
10
15
20
IMF(j)

(c)

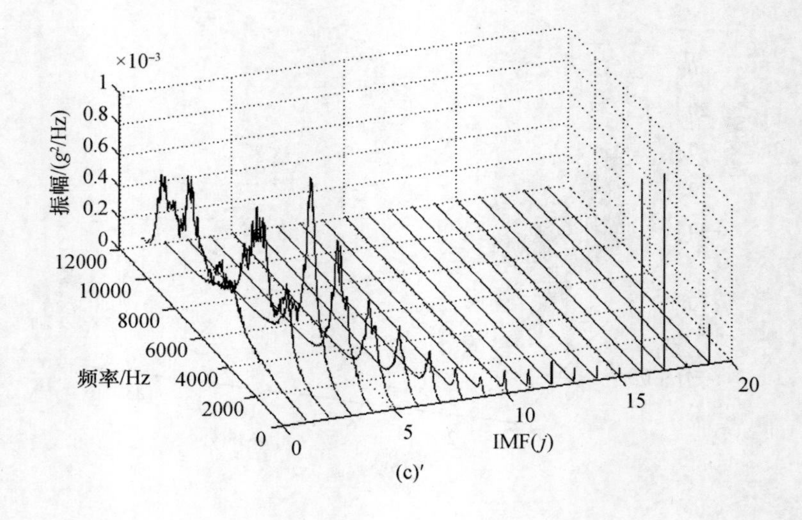

(c)′

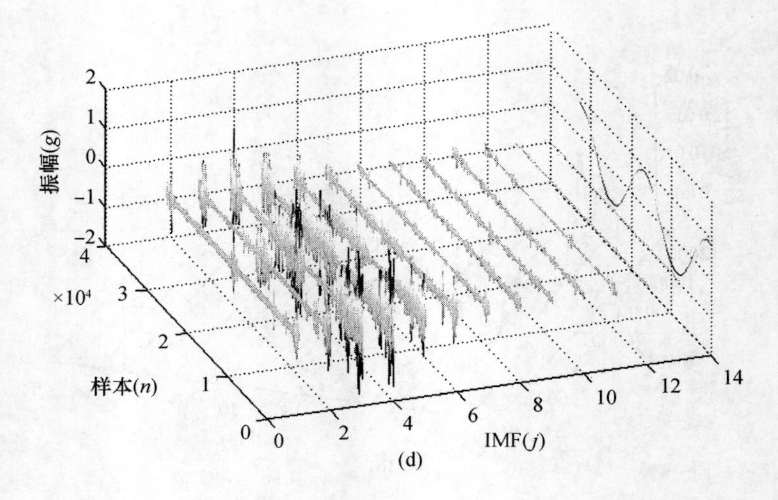

(d)

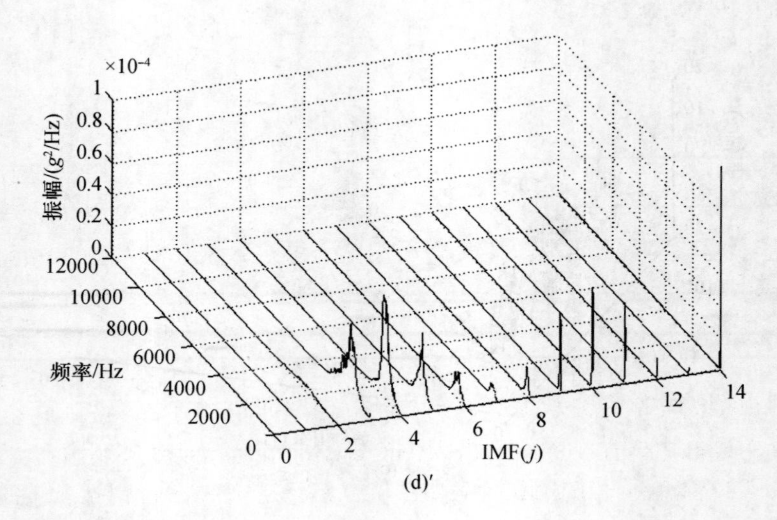

(d)′

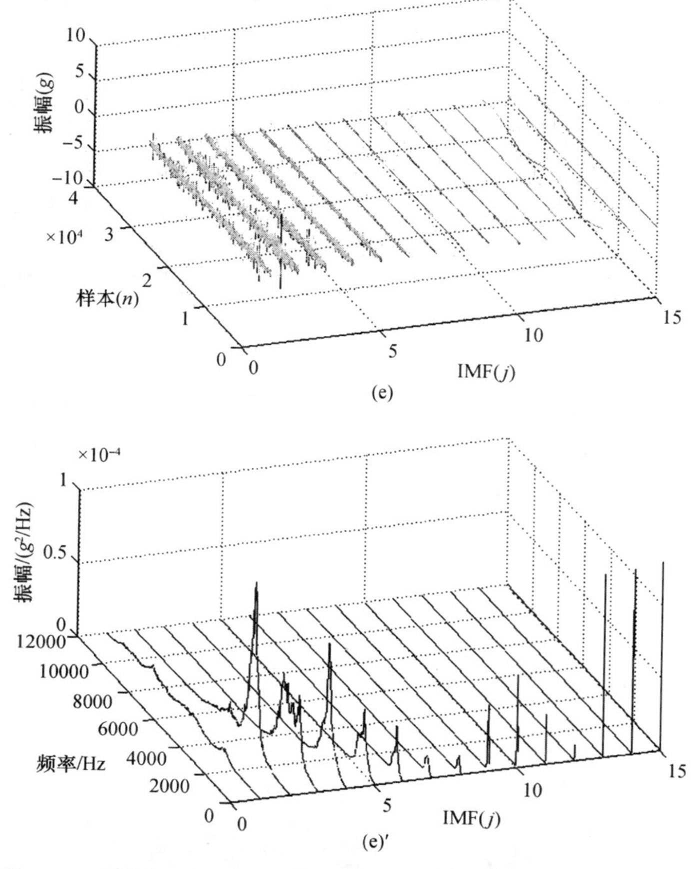

图 4.29　不同研磨条件下的筒体振动信号 IMFs 的时域和频域曲线

(a) 空转(零负荷)时筒体振动信号 IMFs 的时域曲线；(a)′ 空转(零负荷)时筒体振动信号 IMFs 的频域曲线；

(b) 空砸(球负荷)时筒体振动信号 IMFs 的时域曲线；(b)′ 空砸(球负荷)时筒体振动信号 IMFs 的频域曲线；

(c) 水磨(球和水负荷)时筒体振动信号 IMFs 的时域曲线；(c)′ 水磨(球和水负荷)时筒体振动信号 IMFs 的频域曲线；

(d) 干磨(球和料负荷)时筒体振动信号 IMFs 的时域曲线；(d)′ 干磨(球和料负荷)时筒体振动信号 IMFs 的频域曲线；

(e) 湿磨(球、料和水负荷)时筒体振动信号 IMFs 的时域曲线；(e)′ 湿磨(球、料和水负荷)时筒体振动信号 IMFs 的频域曲线。

图 4.29 表明不同研磨条件下的筒体振动信号可以分解为具有不同时间尺度的 IMFs，并且按频率由高到低依次排列。磨机旋转引起的振动是实验球磨机筒体振动的主要来源之一。在空转(零负荷)情况下，第 13 个 IMF 是一个高振幅的 2 周期正弦信号，其频率与磨机旋转频率相同。显而易见，第 13 个 IMF 是由于磨机自身旋转引起的。而且，第 13 个 IMF 频谱的幅值是第 3 个 IMF 的 122 倍，而此时磨机内没有任何负荷，据此可以推测该磨机筒体自身可能存在质量不平衡或安装偏心。

为了较清晰地在图 4.29 中展示全部 IMF 频谱，除了图 4.29(b)和(b)′外，其它图中“z 轴”的最高值被限制在 0.0001。由空砸(球负荷)工况下的图 4.29(b)和(b)′可知，钢球负荷冲击磨机筒体引起的巨大振动导致磨机筒体旋转周期信号相对难以分辨。由此可见，磨机筒体振动主要是由钢球冲击引起的。在图 4.29 所示的五种不同工况下，时域 IMFs 信号的最大的幅值分别是 2、40、20、2 和 10。在空砸工况下，对钢球负荷的冲击没有任何缓冲介质，筒体振动幅值最大，并且主要是高频子信号的幅值最大；在其它工况下，振幅最大的均为磨机旋转周期信号。水磨、干磨和湿磨对钢球负荷缓冲机理的不同，导致这三种不同研磨工况下筒体振动 IMFs 子信号时域和频域形状的差异。干磨和湿磨的 IMFs 频域波形的差异也间接表明了两者在研磨机理上的差异。

综上可知，不同 IMFs 均是由不同振源引起的，应具有相应的物理意义，只是由于磨机研磨机理的不清晰导致目前难以给出合理解释。显然，这些不同的 IMFs 蕴含的磨机负荷参数信息是不同的。从选择性信息融合的角度，选择部分贡献较大的 IMFs 构建软测量模型是很有必要的。

2) 空砸(球负荷)时多尺度频谱分析

与单尺度频谱部分相同，采用三种不同直径的钢球(φ30mm，φ20mm，φ15mm)以不同的质量进行了实验。其中，直径为φ15mm 的小球实验中，其质量从 10～80kg (φ_b=2.12%～16.96%)，前 6 个 IMF 的频谱的瀑布图如图 4.30 所示。

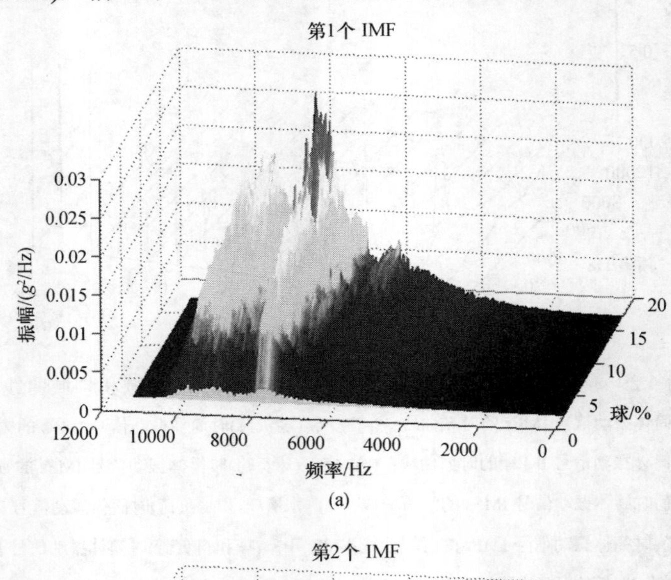

(a)

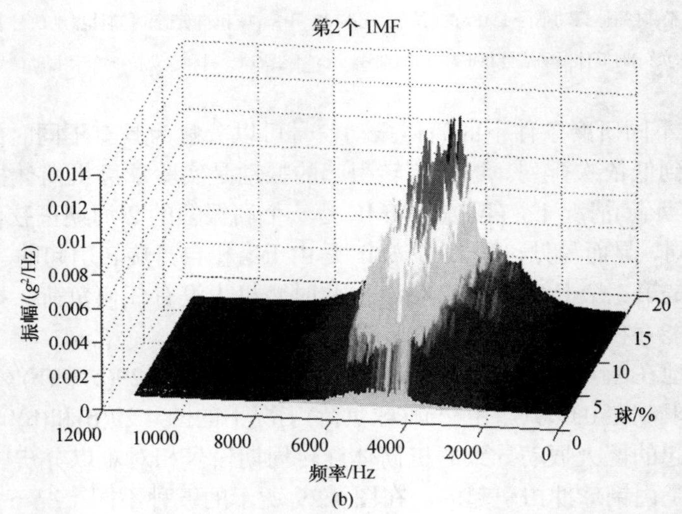

(b)

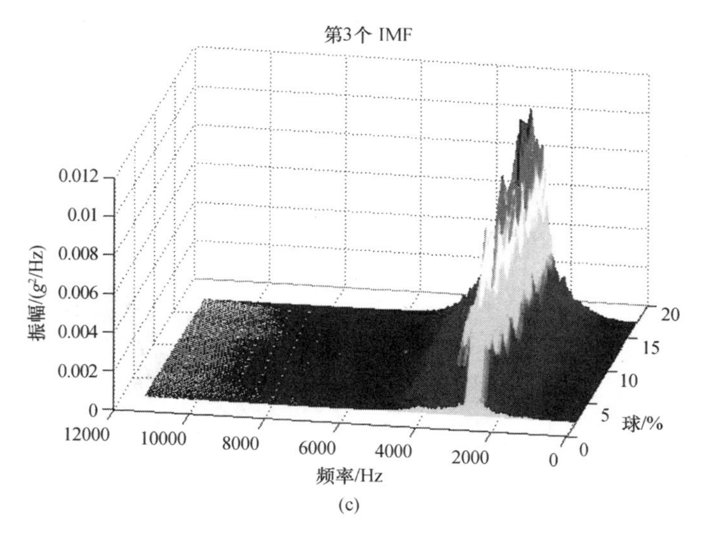
第3个 IMF
0.012
0.01
0.008
0.006
0.004
0.002
0
振幅/(g^2/Hz)
12000
10000
8000
6000
4000
2000
0
频率/Hz
20
15
10
5
0
球/%
(c)

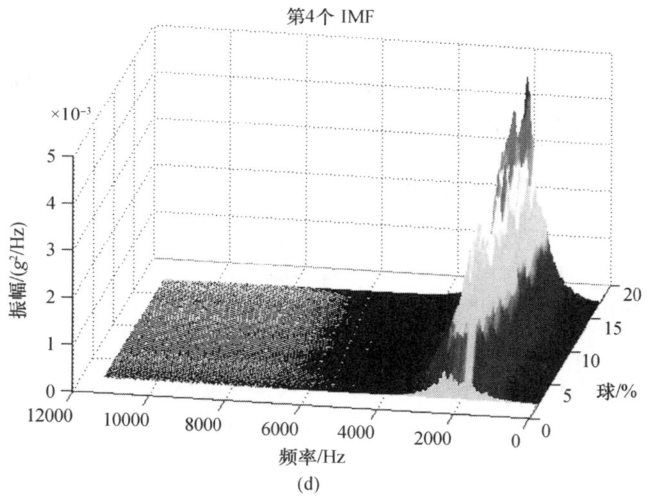
第4个 IMF
×10⁻³
5
4
3
2
1
0
振幅/(g^2/Hz)
12000
10000
8000
6000
4000
2000
0
频率/Hz
20
15
10
5
0
球/%
(d)

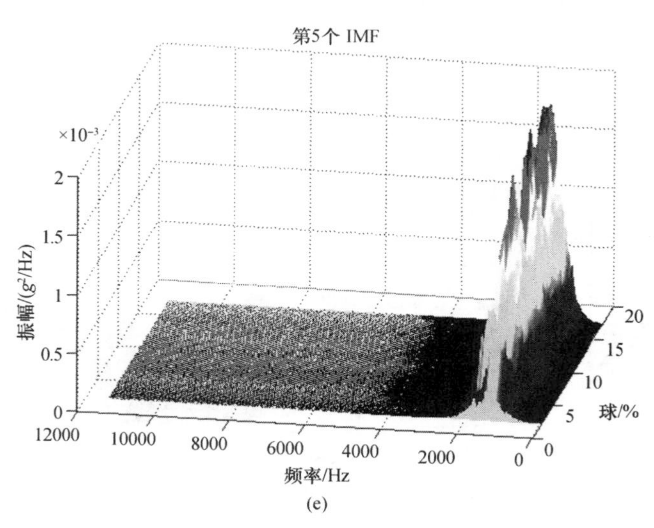
第5个 IMF
×10⁻³
2
1.5
1
0.5
0
振幅/(g^2/Hz)
12000
10000
8000
6000
4000
2000
0
频率/Hz
20
15
10
5
0
球/%
(e)

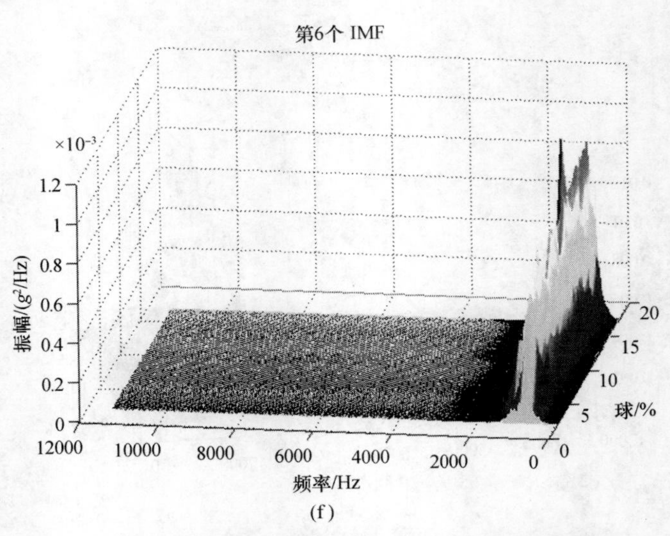

(f)

图 4.30　空砸小球负荷变化时前 6 个 IMF 瀑布图

(a) 空砸小球负荷变化时的第 1 个 IMF 瀑布图；(b) 空砸小球负荷变化时的第 2 个 IMF 瀑布图；

(c) 空砸小球负荷变化时的第 3 个 IMF 瀑布图；(d) 空砸小球负荷变化时的第 4 个 IMF 瀑布图；

(e) 空砸小球负荷变化时的第 5 个 IMF 瀑布图；(f) 空砸小球负荷变化时的第 6 个 IMF 瀑布图。

由图 4.30 可知，第 1 个 IMF 的高频振动具有最大幅值，是第 2 个 IMF 和第 3 个 IMF 的 2 倍多，并且信号带宽界限比较分明。与第 3 章中单尺度频谱的瀑布图进行对比，表明 EMD 算法可以有效地自适应分解筒体振动信号。这些不同 IMF 所代表的具体物理意义需要结合磨机研磨机理的数值分析才能深入进行。

3) 水磨(球、水负荷)时的频谱分析

与单尺度频谱部分相同，保持磨机的球负荷 20kg(φ_b=4.24%) 不变，水负荷从 5kg 到 50kg (φ_w=8.3%～83%) 进行实验。采用 EMD 自适应分解后前 6 个 IMF 的瀑布图如图 4.31 所示。

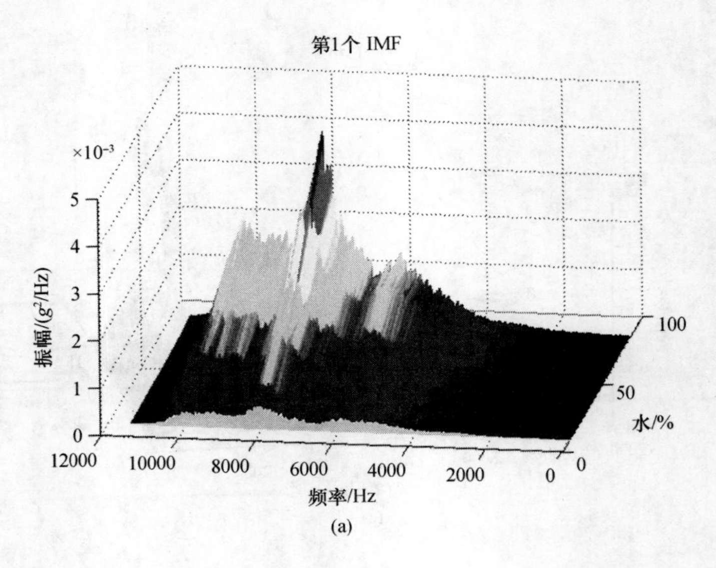

(a)

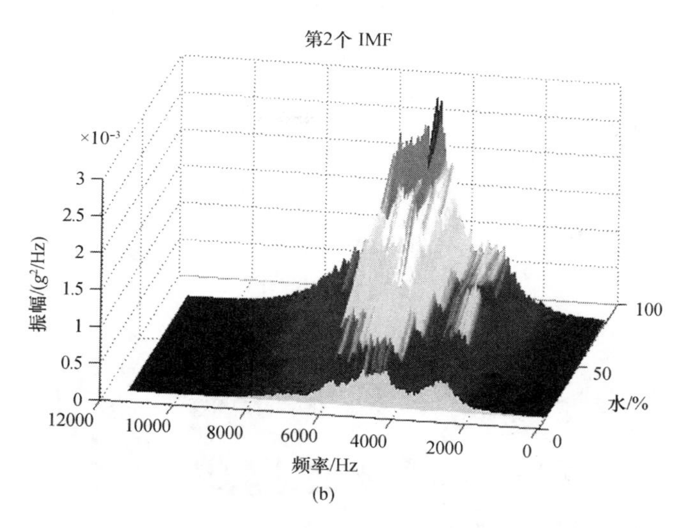
第2个 IMF
×10⁻³
3
2.5
2
1.5
1
0.5
0
振幅/(g²/Hz)
12000
10000
8000
6000
4000
2000
0
频率/Hz
100
50
0
水/%

(b)

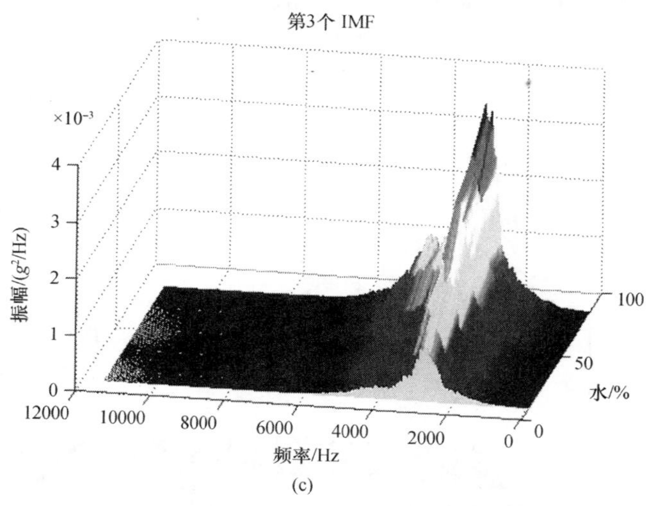
第3个 IMF
×10⁻³
4
3
2
1
0
振幅/(g²/Hz)
12000
10000
8000
6000
4000
2000
0
频率/Hz
100
50
0
水/%

(c)

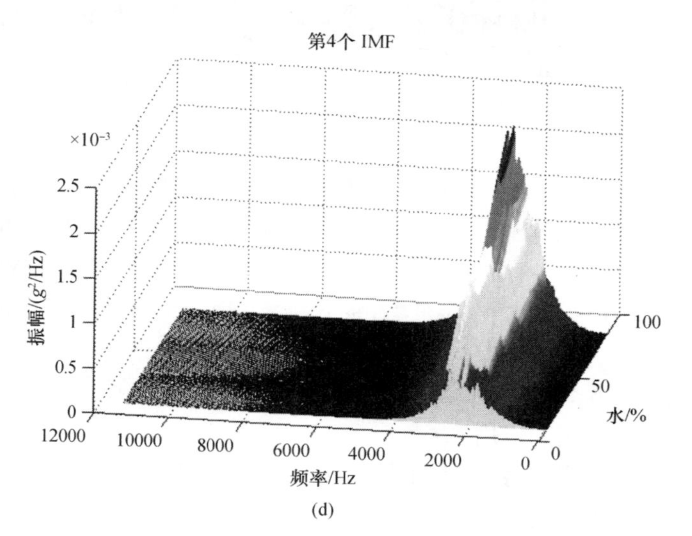
第4个 IMF
×10⁻³
2.5
2
1.5
1
0.5
0
振幅/(g²/Hz)
12000
10000
8000
6000
4000
2000
0
频率/Hz
100
50
0
水/%

(d)

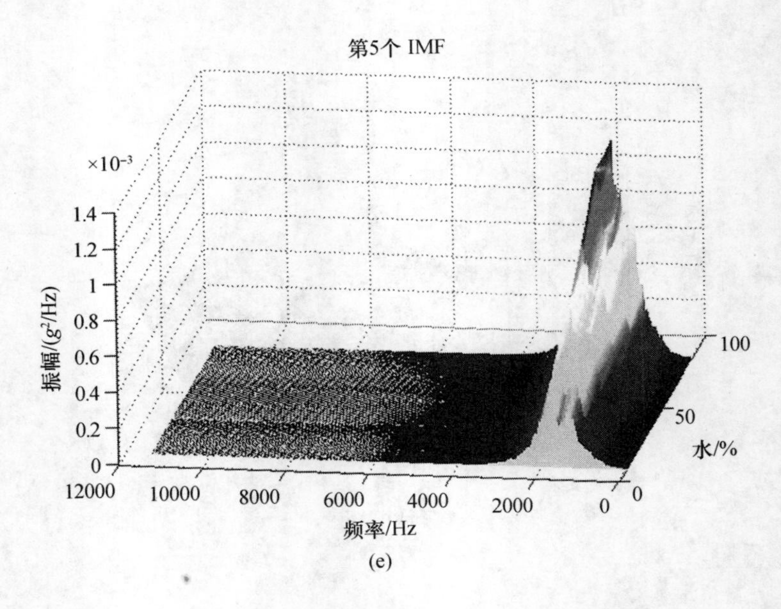

(e)

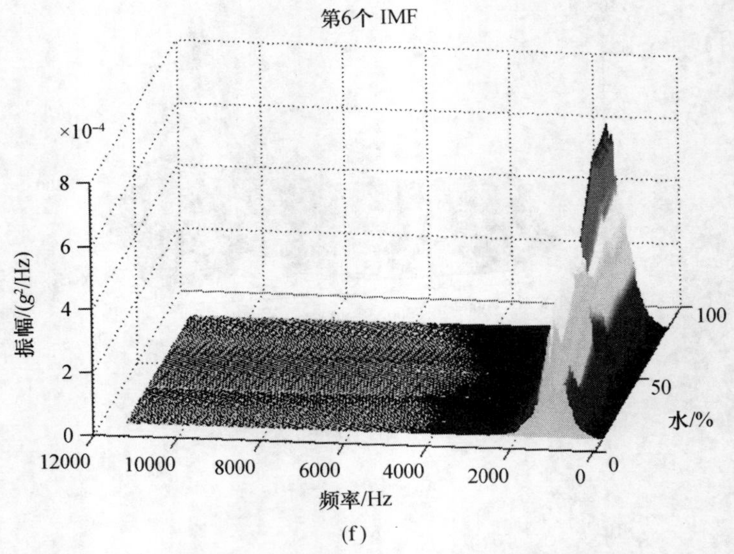

(f)

图 4.31　水磨(球、水负荷)时多尺度频谱瀑布图

(a) 水磨时水负荷变化时的第 1 个 IMF 瀑布图；(b) 水磨时水负荷变化时的第 2 个 IMF 瀑布图；
(c) 水磨时水负荷变化时的第 3 个 IMF 瀑布图；(d) 水磨时水负荷变化时的第 4 个 IMF 瀑布图；
(e) 水磨时水负荷变化时的第 5 个 IMF 瀑布图；(f) 水磨时水负荷变化时的第 6 个 IMF 瀑布图。

图 4.31 表明，前 6 个 IMF 频谱幅值之间的差异不如只有球负荷空砸时明显，表明了水负荷作为缓冲介质所起的作用。

对比本书第 3 章的单尺度频谱的瀑布图，表明了 EMD 算法的有效性。同样，对不同 IMF 的具体物理解释需要结合数值仿真模型深入进行。

4) 湿式研磨工况下的分解结果

此处采用的数据和分组情况和第 3 章完全相同，并参考第 3 章的方法给出了水、料和球负荷变化情况下的前 6 个 IMF 的瀑布图。

(1) 只有水负荷变化的振动频谱。

该组实验中：钢球负荷 40kg (φ_b =8.48%)，物料负荷 10kg (φ_m =3.97%)，水负荷从 5kg 变化到 40kg (φ_w =8.33%～46.67%)，PD 变化范围是 66.7%～20%，CVR 变化范围是 20.1%～9.1%，频谱瀑布图如图 4.32 所示。

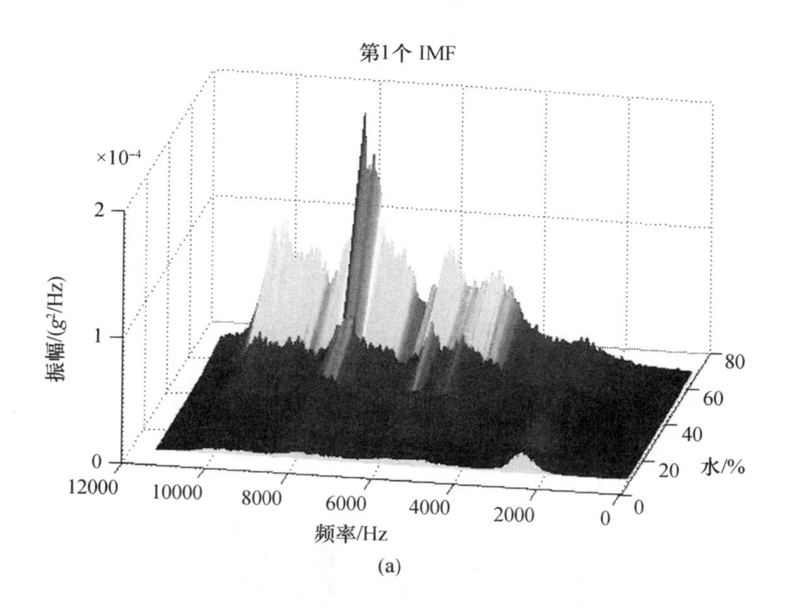

(a)

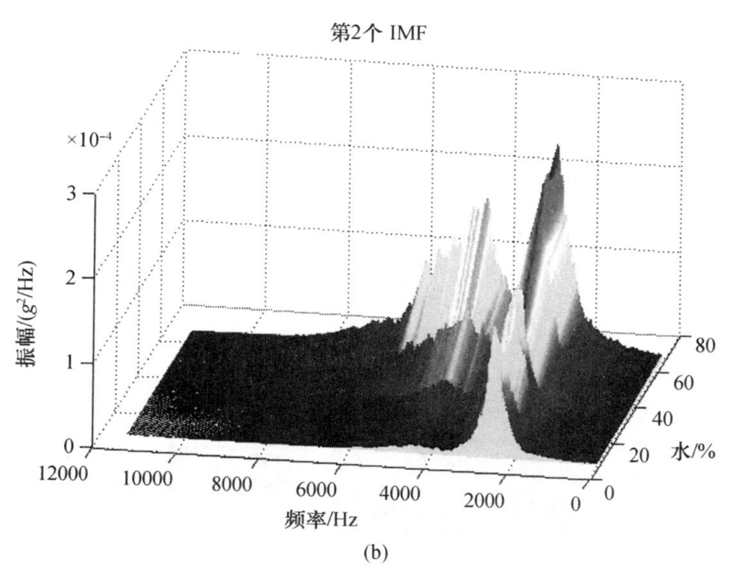

(b)

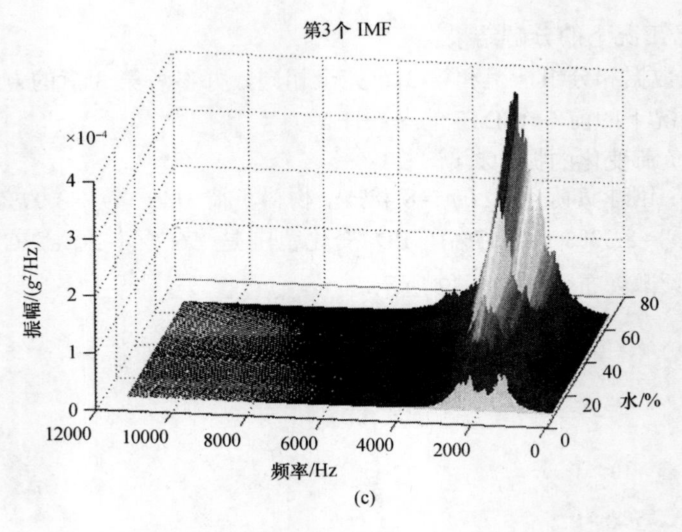
第3个 IMF
×10⁻⁴
振幅/(g²/Hz)
频率/Hz
水/%
(c)

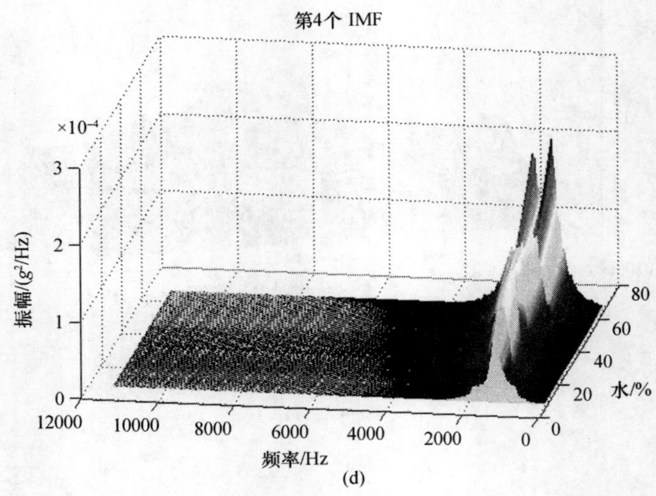
第4个 IMF
×10⁻⁴
振幅/(g²/Hz)
频率/Hz
水/%
(d)

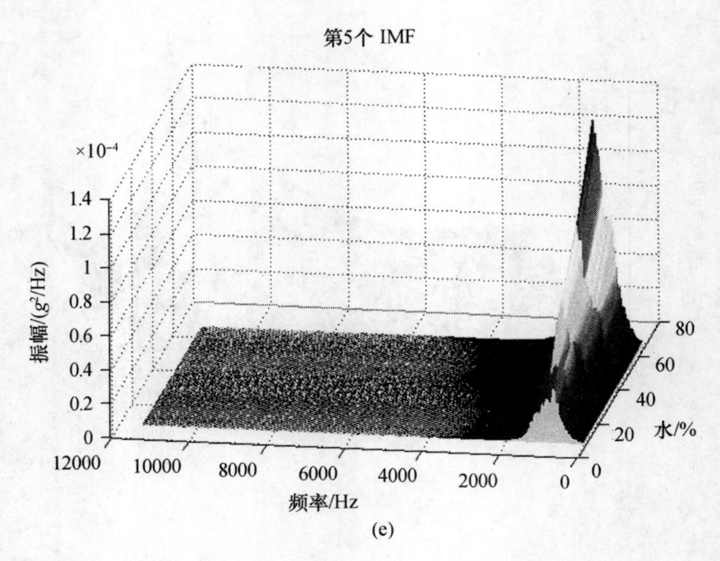
第5个 IMF
×10⁻⁴
振幅/(g²/Hz)
频率/Hz
水/%
(e)

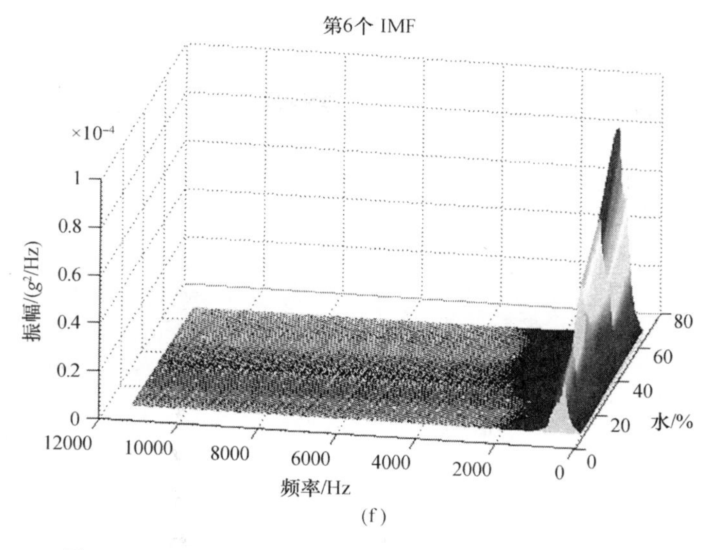

(f)

图 4.32 湿磨只有水负荷变化时的前 6 个 IMFs 的瀑布图

(a) 湿磨只有水负荷变化时的第 1 个 IMF 瀑布图；(b) 湿磨只有水负荷变化时的第 2 个 IMF 瀑布图；
(c) 湿磨只有水负荷变化时的第 3 个 IMF 瀑布图；(d) 湿磨只有水负荷变化时的第 4 个 IMF 瀑布图；
(e) 湿磨只有水负荷变化时的第 5 个 IMF 瀑布图；(f) 湿磨只有水负荷变化时的第 6 个 IMF 瀑布图。

图 4.32 表明，前 6 个 IMFs 的频谱幅值随着水负荷的增加而逐渐变大。开始实验时，水负荷较少，故 PD 较高，对球负荷的缓冲作用较强；随着水负荷的逐渐增加，PD 和矿浆黏度变小，增大了球负荷与磨机筒体间的冲击力。这个结论与第 3 章的研究类似。第 1 个 IMF 的频谱宽度在 4000～12000Hz 之间，属于高频冲击力引起的，也许主要是由于不同层间的钢球相互冲击造成的；第 2 个和第 3 个 IMFs 的频谱宽度在 2000～6000Hz 之间，主要由中频冲击力引起，也许是由钢球对磨机筒体的直接冲击造成的；第 4 个、第 5 个和第 6 个 IMFs 也许与筒体振动系统的自然振动频率相关。这些分析都是基于定性判断，其准确与否需要结合磨机研磨机理和筒体振动模型的深入研究，以及更多的磨机实验才能确定。此处的分析结果表明，筒体振动信号可以被自适应分解为不同部分，并且每个部分随着水负荷的增加而增大。

(2) 只有料负荷变化时的振动频谱。

该组实验中：球负荷 40kg (φ_b=8.48%)，水负荷 10kg (φ_w=16.67%)，物料负荷从 22kg 到 50kg (φ_m=8.73%～19.84%)，PD 从 68.8% 到 83.3%，CVR 从 34.6%到 45.0%。该组实验的筒体振动频谱的瀑布图如图 4.33 所示。

本组实验中，料负荷 30kg 时的 PD 是 75%。图 4.33 表明不同 IMFs 频谱幅值变化的规律性相对于只有水负荷变化时要弱。第 1 个 IMF 和第 2 个 IMF 的 2000～4000Hz 间的频谱幅值先降后升，但在第 3 个 IMF 却表现出不同的规律。第 5 个和第 6 个 IMFs 的频谱范围在 0～2000Hz 之间，并呈现随料负荷增加而逐渐变小的规律。但不同 IMFs 频谱的宽度还是与只有水负荷变化的实验基本相同。因此，还需要结合更多的深入机理分析和基于磨机负荷参数进行实验设计的筒体振动分解结果，才能获得更为科学、合理的解释。同时，EMD 算法自身存在的模态混叠现象等原因也需要采用改进算法进行克服。

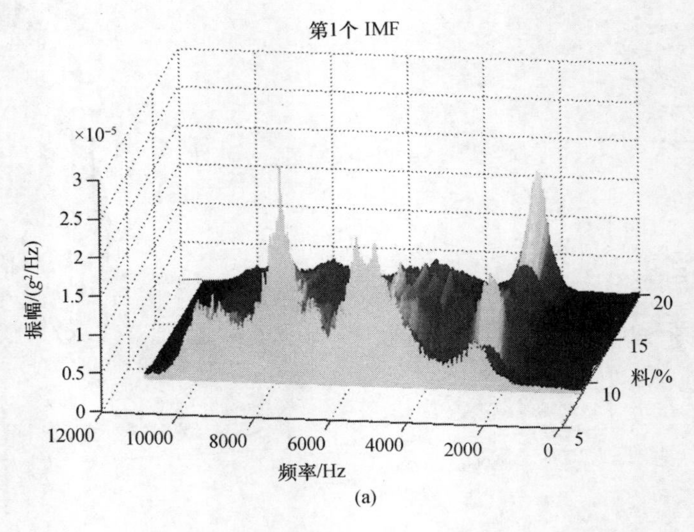

第1个 IMF
×10⁻⁵
振幅/(g^2/Hz)
3
2.5
2
1.5
1
0.5
0
12000
10000
8000
6000
4000
2000
0
频率/Hz
5
10
15
20
料/%

(a)

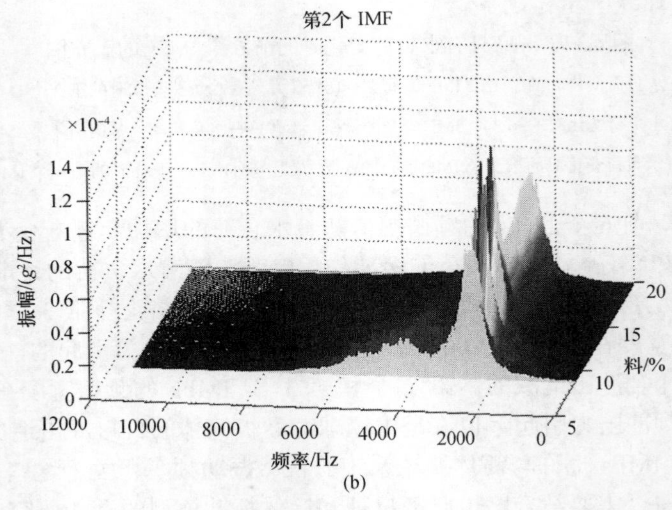

第2个 IMF
×10⁻⁴
振幅/(g^2/Hz)
1.4
1.2
1
0.8
0.6
0.4
0.2
0
12000
10000
8000
6000
4000
2000
0
频率/Hz
5
10
15
20
料/%

(b)

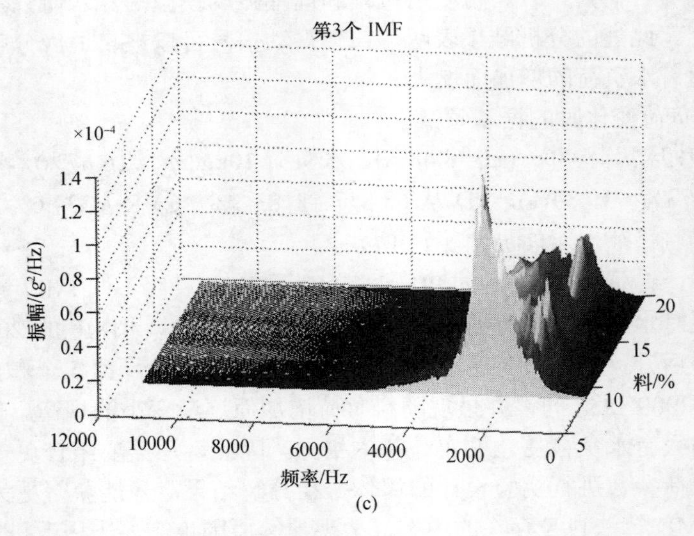

第3个 IMF
×10⁻⁴
振幅/(g^2/Hz)
1.4
1.2
1
0.8
0.6
0.4
0.2
0
12000
10000
8000
6000
4000
2000
0
频率/Hz
5
10
15
20
料/%

(c)

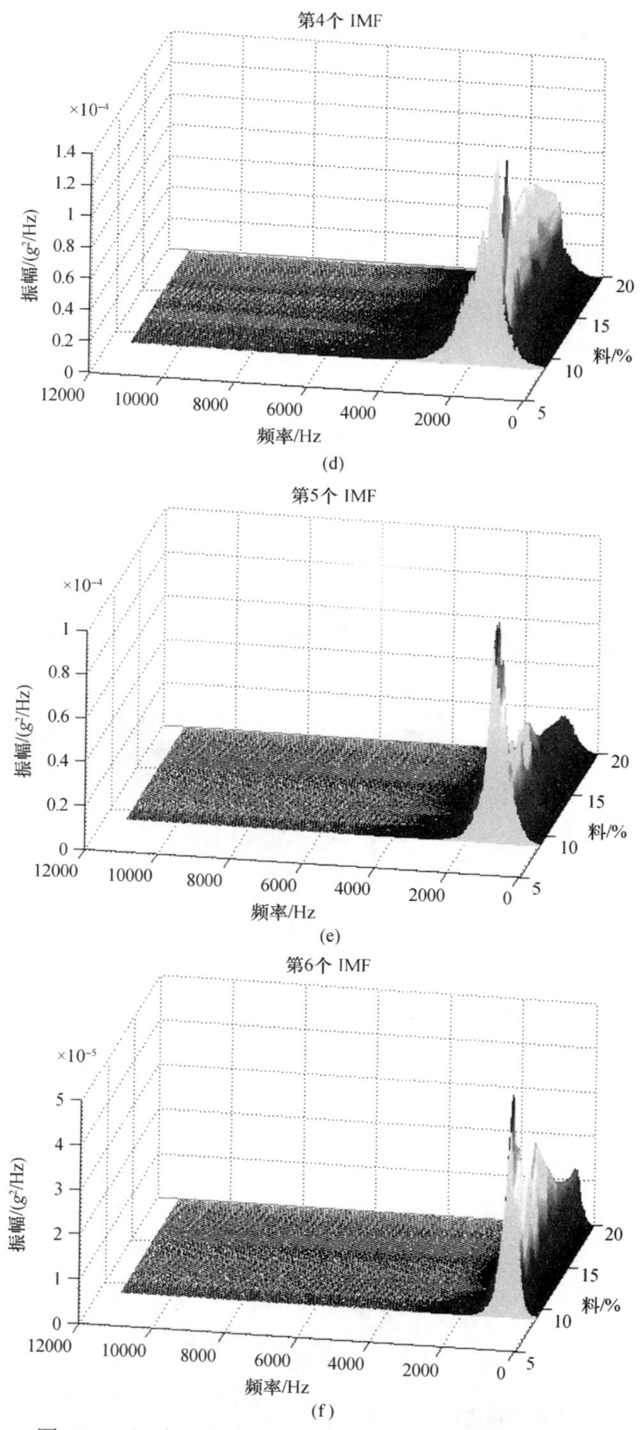

图 4.33 湿磨只有料负荷变化时前 6 个 IMF 的瀑布图

(a) 湿磨只有料负荷变化时的第 1 个 IMF 瀑布图；(b) 湿磨只有料负荷变化时的第 2 个 IMF 瀑布图；(c) 湿磨只有料负荷变化时的第 3 个 IMF 瀑布图；(d) 湿磨只有料负荷变化时的第 4 个 IMF 瀑布图；(e) 湿磨只有料负荷变化时的第 5 个 IMF 瀑布图；(f) 湿磨只有料负荷变化时的第 6 个 IMF 瀑布图。

(3) 只有球负荷变化时的振动频谱。

该组实验中：物料负荷 4kg(φ_m=1.59%)，水负荷 5kg (φ_w=8.33%)，钢球负荷从 20kg 到 37kg (φ_b=4.24%～7.85%)，CVR 变化范围是 14.2%～18.6%，BCVR 变化范围是 10.1%～18.6%。筒体振动频谱瀑布图见图 4.34。

图 4.34 表明随着球负荷的增加，前 6 个 IMFs 频谱的不同频段的幅值均显著增加，表明球负荷的变化体现在每个 IMF 频谱上。但在工业实际工程中，球负荷在短时间内变化较小。

综合上述湿磨条件下的筒体振动 EMD 分解结果可知，不同 IMF 频谱的确蕴含着不同磨机负荷参数信息。需要适当的方法度量这些多尺度频谱与磨机负荷参数间的非线性映射关系。

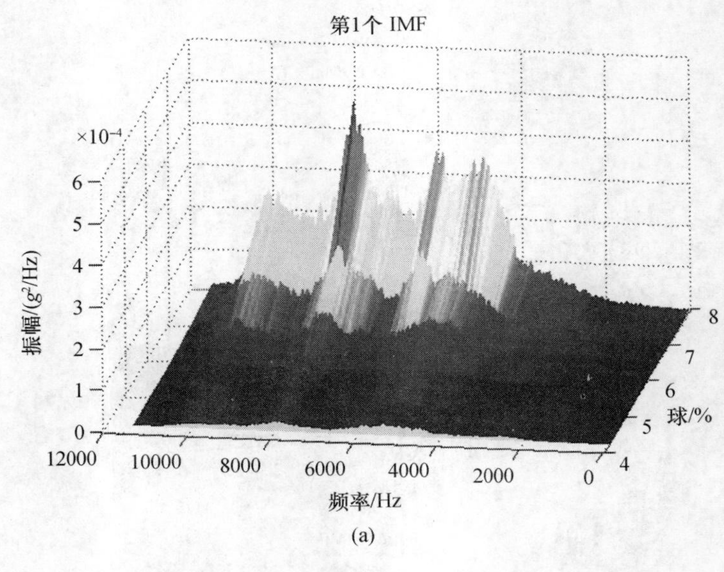

(a)

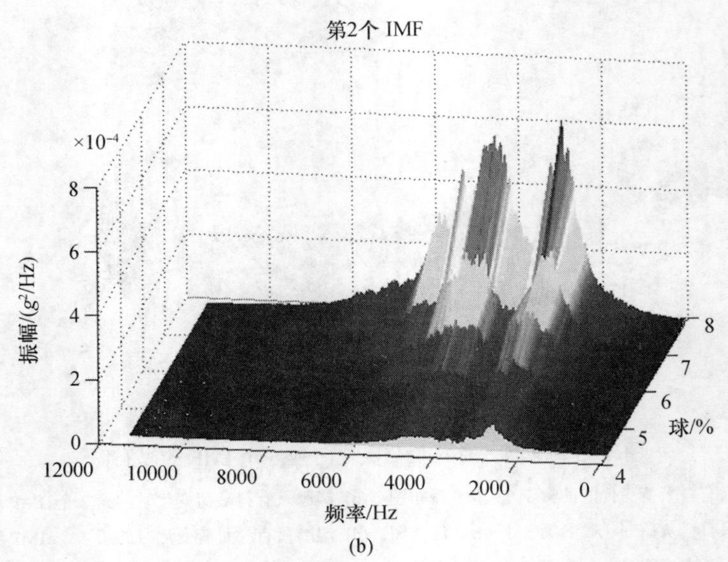

(b)

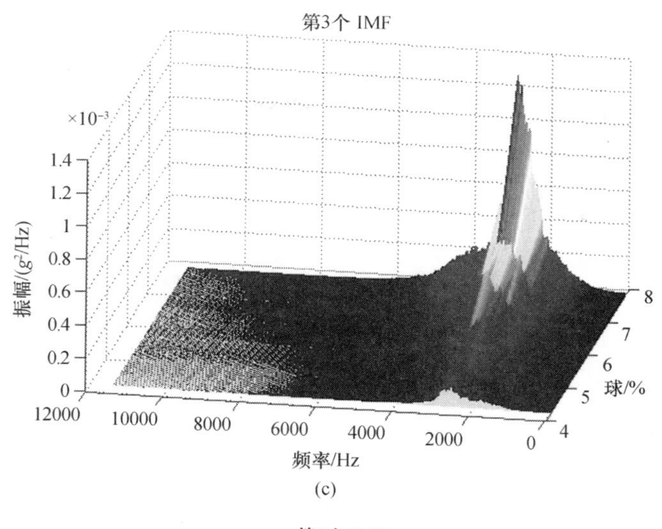
第3个 IMF
×10⁻³
1.4
1.2
1
0.8
0.6
0.4
0.2
0
振幅/(g²/Hz)
12000
10000
8000
6000
4000
2000
0
频率/Hz
8
7
6
5
4
球/%

(c)

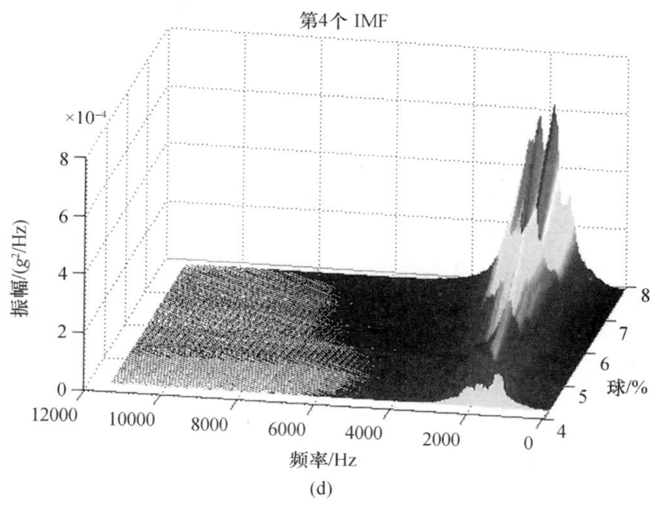
第4个 IMF
8
6
4
2
0
振幅/(g²/Hz)
12000
10000
8000
6000
4000
2000
0
频率/Hz
8
7
6
5
4
球/%

(d)

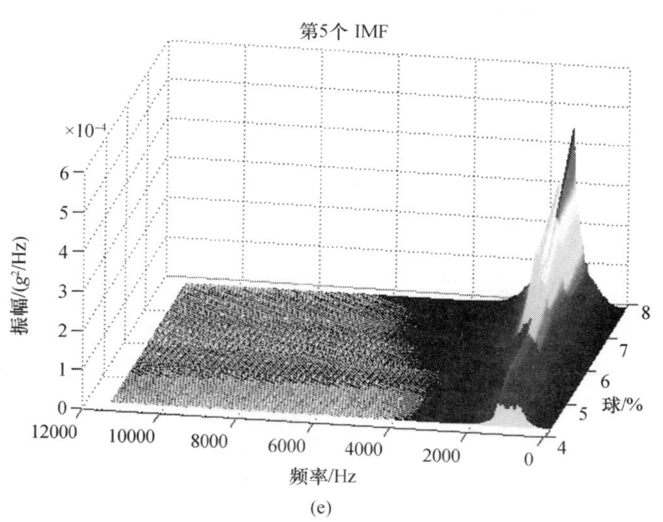
第5个 IMF
×10⁻⁴
6
5
4
3
2
1
0
振幅/(g²/Hz)
12000
10000
8000
6000
4000
2000
0
频率/Hz
8
7
6
5
4
球/%

(e)

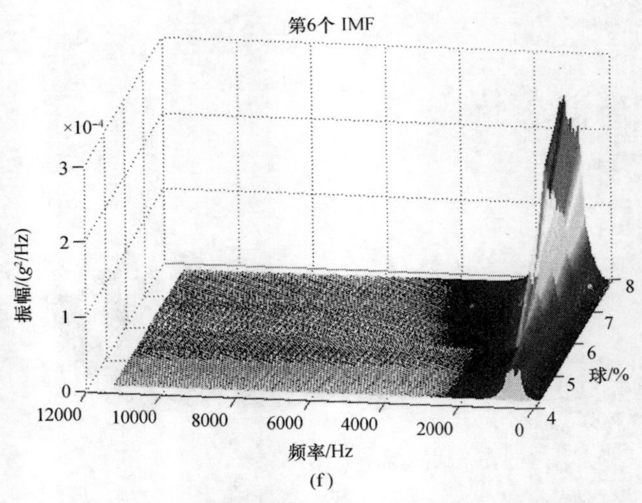

(f)

图 4.34　湿磨只有球负荷变化时的前 6 个 IMF 瀑布图

(a) 湿磨只有球负荷变化时的第 1 个 IMF 瀑布图；(b) 湿磨只有球负荷变化时的第 2 个 IMF 瀑布图；
(c) 湿磨只有球负荷变化时的第 3 个 IMF 瀑布图；(d) 湿磨只有球负荷变化时的第 4 个 IMF 瀑布图；
(e) 湿磨只有球负荷变化时的第 5 个 IMF 瀑布图；(f) 湿磨只有球负荷变化时的第 6 个 IMF 瀑布图。

2. 频谱特征选择结果

计算磨机负荷参数与 IMF 频谱间的互信息，部分结果如图 4.35～图 4.39 所示。为减少参与建模的频谱数量，文中依据经验采用阈值 0.6，基于 3.2 节方法选择了不同频谱特征，最终为不同磨机负荷参数选择的频谱变量个数如表 4.16 所示，其中 VIMF 和 AIMF 分别表示筒体振动和振声信号的 IMF。

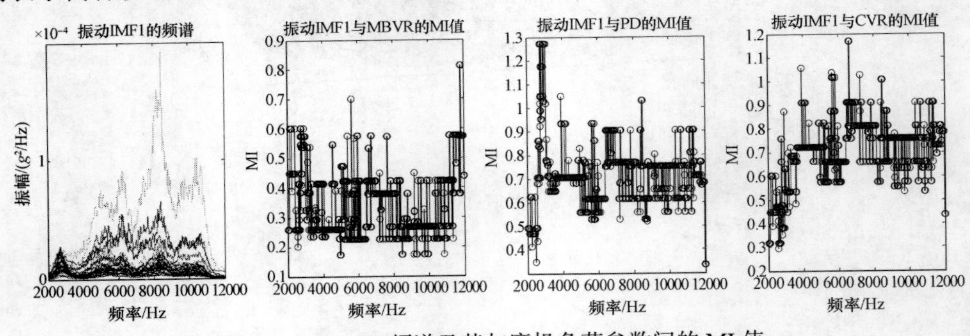

图 4.35　VIMF1 频谱及其与磨机负荷参数间的 MI 值

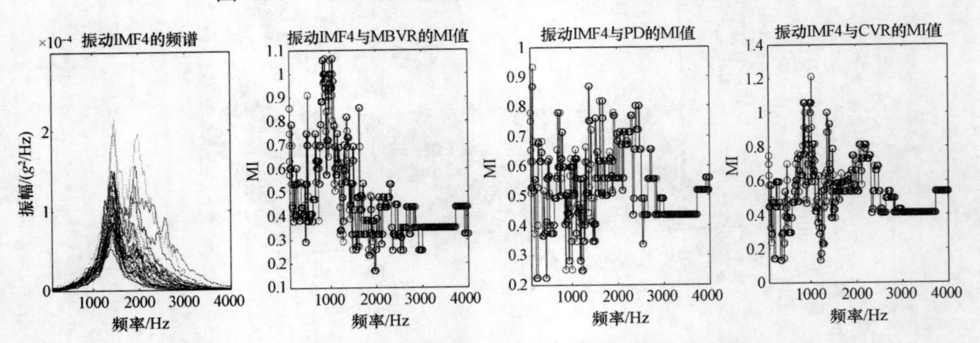

图 4.36　VIMF4 频谱及其与磨机负荷参数间的 MI 值

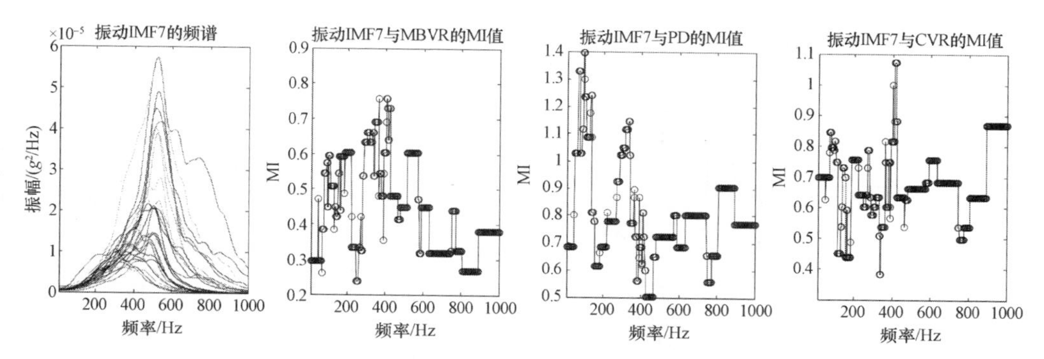

图 4.37　VIMF7 频谱及其与磨机负荷参数间的 MI 值

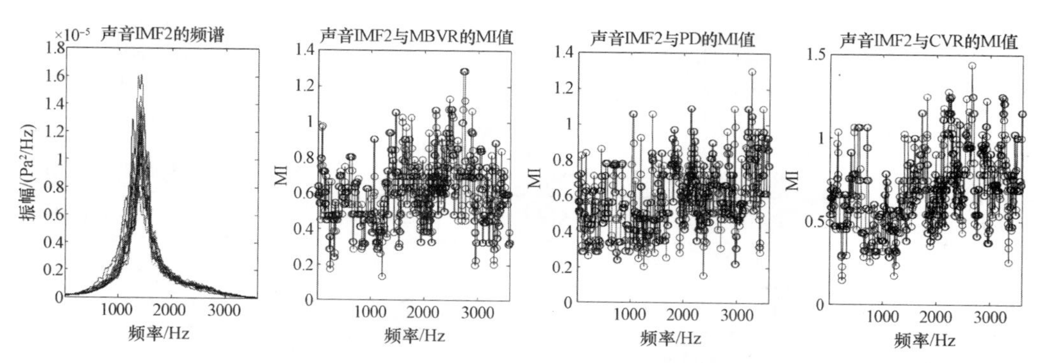

图 4.38　AIMF2 频谱及其与磨机负荷参数间的 MI 值

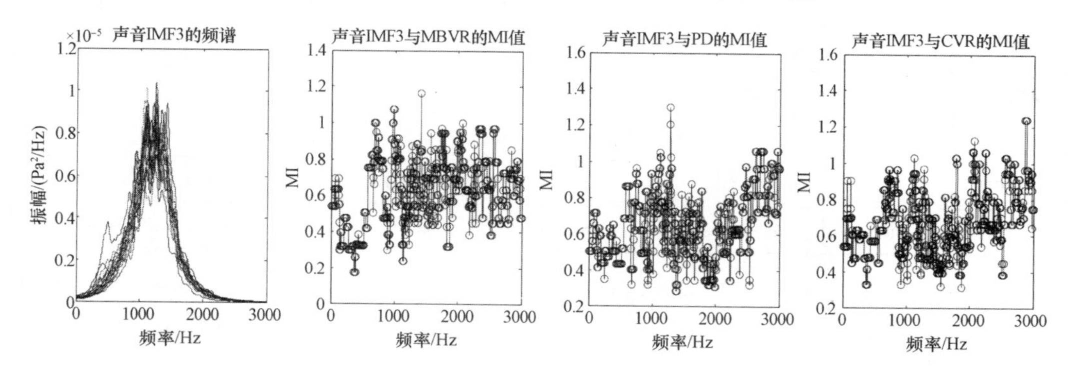

图 4.39　AIMF3 频谱及其与磨机负荷参数间的 MI 值

表 4.16　不同 IMF 频谱的范围、MI 值及选择的频谱数量

频谱编号	频谱范围	MBVR			PD			CVR		
		MI 最小值	MI 最大值	选择变量个数	MI 最小值	MI 最大值	选择变量个数	MI 最小值	MI 最大值	选择变量个数
VIMF1	2000:12000	0.1716	0.8118	228	0.3351	1.2709	8768	0.2954	1.1699	8239
VIMF2	1000:8500	0.1716	0.9989	1506	0.3351	1.0870	6848	0.3254	1.0570	6063
VIMF3	500:5500	0.1716	0.8731	1083	0.2820	1.2485	2939	0.1716	1.0269	2750
VIMF4	100:4000	0.1716	1.0646	705	0.2220	0.9331	992	0.1307	1.2108	960
VIMF5	100:3000	0.09123	1.102	527	0.2373	1.3289	1443	0.2373	1.3066	1.645

(续)

频谱编号	频谱范围	MBVR			PD			CVR		
		MI 最小值	MI 最大值	选择变量个数	MI 最小值	MI 最大值	选择变量个数	MI 最小值	MI 最大值	选择变量个数
VIMF6	10:2000	0.09123	0.9108	144	0.2373	1.0513	1185	0.2373	1.0570	1028
VIMF7	10:1000	0.2373	0.7570	201	0.5016	**1.394**	9109	0.3835	1.0723	832
VIMF8	10:1000	0.09123	1.0646	181	0.2373	1.0212	3680	0.2264	0.9957	3240
VIMF9	1:500	0.2674	**1.1150**	133	0.3555	1.1247	222	0.3254	1.1527	259
VIMF10	1:300	0.1716	0.9485	39	0.2488	0.8751	22	0.2642	11024	37
VIMF11	1:200	0.1955	0.7461	35	0.2520	1.2709	30	0.2877	1.2485	54
VIMF12	1:150	0.3178	0.8150	17	0.2597	1.0493	22	0.2373	**1.4604**	26
AIMF1	1:4000	0.2297	**1.3723**	1795	0.1813	1.1751	1831	0.2297	1.2485	2705
AIMF2	1:3600	0.1307	1.2842	1840	0.1530	**1.2989**	1.541	0.1416	**1.4381**	2181
AIMF3	1:3000	0.1716	1.1604	1703	0.2820	1.2989	1728	0.3128	1.2389	1877
AIMF4	1:2000	0.2751	1.0570	907	0.2220	1.0870	1130	0.1996	1.0646	3370
AIMF5	1:1200	0.2877	1.0646	567	0.2974	1.1093	401	0.2597	1.1828	315
AIMF6	1:800	0.2597	0.8731	565	0.2016	1.0493	583	0.3254	1.1808	236
AIMF7	1:500	0.2877	1.0346	159	0.3478	1.0870	399	0.4103	1.0269	345
AIMF8	1:300	0.1416	0.9689	123	0.2373	1.0212	96	0.09123	0.9957	86
AIMF9	1:200	0.2297	0.8150	87	0.3478	0.8954	48	0.3254	0.7083	53
AIMF10	1:100	0.2954	0.9408	18	0.5016	1.0870	77	0.3254	0.7570	26
AIMF11	1:80	0.2297	0.6989	4	0.3478	0.8297	48	0.3835	0.9408	50
AIMF12	1:60	0.5450	0.6835	8	0.4940	0.6255	52	0.4716	0.6989	54

上述结果表明：①不同 IMF 频谱的范围不同，时间尺度不同，EMD 分解是有效的；②不同 IMF 频谱包含的磨机负荷参数信息不同，频谱选择是必要的；③不同磨机负荷参数与 IMF 频谱的相关性不同，进行选择性信息融合是合理的。

因此，有效选择 IMF 频谱特征，建立磨机负荷参数选择性集成模型是必要的。

注：此处计算互信息的样本数量是 13 个，采用更多样本可提高互信息估计的准确度。

3. 子模型比较结果

基于 IMF 频谱特征建立 KPLS 子模型，其中子模型均采用统一的径向基函数(RBF)，核半径采用网格法搜索，潜变量个数采用留一交叉验证法确定。

基于筒体振动及振声 IMF 频谱的 KPLS 子模型测试误差如图 4.40 所示。

从图 4.40 可知：①最佳频谱子模型是 AIMF2、VIMF7 和 VIMF2，与文献[384]的研究结论“MBVR 主要与振声频谱，PD 和 CVR 主要与振动频谱”相符合；②磨机负荷参数子模型的测试误差并不完全与 MI 最大值及选择的变量个数相对应，表明了映射关系的复杂性。

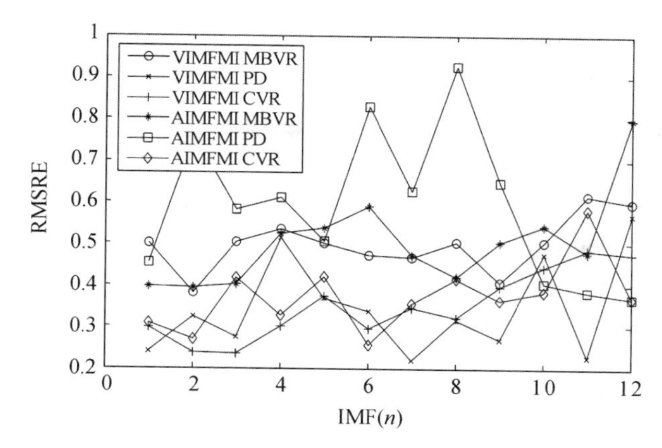

图 4.40　振动/振声 IMF KPLS 子模型测试误差

为了对比，图 4.41 和图 4.42 给出了与不进行筒体振动 IMF 频谱特征选择的 PLS 子模型(文献[382])、KPLS 子模型(文献[383])测试误差的比较。

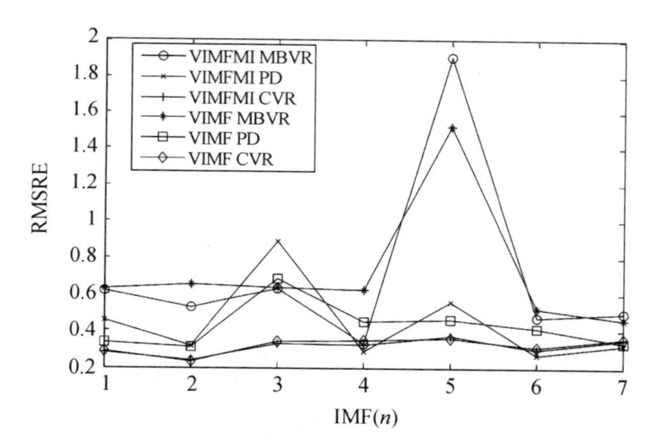

图 4.41　振动 IMFPLS 与文献[382]方法对比误差

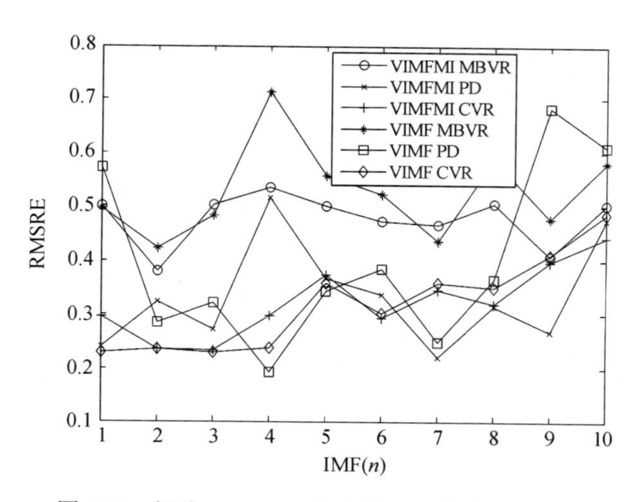

图 4.42　振动 IMFKPLS 与文献[384]方法对比误差

图 4.41 和图 4.42 结果表明，基于 MI 进行特征选择的策略是有效的。值得提出的是，考虑到计算量较大，未结合预测误差选择 MI 阈值，特征选择方法有进一步深入研究的必要。

4．选择性集成结果

采用 3.4 节所提算法对 IMF 子模型进行选择性集成，子模型加权算法分别选择了基于 AWF、基于预测误差信息熵、基于偏最小二乘回归(Partial least squares regression，PLSR)的子模型加权算法。图 4.43 给出了基于 AWF 算法、子模型数量为 2～10 时的磨机负荷参数选择性集成 PLS/KPLS 模型测试误差曲线。

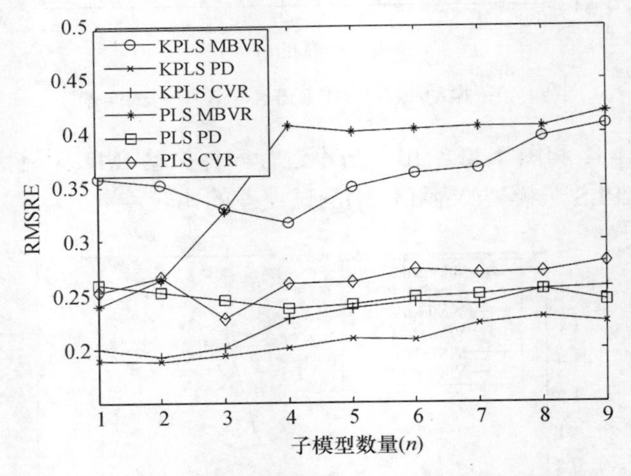

图 4.43　集成子模型数量与预测误差的关系

本书中，采用“IMFKPLS”和“IMFPLS”表示基于 KPLS 和 PLS 的最佳 IMF 子模型；“IMFEKPLS”和“IMFEPLS”表示集成全部 IMF 子模型的集成 KPLS 和 PLS 模型；“MFSIEKPLS”和“IMFSEPLS”表示采用选择部分 IMF 子模型的选择性集成 KPLS 和 PLS 模型。基于 AWF 加权算法的磨机负荷参数软测量模型的子模型、子模型权系数、预测误差和预测曲线如图 4.44 和表 4.17 所示。表 4.18 和表 4.19 给出了采用不同的子模型加权算法的选择性集成模型间的精度比较，表中不同算法的解释说明详见表 4.20。

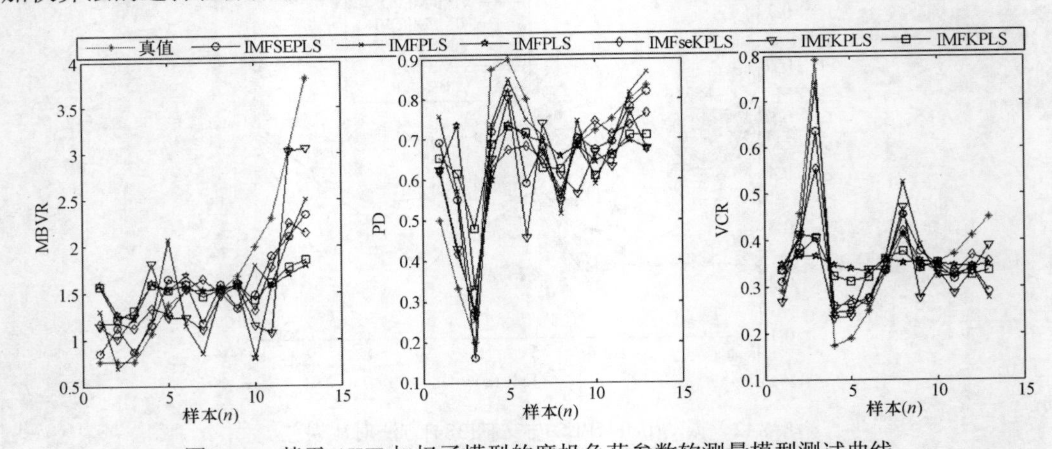

图 4.44　基于 AWF 加权子模型的磨机负荷参数软测量模型测试曲线

表 4.17　基于 AWF 加权子模型的不同建模方法的预测精度比较

建模方法	子模型与测试误差						RMSRE (均值)
	MBVR		PD		CVR		
	子模型及权系数	RMSRE	子模型及权系数	RMSRE	子模型及权系数	RMSRE	
IMFEPLS	{1:16}	0.4951	{1:16}	0.4129	{1:16}	0.4127	0.4402
IMFPLS	{VIMF4 }	0.3306	{VIMF6}	0.2690	{VIMF2}	0.2390	0.2795
IMFSEPLS	{AIMF3(0.4624); VIMF4(0.5376)}	0.2398	{ VIMF7(0.2072); VIMF2(0.1481); VIMF8(0.2425); VIMF4(0.1302); VIMF6(0.2721) }	0.2371	{ AIMF2(0.1465); VIMF6(0.4621); VIMF1(0.1970); VIMF2(0.1943);}	0.2281	0.2350
IMFEKPLS	{1:16}	0.4659	{1:16}	0.4757	{1:16}	0.3590	0.4335
IMFKPLS	{VIMF2 }	0.3802	{VIMF7}	0.2204	{VIMF2}	0.2352	0.2786
IMFSEKPLS	{ VIMF9(0.1293); AIMF3(0.1238); AIMF1(0.4796); AIMF2 (0.1359); VIMF2(0.1314);}	0.3173	{ VIMF1(0.2158); VIMF11(0.4557); VIMF7(0.3285); }	0.1876	{ AVIMF7(0.3748); VIMF2(0.3485); VIMF3(0.2767);}	0.1932	0.2327

表 4.18　基于不同子模型加权方法的选择性集成 PLS 模型测试误差(RMSRE)

加权方法	MBVR		PD		CVR	
	IMFEPLS	IMFSEPLS	IMFEPLS	IMFSEPLS	IMFEPLS	IMFSEPLS
AWF	0.4951	**0.2398**	0.4129	0.2371	0.4127	0.2281
信息熵	0.3545	0.3931	0.4770	**0.2370**	0.3181	0.2994
PLSR	1.2518	0.2460	1.9227	0.3042	0.3416	**0.2148**
平均	0.7004	0.2929	0.9375	0.2594	0.3574	0.2474

表 4.19　基于不同子模型加权方法的选择性集成 KPLS 模型测试误差(RMSRE)

加权方法	MBVR		PD		CVR	
	IMFEKPLS	IMFSEKPLS	IMFEKPLS	IMFESKPLS	IMFEKPLS	IMFSEKPLS
AWF	0.4659	0.3173	0.4757	**0.1876**	0.3590	0.1932
信息熵	**0.2964**	0.4008	0.3838	0.2350	0.2441	0.2645
PLSR	0.3935	0.3717	0.3169	0.2580	0.2980	**0.1857**
平均	0.3852	0.3632	0.3921	0.2268	0.3003	0.2144

表 4.20 本章所用算法的中英文说明

算法简写	算法英文解释	算法中文解释
IMFPLS	Intrinsic mode functions based partial least squares (PLS)	基于本征模态函数的 PLS 算法
IMFEPLS	Intrinsic mode functions based ensemble PLS	基于本征模态函数的集成 PLS 算法
IMFSEPLS	Intrinsic mode functions based selective ensemble PLS	基于本征模态函数的选择性集成 PLS 算法
IMFKPLS	Intrinsic mode functions based kernel PLS (KPLS)	基于本征模态函数的 KPLS 算法
IMFEKPLS	Intrinsic mode functions based ensemble KPLS	基于本征模态函数的集成 KPLS 算法
IMFSEKPLS	Intrinsic mode functions based selective ensemble KPLS	基于本征模态函数的选择性集成 KPLS 算法

由图 4.43、图 4.44 及表 4.17～4.19 可知：

(1) 针对 MBVR 模型：由表 4.17 可知，IMFSEKPLS 方法选择了{VIMF9，AIMF3，AIMF1，AIMF2，VIMF2} 5 个子模型，但其预测误差却大于选择了{AIMF3，VIMF4} 2 个子模型的 IMFSEPLS 方法，表明 MBVR 与 IMF 频谱具有线性关系；两种选择性集成模型都选择了筒体振动信号的 IMF 子模型，这与文献[384]的选择不一致；但是从振声产生机理的角度看，振声信号的主要来源是筒体振动，通过 EMD 分解得到与 MBVR 更相关的 IMF 是合理的，进一步说明该方法的合理性；从表 4.18 和表 4.19 可知，不同子模型加权方法的IMFSEPLS模型的平均预测误差低于IMFSEKPLS方法，同样表明了MBVR 与 IMF 频谱间可能存在的较强线性映射关系，这与文献研究中可通过振声信号直接判断 MBVR 的结论相符。

(2) 针对 PD 模型：由表 4.17 可知，IMFSEKPLS 方法选择了{VIMF1，VIMF11，VIMF7}3 个子模型，预测误差为 0.1876，小于选择了{VIMF7，VIMF2，VIMF8，VIMF4，VIMF6}5 个子模型的 IMFSEPLS 方法，表明 PD 与 IMF 频谱非线性关系的存在；表 4.18 和表 4.19 的结果也表明 PD 与 IMF 频谱间的非线性映射关系；两种选择集成模型都只选择了筒体振动信号，该选择与文献[384]和国外关于 SAG 的研究相符合，也与筒体振动信号的产生机理的定性分析一致。

(3) 针对 CVR 模型：由表 4.17 可知，IMFSEKPLS 方法选择了{ AVIMF7，VIMF2，VIMF3}3 个子模型，预测误差为 0.1932，小于选择了{ AIMF2，VIMF6，VIMF1，VIMF2 }4 个子模型的 IMFSEPLS 方法，表明 CVR 与筒体振动和振声 IMF 频谱均存在非线性映射关系；表 4.18 和表 4.19 的结果也表明 CVR 与 IMF 频谱间的非线性映射关系；两种选择集成模型都选择了筒体振动和振声频谱，这与文献[384]只选择了筒体振动频谱特征的结论不相符合；但本章方法显然更为合理，因为工业现场操作人员往往根据振声信号沉闷与否判断是否“堵磨”，显然是靠人耳将振声信号“分解”，这与此处采用 EMD 方法分解信号相类似；同时，由于振声的源是筒体振动，选择振动 IMF 是合理的。

(4) 从表 4.18 和表 4.19 可知，集成全部子模型的 IMFEKPLS 和 IMFEPLS 模型的平均预测误差最大，说明简单地融合全部 IMF 信息的集成模型并不能获得最佳的建模性能，进行选择性集成建模是合理的；不同子模型加权方法针对不同的磨机负荷参数选择性集成模型的误差不同，表明加权方法还需要进一步的寻优。

从建立筒体振动和振声信号的主要组成成分特征与磨机负荷参数间的非线性映射关系角度出发，提出了基于经验模态分解和选择性集成学习算法的软测量方法，建立了基于不同时间尺度的本征模态函数频谱特征的选择性集成模型。该方法将经验模态分解技术与磨机筒体振动和振声信号的产生机理、工业现场领域专家识别磨机负荷的经验相结合，为深入理解筒体振动和振声蕴含磨机负荷参数信息的机理提供了更为有效的分析手段，较之前的研究方法更为合理。该方法可以推广到具有类似信号特征的工业过程关键变量软测量建模中。

本章对筒体振动及振声信号仅是进行 4 个旋转周期自适应分解，需要结合机理和工业实际选择更有效的预处理方式；目前对集成子模型的选择准则只考虑了选择性集成模型的均方根相对误差最小，下一步需要深入研究如何综合考虑子模型间的差异进行选择性集成；互信息阈值与集成模型预测精度间的关系有待于结合更多样本进行深入分析；考虑如何结合频谱特点研究更有效的非线性特征选择方法；子模型的加权算法需要进一步深入研究。本书作者认为磨矿过程磨机负荷软测量的长远研究方向是建立磨机负荷对磨机筒体冲击过程的数值仿真模型，结合改进 EMD 等多种多尺度自适应分解算法深入分析和测量磨机负荷参数。

第 5 章　基于频谱数据驱动的旋转机械设备负荷参数在线集成建模及其应用

5.1　引　言

采用第 4 章提出的基于选择性集成多传感器信息的建模方法建立的磨机负荷参数集成模型，实现了多传感器信息的有效融合。硬度、粒度分布等物料属性的波动，钢球、衬板的磨损，以及矿浆流变特性的变化等因素导致球磨机系统具有较强的时变特性。磨机旋转工作和磨矿过程连续运行的工作特点使得建模初期难以获得足够的代表不同工况的建模样本，这些因素降低了基于离线历史数据建立的软测量模型的性能。

复杂工业过程的产品质量指标以及与物耗、能耗密切相关的某些关键过程变量，如磨矿过程的磨矿粒度和磨机负荷难以采用传感器准确地在线直接检测。产品质量指标的测量主要采用人工定时采样、实验室检测的方法，检测滞后、耗时；关键过程变量多依靠专家知识判断，依赖性大、准确度低。基于这些方法难以对工业过程进行有效的监视和控制。采用离线历史数据建立软测量模型是解决此问题的一个替代方法[35]。工业过程数据存在强非线性和共线性问题，常被称为“数据丰富而信息贫乏”，采用全部变量建模会使模型复杂度增加、预报精度下降和建模速度变慢。由于采用全部变量建模不仅增加了模型的复杂度，而且影响模型的建模精度和速度。因此，在建立软测量模型前进行变量选择是一项关键工作[394]。

针对工业过程中具有这样特性的数据，通常的建模方法有两种[139]：一是通过特征提取实现降维和消除共线性，以提取的特征建立软测量模型，如以PCA提取的特征建立模型；二是采用能够同时提取输入输出数据变化率的潜在变量建模，如以PLS方法建立模型。特征提取存在的问题是提取的特征并不一定与输出数据具有最大的相关度，如筒体振动频谱与磨机内部的MBVR就存在这样的关系[117]。PLS方法在处理高维共线性数据上很有优势，目前已经广泛地应用于化学计量学、稳态过程和动态过程的建模及过程监视[73]，但PLS不适用于建立非线性模型。针对PLS方法的缺点，出现了二次型PLS、神经网络PLS、模糊PLS及KPLS方法等非线性PLS建模方法，其中KPLS算法在高维谱数据建模中取得了较好的应用效果。

为了保证离线建立的软测量模型的性能，必须要求建模数据能够覆盖所有未来可能发生的过程状态，并且软测量模型参数能够适用所有的工况变化。工业过程中物料属性的波动、催化剂活性的变化、不同产品的质量和产量的改变以及外部环境的变化等因素使得工业过程具有时变特性。工业过程对象的特性和工作点不可避免地要偏离建立软测量模型时的工作点。因此，软测量模型依据工业过程的时变特性进行自适应更新是非常必要的[67]。

滑动窗口和递推技术是进行PCA/PLS模型更新的常用方法，在复杂工业过程的监视和建模中得到了广泛应用[76-79, 395]。滑动窗口方法通过采用滑动的时间窗加入最新样本并丢弃最旧样本的方式产生新的过程模型；为保证过程建模和监视的准确性，滑动窗必须包含大量的足以反映工业过程变化的建模数据；较小的滑动窗可以快速地适应工业过程的变化，但会导致某些异常工况难以检测；即使快速 MWPCA/PLS也不能够有效地解决滑动窗口的大小问题。基于递推RPCA/RPLS技术，不丢弃任何旧的样本，而是采用每个新的样本更新模型，模型的运算耗时会逐渐增加；RPCA方法还要结合具体的能够在线更新的建模算法才能建立有效的在线更新模型；RPLS除了存在递推方法的缺点外，其只能建立线性模型。工业过程多为具有时变特征的非线性过程，需要有效的可以自适应更新的非线性软测量模型。

正常工况下运行的工业过程多是慢时变的，多数新样本并没有包含明显的时变信息，需要采用一种决策算法判断新样本代表过程特性漂移幅度的大小，并依据过程的实际需求设定阈值，判断是否进行模型更新，从而减少模型更新次数和提高模型预测性能。文献[139]提出了采用SPE和Hotelling's T^2监视新样本，并根据变化范围是否超过SPE和T^2控制限判断是否进行模型更新，但这种方法不能设定阈值，难以控制模型的更新次数。文献[141，142]提出在核特征空间中采用近似线性依靠(Approximate linear dependence，ALD)条件检查新样本与建模样本间的线性依靠关系，从而递推更新最小二乘和SVM模型的建模方法。文献[145]和[146]提出了基于核空间ALD条件的在线KPLS和稀疏KPLS算法。核映射之后非线性问题可转化为线性问题，但是采用基于核空间的ALD条件进行模型更新条件判断时，很难选择核参数和建模样本保证核矩阵的正定。

为简化判断样本更新的ALD条件，本书提出了在训练样本的原始空间中采用ALD条件判断新样本与训练样本库的线性独立关系，若满足设定条件，更新模型；否则，不更新模型。基于该准则，本章描述了在线PCA(Online PLC，OLPCA)[396]、在线PLS(Online PLS，OLPLS)[397]，以及在线KPLS(Online KPLS，OLKPLS)[398]的建模方法，并采用合成数据及Benchmark平台数据验证了所提方法的有效性。

针对采用高维筒体振动频谱建模会增加模型复杂度和降低模型泛化性的问题，文献[293]提出了基于提取和选择筒体振动频谱特征的磨机负荷参数检测方法，但这种单一模型的建模精度低。研究表明，集成建模方法可以提高软测量模型的建模精度[103, 61]。集成建模需要解决的首要问题是如何构建集成子模型。针对基于高维数据的集成建模，操纵输入特征的策略较为有效，如文献[399]提出了采用随机子空间构造基于决策树的集成分类器，文献[109]提出了基于特征提取的集成分类器设计方法，文献[110]则采用遗传算法选择特征子集获得子模型的多样性。集成建模中需要解决的另一个问题是集成子模型的合并[111]。集成模型复杂度高，只选择部分子模型的选择性集成建模方法获得了关注[101, 64, 124]，但目前的选择性集成建模方法没有同时优化选择子模型及其加权系数。为适应工业过程的时变特性，集成模型可以采用在线更新子模型及其权系数的方式实现自适应集成建模[150]。如何针对特定应用问题提出新的在线集成建模方法是基于高维数据的集成建模需要解决的问题之一。基于筒体振动频谱，文献[393]提出了磨机负荷参数KPLS集成模型，并对加权系数进行了在线更新，但存在子模型的估计精度高于集成模型的问题。考虑到筒体振动、振声的频谱特征及磨机电流信号之间存在的冗余性与互补性，为实现多传感器信息的最佳融合，文献[384]提出了选择性集多传感器信息的磨机负荷参数软测量方法。磨矿过程连续生产和球磨机旋转运行的特点，难以在短期内采集足够的能够代表不同工况的筒体振动数据；而且离线模型难以适应磨矿过程的特性漂移。

综上，本书描述了基于在线集成KPLS(Online ensemble KPLS，OLEKPLS)更新子模型和在线AWF算法更新子模型加权系数的在线集成建模方法，并基于实验球磨机的筒体振动、振声等实际运行数据进行了仿真验证。

本章提出的磨机负荷参数在线集成建模软测量方法是建立在离线软测量模型基础上的，是对4.5节的基于单尺度频谱的选择性集成模型进行了在线更新，其实质上就是先解决了软测量模型的泛化问题后，再解决软测量模型的动态自适应更新问题。从另外一个视角看，离线软测量实际上解决了如何选择多源数据特征实现最优信息融合，在线建模需要解决对磨矿过程概念漂移的自适应问题。

面对类似磨矿过程这样的复杂工业过程中难以检测参数磨机负荷的软测量问题，本书作者将其分为两阶段建模：第一阶段的离线建模进行多源信息的选择性融合，选择与难以检测参数具有强相关性的特征子集建立选择性集成模型；第二阶段的在线集成建模，通过识别代表工业特性漂移的样本进行模型的动态自适应更新。

本书所提出的 OLPCA 、OLPLS 和 OLKPLS 方法可以推广应用到其它工业过程的非线性建模。基于 ALD 条件进行更新样本识别的方法也可以与其它建模方法相结合。基于 OLEKPLS 的软测量方法可以在具有与多源频谱有类似特征的光谱、基因序列等小样本高维数据的建模中进行推广应用。

5.2 递推更新算法

此处只介绍 PCA 和 PLS 递推更新算法，针对 PCA 算法只介绍得分向量的递推更新。

5.2.1 递推主元分析(RPCA)算法

1. 得分向量和得分矩阵递推

假设原始数据 $\boldsymbol{X}_k^0 \in R^{k\times p}$ 由 k 个样本(行)和 p 个变量组成(列)，则 $\boldsymbol{X}_k^0$ 首先被标准化为 0 均值 1 方差的 $\boldsymbol{X}_k$ 。$\boldsymbol{X}_k$ 按下式分解：

$$\boldsymbol{X}_k = \boldsymbol{t}_1\boldsymbol{p}_1^{\mathrm{T}} + \boldsymbol{t}_2\boldsymbol{p}_2^{\mathrm{T}} + \cdots + \boldsymbol{t}_h\boldsymbol{p}_h^{\mathrm{T}} + \boldsymbol{t}_{h+1}\boldsymbol{p}_{h+1}^{\mathrm{T}} + \cdots + \boldsymbol{t}_p\boldsymbol{p}_p^{\mathrm{T}} \tag{5.1}$$

其中，$\boldsymbol{t}_{i_{\mathrm{PCA}}}$ 和 $\boldsymbol{p}_{i_{\mathrm{PCA}}}$（$i_{\mathrm{PCA}}=1,\cdots,p$）分别称为得分向量和负载向量。

$\boldsymbol{p}_{i_{\mathrm{PCA}}}$ 是如下式所示的相关系数阵 $\boldsymbol{R}_k \in \Re^{p\times p}$ 的第 i 个特征向量：

$$\begin{cases} \boldsymbol{R}_k \approx \dfrac{1}{k-1}\boldsymbol{X}_k^{\mathrm{T}} \cdot \boldsymbol{X}_k \\ (\boldsymbol{R}_k - \lambda_k)\boldsymbol{P}_k = 0 \end{cases} \tag{5.2}$$

其中，λ_k 是 $\boldsymbol{R}_k$ 的特征值。

由于 $\boldsymbol{T}_k \in \Re^{k\times p}$ 是 $\boldsymbol{X}_k$ 在 $\boldsymbol{P}_k$ 上的正交映射：

$$\boldsymbol{T}_k = \boldsymbol{X}_k \boldsymbol{P}_k \tag{5.3}$$

通过分解 $\boldsymbol{X}_k$ 实现维数约减：

$$\boldsymbol{X}_k = \hat{\boldsymbol{X}}_k + \tilde{\boldsymbol{X}}_k = \hat{\boldsymbol{T}}_k \hat{\boldsymbol{P}}_k^{\mathrm{T}} + \tilde{\boldsymbol{T}}_k \tilde{\boldsymbol{P}}_k^{\mathrm{T}} \tag{5.4}$$

其中，$\hat{\boldsymbol{X}}_k$ 和 $\tilde{\boldsymbol{X}}_k$ 分别是建模部分和残差部分；$\hat{\boldsymbol{P}}_k \in \Re^{p\times h}$ 称为负荷矩阵，在过程监视中称为PCA模型；$\tilde{\boldsymbol{P}}_k^{\mathrm{T}} \in \Re^{p\times(p-h)}$ 和 $\tilde{\boldsymbol{T}}_k \in \Re^{n\times(p-h)}$ 称为残差的负荷和得分矩阵；$\hat{\boldsymbol{T}}_k \in \Re^{n\times h}$ 称为得分矩阵，在过程建模中用于构建过程模型，可表示为：

$$\hat{\boldsymbol{T}}_k = \boldsymbol{X}_k \hat{\boldsymbol{P}}_k \tag{5.5}$$

$\boldsymbol{X}_k^0$ 的均值可表示为：

$$\boldsymbol{u}_k = \frac{1}{n}(\boldsymbol{X}_k^0)^{\mathrm{T}} \mathbf{1}_k, \quad \boldsymbol{u}_k \in R^{p\times 1} \tag{5.6}$$

其中，$\boldsymbol{1}_k = [1,\cdots,1]^{\mathrm{T}} \in R^k$。$\boldsymbol{X}_k^0$ 的标准化公式为：

$$\boldsymbol{X}_k = (\boldsymbol{X}_k^0 - \mathbf{1}_k \boldsymbol{u}_k^{\mathrm{T}}) \textstyle\sum_k^{-1} \tag{5.7}$$

其中，$\sum_k = \mathrm{diag}(\sigma_{k1},\cdots,\sigma_{kp})$，$\sigma_{ki_{\mathrm{PCA}}}$ 是第 i_{PCA} 个变量的标准偏差。

当新样本 $\boldsymbol{x}_{k+1}^0$ 可用时，$\boldsymbol{u}_{k+1}$、$\sigma_{(k+1)i_{\mathrm{PCA}}}$ 和 $\boldsymbol{R}_{k+1}$ 的递归计算可由如下公式得到[71]：

$$\boldsymbol{u}_{k+1} = \frac{k}{k+1}\boldsymbol{u}_k + \frac{1}{k+1}(\boldsymbol{x}_{k+1}^0)^{\mathrm{T}} \tag{5.8}$$

$$\sigma_{(k+1)i_{\mathrm{PCA}}}^2 = \frac{k-1}{k}\sigma_{ki_{\mathrm{PCA}}}^2 + \Delta \boldsymbol{u}_{k+1}^2(i_{\mathrm{PCA}}) + \frac{1}{k}\left\| \boldsymbol{x}_{k+1}^0(i_{\mathrm{PCA}}) - \boldsymbol{u}_{k+1}(i_{\mathrm{PCA}}) \right\|^2 \tag{5.9}$$

$$\boldsymbol{R}_{k+1} = \frac{k-1}{k} \cdot \textstyle\sum_{k+1}^{-1} \cdot \sum_k \cdot \boldsymbol{R}_k \cdot \sum_k \cdot \sum_{k+1}^{-1} + \sum_{k+1}^{-1} \cdot \Delta \boldsymbol{u}_{k+1} \cdot \Delta \boldsymbol{u}_{k+1}^{\mathrm{T}} \cdot \sum_{k+1}^{-1} + \frac{1}{k} \cdot \boldsymbol{x}_{k+1}^{\mathrm{T}} \cdot \boldsymbol{x}_{k+1} \tag{5.10}$$

其中，$\boldsymbol{x}_{k+1} = (\boldsymbol{x}_{k+1}^0 - \mathbf{1} \cdot \boldsymbol{u}_{k+1}^{\mathrm{T}}) \cdot \sum_{k+1}^{-1}$，$\sum_l = \mathrm{diag}(\sigma_{l1},\cdots,\sigma_{lp}), l = k, k+1$。

通过对 $\boldsymbol{R}_{k+1}$ 进行奇异值分解，求得 $\boldsymbol{R}_{k+1}$ 的特征向量 $\boldsymbol{P}_{R_{k+1}}$。

假设最大主元个数为 h，新 PCA 模型 $\hat{\boldsymbol{P}}_{k+1}$ 为：

$$\hat{\boldsymbol{P}}_{k+1} = \boldsymbol{P}_{R_{k+1}}(:,1:h) \tag{5.11}$$

利用公式(5.5)，新样本的得分向量和新的得分矩阵可用下式计算：

$$\begin{cases} \hat{\boldsymbol{t}}_{k+1} = \boldsymbol{x}_{k+1} \cdot \hat{\boldsymbol{P}}_{k+1} \\ \hat{\boldsymbol{T}}_{k+1} = \begin{bmatrix} \hat{\boldsymbol{T}}_k \cdot \hat{\boldsymbol{P}}_k^{\mathrm{T}} \cdot \sum_k \cdot \sum_{k+1}^{-1} - \mathbf{1}_k \cdot \Delta \boldsymbol{u}_{k+1}^{\mathrm{T}} \cdot \sum_{k+1}^{-1} \\ \boldsymbol{x}_{k+1} \end{bmatrix} \cdot \hat{\boldsymbol{P}}_{k+1} \end{cases} \tag{5.12}$$

其推导详见 5.3.1 节。

2. 主元数量更新

基于相关系数阵 PCA 算法的主元数量更新方法主要包括：

1) 方差累计贡献率法

新 PCA 模型的方差累计贡献率(CPV)按如下公式计算：

$$\mathrm{CPV}_{h_{k+1}} = 100\sum_{i_{k+1}=1}^{h_{k+1}} \lambda_{i_{k+1}} \bigg/ \sum_{i_{k+1}=1}^{p} \lambda_{i_{k+1}} \tag{5.13}$$

其中，$\lambda_{i_{k+1}}$ 为 $\boldsymbol{R}_{k+1}$ 的特征值；p 为变量的个数；h_{k+1} 为更新后的主元个数。

当 $\mathrm{CPV}_{h_{k+1}}$ 值大于据经验设定期望的 $\mathrm{CPV}_{\mathrm{limit}}$，将主元个数更新为 h_{k+1}。

2) 平均特征值法

计算当特征值大于 $\bar{\lambda}_{k+1} = \dfrac{\mathrm{trace}(R_{k+1})}{p}$ 的个数为更新模型的主元个数。

3) 重构误差法

依据 PCA 模型，计算矩阵 $\hat{\boldsymbol{P}}_{k+1}\hat{\boldsymbol{P}}_{k+1}^{\mathrm{T}}$ 第 i_{PCA} 个输入变量重构误差的变化：

$$u_{r_{k+1}i_{\mathrm{PCA}}} = \frac{r_{k+1}(i_{\mathrm{PCA}}, i_{\mathrm{PCA}}) - 2c_{k+1}^{\mathrm{T}}(:, i_{\mathrm{PCA}})\cdot r_{k+1}(:, i_{\mathrm{PCA}}) + c_{k+1}^{\mathrm{T}}(:, i_{\mathrm{PCA}})\cdot R_{k+1}\cdot c_{k+1}(:, i_{\mathrm{PCA}})}{(1 - c_{k+1}(i_{\mathrm{PCA}}, i_{\mathrm{PCA}}))^2}, \quad i_{\mathrm{PCA}} = 1, \cdots, p \tag{5.14}$$

其中，$c_{k+1}(:, i_{\mathrm{PCA}})$ 和 $c_{k+1}(i_{\mathrm{PCA}}, i_{\mathrm{PCA}})$ 是矩阵 $\hat{\boldsymbol{P}}_{k+1}\hat{\boldsymbol{P}}_{k+1}^{\mathrm{T}}$ 的第 i_{PCA} 列和第 $i_{\mathrm{PCA}}i_{\mathrm{PCA}}$ 个值；$r_{k+1}(:, i_{\mathrm{PCA}})$ 和 $r_{k+1}(i_{\mathrm{PCA}}, i_{\mathrm{PCA}})$ 是矩阵 R_{k+1} 的第 i_{PCA} 列和第 $i_{\mathrm{PCA}}i_{\mathrm{PCA}}$ 个值，按下式计算 VRE：

$$\mathrm{VRE}(h_{k+1}) = \sum_{i_{\mathrm{PCA}}=1}^{p} \frac{u_{r_{k+1}i_{\mathrm{PCA}}}}{\mathrm{var}(x_{i_{\mathrm{PCA}}})} \tag{5.15}$$

其中，$\mathrm{var}(x_{i_{\mathrm{PCA}}})$ 是输入变量中第 i_{PCA} 个变量的方差。

选择使 $\mathrm{VRE}(h_{k+1})$ 值最小的主元个数为更新模型的主元个数。

5.2.2 递推偏最小二乘(RPLS)算法

将输入和输出变量分别记为 $\boldsymbol{X}_k \in \Re^{k\times p}$ 和 $\boldsymbol{Y}_k \in \Re^{k\times q}$，PLS 算法可以把矩阵 $\boldsymbol{X}_k$ 和 $\boldsymbol{Y}_k$ 分解为两个矩阵和残差之和。

$$\boldsymbol{X}_k = \boldsymbol{T}\boldsymbol{P}^{\mathrm{T}} + \boldsymbol{E} \tag{5.16}$$

$$\boldsymbol{Y}_k = \boldsymbol{U}\boldsymbol{Q}^{\mathrm{T}} + \boldsymbol{F} \tag{5.17}$$

其中，$\boldsymbol{T} = [\boldsymbol{t}_1, \boldsymbol{t}_2, \cdots, \boldsymbol{t}_h]$ 和 $\boldsymbol{U} = [\boldsymbol{u}_1, \boldsymbol{u}_2, \cdots, \boldsymbol{u}_h]$ 是得分矩阵；$\boldsymbol{P} = [\boldsymbol{p}_1, \boldsymbol{p}_2, \cdots, \boldsymbol{p}_h]$ 和 $\boldsymbol{Q} = [\boldsymbol{q}_1, \boldsymbol{q}_2, \cdots, \boldsymbol{q}_h]$ 是负荷矩阵。将这两个矩阵改写为一个多元回归模型：

$$\boldsymbol{Y}_k = \boldsymbol{X}_k\boldsymbol{C} + \boldsymbol{G} \tag{5.18}$$

其中，$\boldsymbol{G}$ 是噪声矩阵；$\boldsymbol{C}$ 是回归系数矩阵，采用如下公式计算：

$$\boldsymbol{C} = \boldsymbol{X}_k^{\mathrm{T}}\boldsymbol{U}(\boldsymbol{T}^{\mathrm{T}}\boldsymbol{X}_k\boldsymbol{X}_k^{\mathrm{T}}\boldsymbol{U})^{-1}\boldsymbol{T}^{\mathrm{T}}\boldsymbol{Y}_k \tag{5.19}$$

递推算法就是采用新样本更新离线建立的软测量模型。假定$\boldsymbol{X}_k$的秩是r，那么PLS算法的最大潜在变量个数不超过r。将数据$\{\boldsymbol{X}_k,\boldsymbol{Y}_k\}$建立的PLS模型表示为$\{\boldsymbol{T},\boldsymbol{W},\boldsymbol{P},\boldsymbol{B},\boldsymbol{Q}\}$：

$$\{\boldsymbol{X}_k,\boldsymbol{Y}_k\}\xrightarrow{\text{PLS}}\{\boldsymbol{T},\boldsymbol{W},\boldsymbol{P},\boldsymbol{B},\boldsymbol{Q}\} \tag{5.20}$$

其中，$T=[\boldsymbol{t}_1,\boldsymbol{t}_2,\cdots,\boldsymbol{t}_r]$，$\boldsymbol{W}=[\boldsymbol{w}_1,\boldsymbol{w}_2,\cdots,\boldsymbol{w}_r]$，$\boldsymbol{P}=[\boldsymbol{p}_1,\boldsymbol{p}_2,\cdots,\boldsymbol{p}_r]$，$\boldsymbol{B}=\text{diag}[\boldsymbol{b}_1,\boldsymbol{b}_2,\cdots,\boldsymbol{b}_r]$和$\boldsymbol{Q}=[\boldsymbol{q}_1,\boldsymbol{q}_2,\cdots,\boldsymbol{q}_r]$。

给定PLS模型$\{\boldsymbol{X}_k,\boldsymbol{Y}_k\}\xrightarrow{\text{PLS}}\{\boldsymbol{T},\boldsymbol{W},\boldsymbol{P},\boldsymbol{B},\boldsymbol{Q}\}$和新样本$\{\boldsymbol{x}_{k+1},\boldsymbol{y}_{k+1}\}$，Qin提出如下递推PLS(Recursive PLS，RPLS)更新算法：

步骤1　标准化数据矩阵$\{\boldsymbol{X}_k,\boldsymbol{Y}_k\}$为零均值1方差。

步骤2　采用4.3.1节算法得到PLS模型：$\{\boldsymbol{X}_k,\boldsymbol{Y}_k\}\xrightarrow{\text{PLS}}\{\boldsymbol{T},\boldsymbol{W},\boldsymbol{P},\boldsymbol{B},\boldsymbol{Q}\}$，其中计算$r$个潜在变量，直到$\|\boldsymbol{E}_r\|\leqslant\varepsilon$($\varepsilon>0$是误差限)，进而得到足够多的潜变量个数。

步骤3　当新的数据对$\{\boldsymbol{x}_{k+1}^0,\boldsymbol{y}_{k+1}^0\}$可用时，采用与步骤1相同的方法进行标定，并记为$\boldsymbol{X}_{k+1}=\begin{bmatrix}\boldsymbol{P}^{\mathrm{T}}\\ \boldsymbol{x}_{k+1}\end{bmatrix},\boldsymbol{Y}_{k+1}=\begin{bmatrix}\boldsymbol{B}\boldsymbol{Q}^{\mathrm{T}}\\ \boldsymbol{y}_{k+1}\end{bmatrix}$，然后返回步骤2。

在上述RPLS算法的步骤3中，新数据的均值和方差是采用旧模型均值和方差进行标定的。当有新样本用于更新时，新模型的均值和方差已经发生了变化。因此，均值和方差也应该递推更新。

5.3　更新样本识别算法

工业过程多具有时变特性，离线建立的非线性模型$f(\cdot)$不能代表当前工况。在时刻m_n，工业过程模型的输入输出关系采用下式表示：

$$y_{m_n}=f'(\boldsymbol{x}_{m_n}),\quad m_n=k+1,k+2,\cdots \tag{5.21}$$

其中，$f'(\cdot)$是代表工业特性漂移后的新非线性模型；$\boldsymbol{x}_{m_n}$是在时刻m_n的输入变量。

正常工况下运行的工业过程多是慢时变的，多数新样本可能并没有包含明显的时变信息。每次新样本$\boldsymbol{x}_{k+1}^0$出现时，通常采用的基于滑动窗口和递推技术采用每个新样本进行模型更新，不但耗时而且没有必要。

因此，建立非线性过程的在线更新模型时，至少需要以下步骤：

(1) 离线建模。

(2) 新样本依据旧模型进行测量输出。

(3) 识别新样本是否能够表征工业过程的特性漂移，即进行更新样本识别并判断是否用于更新旧模型。

(4) 采用新样本更新或重新构建非线性模型$\hat{f}'(\cdot)$。

5.3.1　基于PCA模型

针对化工和半导体制造等具有时变特性的工业过程，基于PCA的过程监视方法得到成功应用。首先基于训练样本建立PCA模型，然后将标定后的新样本 $\boldsymbol{x}_{k+1}$ 分为两部分：

$$\boldsymbol{x}_{k+1} = \hat{\boldsymbol{x}}_{k+1} + \tilde{\boldsymbol{x}}_{k+1} \tag{5.22}$$

其中，$\hat{\boldsymbol{P}}_k$ 是负荷矩阵；$\hat{\boldsymbol{x}}_{k+1} = \boldsymbol{x}_{k+1}\hat{\boldsymbol{P}}_k\hat{\boldsymbol{P}}_k^{\mathrm{T}}$ 和 $\tilde{\boldsymbol{x}}_{k+1} = \boldsymbol{x}_{k+1}(\boldsymbol{I} - \hat{\boldsymbol{P}}_k\hat{\boldsymbol{P}}_k^{\mathrm{T}})$ 是 $\boldsymbol{x}_{k+1}$ 在PCS和RS上的投影。

通常SPE和Hotelling's T^2用于度量新样本与PCA模型间的差异，其中SPE度量新样本在RS上的投影，表示新样本偏离模型的程度；T^2度量新样本在PCS上的变化，表示新样本在模型内部的偏离程度。

SPE和T^2的计算如下[140]：

$$\begin{cases} \hat{\boldsymbol{t}}_{k+1} = \boldsymbol{x}_{k+1}\hat{\boldsymbol{P}}_k \\ \hat{\boldsymbol{x}}_{k+1} = \hat{\boldsymbol{t}}_{k+1}\hat{\boldsymbol{P}}_k^{\mathrm{T}} \\ \tilde{\boldsymbol{x}}_{k+1} = \boldsymbol{x}_{k+1} - \hat{\boldsymbol{x}}_{k+1} \\ SPE \equiv \left\|\tilde{\boldsymbol{x}}_{k+1}\right\|^2 = \left\|\boldsymbol{x}_{k+1}(\boldsymbol{I} - \hat{\boldsymbol{P}}_k\hat{\boldsymbol{P}}_k^{\mathrm{T}})\right\|^2 \end{cases} \tag{5.23}$$

$$T^2 = \boldsymbol{x}_{k+1}\hat{\boldsymbol{P}}_k\hat{\boldsymbol{\Lambda}}^{-1}\hat{\boldsymbol{P}}_k^{\mathrm{T}}\boldsymbol{x}_{k+1}^{\mathrm{T}} \tag{5.24}$$

其中，$\hat{\boldsymbol{\Lambda}}_k = \hat{\boldsymbol{T}}_k^T\hat{\boldsymbol{T}}_k/(k-1) = \mathrm{diag}\{\lambda_1, \lambda_2, \cdots, \lambda_h\}$ 是由前 h 个特征值组成的特征向量；$\hat{\boldsymbol{T}}_k$ 是得分矩阵。

如果SPE和T^2满足如下条件，认为该过程正常[140，400]。

$$\begin{cases} SPE \leqslant SPE_{\alpha_{pro}} \\ T^2 \leqslant T^2_{\alpha_{pro}} \end{cases} \tag{5.25}$$

其中，$SPE_{\alpha_{pro}}$ 和$T^2_{\alpha_{pro}}$ 分别表示SPE和T^2的控制限。

SPE 的控制限定义如下[140]：

$$\begin{cases} SPE_{\alpha_{pro}} = \Theta_1\left[\dfrac{c_\alpha\sqrt{2\Theta_2 h_0^2}}{\Theta_1} + 1 + \dfrac{\Theta_2 h_0(h_0-1)}{\Theta_1^2}\right]^{1/h_0} \\ h_0 = 1 - \dfrac{2\Theta_1\Theta_3}{3\Theta_2^2} \\ \Theta_{i'} = \displaystyle\sum_{i_{\mathrm{PCA}}=h+1}^{p} \lambda_{i_{\mathrm{PCA}}}^{i'}, \quad i' = 1,2,3 \end{cases} \tag{5.26}$$

其中，α_{pro} 是假设检验中I类错误发生的概率；$c_{\alpha_{pro}}$ 是在置信上限为$(1-\alpha_{pro})$时的偏离值。

T^2 的控制限定义如下：

$$T^2_{\alpha_{pro}} = \frac{h(k-1)}{k-h}F_{h,k-1;\alpha_{pro}} \tag{5.27}$$

其中，$F_{h,k-1,\alpha_{pro}}$ 是自由度为h和$k-1$时的F分布。

异常工业过程工况均可使SPE 和T^2 同时发生变化。

合并SPE和T^2的综合指标定义如下[140]：

$$\varphi=\frac{SPE}{SPE_{\alpha_{pro}}}+\frac{T^2}{T^2_{\alpha_{pro}}}=\boldsymbol{x}_{k+1}\left(\frac{\boldsymbol{I}-\hat{\boldsymbol{P}}_k\hat{\boldsymbol{P}}_k^{\mathrm{T}}}{SPE_{\alpha_{pro}}}+\frac{\hat{\boldsymbol{P}}_k\Lambda_k^{-1}\hat{\boldsymbol{P}}_k^{\mathrm{T}}}{T^2_{\alpha_{pro}}}\right)\boldsymbol{x}_{k+1}^{\mathrm{T}} \tag{5.28}$$

如果综合指标满足如下条件，认为该过程正常：

$$\begin{cases}\varphi\leqslant\xi^2=g\chi^2_{\alpha_{pro}}(h)\\ g=\dfrac{\mathrm{tr}\left(R_k\left(\dfrac{\boldsymbol{I}-\hat{\boldsymbol{P}}_k\hat{\boldsymbol{P}}_k^{\mathrm{T}}}{SPE_{\alpha_{pro}}}+\dfrac{\hat{\boldsymbol{P}}_k\Lambda_k^{-1}\hat{\boldsymbol{P}}_k^{\mathrm{T}}}{T^2_{\alpha_{pro}}}\right)\right)^2}{\mathrm{tr}\left(R_k\left(\dfrac{\boldsymbol{I}-\hat{\boldsymbol{P}}_k\hat{\boldsymbol{P}}_k^{\mathrm{T}}}{SPE_{\alpha_{pro}}}+\dfrac{\hat{\boldsymbol{P}}_k\Lambda_k^{-1}\hat{\boldsymbol{P}}_k^{\mathrm{T}}}{T^2_{\alpha_{pro}}}\right)\right)},h=\dfrac{\left[\mathrm{tr}\left(R_k\left(\dfrac{\boldsymbol{I}-\hat{\boldsymbol{P}}_k\hat{\boldsymbol{P}}_k^{\mathrm{T}}}{SPE_{\alpha_{pro}}}+\dfrac{\hat{\boldsymbol{P}}_k\Lambda_k^{-1}\hat{\boldsymbol{P}}_k^{\mathrm{T}}}{T^2_{\alpha_{pro}}}\right)\right)\right]^2}{\mathrm{tr}\left(R_k\left(\dfrac{\boldsymbol{I}-\hat{\boldsymbol{P}}_k\hat{\boldsymbol{P}}_k^{\mathrm{T}}}{SPE_{\alpha_{pro}}}+\dfrac{\hat{\boldsymbol{P}}_k\Lambda_k^{-1}\hat{\boldsymbol{P}}_k^{\mathrm{T}}}{T^2_{\alpha_{pro}}}\right)\right)^2}\end{cases} \tag{5.29}$$

其中，ξ^2 为综合指标控制限。

上面讨论的 SPE、T^2 及综合指标 φ 均可监视工业过程的变化，如文献[139]给出了结合新样本的 SPE 和 T^2 指标的变化，判断是否进行软测量模型更新的方法。

5.3.2 基于近似线性依靠(ALD)

1. ALD 条件的提出

工业过程中采集的新样本相对于旧的建模样本，通常存在的突变和缓变两种变化。考虑如何用新样本和建模样本间的线性关系来描述这种变化，如图 5.1 所示。

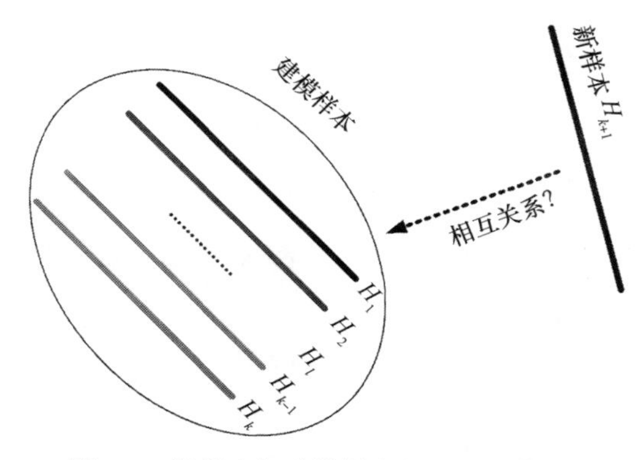

图 5.1 新样本与建模样本间的关系示意图

在原始样本的数据空间中采用近似线性依靠(ALD)条件度量图 5.1 所示关系[396]：

$$\delta_{k+1}=\min\left\|\sum_{l=1}^{k}\alpha_l\boldsymbol{x}_l-\boldsymbol{x}_{k+1}\right\|^2 \tag{5.30}$$

其中，$\boldsymbol{x}_{k+1}$ 代表新样本；$\{\boldsymbol{x}_l\}_{l=1}^k$ 代表旧的建模样本；$\boldsymbol{\alpha}_{k+1}=[\alpha_1\quad\alpha_2\quad\cdots\quad\alpha_k]^{\mathrm{T}}$。

结合 ALD 条件 δ_{k+1} 和给定阈值 v，判断是否更新模型进而控制模型更新次数：若 δ_{k+1} 小于等于设定阈值 v，不进行模型更新；否则，表明该新样本与建模样本相对独立，进行模型更新。

在线建模过程中，通常比较关注建模精度和建模速度。最大化的建模精度和最快的建模速度是在线建模的优化目标，如下所示：

$$\max J_{\text{pred}} = F_1(v, M_{\text{type}}, M_{\text{para}}) \tag{5.31}$$

$$\min J_{\text{time}} = F_2(v, M_{\text{type}}, M_{\text{para}}) \tag{5.32}$$

其中，J_{pred} 和 J_{time} 表示建模精度和速度；M_{type} 和 M_{para} 表示模型类型和参数；v 是设定阈值，$0 \leqslant v \leqslant v_{\text{lim}}$，其中 v_{lim} 是阈值的最大限制值。阈值的大小与在线模型的更新次数、建模精度和速度密切相关：如阈值较小时，更多的样本参与模型更新，J_{pred} 和 J_{time} 均变大；反之，J_{pred} 和 J_{time} 均变小。

建模精度和速度是两个相互冲突的优化目标。实际应用中，不同工业系统对建模精度与速度的侧重程度不同，阈值的选择策略不同：

(1) 侧重于建模精度时选择较小阈值，极限情况则是 $v=0$，即每个新样本均参与更新。

(2) 侧重于建模速度时选择较大阈值，极限情况则是 $v=v_{\text{lim}}$，即没有新样本参与模型更新。

(3) 若需要在建模精度和速度间进行均衡，阈值选择可表述为单目标优化问题：

$$\max J = \gamma_1 \cdot J_{\text{pred}}(v_{j_v}) + \gamma_2 \cdot J_{\text{time}}(v_{j_v})$$
$$s.t.\begin{cases} J_{\text{pred\_low}} < J_{\text{pred}}(v_{j_v}) < J_{\text{pred\_high}} \\ J_{\text{time\_low}} < J_{\text{time}}(v_{j_v}) < J_{\text{time\_high}} \\ 0 < \gamma_1, \gamma_2 < 1 \\ \gamma_1 + \gamma_2 = 1 \end{cases} \tag{5.33}$$

其中，$J_{\text{pred}}(v_{j_v})$ 和 $J_{\text{time}}(v_{j_v})$ 是采用阈值 v_{j_v} 时的建模精度和速度；$J_{\text{pred\_low}}$ 和 $J_{\text{pred\_high}}$、$J_{\text{time\_low}}$ 和 $J_{\text{time\_high}}$ 是工业过程可以接受的建模精度、建模速度的下限和上限；γ_1 和 γ_2 是在建模精度和建模速度间进行均衡的加权系数。

最佳阈值需要依据使用者经验和特定问题确定。

2．ALD 条件的求解

对于给定的建模样本流 $\{(\boldsymbol{x}_1^0, y_1^0), (\boldsymbol{x}_2^0, y_2^0), \cdots\}, \boldsymbol{x}_l^0 \in \chi, y_l^0 \in R$，设 $\boldsymbol{X}_k^0 \in R^{k\times p}$ 是原始的初始建模数据集，$\boldsymbol{X}_k^0$ 的均值按下式计算：

$$\boldsymbol{u}_k = \frac{1}{k}(\boldsymbol{X}_k^0)^{\text{T}} \cdot \boldsymbol{1}_k, \quad \boldsymbol{u}_k \in R^{p\times 1} \tag{5.34}$$

其中，$\boldsymbol{1}_k = [1, \cdots, 1]^{\text{T}} \in R^k$。

将 $\boldsymbol{X}_k^0$ 标准化为 0 均值 1 方差的数据，表示为

$$\boldsymbol{X}_k = (\boldsymbol{X}_k^0 - \boldsymbol{1}_k \boldsymbol{u}_k^{\text{T}}) \cdot \Sigma_k^{-1} \tag{5.35}$$

其中，$\Sigma_k = \text{diag}(\sigma_{k1_p}, \cdots, \sigma_{kp_p})$；$\sigma_{ki_p}$ 表示第 i_p 个输入变量的标准差。

将建模样本库 $\{\boldsymbol{x}_l\}_{l=1}^{k}$ 定义为 $\boldsymbol{D}_k=\{\boldsymbol{x}_l\}_{l=1}^{k}$，新样本 $\boldsymbol{x}_{k+1}^{0}$ 的均值向量 $\boldsymbol{u}_{k+1}$ 采用下式递推更新：

$$\boldsymbol{u}_{k+1}=\frac{k}{k+1}\boldsymbol{u}_k+\frac{1}{k+1}(\boldsymbol{x}_{k+1}^{0})^{\mathrm{T}} \tag{5.36}$$

记 $\Delta\boldsymbol{u}_{k+1}=\boldsymbol{u}_{k+1}-\boldsymbol{u}_k$，根据标准差的定义，按下式求第 i_p 个变量的标准差 $\sigma_{(k+1)\cdot i_p}$：

$$\sigma_{(k+1)\cdot i_p}^{2}=\frac{k-1}{k}\sigma_{k\cdot i_p}^{2}+\Delta\boldsymbol{u}_{k+1}^{2}(i_p)+\frac{1}{k}\left\|\boldsymbol{x}_{k+1}^{0}(i_p)-\boldsymbol{u}_{k+1}(i_p)\right\|^{2} \tag{5.37}$$

$\boldsymbol{x}_{k+1}^{0}$ 采用下式进行标定：

$$\boldsymbol{x}_{k+1}=(\boldsymbol{x}_{k+1}^{0}-\mathbf{1}\cdot\boldsymbol{u}_{k+1}^{\mathrm{T}})\cdot\Sigma_{k+1}^{-1} \tag{5.38}$$

其中，$\Sigma_{k+1}=\mathrm{diag}(\sigma_{(k+1)1_p},\cdots,\sigma_{(k+1)p_p})$。

展开式(5.30)定义的 ALD 条件，可得[396]

$$\begin{aligned}\delta_{k+1}&=\min_{\alpha}\left\{\sum_{l,m=1}^{k}\alpha_l\alpha_m\langle\boldsymbol{x}_l,\boldsymbol{x}_m\rangle-2\sum_{m=1}^{k}\alpha_m\langle\boldsymbol{x}_m,\boldsymbol{x}_{k+1}\rangle+\langle\boldsymbol{x}_{k+1},\boldsymbol{x}_{k+1}\rangle\right\}\\&=\min_{\alpha}\left\{\boldsymbol{\alpha}_{k+1}^{\mathrm{T}}\tilde{\boldsymbol{K}}_k\boldsymbol{\alpha}_{k+1}-2\alpha_{k+1}^{\mathrm{T}}\tilde{\boldsymbol{k}}_k+k_{k+1}\right\}\end{aligned} \tag{5.39}$$

其中，$\tilde{\boldsymbol{K}}_k=\boldsymbol{X}_k\cdot\boldsymbol{X}_k^{\mathrm{T}}$，$\tilde{\boldsymbol{k}}_k=\boldsymbol{X}_k\cdot\boldsymbol{x}_{k+1}^{\mathrm{T}}$，$k_{k+1}=\boldsymbol{x}_{k+1}\cdot\boldsymbol{x}_{k+1}^{\mathrm{T}}$，$\boldsymbol{X}_k=[\boldsymbol{x}_1\quad\boldsymbol{x}_2\quad\cdots\quad\boldsymbol{x}_k]^{\mathrm{T}}$。

最小化 δ_{k+1}，可得解如下：

$$\boldsymbol{\alpha}_{k+1}=\tilde{\boldsymbol{K}}_k^{-1}\tilde{\boldsymbol{k}}_k \tag{5.40}$$

将式(5.40)代入式(5.39)，可得到递推形式的 ALD 值：

$$\delta_{k+1}=k_{k+1}-\tilde{\boldsymbol{k}}_k^{\mathrm{T}}\boldsymbol{\alpha}_{k+1}=k_{k+1}-\tilde{\boldsymbol{k}}_k^{\mathrm{T}}\tilde{\boldsymbol{K}}_k^{-1}\tilde{\boldsymbol{k}}_k \tag{5.41}$$

第 $k+1$ 个新样本与前 k 个建模样本间存在如下关系：

$$\boldsymbol{x}_{k+1}=\sum_{l=1}^{k}\alpha_l\boldsymbol{x}_l+\varepsilon \tag{5.42}$$

其中，ε 是采用建模样本线性表征新样本的近似误差。

求解 δ_{k+1} 需要计算 $\tilde{\boldsymbol{K}}_k$ 的逆，采用如下定理进行 $\tilde{\boldsymbol{K}}_{k+1}$ 和 $\tilde{\boldsymbol{K}}_{k+1}^{-1}$ 的在线更新[396]。

定理 5-1 根据 $\tilde{\boldsymbol{K}}_k$ 的定义，$\tilde{\boldsymbol{K}}_{k+1}$ 可以表示为 $\tilde{\boldsymbol{K}}_{k+1}=\begin{bmatrix}\tilde{\boldsymbol{K}}_k & \tilde{\boldsymbol{k}}_k\\ \tilde{\boldsymbol{k}}_k^{\mathrm{T}} & k_{k+1}\end{bmatrix}$；采用如下的在线更新算法可保证 $\boldsymbol{\alpha}_{k+1}=\tilde{\boldsymbol{K}}_k^{-1}\tilde{\boldsymbol{k}}_k$ 和 $\delta_{k+1}=k_{k+1}-\tilde{\boldsymbol{k}}_k\tilde{\boldsymbol{K}}_k^{-1}\tilde{\boldsymbol{k}}_k^{\mathrm{T}}$ 的存在：

(1) 如果 $\tilde{\boldsymbol{K}}_{k+1}$ 是正定的，$\tilde{\boldsymbol{K}}_{k+1}^{-1}$ 由 $\tilde{\boldsymbol{K}}_k^{-1}$ 计算得到：

$$\tilde{\boldsymbol{K}}_{k+1}^{-1}=\frac{1}{\delta_{k+1}}\begin{bmatrix}\delta_{k+1}\tilde{\boldsymbol{K}}_k^{-1}+\boldsymbol{\alpha}_{k+1}\boldsymbol{\alpha}_{k+1}^{\mathrm{T}} & -\boldsymbol{\alpha}_{k+1}\\ -\boldsymbol{\alpha}_{k+1}^{\mathrm{T}} & 1\end{bmatrix} \tag{5.43}$$

其中，$\boldsymbol{\alpha}_{k+1}=\tilde{\boldsymbol{K}}_k^{-1}\tilde{\boldsymbol{k}}_k$，$\delta_{k+1}=k_{k+1}-\tilde{\boldsymbol{k}}_k\tilde{\boldsymbol{K}}_k^{-1}\tilde{\boldsymbol{k}}_k^{\mathrm{T}}$。

(2) 如果 $\tilde{\boldsymbol{K}}_{k+1}$ 是非正定的，$\tilde{\boldsymbol{K}}_{k+1}^{-1}$ 采用 Moore–Penrose 广义逆计算得到：

$$\tilde{\boldsymbol{K}}_{k+1}^{-1}=\tilde{\boldsymbol{K}}_{k+1}^{\mathrm{T}}(\tilde{\boldsymbol{K}}_{k+1}\tilde{\boldsymbol{K}}_{k+1}^{\mathrm{T}})^{-1} \tag{5.44}$$

证明：
对于分块矩阵

$$\boldsymbol{A}=\begin{bmatrix}\boldsymbol{A}_{11} & \boldsymbol{A}_{12}\\ \boldsymbol{A}_{21} & \boldsymbol{A}_{22}\end{bmatrix} \tag{5.45}$$

并且 $\boldsymbol{A}_{11}$ 和 $\boldsymbol{A}_{22}$ 为非奇异矩阵，则有下式成立：

$$\boldsymbol{A}^{-1}=\begin{bmatrix}(\boldsymbol{A}_{11}-\boldsymbol{A}_{12}\boldsymbol{A}_{22}^{-1}\boldsymbol{A}_{21})^{-1} & -\boldsymbol{A}_{11}^{-1}\boldsymbol{A}_{12}(\boldsymbol{A}_{22}-\boldsymbol{A}_{21}\boldsymbol{A}_{11}^{-1}\boldsymbol{A}_{12})^{-1}\\ -\boldsymbol{A}_{22}^{-1}\boldsymbol{A}_{21}(\boldsymbol{A}_{11}-\boldsymbol{A}_{12}\boldsymbol{A}_{22}^{-1}\boldsymbol{A}_{21})^{-1} & (\boldsymbol{A}_{22}-\boldsymbol{A}_{21}\boldsymbol{A}_{11}^{-1}\boldsymbol{A}_{12})^{-1}\end{bmatrix} \tag{5.46}$$

当一个新样本 $\boldsymbol{z}_{k+1}$ 被加入到建模样本集时，新建模样本集可表示为 $\boldsymbol{Z}_{k+1}=[\boldsymbol{Z}_k \quad \boldsymbol{z}_{k+1}]^{\mathrm{T}}$，则有：

$$\tilde{\boldsymbol{K}}_{k+1}=\boldsymbol{Z}_{k+1}\cdot\boldsymbol{Z}_{k+1}^{\mathrm{T}}=\begin{bmatrix}\boldsymbol{Z}_k\\ \boldsymbol{z}_{k+1}\end{bmatrix}\cdot\begin{bmatrix}\boldsymbol{Z}_k^{\mathrm{T}} & \boldsymbol{z}_{k+1}^{\mathrm{T}}\end{bmatrix}=\begin{bmatrix}\boldsymbol{Z}_k\cdot\boldsymbol{Z}_k^{\mathrm{T}} & \boldsymbol{Z}_k\cdot\boldsymbol{z}_{k+1}^{\mathrm{T}}\\ \boldsymbol{z}_{k+1}\cdot\boldsymbol{Z}_k^{\mathrm{T}} & \boldsymbol{z}_{k+1}\cdot\boldsymbol{z}_{k+1}^{\mathrm{T}}\end{bmatrix}=\begin{bmatrix}\tilde{\boldsymbol{K}}_k & \tilde{\boldsymbol{k}}_k\\ \tilde{\boldsymbol{k}}_k^{\mathrm{T}} & k_{k+1}\end{bmatrix} \tag{5.47}$$

对式(5.47)应用式(5.46)，可得：

$$\begin{aligned}\tilde{\boldsymbol{K}}_{k+1}^{-1}&=\begin{bmatrix}(\tilde{\boldsymbol{K}}_k-\tilde{\boldsymbol{k}}_k k_{k+1}^{-1}\tilde{\boldsymbol{k}}_k^{\mathrm{T}})^{-1} & -\tilde{\boldsymbol{K}}_k^{-1}\tilde{\boldsymbol{k}}_k(k_{k+1}-\tilde{\boldsymbol{k}}_k^{\mathrm{T}}\tilde{\boldsymbol{K}}_k^{-1}\tilde{\boldsymbol{k}}_k)^{-1}\\ -k_{k+1}^{-1}\tilde{\boldsymbol{k}}_k^{\mathrm{T}}(\tilde{\boldsymbol{K}}_k-\tilde{\boldsymbol{k}}_k k_{k+1}^{-1}\tilde{\boldsymbol{k}}_k^{\mathrm{T}})^{-1} & (k_{k+1}-\tilde{\boldsymbol{k}}_k^{\mathrm{T}}\tilde{\boldsymbol{K}}_k^{-1}\tilde{\boldsymbol{k}}_k)^{-1}\end{bmatrix}\\ &=\begin{bmatrix}(\tilde{\boldsymbol{K}}_{k+1}^{-1})_{11} & (\tilde{\boldsymbol{K}}_{k+1}^{-1})_{12}\\ (\tilde{\boldsymbol{K}}_{k+1}^{-1})_{21} & (\tilde{\boldsymbol{K}}_{k+1}^{-1})_{22}\end{bmatrix}\end{aligned} \tag{5.48}$$

将 $\boldsymbol{\alpha}_{k+1}=\tilde{\boldsymbol{K}}_k^{-1}\tilde{\boldsymbol{k}}_k$，$\delta_{k+1}=k_{k+1}-\tilde{\boldsymbol{k}}_k^{\mathrm{T}}\tilde{\boldsymbol{K}}_k^{-1}\tilde{\boldsymbol{k}}_k$ 和式(5.46)代入 $\tilde{\boldsymbol{K}}_{k+1}^{-1}$，则有：

$$\begin{aligned}(\tilde{\boldsymbol{K}}_{k+1}^{-1})_{11}&=(\tilde{\boldsymbol{K}}_k-\tilde{\boldsymbol{k}}_k k_{k+1}^{-1}\tilde{\boldsymbol{k}}_k^{\mathrm{T}})^{-1}\\ &=\tilde{\boldsymbol{K}}_k^{-1}-\tilde{\boldsymbol{K}}_k^{-1}(-\tilde{\boldsymbol{k}}_k)(\tilde{\boldsymbol{k}}_k^{\mathrm{T}}\tilde{\boldsymbol{K}}_k^{-1}(-\tilde{\boldsymbol{k}}_k)+k_{k+1})^{-1}\tilde{\boldsymbol{k}}_k^{\mathrm{T}}\tilde{\boldsymbol{K}}_k^{-1}\\ &=\tilde{\boldsymbol{K}}_k^{-1}+\tilde{\boldsymbol{K}}_k^{-1}\tilde{\boldsymbol{k}}_k(-\tilde{\boldsymbol{k}}_k^{\mathrm{T}}\tilde{\boldsymbol{K}}_k^{-1}\tilde{\boldsymbol{k}}_k+k_{k+1})^{-1}\tilde{\boldsymbol{k}}_k^{\mathrm{T}}\tilde{\boldsymbol{K}}_k^{-1}\\ &=\tilde{\boldsymbol{K}}_k^{-1}+\boldsymbol{\alpha}_{k+1}\cdot(\delta_{k+1})^{-1}\cdot\boldsymbol{\alpha}_{k+1}^{\mathrm{T}}\end{aligned} \tag{5.49}$$

$$(\tilde{\boldsymbol{K}}_{k+1}^{-1})_{12}=-\tilde{\boldsymbol{K}}_k^{-1}\tilde{\boldsymbol{k}}_k(k_{k+1}-\tilde{\boldsymbol{k}}_k^{\mathrm{T}}\tilde{\boldsymbol{K}}_k^{-1}\tilde{\boldsymbol{k}}_k)^{-1}=-\boldsymbol{\alpha}_{k+1}\cdot(\delta_{k+1})^{-1} \tag{5.50}$$

$$\begin{aligned}(\tilde{\boldsymbol{K}}_{k+1}^{-1})_{21}&=-k_{k+1}^{-1}\tilde{\boldsymbol{k}}_k^{\mathrm{T}}(\tilde{\boldsymbol{K}}_k-\tilde{\boldsymbol{k}}_k k_{k+1}^{-1}\tilde{\boldsymbol{k}}_k^{\mathrm{T}})^{-1}\\ &=-k_{k+1}^{-1}\tilde{\boldsymbol{k}}_k^{\mathrm{T}}(\tilde{\boldsymbol{K}}_k^{-1}-\tilde{\boldsymbol{K}}_k^{-1}(-\tilde{\boldsymbol{k}}_k)(\tilde{\boldsymbol{k}}_k^{\mathrm{T}}\tilde{\boldsymbol{K}}_k^{-1}(-\tilde{\boldsymbol{k}}_k)+k_{k+1})^{-1}\tilde{\boldsymbol{k}}_k^{\mathrm{T}}\tilde{\boldsymbol{K}}_k^{-1})\\ &=-k_{k+1}^{-1}\tilde{\boldsymbol{k}}_k^{\mathrm{T}}(\tilde{\boldsymbol{K}}_k^{-1}+\tilde{\boldsymbol{K}}_k^{-1}\tilde{\boldsymbol{k}}_k(-\tilde{\boldsymbol{k}}_k^{\mathrm{T}}\tilde{\boldsymbol{K}}_k^{-1}\tilde{\boldsymbol{k}}_k+k_{k+1})^{-1}\tilde{\boldsymbol{k}}_k^{\mathrm{T}}\tilde{\boldsymbol{K}}_k^{-1})\\ &=-k_{k+1}^{-1}\tilde{\boldsymbol{k}}_k^{\mathrm{T}}\tilde{\boldsymbol{K}}_k^{-1}-k_{k+1}^{-1}\tilde{\boldsymbol{k}}_k^{\mathrm{T}}\tilde{\boldsymbol{K}}_k^{-1}\tilde{\boldsymbol{k}}_k(-\tilde{\boldsymbol{k}}_k^{\mathrm{T}}\tilde{\boldsymbol{K}}_k^{-1}\tilde{\boldsymbol{k}}_k+k_{k+1})^{-1}\tilde{\boldsymbol{k}}_k^{\mathrm{T}}\tilde{\boldsymbol{K}}_k^{-1}\\ &=-k_{k+1}^{-1}\cdot\boldsymbol{\alpha}_{k+1}^{\mathrm{T}}-k_{k+1}^{-1}\cdot(k_{k+1}-\delta_{k+1})\cdot(\delta_{k+1})^{-1}\cdot\boldsymbol{\alpha}_{k+1}^{\mathrm{T}}\\ &=-k_{k+1}^{-1}\cdot\boldsymbol{\alpha}_{k+1}^{\mathrm{T}}-(\delta_{k+1})^{-1}\cdot\boldsymbol{\alpha}_{k+1}^{\mathrm{T}}+k_{k+1}^{-1}\cdot\boldsymbol{\alpha}_{k+1}^{\mathrm{T}}\\ &=-(\delta_{k+1})^{-1}\cdot\boldsymbol{\alpha}_{k+1}^{\mathrm{T}}\end{aligned} \tag{5.51}$$

$$(\tilde{\boldsymbol{K}}_{k+1}^{-1})_{22} = (k_{k+1} - \tilde{\boldsymbol{k}}_k^{\mathrm{T}} \tilde{\boldsymbol{K}}_k^{-1} \tilde{\boldsymbol{k}}_k)^{-1} = (\delta_{k+1})^{-1} \tag{5.52}$$

将式(5.49)～式(5.52)代入式(5.48)，可得：

$$\begin{aligned}\tilde{\boldsymbol{K}}_{k+1}^{-1} &= \begin{bmatrix} \tilde{\boldsymbol{K}}_k^{-1} + \boldsymbol{\alpha}_{k+1} \cdot (\delta_{k+1})^{-1} \cdot \boldsymbol{\alpha}_{k+1}^{\mathrm{T}} & -\boldsymbol{\alpha}_{k+1} \cdot (\delta_{k+1})^{-1} \\ -(\delta_{k+1})^{-1} \cdot \boldsymbol{\alpha}_{k+1}^{\mathrm{T}} & (\delta_{k+1})^{-1} \end{bmatrix} \\ &= \frac{1}{\delta_{k+1}} \begin{bmatrix} \delta_{k+1} \tilde{\boldsymbol{K}}_k^{-1} + \boldsymbol{\alpha}_{k+1} \boldsymbol{\alpha}_{k+1}^{\mathrm{T}} & -\boldsymbol{\alpha}_{k+1} \\ -\boldsymbol{\alpha}_{k+1}^{\mathrm{T}} & 1 \end{bmatrix}\end{aligned} \tag{5.53}$$

5.3.3 其它更新样本识别算法及存在问题

基于 PCA 模型和 ALD 条件的更新样本识别算法只考虑了依据当前新样本相对于建模样本可能存在的概念漂移对更新样本进行识别和对旧模型进行更新与否的判断，未考虑这种可能存在的概念漂移的累计效果及其对模型预测性能的影响。

文献[147]基于模型选择性稀疏策略基本思想(即当过程的实际测量值能准确被模型准确估计时表明当前模型是准确的，不必进行模型更新；当预测误差超过一定范围时进行模型更新)，提出了基于预测误差限(Prediction error bound，PEB)的更新样本识别算法，认为可以有效地与领域专家的先验知识结合选择适合的 PEB 值，从而避开完全黑箱模型的弊端。

文献[149]提出了综合考虑输入输出样本相似性识别更新样本，其特点是只考虑了样本间的相似程度，未结合模型的预测性能和领域专家先验知识。

综上，基于 PCA 模型识别更新样本的方法不设定更新阈值，难以有效控制模型更新条件；基于 PEB 的方法仅考虑了模型预测性能，难以准确涵盖过程特性漂移；基于输入输出样本相似性识别更新样本方法难以融合专家经验适应多变的工业实践；采用 ALD 条件在建模样本的核特征空间和原始空间中判断新样本与建模样本库的线性独立关系的方法，虽然通过设定阈值可有效控制模型更新次数，但对模型预测性能的变化未予以考虑。

复杂工业过程的时变特性(概念漂移)形成的后果不仅体现在当前单个新样本相对于建模样本的变化(ALD 值)和相对于旧模型预测精度的变化(PEB)，还表现某段时间内 ALD 值和预测误差的累计变化。如何依据这些变化进行模型更新与否的识别决策往往需要领域专家根据不同工业现场的实际情况而定，这是基于专家知识的智能决策。因此，如何有效地结合领域专家知识，融合 ALD 阈值和模型预测精度，即基于领域专家知识的经验和知识获取模糊规则，综合考虑新样本相对复杂过程的变化和预测输出的波动范围，研究智能化更新样本识别方法是未来值得关注的研究热点之一。另外，工业过程都是在某时刻预测完成后才能获得该时刻对应的真值，其真值的滞后时间随不同工业过程的特性不同而不同。我们通常首先基于旧软测量模型进行在线测量，然后依据采用离线化验等其它手段得到的真值进行模型在线更新，为下一时刻的模型预测进行服务，即分为在线测量和在线更新两个阶段。在真值的获得时间延迟较大的情况下，如何融合输入样本变化和领域专家知识对在线测量阶段的模型预测值进行校正也是未来的关注热点之一。

5.4 基于 ALD 的在线建模算法

5.4.1 在线 PCA-SVM(OLPCA-SVM)

1．算法描述

通过 ALD 算法判断后，在线 PCA(OLPCA)使用中通常会遇到如下两种情形：

(1) $\delta_{k+1} \leqslant \nu$：新样本被排除在建模样本库之外，样本库不进行更新，即 $\boldsymbol{D}_{k+1} = \boldsymbol{D}_k$。新样本采用旧模型的均值和方差进行标定：

$$\boldsymbol{x}_{k+1} = (\boldsymbol{X}_{k+1}^0 - \boldsymbol{1}_k \boldsymbol{u}_k^{\mathrm{T}}) \cdot \Sigma_k^{-1} \tag{5.54}$$

新样本的得分向量 $\hat{\boldsymbol{t}}_{k+1}$ 采用旧的 PCA 模型计算：

$$\hat{\boldsymbol{t}}_{k+1} = \boldsymbol{x}_{k+1} \hat{\boldsymbol{P}}_k \tag{5.55}$$

其中，$\hat{\boldsymbol{t}}_{k+1}$ 是软测量模型的输入特征。

(2) $\delta_{k+1} > \nu$：新样本增加到建模样本库内，即 $\boldsymbol{D}_{k+1} = \boldsymbol{D}_k \bigcup \{\boldsymbol{x}_{k+1}\}$。

将新建模样本库 $\boldsymbol{D}_{k+1}$ 记为 $\boldsymbol{X}_{k+1}^0 = \begin{bmatrix} \boldsymbol{X}_k^0 & \boldsymbol{x}_{k+1}^0 \end{bmatrix}^{\mathrm{T}} \in R^{(k+1)\times p}$，并假定旧建模样本库的均值 $\boldsymbol{u}_k$、标准差 σ_k 和相关系数阵 $\boldsymbol{R}_k$ 为已知。用于过程建模更新的新得分矩阵 $\hat{\boldsymbol{T}}_{k+1}$ 和得分向量 $\hat{\boldsymbol{t}}_{k+1}$ 可以通过以下步骤得到：

(1) 相关系数阵 $\boldsymbol{R}_{k+1}$ 的递推更新。

首先给出新的建模样本库 $\boldsymbol{X}_{k+1}$ 的表达形式如下：

$$\begin{aligned}\boldsymbol{X}_{k+1} &= [\boldsymbol{x}_{k+1}^0 - \boldsymbol{1}_{k+1} \cdot \boldsymbol{u}_{k+1}^{\mathrm{T}}] \cdot \Sigma_{k+1}^{-1} = \left[\begin{bmatrix} \boldsymbol{X}_k^0 \\ \boldsymbol{x}_{k+1}^0 \end{bmatrix} - \boldsymbol{1}_{k+1} \cdot \boldsymbol{u}_{k+1}^{\mathrm{T}}\right] \cdot \Sigma_{k+1}^{-1} \\ &= \begin{bmatrix} \boldsymbol{X}_k^0 - (\boldsymbol{1}_k \cdot \boldsymbol{u}_k^{\mathrm{T}} + \boldsymbol{1}_k \cdot \Delta \boldsymbol{u}_{k+1}^{\mathrm{T}}) \\ \boldsymbol{x}_{k+1}^0 - \boldsymbol{1} \cdot \boldsymbol{u}_{k+1}^{\mathrm{T}} \end{bmatrix} \cdot \Sigma_{k+1}^{-1} = \begin{bmatrix} \boldsymbol{X}_k \cdot \Sigma_k \cdot \Sigma_{k+1}^{-1} - \boldsymbol{1}_k \cdot \Delta \boldsymbol{u}_{k+1}^{\mathrm{T}} \cdot \Sigma_{k+1}^{-1} \\ \boldsymbol{x}_{k+1} \end{bmatrix}\end{aligned} \tag{5.56}$$

其中，$\boldsymbol{X}_k = (\boldsymbol{X}_k^0 - \boldsymbol{1}_k \boldsymbol{u}_k^{\mathrm{T}}) \cdot \Sigma_k^{-1}$，$\boldsymbol{x}_{k+1} = (\boldsymbol{x}_{k+1}^0 - \boldsymbol{1} \cdot \boldsymbol{u}_{k+1}^{\mathrm{T}}) \cdot \Sigma_{k+1}^{-1}$ 和 $\Sigma_j = \mathrm{diag}(\sigma_{j1}, \cdots, \sigma_{jp}), j = k, k+1$。根据 $\boldsymbol{R}_{k+1}$ 定义可得：

$$\begin{aligned}\boldsymbol{R}_{k+1} &= \frac{1}{k} \boldsymbol{X}_{k+1}^{\mathrm{T}} \cdot \boldsymbol{X}_{k+1} \\ &= \frac{1}{k} \begin{bmatrix} (\boldsymbol{X}_k \cdot \Sigma_k \cdot \Sigma_{k+1}^{-1} - \boldsymbol{1}_k \cdot \Delta \boldsymbol{u}_{k+1}^{\mathrm{T}} \cdot \Sigma_{k+1}^{-1})^{\mathrm{T}} & \boldsymbol{x}_{k+1}^{\mathrm{T}} \end{bmatrix} \cdot \begin{bmatrix} \boldsymbol{X}_k \cdot \Sigma_k \cdot \Sigma_{k+1}^{-1} - \boldsymbol{1}_k \cdot \Delta \boldsymbol{u}_{k+1}^{\mathrm{T}} \cdot \Sigma_{k+1}^{-1} \\ \boldsymbol{x}_{k+1} \end{bmatrix} \\ &= \frac{1}{k} \Big(\Sigma_{k+1}^{-1} \cdot \Sigma_k \cdot \boldsymbol{X}_k^{\mathrm{T}} \cdot \boldsymbol{X}_k \cdot \Sigma_k \cdot \Sigma_{k+1}^{-1} + \Sigma_{k+1}^{-1} \cdot \Delta \boldsymbol{u}_{k+1} \cdot \boldsymbol{1}_k^{\mathrm{T}} \cdot \boldsymbol{1}_k \cdot \Delta \boldsymbol{u}_{k+1}^{\mathrm{T}} \cdot \Sigma_{k+1}^{-1} \\ &\quad - 2 \Sigma_{k+1}^{-1} \cdot \Delta \boldsymbol{u}_{k+1} \cdot \boldsymbol{1}_k^{\mathrm{T}} \cdot \boldsymbol{X}_k \cdot \Sigma_k \cdot \Sigma_{k+1}^{-1} + \boldsymbol{x}_{k+1}^{\mathrm{T}} \cdot \boldsymbol{x}_{k+1} \Big)\end{aligned} \tag{5.57}$$

由于 $(k-1)\boldsymbol{R}_k = \boldsymbol{X}_k^{\mathrm{T}} \cdot \boldsymbol{X}_k$，$\boldsymbol{1}_k^{\mathrm{T}} \cdot \boldsymbol{X}_k = 0$ 和 $\boldsymbol{1}_k^{\mathrm{T}} \cdot \boldsymbol{1}_k = k$，可以得到：

$$\boldsymbol{R}_{k+1}=\frac{k-1}{k}\cdot\Sigma_{k+1}^{-1}\cdot\Sigma_k\cdot\boldsymbol{R}_k\cdot\Sigma_k\cdot\Sigma_{k+1}^{-1}+\Sigma_{k+1}^{-1}\cdot\Delta\boldsymbol{u}_{k+1}\cdot\Delta\boldsymbol{u}_{k+1}^{\mathrm{T}}\cdot\Sigma_{k+1}^{-1}+\frac{1}{k}\cdot\boldsymbol{x}_{k+1}^{\mathrm{T}}\cdot\boldsymbol{x}_{k+1} \tag{5.58}$$

(2) PCA 模型更新。

高性能计算机的发展使得计算耗时问题导致的矛盾逐渐弱化。本书采用奇异值分解算法计算 $\boldsymbol{R}_{k+1}$ 的特征向量 $\boldsymbol{P}_{R_{k+1}}$，并且将其按特征值大小进行排序。

设主元个数为 h，更新后的 PCA 模型为

$$\hat{\boldsymbol{P}}_{k+1}=\boldsymbol{P}_{R_{k+1}}(:,1:h) \tag{5.59}$$

工业过程的时变特性会导致主元贡献率的变化，主元个数的更新方法详见 5.2.1 节。

(3) 得分矩阵 $\hat{\boldsymbol{T}}_{k+1}$ 和得分向量 $\hat{\boldsymbol{t}}_{k+1}$ 的计算。

假定基于建模样本建立的PCA模型的残差 $\tilde{\boldsymbol{X}}_k$ 很小，原始数据可用PCA模型和得分矩阵表示为 $\boldsymbol{X}_k=\hat{\boldsymbol{T}}_k\hat{\boldsymbol{P}}_k^{\mathrm{T}}+\varepsilon$。更新样本的得分向量和得分矩阵可表示为：

$$\hat{\boldsymbol{t}}_{k+1}=\boldsymbol{x}_{k+1}\cdot\hat{\boldsymbol{P}}_{k+1} \tag{5.60}$$

$$\hat{\boldsymbol{T}}_{k+1}=\begin{bmatrix}\hat{\boldsymbol{T}}_k\cdot\hat{\boldsymbol{P}}_k^{\mathrm{T}}\cdot\Sigma_k\cdot\Sigma_{k+1}^{-1}-\mathbf{1}_k\cdot\Delta\boldsymbol{u}_{k+1}^{\mathrm{T}}\cdot\Sigma_{k+1}^{-1}\\ \boldsymbol{x}_{k+1}\end{bmatrix}\cdot\hat{\boldsymbol{P}}_{k+1} \tag{5.61}$$

其中，$\hat{\boldsymbol{T}}_{k+1}$ 和 $\hat{\boldsymbol{t}}_{k+1}$ 可用于更新过程模型。

采用输入/输出数据对 $[\boldsymbol{z}_l,y_l],l\in[1,k]$ 近似非线性函数 $f(\cdot)$，其中 $\boldsymbol{z}_l$ 即为由 PCA 模型计算得到的得分向量。考虑如下的非线性函数：

$$f(x)=\boldsymbol{w}^{\mathrm{T}}\varphi(\boldsymbol{z})+b \tag{5.62}$$

其中，$\boldsymbol{w}$ 和 b 是系数；$\varphi(\boldsymbol{z})$ 表示是由输入空间 $\boldsymbol{z}$ 映射的高维特征空间。通过 Lagrangian 乘子方法将求解式(5.62)的非线性函数转变为求解 QP 问题，最终 SVM 模型可表示为：

$$f(x)=\sum_{i=1}^{sv}(\beta_i-\beta_i^*)K_{\mathrm{L}}(x_i,x)+b \tag{5.63}$$

其中，sv 是支持向量的数量。

SVM 模型的预测及更新需要全部建模样本，即得分矩阵 $\hat{\boldsymbol{T}}_k$ 及新样本得分向量 $\hat{\boldsymbol{t}}_{k+1}$，本书此处将其分别改记为 $\boldsymbol{Z}_k^0$ 及 $\boldsymbol{z}_{k+1}^0$。

通过 ALD 算法判断后，SVM 会遇到与 OLPCA 相同的两种情形：

① 如果 ALD 算法判定软测量模型不需要更新，新样本 $\boldsymbol{z}_{k+1}^0$ 采用旧 SVM 模型的均值和方差进行标定并记为 $\boldsymbol{z}_{k+1}$，采用下式预测：

$$\hat{y}(\boldsymbol{z}_{k+1})=\sum_{i=1}^{sv_k}(\beta_{i_k}-\beta_{i_k}^*)\boldsymbol{K}_L(\boldsymbol{z}_{k+1},\boldsymbol{z}_{i_k})+b_k \tag{5.64}$$

② 如果 ALD 算法判定软测量模型需要更新，首先按照情形①中不需要更新的步骤完成对新样本 $\boldsymbol{z}_{k+1}$ 的预测后，进行 SVM 模型的更新。

通常 SVM 的在线更新算法都较为复杂。工业过程难以检测参数的离线化验真值需要

20 分钟甚至 2 个小时才能得到，重新在线训练 SVM 模型进行模型更新的方法在工业过程中已经得到了成功应用。本书中采用重新训练方法进行 SVM 模型的更新，并将更新后的 SVM 模型记为：

$$y(z_{k+1})=\sum_{i=1}^{sv_{k+1}}(\beta_{i_{k+1}}^{u}-\beta_{i_{k+1}}^{*u})\boldsymbol{K}_L(z_{k+1},z_{i_k})+b_{k+1} \tag{5.65}$$

2．算法伪代码

PCA 和 SVM 模型并不是在每次采样时都采用新样本进行更新，只是采用 ALD 意义下的有用数据。基于 OLPCA 的工业过程建模算法如表 5.1 所示。

表 5.1 基于 OLPCA 的工业过程建模算法

OLPCA 的伪代码
步骤 1 采集选择 k 个建模样本，执行批 PCA，获得得分矩阵 $\hat{\boldsymbol{T}}_k$ 构造过程模型 $\hat{f}_k(\cdot)$；
步骤 2 for $m=k+1,k+2,\cdots$
步骤 3 采集新样本 $\boldsymbol{x}_m^0$；
步骤 4 预测：采用式(5.54)标准化 $\boldsymbol{x}_m^0$，基于 PCA 模型 $\hat{\boldsymbol{P}}_{m-1}$ 和过程模型 $\hat{f}_{m-1}(\cdot)$ 进行预测；
步骤 5 采用式(5.38)标准化 $\boldsymbol{x}_m^0$；
步骤 6 依据式(5.41)计算 ALD 条件；
步骤 7 if $\delta_m \leqslant \nu$
步骤 8 当前样本不用于更新旧模型；采用旧 PCA 和过程模型为当前模型，转到步骤 2 采集下一新样本；
步骤 9 end if
步骤 10 if $\delta_m > \nu$
步骤 11 当前样本用于更新旧模型，首先将新样本增加到建模样本库，基于式(5.58)～式(5.59)更新 $\hat{\boldsymbol{P}}_m$，并根据设定阈值判断是否进行主元个数更新；然后根据式(5.60)～式(5.61)更新 $\hat{\boldsymbol{T}}_m$ 和 $\hat{\boldsymbol{t}}_m$；
步骤 12 标准化 $\hat{\boldsymbol{T}}_m$ 后，采用重新训练方式更新过程模型 $\hat{f}_m'(\cdot)$；
步骤 13 更新旧模型并存储新模型，即 $\hat{\boldsymbol{P}}_{m-1}=\hat{\boldsymbol{P}}_m$，$\hat{f}_{m-1}(\cdot)=\hat{f}_m'(\cdot)$；然后转到步骤 2 采集下一新样本；
步骤 14 end if
步骤 15 end for

5.4.2 在线 PLS(OLPLS)

1．算法描述

通过 ALD 算法识别后，在线 PLS(OLPLS)会遇到如下两种情形：

(1) $\delta_{k+1}\leqslant\nu$：新样本被排除在建模样本库之外，建模样本库不进行更新，即 $\boldsymbol{D}_{k+1}=\boldsymbol{D}_k$。

新样本采用旧模型的均值和方差进行标定：

$$\boldsymbol{x}_{k+1}=(\boldsymbol{x}_{k+1}^0-\boldsymbol{1}_k\boldsymbol{u}_k^{\mathrm{T}})\cdot\Sigma_k^{-1} \tag{5.66}$$

(2) $\delta_{k+1} > v$：新样本增加到建模样本库内，即 $\boldsymbol{D}_{k+1} = \boldsymbol{D}_k \bigcup \{\boldsymbol{x}_{k+1}\}$。采用新样本更新 PLS 模型。

首先假定旧样本库均值 $\boldsymbol{u}_k$ 和标准差均为已知，在线标定新样本 $\boldsymbol{x}_{k+1}^0$；然后采用同样的方法在线标定 y_{k+1}^0，并将在线标定后的样本记做 $[\boldsymbol{x}_{k+1}, y_{k+1}]$；最后采用 $\boldsymbol{X}_{k+1} = \begin{bmatrix} \boldsymbol{P}^{\mathrm{T}} \\ \boldsymbol{x}_{k+1} \end{bmatrix}, \boldsymbol{Y}_{k+1} = \begin{bmatrix} \boldsymbol{BQ}^{\mathrm{T}} \\ \boldsymbol{y}_{k+1} \end{bmatrix}$ 重新训练 PLS 模型，并替代旧模型。

2. 算法伪代码

OLPLS 算法伪代码如表 5.2 所示。

表 5.2 OLPLS 算法的伪代码

OLPLS 算法：
步骤 1　采集 k 个建模样本，执行 PLS 离线建模算法，获得模型 $\hat{f}_k(\cdot)$；
步骤 2　for　$m_n = k+1, k+2, \cdots$
步骤 3　采集新样本 $\boldsymbol{x}_{m_n}^0$；
步骤 4　计算输出：采用式(5.66)标定 $\boldsymbol{x}_{m_n}^0$，基于模型 $\hat{f}_{m_n-1}(\cdot)$ 计算新样本的输出；
步骤 5　采用式(5.38)标准化 $\boldsymbol{x}_{m_n}^0$；
步骤 6　采用式(5.41)计算 ALD 值；
步骤 7　if　$\delta_{m_n} \leqslant v$
步骤 8　当前样本不用于更新旧模型；采用旧 PLS 模型为当前模型，转到步骤 2 采集新样本；
步骤 9　end if
步骤 10　if　$\delta_{m_n} > v$
步骤 11　当前样本用于更新旧模型，将新样本增加到建模样本库，在线标定更新样本后，基于 $\boldsymbol{X}_{k+1} = \begin{bmatrix} \boldsymbol{P}^{\mathrm{T}} \\ \boldsymbol{x}_{k+1} \end{bmatrix}, \boldsymbol{Y} = \begin{bmatrix} \boldsymbol{BQ}^{\mathrm{T}} \\ y_{k+1} \end{bmatrix}$ 重新训练过程模型，得到新模型 $\hat{f}'_{m_n}(\cdot)$；
步骤 12　令 $\hat{f}_{m_n-1}(\cdot) = \hat{f}'_{m_n}(\cdot)$，转到步骤 2 采集下一新样本；
步骤 13　end if
步骤 14　end for

5.4.3 在线 KPLS(OLKPLS)

1. 算法描述

通过 ALD 条件对新样本进行更新识别后，OLKPLS 算法通常会遇到两种情形：

(1) $\delta_{k+1} \leqslant v$：新样本被排除在建模样本之外，模型不进行更新，即 $\boldsymbol{D}_{k+1} = \boldsymbol{D}_k$。新样本采用旧模型的均值和方差进行标定：

$$\boldsymbol{x}_{k+1} = (\mathrm{x}_{k+1}^0 - \mathbf{1} \cdot \boldsymbol{u}_{\mathrm{k}}^{\mathrm{T}}) \cdot \Sigma_k^{-1} \tag{5.67}$$

新样本的核矩阵 $\boldsymbol{K}_{k+1}^{\text{test}}$ 及中心化 $\tilde{\boldsymbol{K}}_{k+1}^{\text{test}}$ 采用下式计算：

$$\boldsymbol{K}_{k+1}^{\text{test}} = \boldsymbol{\Phi}(\boldsymbol{x}_{k+1})^{\mathrm{T}} \boldsymbol{\Phi}(\boldsymbol{x}_l) \qquad l = 1, \cdots, k \tag{5.68}$$

$$\tilde{\boldsymbol{K}}_{k+1}^{\text{test}}=\left(\boldsymbol{K}_{k+1}^{\text{test}}\boldsymbol{I}_k-\frac{1}{k}1_k\cdot 1_k^{\text{T}}\boldsymbol{K}_k^{\text{train}}\right)\left(\boldsymbol{I}_k-\frac{1}{k}1_k1_k^{\text{T}}\right) \tag{5.69}$$

其中，$\boldsymbol{\Phi}$表示原始线性空间到高维特征空间的非线性映射即$\boldsymbol{\Phi}:\boldsymbol{x}_l\to\boldsymbol{\Phi}(\boldsymbol{x}_l)$；$\boldsymbol{K}_k^{\text{train}}$是建模样本核矩阵即$\boldsymbol{K}_k^{\text{train}}=\boldsymbol{\Phi}(\boldsymbol{x}_l)^{\text{T}}\boldsymbol{\Phi}(\boldsymbol{x}_m),\quad l,m=1,2,\cdots,k$；$\boldsymbol{I}_k$是$k$维的单位阵；$1_k$是值为1，长度为$k$的向量。

新样本预测输出采用下式计算：

$$\hat{y}_{k+1}=\tilde{\boldsymbol{K}}_{k+1}^{\text{test}}\boldsymbol{U}_k(\boldsymbol{T}_k^{\text{T}}\tilde{\boldsymbol{K}}_k^{\text{train}}\boldsymbol{U}_k)^{-1}\boldsymbol{T}_k^{\text{T}}\boldsymbol{Y}_k \tag{5.70}$$

其中，$\boldsymbol{Y}_k$是建模样本的输出矩阵；$\boldsymbol{T}_k$和$\boldsymbol{U}_k$是KPLS算法提取的得分矩阵。

$\tilde{\boldsymbol{K}}_k^{\text{train}}$是中心化后的建模样本核矩阵，采用如下公式计算：

$$\tilde{\boldsymbol{K}}_k^{\text{train}}=\left(\boldsymbol{I}_k-\frac{1}{k}1_k1_k^{\text{T}}\right)\boldsymbol{K}_k^{\text{train}}\left(\boldsymbol{I}_k-\frac{1}{k}1_k1_k^{\text{T}}\right) \tag{5.71}$$

(2) $\delta_{k+1}>v$：新样本增加到建模样本库内，即$\boldsymbol{D}_{k+1}=\boldsymbol{D}_k\cup\{\boldsymbol{x}_{k+1}\}$。

新建模样本库可以标记为$\boldsymbol{X}_{k+1}^0=\begin{bmatrix}\boldsymbol{X}_k^0 & \boldsymbol{x}_{k+1}^0\end{bmatrix}^{\text{T}}\in R^{(k+1)\times p}$。需要采用新建模样本库重新训练模型。

新建模样本的核矩阵及中心化如下所示：

$$\boldsymbol{K}_{k+1}^{\text{train}}=\boldsymbol{\Phi}_{k+1}(\boldsymbol{x}_l)^{\text{T}}\boldsymbol{\Phi}_{k+1}(\boldsymbol{x}_m)\quad l,m=1,\cdots,k,(k+1) \tag{5.72}$$

$$\tilde{\boldsymbol{K}}_{k+1}^{\text{train}}=\left(\boldsymbol{I}_{k+1}-\frac{1}{k+1}1_{k+1}1_{k+1}^{\text{T}}\right)\boldsymbol{K}_{k+1}^{\text{train}}\left(\boldsymbol{I}_{k+1}-\frac{1}{k+1}1_{k+1}1_{k+1}^{\text{T}}\right) \tag{5.73}$$

其中，$\boldsymbol{I}_{k+1}$是$k+1$维的单位阵；1_{k+1}是值为1，长度为$k+1$的向量。

新建模样本库的输出按下式计算：

$$\hat{\boldsymbol{Y}}_{k+1}=\tilde{\boldsymbol{K}}_{k+1}^{\text{train}}\boldsymbol{U}_{k+1}(\boldsymbol{T}_{k+1}^{\text{T}}\tilde{\boldsymbol{K}}_{k+1}^{\text{train}}\boldsymbol{U}_{k+1})^{-1}\boldsymbol{T}_{k+1}^{\text{T}}\boldsymbol{Y}_{k+1} \tag{5.74}$$

其中，$\boldsymbol{Y}_{k+1}$是新建模样本库的输出矩阵；$\boldsymbol{T}_{k+1}$和$\boldsymbol{U}_{k+1}$是新建模样本库的得分矩阵。

2. 算法伪代码

OLKPLS算法伪代码如表5.3所示。

表5.3 OLKPLS算法的伪代码

OLKPLS 算法：
步骤1　采集k个建模样本，执行KPLS离线建模算法，获得模型$\hat{f}_k(\cdot)$；
步骤2　for $m_n=k+1,k+2,\cdots$
步骤3　采集新样本$\boldsymbol{x}_{m_n}^0$；
步骤4　计算输出：采用式(5.67)～式(5.69)标定$\boldsymbol{x}_{m_n}^0$，基于模型$\hat{f}_{m_n-1}(\cdot)$计算新样本的输出；
步骤5　采用式(5.38)标准化$\boldsymbol{x}_{m_n}^0$；
步骤6　采用式(5.41)计算ALD值；
步骤7　if $\delta_{m_n}\leqslant v$

(续)

步骤 8　当前样本不用于更新旧模型；采用旧 KPLS 模型为当前模型，转到步骤 2 采集下一新样本；
步骤 9　end if
步骤 10　if $\delta_{m_n} > \nu$
步骤 11　当前样本用于更新旧模型，将新样本增加到建模样本库，基于式(5.72)～式(5.74)更新过程模型，得到新模型 $\hat{f}'_{m_n}(\cdot)$；
步骤 12　令 $\hat{f}_{m_n-1}(\cdot)=\hat{f}'_{m_n}(\cdot)$，转到步骤 2 采集下一新样本；
步骤 13　end if
步骤 14　end for

5.4.4　算法讨论

上述 3 种基于 ALD 的在线建模算法流程类似，此处以 OLKPLS 为例，用图 5.2 表示。

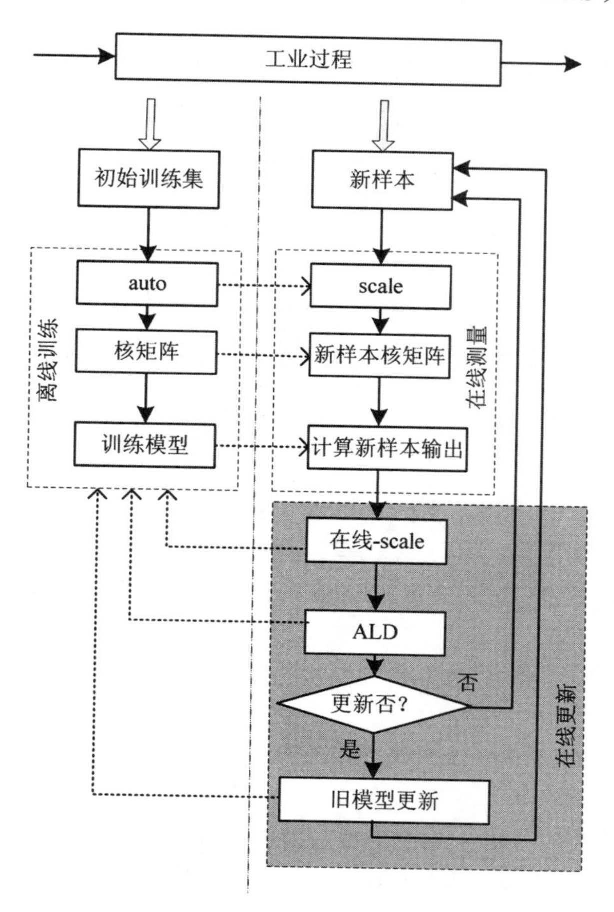

图 5.2　基于 ALD 的 OLKPLS 算法流程图

由图 5.2 可知算法流程：

首先依据建模样本离线建立训练模型；然后根据存储的旧模型计算新样本的输出；

接着对新样本进行在线标准化，计算 ALD 值；如果 ALD 值小于或等于设定阈值，不进行模型更新；否则重新训练 KPLS 模型并替换旧模型。

该算法的建模速度包含了计算 ALD 和模型更新两个方面的计算消耗，相对于仅进行模型更新，从一定程度上增加了模型的延迟，但模型更新次数的降低，提高了模型整体的更新速度，也降低了模型的复杂度。

5.4.5 实验研究

将 OLPCA-SVM、OLPLS 和 OLKPLS 算法分别采用合成数据和 Benchmark 数据进行实验研究，并且与每样本更新的 KPLS(RKPLS)、滑动窗口 KPLS(MWKPLS)算法进行比较。

仿真实验的硬件环境为 Pentium4，2.66GHz CPU (512 RAM)；软件环境为 Windows XP 下的 MATLAB 2009。仿真中的 SVM 建模算法采用 Steve Gunn 的软件包：*Matlab Support Vector Machine Toolbox*。KPLS 和 SVM 算法的核函数均采用径向基函数(RBF)。

1．合成数据

1) 数据描述

采用如下函数生成合成数据模拟工业过程的非线性和时变特性：

$$\begin{cases} x_1 = t^2 - t + 1 + \varDelta_1 \\ x_2 = \sin(t) + \varDelta_2 \\ x_3 = t^3 + t + \varDelta_3 \\ x_4 = t^3 + t^2 + 1 + \varDelta_4 \\ x_5 = \sin t + 2t^2 + 2 + \varDelta_5 \\ y = x_1^2 + x_1 x_2 + 3\cos x_3 - x_4 + 5x_5 + \varDelta_6 \end{cases} \tag{5.75}$$

其中，$t \in [-1,1]$；$\varDelta_{i_{sy}}$ 表示噪声，其分布范围为[-0.1，0.1]，$i_{sy} = 1, 2, 3, 4, 5, 6$。

合成数据分布在 C1、C2、C3 和 C4 共 4 个不同的区域。每个数据区域内 t 的取值范围和样本数量如表 5.4 所示。

表 5.4　合成数据的不同区域

数据区域	取值范围 $t \in [a,b]$	样本数量
C1	[−1，−0.5]	60
C2	[−0.5，0]	60
C3	[0，0.5]	60
C4	[0.5，1]	90

本书中，建模样本由 C1、C2 和 C3 的各 30 个样本组成；测试样本由 C1、C2 和 C3 的各 30 个样本以及 C4 的 90 个样本组成。因此，对于测试样本，C1、C2 和 C3 相当于工业过程中的 3 种缓变工况，而 C4 则是一种突变工况。

2) 更新条件计算

基于主元分析(PCA)的综合指标常用于工业过程的监视，即度量新样本相对于建模样本的变化情况。由于新样本相对于初始建模样本的变化均可采用 ALD 值和综合指标值表示，此处定义“相对灵敏度”用于比较二者灵敏度：

$$R_{\text{sensi}} = \log\left(\frac{\xi_{m_n+1} - \xi_{k+1}}{\xi_{k+1}}\right) \qquad m_n = k+1, k+2, \cdots \tag{5.76}$$

其中，ξ_{k+1} 和 ξ_{m_n+1} 表示第 $k+1$ 和 m_n+1 个新样本针对初始建模样本的 ALD 值及综合指标值。

采用 PLS、KPLS 算法建立基于建模样本的交叉验证模型。对建模样本采用 PCA 进行数据降维处理，采用前 3 个 PC 建立 SVM 模型和计算综合指标。

测试样本相对于建模样本的综合指标值和 ALD 值的相对灵敏度如图 5.3 所示。

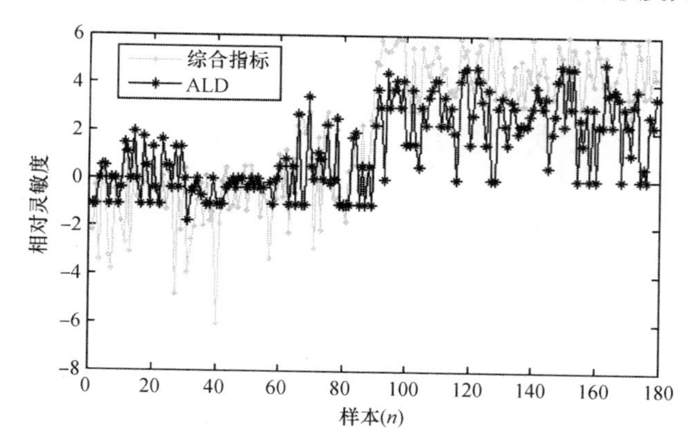

图 5.3　合成数据测试样本相对于初始建模样本的相对灵敏度

图 5.3 表明：

(1) C4 的 90 个样本的综合指标值和 ALD 值均高于 C1、C2 和 C3，说明综合指标值和 ALD 均可监视突变工况的变化。

(2) 在 C1、C2 和 C3 区域，综合指标值的相对灵敏度低于 ALD 值，说明 ALD 对工业过程的缓变工况的灵敏度要高于综合指标。

(3) 在 C4 区域，综合指标值的相对灵敏度高于 ALD 值，说明综合指标对突变工况的灵敏度要高于 ALD。

3) 仿真结果

为了表示在线建模过程中哪些测试样本对模型进行了更新，图 5.4 给出了测试样本的 ALD 值与阈值的对比曲线。

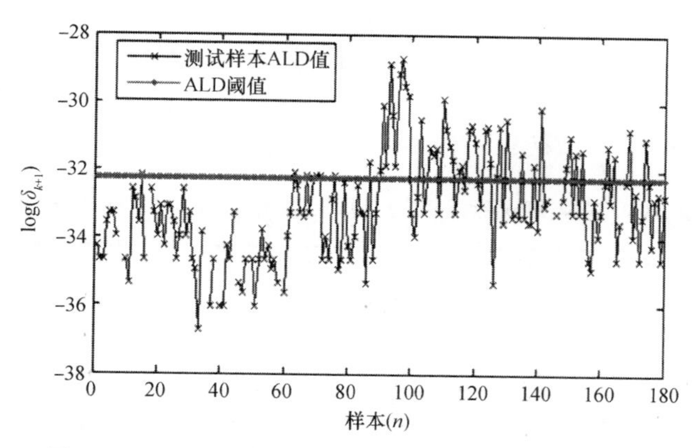

图 5.4　合成数据测试样本在线建模过程中的 ALD 值

图 5.4 中的直线上方的样本表示在线更新模型的样本，结果表明：进行模型更新的样本主要集中在 C4 区域，并且更新次数逐渐减少，此结果与合成样本的数据分布相符。

OLKPLS 模型的测试结果如图 5.5 和图 5.6 所示。

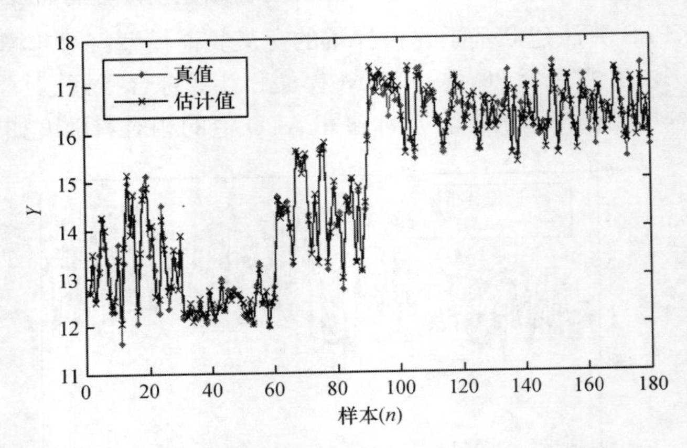

图 5.5　合成数据软测量模型的测试结果

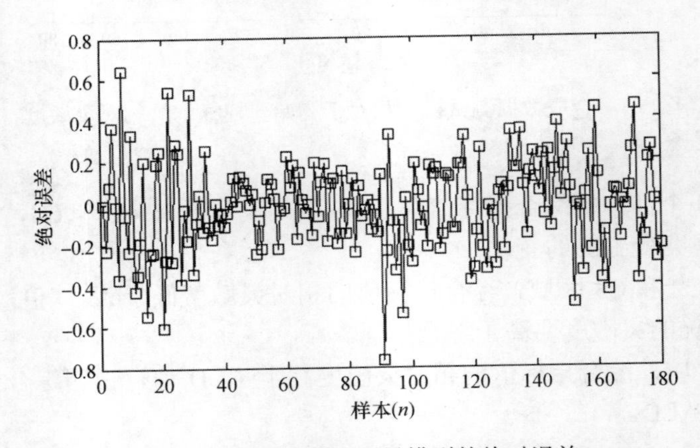

图 5.6　合成数据软测量模型的绝对误差

4) 分析与比较

OLKPLS 方法与其它方法的 RMSRE 的比较及建模参数统计结果见表 5.5，表中“模型参数(c，r)(PCs)(r)(LVs)”的含义如下：小括号内的各项依次分别表示 SVM 模型的惩罚参数和核半径、PCA 模型的主元个数、KPLS 模型的核半径及 PLS/KPLS 模型的潜变量个数；“更新次数(*n*)”代表模型的更新次数；v_{sy} 为 ALD 阈值。

表 5.5　基于合成数据的不同建模方法的测试误差比较及建模参数统计

建模方法	模型参数 (c，r)(PCs)(r)(LVs)	RMSREs	更新次数(*n*)
KPLS	(#，#)(81) (3)	0.3915	0
RKPLS	(#，#)(81) (3)	0.2259	180
MWKPLS	(#，#)(81) (3)	0.2679	180

(续)

建模方法		模型参数 (c，r)(PCs)(r)(LVs)	RMSREs	更新次数(n)
OLPLS	$16\times v_{sy}$	(#，#)(#) (3)	0.8469	4
	$8\times v_{sy}$	(#，#)(#) (3)	0.7070	18
	$4\times v_{sy}$	(#，#)(#) (3)	0.6097	34
	$2\times v_{sy}$	(#，#)(#) (3)	0.5576	49
	$1\times v_{sy}$	(#，#)(#) (3)	0.4658	68
OLPCA-SVM	$16\times v_{sy}$	(0.5，0.7)(3) (#)	2.0411	4
	$8\times v_{sy}$	(0.5，0.7)(3) (#)	1.0588	18
	$4\times v_{sy}$	(0.5，0.7)(3) (#)	0.7587	34
	$2\times v_{sy}$	(0.5，0.7)(3) (#)	0.7361	49
	$1\times v_{sy}$	(0.5，0.7)(3) (#)	0.6467	68
OLKPLS	$16\times v_{sy}$	(#，#)(81) (3)	0.3714	4
	$8\times v_{sy}$	(#，#)(81) (3)	0.2311	18
	$4\times v_{sy}$	(#，#)(81) (3)	0.2306	34
	$2\times v_{sy}$	(#，#)(81) (3)	0.2285	49
	$1\times v_{sy}$	(#，#)(81) (3)	0.2269	68

图 5.5、图 5.6 和表 5.5 表明：

(1) OLKPLS 方法的测试误差比 RKPLS 方法低 0.0010，但更新次数仅为 68 次，远低于 RKPLS 的 180 次，表明 OLKPLS 方法可以通过设定阈值实现建模精度和速度间的均衡。

(2) KPLS 方法未更新 C4 数据，效果最差。

(3) MWKPLS 方法引入新样本，同时丢弃旧样本，导致有用样本丢失，建模效果较差。

(4) OLPLS 建立的线性模型难以描述合成数据的非线性，误差较大。

(5) OLPCA-SVM 方法的误差最大：一是 PCA 提取的特征未考虑与输出变量的相关性；二是 PCA 提取的线性特征用于建立非线性模型；三是由于 SVM 模型的学习参数未更新。

因此，时变特性和工况波动已知时，OLKPLS 方法可以自适应地更新模型。

由表 5.5 可知，在 RKPLS 算法中，随着更新次数的增加，核矩阵的维数逐渐增加，计算消耗和模型的复杂度也逐渐增加，最终的核矩阵为 270×270；MWKPLS 方法是引入一维丢弃一维，其核矩阵的维数保持 90×90 不变，但精度较低；对于 OLKPLS 算法，核矩阵增长的维数和模型的复杂度是可控的，当采用不同的 ALD 阈值时，核矩阵维数与模型误差的变化如图 5.7 所示。

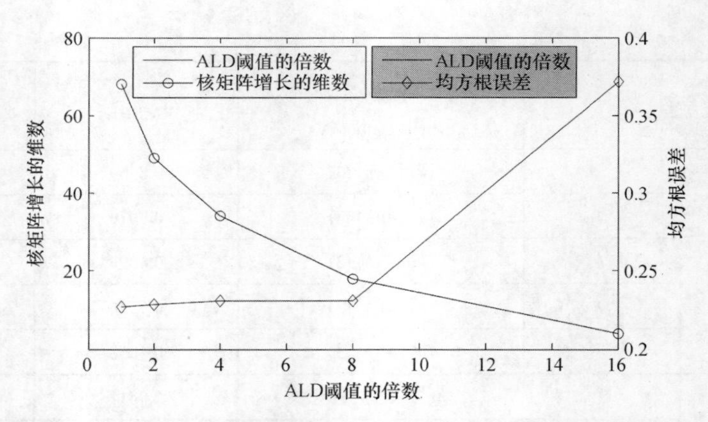

图 5.7 合成数据 OLKPLS 模型的维数及误差与 ALD 阈值的关系

由图 5.7 可知，随着 ALD 阈值的增加，对 KPLS 模型进行更新的样本逐渐减少，即核矩阵增长的维数是逐渐降低的，从而 KPLS 模型的计算消耗和模型复杂度也逐渐降低；同时模型的测试误差逐渐增加，但在较低阈值时误差的变化却不大，可见选择适合的阈值对提高模型更新速度、降低模型的复杂度至关重要。

2. Benchmark 数据

1) 数据描述

混凝土的抗压强度代表混凝土的强度等级，其值一般是通过实验获得。本实验研究采用了 UCI(University of California Irvine)平台提供的数据集建立混凝土抗压强度软测量模型[401]。该数据集中的前 8 列为模型输入，分别是水泥、高炉矿渣粉、粉煤灰、水、减水剂、粗集料和细集料在每立方混凝土中各配料的含量及混凝土的置放天数；第 9 列为模型输出，即混凝土抗压强度。

本书将前 500 样本等间隔分为 5 份，取其中的第 1 份作为建模样本。测试样本包括前 500 个样本中的第 3 份和后 500 个样本中的前 100 个样本。

2) 更新条件计算

采用 PLS、KPLS 算法建立基于建模样本的交叉验证模型；对建模样本采用 PCA 进行降维处理后，采用前 5 个主元建立 SVM 模型及计算综合指标。测试样本相对于建模样本的相对灵敏度如图 5.8 所示。

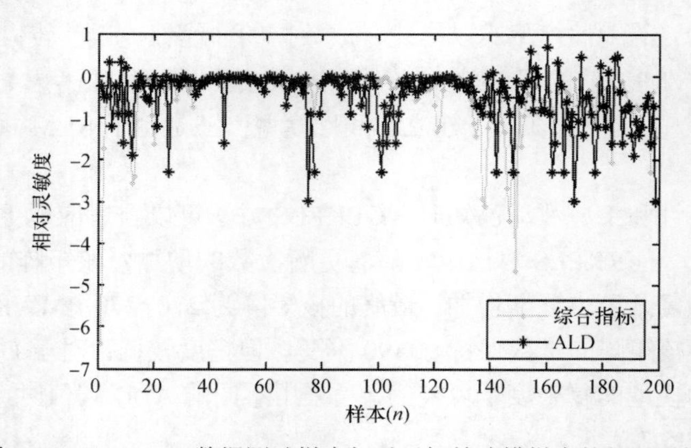

图 5.8 Benchmark 数据测试样本相对于初始建模样本的相对灵敏度

图 5.8 表明，该 Benchmark 数据的综合指标和 ALD 值的分布没有明显的规律性。这是由于实验条件未知，不同区域的数据代表的工况是未知的。但图 5.8 中，ALD 的相对变化高于综合指标值，尤其是后 100 个样本，表明 ALD 的灵敏度高于综合指标。

3) 仿真结果

图 5.9 给出了在线建模过程中，测试样本的 ALD 值和阈值的相对变化曲线。

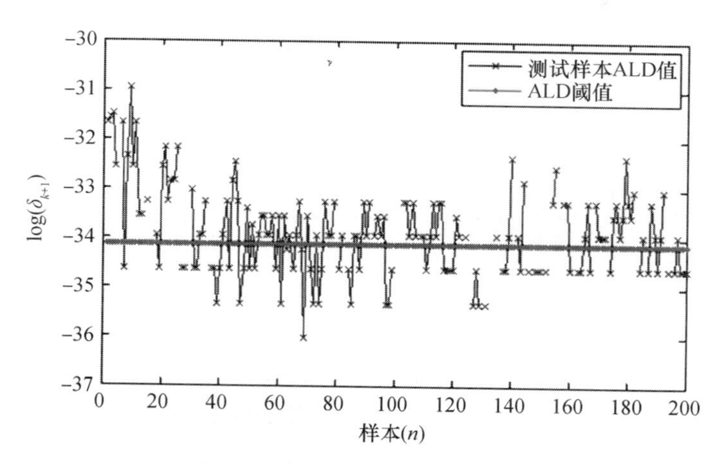

图 5.9　Benchmark 数据测试样本在线建模过程中的 ALD 值

图 5.9 中 ALD 阈值线上方的样本是用于在线更新混凝土抗压强度模型的测试样本，结果表明：用于更新模型的样本分布基本上是均匀的，没有合成数据的规律性。这主要是由于该 Benchmark 数据代表的工况变化是未知的，而合成数据的工况变化则是人为设计的。

采用本书所提的 OLKPLS 方法建模的测试结果如图 5.10 所示。

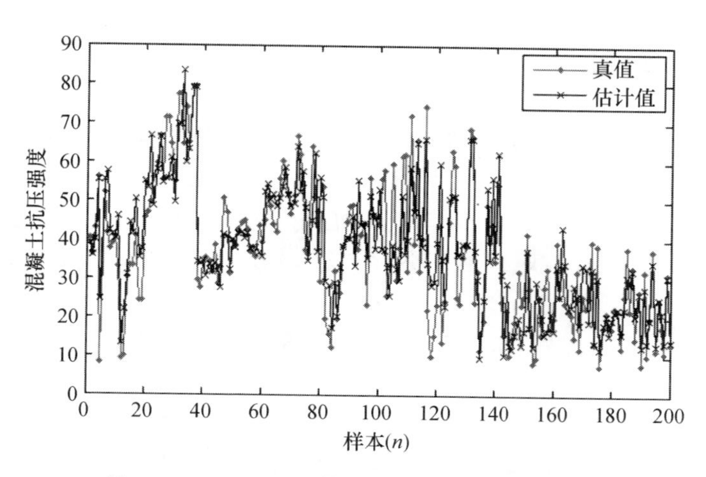

图 5.10　Benchmark 数据软测量模型的测试结果

4) 分析与比较

OLKPLS 与其它方法的 RMSRE 的比较及建模参数统计结果见表 5.6。

表 5.6 基于 Benchmark 数据的不同建模方法的测试误差比较及建模参数统计

建模方法		模型参数 (c，r)(PCs)(r)(LVs)	RMSREs	更新次数(n)
KPLS		(#，#)(#)(1) (12)	12.8346	0
RKPLS		(#，#)(#)(1) (12)	7.9504	200
MWKPLS		(#，#)(#)(1) (12)	7.5378	200
OLPLS	$8\times v_{ben}$	(#，#)(#)(#) (5)	13.3413	8
	$4\times v_{ben}$	(#，#)(#)(#) (5)	16.8845	19
	$2\times v_{ben}$	(#，#)(#)(#) (5)	14.1692	50
	$1\times v_{ben}$	(#，#)(#)(#) (5)	11.6758	97
OLPCA-SVM	$8\times v_{ben}$	(21，1)(5)(#)	10.7869	8
	$4\times v_{ben}$	(21，1)(5)(#)	11.1356	19
	$2\times v_{ben}$	(21，1)(5)(#)	9.4950	50
	$1\times v_{ben}$	(21，1)(5)(#)	9.5979	97
OLKPLS	$8\times v_{ben}$	(#，#)(#)(1) (12)	12.1376	8
	$4\times v_{ben}$	(#，#)(#)(1) (12)	11.5540	19
	$2\times v_{ben}$	(#，#)(#)(1) (12)	10.2347	50
	$1\times v_{ben}$	(#，#)(#)(1) (12)	8.4812	97

图 5.10 和表 5.6 的结果表明：

(1) OLKPLS 方法的建模误差稍高于采用全部样本更新的 RKPLS 和 MWKPLS 方法，但其更新次数仅为其它两种方法的一半，这表明通过选择 ALD 阈值可在建模精度和速度间取得均衡。

(2) MWKPLS 方法通过引入最新样本，同时丢弃最旧样本，具有最小的建模误差，表明该平台数据中的旧样本干扰了 OLKPLS 方法的建模精度，因此需要研究如何丢弃旧样本的方法。

(3) OLPLS 方法的建模误差最大，原因在于混凝土抗压强度数据具有非线性特征，而 PLS 方法只能建立线性模型。

(4) OLPCA-SVM 方法的建模误差高于 OLPLS 方法，但低于 OLKPLS 方法，原因同合成数据分析；其更新 50 次时的误差小于更新 90 次时的误差，说明合理的选择阈值是比较重要的。

因此，工业过程的时变特性未知时，OLKPLS 方法也可以实现模型的自适应更新。

基于 ALD 条件的建模方法，采用相同更新次数时的建模误差如图 5.11 所示。

图 5.11 表明，当模型的更新次数大于 50 次时，即 ALD 的阈值大于 $2\times v_{ben}$ 时，应该选择 OLPCA-SVM 建模方法；当模型的更新次数为 97 次，即 ALD 的阈值为 $1\times v_{ben}$ 时，应该选择 OLKPLS 建模方法。因此，在采用相同更新次数时，可以利用该图选择误差最小的建模方法作为适合于特定平台数据的建模策略。

综上，上述仿真实验结果表明，不同平台下不同方法的优劣性是有差异的。因此，选择建模方法就需要从工业过程的实际需要出发，同时考虑模型的复杂度和精度。

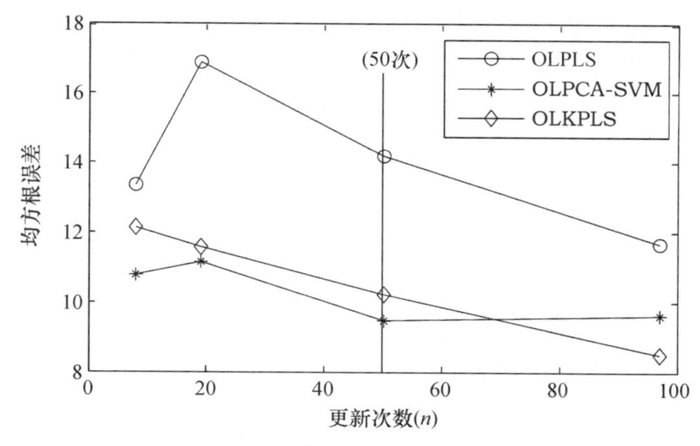

图 5.11　Benchmark 数据不同建模方法的误差比较结果

3．实验结果讨论

本小节提出了一种基于 ALD 条件的在线 KPLS(OLKPLS)建模方法。该方法只采用有价值样本进行模型更新，克服了每样本更新导致的计算消耗问题，采用合成数据和 Benchmark 数据验证了该方法建立在线非线性模型的有效性。通过本节的仿真实验可得出如下结论：

(1) 基于 PCA-SVM 的方法提取与输入数据相关的变量建立 SVM 软测量模型，而基于 PLS/KPLS 的方法通过提取与输入和输出数据都相关的潜在变量建立线性/非线性模型，更新模型时比 SVM 求解 QP 问题具有更快的学习速度。

(2) 通过 ALD 阈值可以控制软测量模型的建模速度和建模精度。在以上的实验研究中，最佳的阈值是依据使用者的经验和特定的问题确定的。因此，不同的建模数据选定的 ALD 阈值是不同的。

(3) 综合指标与 ALD 值的对比表明，ALD 可以解释新的过程数据的变化，并且比综合指标更加灵敏。因此，ALD 指标可以用于动态环境的建模。

(4) ALD 条件保证了在建模样本库中只包含有用样本，但该样本库会越来越大。如何确定建模样本库的样本容量及丢弃旧样本等问题，需要深入研究。

5.5　基于在线集成建模的旋转机械设备负荷参数软测量方法

5.5.1　建模策略

考虑到旋转机械设备筒体振动、振声、电流等信号与磨机负荷参数的相关性，以及多传感器信息间的互补与冗余现象，第 4 章提出基于选择性集多传感器信息的旋转机械设备负荷参数软测量方法。工业过程中的设备磨损、传感器和过程漂移、预防性的维护和清洗等均会导致工业过程的时变特性。旋转机械设备机内难以检测的钢球及衬板的磨损，旋转机械设备给料的硬度、粒度分布的波动等也导致球磨机系统具有较强的时变特性。在构建离线的软测量模型时，有可能难以得到足够的建模样本，如磨矿过程运行的连续性使建模初期难以采集不同工况下的筒体振动信号。

结合 OLKPLS 方法，本书提出了由离线训练模块、在线测量模块、在线更新模块 3 部分组成的磨机负荷参数在线集成建模方法，策略如图 5.12 所示。

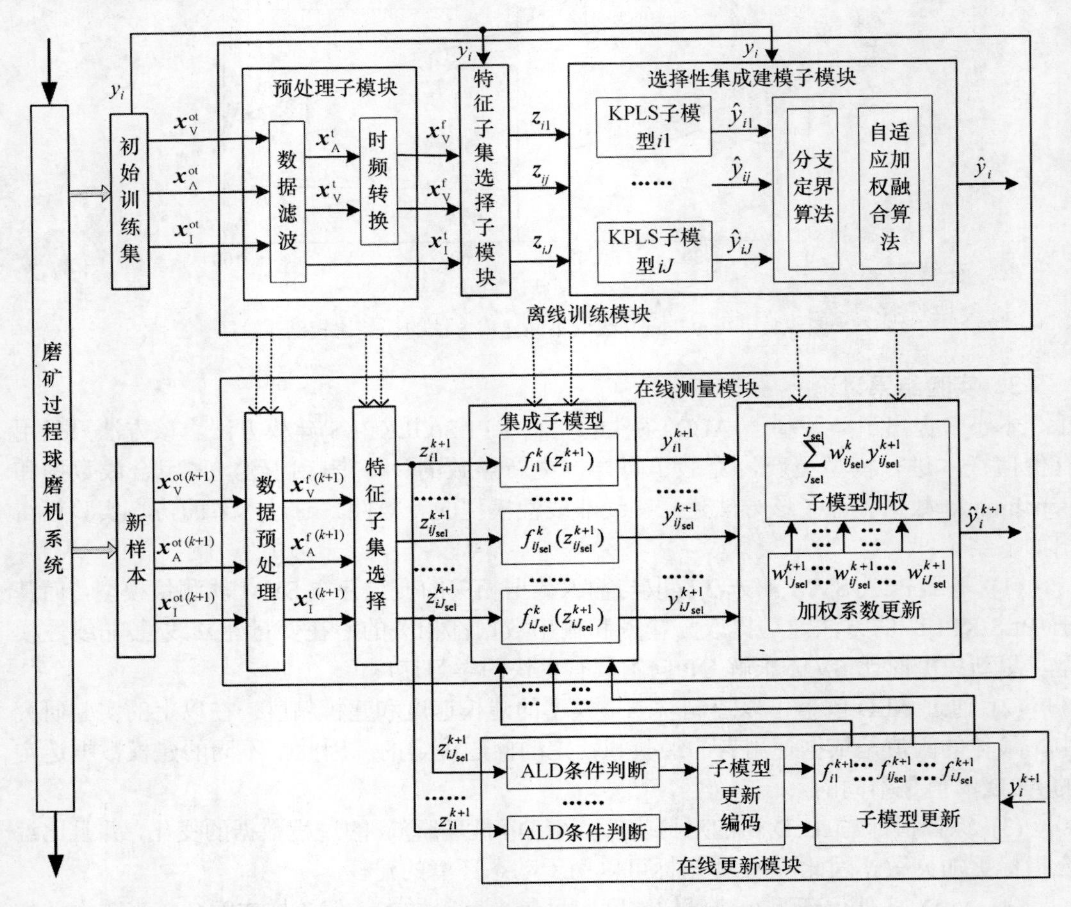

图 5.12 基于在线集成建模的磨机负荷参数软测量策略

图 5.12 中，$\boldsymbol{x}_{\mathrm{V}}^{\mathrm{ot}}$、$\boldsymbol{x}_{\mathrm{A}}^{\mathrm{ot}}$ 和 $\boldsymbol{x}_{\mathrm{I}}^{\mathrm{ot}}$ 表示未经信号预处理的时域信号；$\boldsymbol{x}_{\mathrm{V}}^{\mathrm{t}}$、$\boldsymbol{x}_{\mathrm{A}}^{\mathrm{t}}$ 和 $\boldsymbol{x}_{\mathrm{I}}^{\mathrm{t}}$ 表示预处理后的时域信号；$\boldsymbol{x}_{\mathrm{V}}^{\mathrm{f}}$ 和 $\boldsymbol{x}_{\mathrm{A}}^{\mathrm{f}}$ 表示振动和振声频谱；z_{ij} 表示特征子集；$\hat{y}_{ij}$ 表示磨机负荷参数子模型输出；$\hat{y}_i$ 表示在线集成模型输出；$z_{ij_{\mathrm{sel}}}^{k+1}$、$f_{ij_{\mathrm{sel}}}^{k+1}$、$\hat{y}_{ij_{\mathrm{sel}}}^{k+1}$、$w_{ij_{\mathrm{sel}}}^{k+1}$ 及 $\hat{y}_i^{k+1}$ 分别表示新样本的特征子集、磨机负荷参数子模型、子模型输出、子模型加权系数及在线集成模型输出；$i=1,2,3$ 时分别表示 MVBR、PD 和 CVR；$j=1,2,\cdots,J$ 表示候选特征子集的编号，J 表示候选特征的数量；$j_{\mathrm{sel}}=1,2,\cdots,J_{i_{\mathrm{sel}}}$，表示选择的特征子集的编号；$J_{i_{\mathrm{sel}}}$ 表示为第 i 个磨机负荷参数选择的特征子集数量。

5.5.2 建模算法

1. 离线训练模块

该模块建立离线的基于特征子集的选择性集成磨机负荷参数模型，其中预处理模块滤波时域信号并将筒体振动和振声信号转换至频域；特征子集选择模块采用基于互信息(MI)的特征选择方法分别选择频谱的子频段特征及局部波峰特征，结合频谱聚类的分频段划分算法实现筒体振动和振声频谱各分频段的自动分割，并将子频段特征、局部波峰特征、各分频段、全谱及时域电流信号分别作为一个特征子集；选择性集成建模模块则首先建立基于 KPLS 算法的不同特征子集的磨机负荷参数子模型，然后运行 $J-2$ 次分支定界(BB)和自适应加权融合(AWF)算法得到 $J-2$ 个集成模型，依据建模精度得到最终的集成模型。

该模块得到的磨机负荷参数集成模型如下式所示：

$$y_{ij_{\text{sel}}} = \sum_{j_{\text{sel}}=1}^{J_{i_{\text{sel}}}} w_{ij_{\text{sel}}} \cdot f_{ij_{\text{sel}}}(z_{ij_{\text{sel}}}) \tag{5.77}$$

2. 在线测量模块

该模块选择新样本的特征子集并计算子模型的输出，更新子模型权系数并计算集成模型输出，步骤如下所示：

(1) 计算各个子模型的测量输出：

$$y_{ij_{\text{sel}}}^{k+1} = f_{ij_{\text{sel}}}^{k}(z_{ij_{\text{sel}}}^{k+1}) \tag{5.78}$$

(2) 采用基于均值与方差递推更新的在线 AWF 算法进行加权系数的自适应更新：

$$u_{ij_{\text{sel}}}^{k+1} = \frac{k}{k+1} u_{ij_{\text{sel}}}^{k} + \frac{1}{k+1} \hat{y}_{ij_{\text{sel}}}^{k+1} \tag{5.79}$$

$$(\sigma_{ij_{\text{sel}}}^{k+1})^2 = \frac{k-1}{k}(\sigma_{ij_{\text{sel}}}^{k})^2 + (u_{ij_{\text{sel}}}^{k+1} - u_{ij_{\text{sel}}}^{k})^2 + \frac{1}{k} \| \hat{y}_{ij_{\text{sel}}}^{k+1} - u_{ij_{\text{sel}}}^{k+1} \|^2 \tag{5.80}$$

$$w_{ij_{\text{sel}}}^{k+1} = 1 \Bigg/ \left((\sigma_{ij_{\text{sel}}}^{k+1})^2 \sum_{j_{\text{sel}}=1}^{J_{i_{\text{sel}}}} \frac{1}{(\sigma_{ij_{\text{sel}}}^{k+1})^2} \right) \tag{5.81}$$

其中，$u_{ij_{\text{sel}}}^{k+1}$、$\sigma_{ij_{\text{sel}}}^{k+1}$ 及 $w_{ij_{\text{sel}}}^{k+1}$ 分别表示更新后的均值、方差及子模型的加权系数；$u_{ij_{\text{sel}}}^{k}$ 和 $\sigma_{ij_{\text{sel}}}^{k}$ 是基于交叉验证模型的建模样本估计值的均值与方差。

(3) 计算在线测量模块的输出：

$$\hat{y}_i^{k+1} = \sum_{j_{\text{sel}}=1}^{J_{i_{\text{sel}}}} w_{ij_{\text{sel}}}^{k+1} \hat{y}_{ij_{\text{sel}}}^{k+1} \tag{5.82}$$

3. 在线更新模块

该模块计算每个特征子集的 ALD 值并判断是否更新子模型；若不更新则采集下一样本，若更新则运行 OLKPLS 算法；同时编码子模型更新方案。

需要说明的是：5.4 节提出的只是单个子模型的更新方法。当存在多个子模型时，需要对子模型的更新情况进行编码，便于确定如何根据 ALD 值更新子模型。采用二进制编码子模型的更新组合，若有 J_{sel} 个子模型，则共有 $2^{J_{\text{sel}}}$ 种组合。以 $J_{\text{sel}}=2$ 为例进行说明，共有以下四种情况：

(1) 00——模型 1 和 2 均不更新；

(2) 01——只有模型 1 更新；

(3) 10——只有模型 2 更新；

(4) 11——模型 1 和 2 均更新。

其中，1 表示子模型更新，0 表示不更新；00、01、10 和 11 是 $J_{\mathrm{sel}}=2$ 时的编码。可见，选择的子模型越多，更新组合越多。

5.5.3 建模步骤

离线训练阶段的建模步骤如 4.5.3 节所述。

1. 在线测量步骤

(1) 采集磨机电流、筒体振动及振声信号。

(2) 对新样本采用与建模样本相同的参数对筒体振动、振声及磨机电流信号进行预处理。

(3) 按 4.5.2 节的“特征子集选择”的方法得到新样本的候选特征子集集合，然后选择最优的特征子集。

(4) 利用存储的均值和方差对特征子集分别进行标定。

(5) 将选择的最优特征子集按式(4.67)进行中心化处理，然后按照式(4.68)计算新样本的软测量输出。

(6) 按照式(5.79)～式(5.81)采用 AWF 算法更新子模型的加权系数。

(7) 按照式(5.82)加权得到新样本的软测量输出。

2. 在线更新步骤

(1) 按式(5.36)和式(5.37)更新新样本特征子集的均值和方差。

(2) 按式(5.38)对新样本的特征子集进行标定。

(3) 按式(5.40)和式(5.41)计算每个特征子集的 ALD 条件。

(4) 根据每个特征子集的 ALD 值与设定阈值的关系，将是否进行模型的更新分为 $2^{J_{\mathrm{sel}}}$ 种情况。

(5) 如果某特征子集需要更新，则采用 5.4.3 节中表 5.3 的算法步骤进行子模型的更新。

(6) 如果不需要更新，则转至本节“1. 在线测量步骤”。

5.5.4 实验研究

1. 离线训练模块的实验结果

基于文献[384]提出的选择性集成建模方法建立离线选择性集成模型。通过对筒体振动、振声和磨机电流信号进行特征子集选择，可以得到 16 个候选特征子集，其编号、缩写及含义分别为：1_VLF(振动频谱低频段)、2_VMF(振动频谱中频段)、3_VHF(振动频谱高频段)、4_VHHF(振动频谱高高频段)、5_VFULL(振动原始频谱)、6_VLP(振动局部波峰特征)、7_ALF(振声频谱低频段)、8_AMF(振声频谱中频段)、9_AHF(振声频谱高频段)、10_AFULL(振声原始频谱)、11_ALP(振声频谱局部波峰特征)、12_Imill(磨机电流)、13_MI_VLP(基于互信息的振动频谱局部波峰特征)、14_MI_ALP(基于互信息的振声频谱局部波峰特征)、15_MI_VSUB(基于互信息的振动频谱子频段)和 16_MI_ASUB(基于互信息的振声频谱子频段)。采用基于 KPLS、BB 和 AWF 算法的选择性集成建模方法，MBVR、

PD 和 CVR 软测量模型选择的子模型的数量分别为 6、2 和 3 个。

2．在线测量及在线更新模块的实验结果

采用 13 个测试样本进行集成模型的在线更新。依据经验，将 MBVR、PD 和 CVR 软测量模型的 ALD 阈值均设为 0.1。子模型的 ALD 值、权系数变化及在线集成模型的测试样本输出结果如图 5.13～图 5.15 所示。

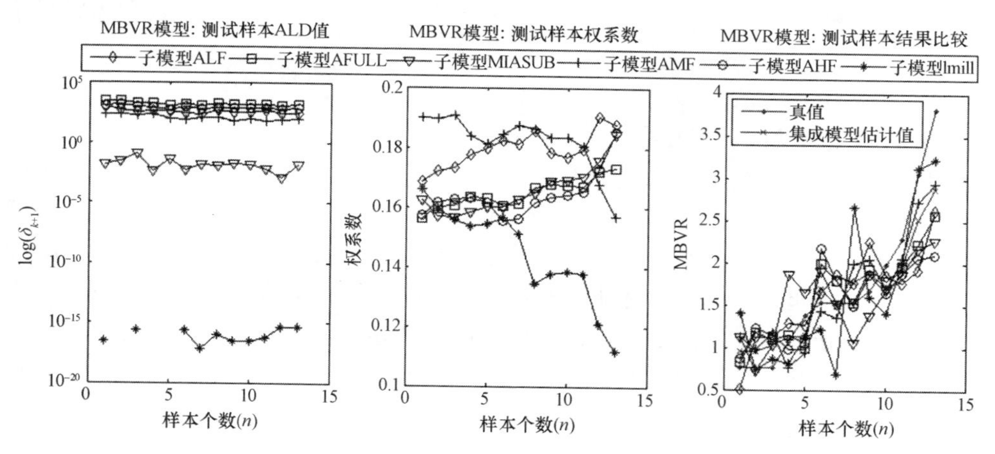

图 5.13　MBVR 在线集成软测量模型的曲线

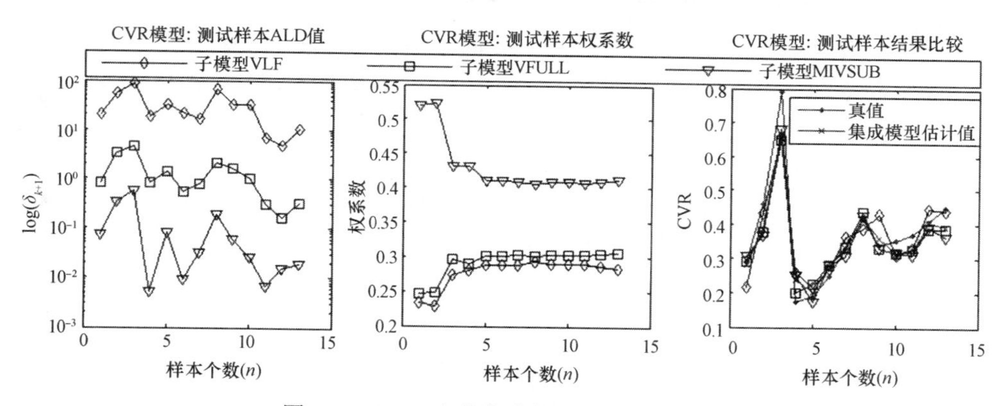

图 5.14　CVR 在线集成软测量模型的曲线

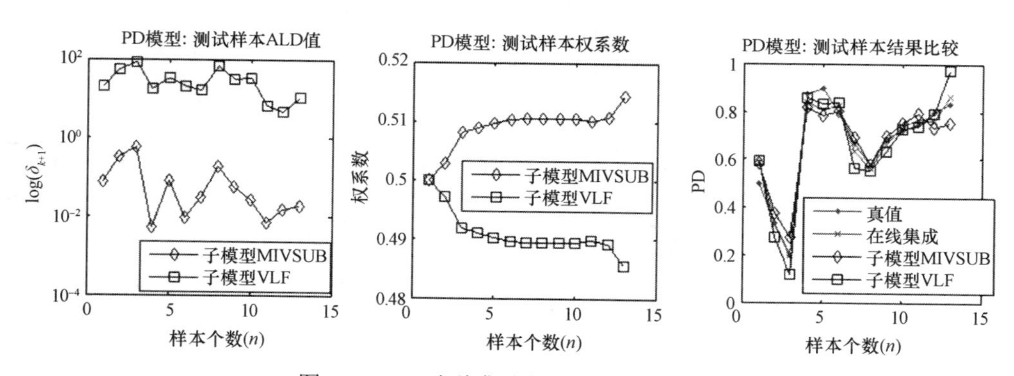

图 5.15　PD 在线集成软测量模型的曲线

由图 5.13～图 5.15 可知：

(1) 不同特征子集的 ALD 值差异较大，表明了特征子集间的多样性，进行多传感器信息的选择性融合和子模型的选择性更新是必要的。

(2) 子模型加权系数的波动幅度较大，表明不同子模型在不同工况下对集成模型的贡献不同。

(3) 不同子模型和在线集成模型测试结果的比较，表明了在线集成建模方法的有效性。

因此，本书所提方法能够自适应的更新集成模型。

3．不同建模方法的比较结果

采用基于 KPLS 的建模方法建立磨机负荷参数模型，均方根相对误差(RMSRE)和建模参数的统计结果详见表 5.7。在表 5.7 中，v_{ml} 表示设定的阈值；KPLS 方法指非集成建模方法，即将特征子集直接组合作为软测量模型输入；SEKPLS 指文献[384]提出的选择性集成建模方法，即只选择部分特征子集建立的子模型进行集成；EKPLS-w 表示只更新权系数而不更新子模型的集成建模方法；REKPLS 表示加权系数和 KPLS 子模型均采用每样本更新；OLEKPLS 表示本书所提的在线集成建模方法，即加权系数进行每样本更新，子模型依据 ALD 条件进行选择性的更新。

表 5.7　不同建模方法的测试误差比较

磨机负荷参数及建模方法			子模型数量	RMSREs	更新次数(n)	备注
MBVR	KPLS		1	0.2647	0	单模型
	SEKPLS		6	0.2049	0	选择性集成模型
	EKPLS-w		6	0.2318	(13，13，13，13，13，13)	更新权系数
	REKPLS		6	0.2540	(13，13，13，13，13，13)	更新子模型及其权系数
	OLEKPLS	400× v_{ml}	6	0.2378	(4，13，0，0，13，0)	更新权系数，选择更新子模型
		200× v_{ml}	6	0.2398	(13，13，0，3，13，0)	
		100× v_{ml}	6	0.2406	(13，13，0，7，13，0)	
		10× v_{ml}	6	0.2403	(13，13，0，13，13，0)	
		1× v_{ml}	6	0.1883	(13，13，1，13，13，0)	
PD	KPLS		1	0.1156	0	单模型
	SEKPLS		2	0.07781	0	选择性集成模型
	EKPLS-w		2	0.07833	(13，13)	更新权系数
	REKPLS		2	0.08010	(13，13)	更新子模型与权系数
	OLEKPLS	200× v_{ml}	2	0.08451	(8，0)	更新权系数，依据 ALD 值选择更新子模型
		100× v_{ml}	2	0.07857	(11，0)	
		20× v_{ml}	2	0.07855	(13，0)	
		10× v_{ml}	2	0.07873	(13，0)	
		1× v_{ml}	2	0.06478	(13，3)	

(续)

磨机负荷参数及建模方法			子模型数量	RMSREs	更新次数(n)	备注
CVR	KPLS		1	0.1630	0	单模型
	SEKPLS		3	0.1377	0	选择性集成模型
	EKPLS-w		3	0.1893	(13，13，13)	只更新权系数
	REKPLS		3	0.1278	(13，13，13)	更新子模型与权系数
	OLEKPLS	$400\times v_{ml}$	3	0.2142	(8，0，0)	更新权系数，并依据 ALD 值选择更新子模型
		$200\times v_{ml}$	3	0.1903	(11，0，0)	
		$40\times v_{ml}$	3	0.2037	(12，1，0)	
		$20\times v_{ml}$	3	0.2030	(13，5，0)	
		$2\times v_{ml}$	3	0.1426	(13，13，3)	
		$1\times v_{ml}$	3	0.1254	(13，13，6)	

表 5.7 的结果表明：

(1) OLEKPLS 方法更新子模型的权系数并依据 ALD 值选择更新子模型，建模误差最小，说明通过调整 ALD 阈值可在建模速度和建模精度间进行均衡；而且不同子模型的更新次数不同，表明不同特征子集对工业过程时变特性的灵敏度不同，进行选择性信息融合是合理的。

(2) KPLS 方法建模误差较大，原因在于只是简单合并特征子集，不能有效融合多传感器信息。

(3) SEKPLS 方法选择性地融合多传感器信息，建模误差较小。

(4) EKPLS-w 方法只更新集成子模型的加权系数，建模误差并没有降低，这与文献[117]的结论相同。

(5) REKPLS 方法采用每个新样本对子模型及其权系数均进行更新，不同的磨机负荷参数模型得到了不同的测试结果：CVR 模型的建模精度提高，而 PD 和 CVR 软测量模型的性能并没有改善，这说明每样本更新方法并不适用于每个磨机负荷参数模型。

对于 OLEKPLS 算法，采用不同的 ALD 阈值时，模型误差与子模型的更新次数的变化如图 5.16 所示。

图 5.16 中，各个子模型的符号含义与图 5.13～图 5.15 相同。由图 5.16 可知，ALD 阈值增加，模型测试误差逐渐增加，KPLS 子模型更新次数逐渐减少，即 KPLS 子模型的计算复杂度是逐渐降低的，进而集成模型的复杂度也逐渐降低。

以上研究表明：通过灵活设定 ALD 阈值可在软测量模型的建模速度和建模精度间取得均衡，最佳阈值的大小与特定问题相关；基于子模型选择性更新和权系数在线自适应加权融合算法的在线集成建模方法是有效的。

本书实验是基于异常工况下的小样本数据进行的，还需要更多的接近实际工况的实验数据和工业磨机数据对软测量模型进行验证。

本书提出在线集成建模方法可以推广应用到其它工业过程的非线性建模。

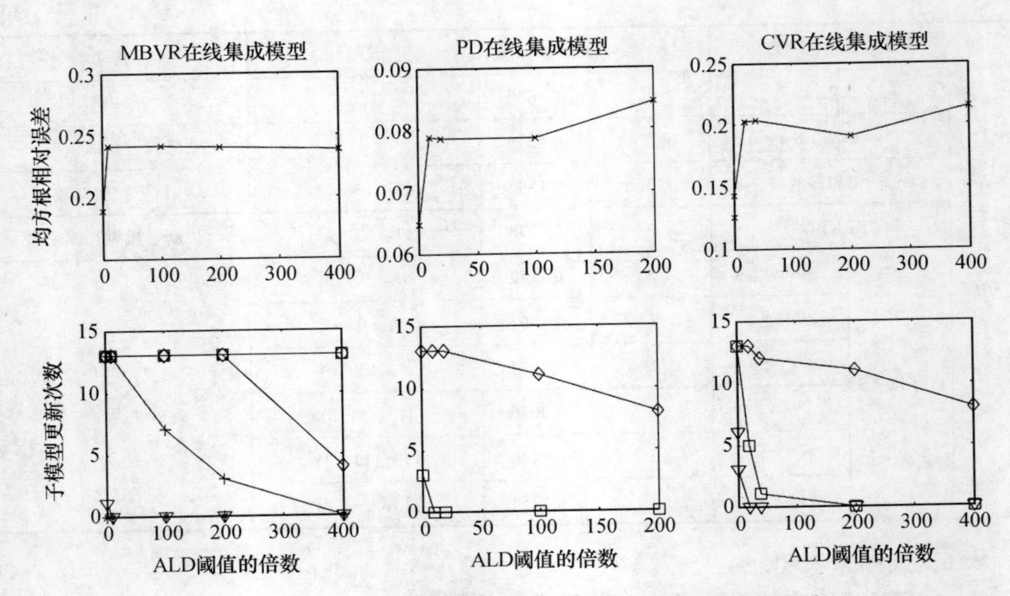

图 5.16　模型误差与子模型的更新次数与 ALD 阈值的关系

参考文献

[1] Schonert K. Energy aspects of size reduction of brittle materials[J]. Zement-Kalt-Grips Transl，1979，3(1):40-44.

[2] Hukki R T. Fundamentals of the closed grinding circuit[J]. Engineering and mining journal，1978，180(4):102-109.

[3] 陈剑锋，肖飞凤. 球磨机的发展方向综述[J]，中国矿业，2006，15(8): 94-98.

[4] 柴天佑. 复杂工业过程运行优化与反馈控制[J]. 自动化学报，2013，39(11): 1744-1757.

[5] 柴天佑. 生产制造全流程优化控制对控制与优化理论方法的挑战[J]. 自动化学报，2009，35(6): 641-649.

[6] 柴天佑，丁进良，王宏，等. 复杂工业过程运行的混合智能优化控制方法[J]. 自动化学报，2008，34(5): 505-515.

[7] Iwasaki I，Pozzo R L，Natarajan K A，et al. Nature of corrosive and abrasive wear in ball mill grinding[J]. International Journal of Mineral Processing，1988，22(1-4):345-360.

[8] 段希祥，曹亦俊. 球磨机介质工作理论与实践[M].北京：冶金工业出版社，1999.

[9] 阎高伟，陈泽华. 基于多传感器融合技术的滚筒式球磨机料位检测方法[P]，太原：太原理工大学，发明专利: 200910073862.6.

[10] Lo Y C，Oblad A E，Herbst J A. Cost reduction in grinding plants through process optimization and control[J]. Minerals and Metallurgical Processing，1996，8: 19-21.

[11] 周平，柴天佑. 磨矿过程磨机负荷的智能监测与控制[J]. 控制理论与应用，2008，25(6): 1095-1099.

[12] Zhou P，Chai T Y，Wang H. Intelligent optimal-setting control for grinding circuits of mineral processing[J]. IEEE Transactions on Automation Science and Engineering，2009，6(4):730-743.

[13] Hu G，Otaki H，Watanuki K. Motion analysis of a tumbling ball mill based on non-linear optimization[J]. Minerals Engineering，2000，13(8-9): 933-947.

[14] 苏志刚，于向军，吕震中，等. 灰色软测量在球磨机料位检测中的应用[J]. 热能动力工程，2006，21(6): 578-582.

[15] 张立岩，柴天佑. 氧化铝回转窑制粉系统磨机负荷的智能控制[J]. 控制理论与应用，2010，27(11): 1471-1478.

[16] Mori H，Mio H，Kano J，et al. Ball mill simulation in wet grinding using a tumbling mill and its correlation to grinding rate [J]. Powder Technology，2004，143-144(25): 230-239.

[17] Wu M，Wang V. Modeling ball impact on the wet mill liners and its application in predicting mill magnetic liner performance [J]，Minerals Engineering，2014，61: 126-132.

[18] 李海清，黄志尧，等. 软测量技术原理及应用[M]. 北京：化学工业出版社，2000.

[19] 于静江，周春晖. 过程控制中的软测量技术[J]. 控制理论与应用，1996，13(2): 137-144.

[20] 罗荣富，邵惠鹤. 软测量方法及其工业应用[M].上海:上海交通大学出版社，1994.

[21] Van den Bos A. Application of statistical parameter estimation methods to physical measurement [J]，J. Phys E: Sci Instrum.1977，10: 753-760.

[22] 俞金寿. 工业过程先进控制[M]，北京:中国石化出版社，2002.

[23] Jain A K，Duin R P W，Mao J C. Statistical pattern recognition: A review [J]. IEEE Transaction on Pattern Analysis and Machine Intelligence，2000，22(1): 4-38.

[24] Jiménez-Rodríguez L O，Arzuaga-Cruz E，Vélez-Reyes M. Unsupervised linear feature-extraction methods and their effects

in the classification of high-dimensional data [J]. IEEE Transaction on Geoscience and Remote sensing，2007，45(2): 469-483.

[25] Wang L. Feature selection with kernel class separability [J]. IEEE Transactions on Pattern Analysis and Machine Intelligence，2008，30(9): 1534-1546.

[26] Jolliffe I T. Principal component analysis[M]. Berlin: Springer Press，2002.

[27] Wold S，Sjstrm M，Eriksson L. PLS-regression: a basic tool of chemometrics [J]. Chemometrics and Intelligent Laboratory Systems，2001，58 (2): 109-130.

[28] Guyon I，Elisseeff A. An introduction to variable and feature selection [J]. Journal of Machine Learning Research，2003，3(7-8): 1157-1182.

[29] 俞金寿. 软测量技术及其应用[J]. 自动化仪表，2008，29(1):1-7.

[30] 骆晨钟，邵惠鹤. 软仪表技术及其工业应用[J]. 仪表技术与传感器，1999，(l):32-39.

[31] 俞金寿，刘爱伦. 软测量技术及其应用[J]. 世界仪表和自动化，1997，1(2):18-20.

[32] 徐敏，俞金寿. 软测量技术[J]. 石油化工自动化，1998，19(2):1-3.

[33] 俞金寿，刘爱伦，等. 软测量技术及其在石油化工中的应用[M]. 北京:化学工业出版社，2000.

[34] Hagan M T.神经网络设计[M]. 戴葵，译. 北京:机械工业出版社，2002.

[35] Ham M T，Morris A J，Montague G A. Soft-sensors for process estimation and inferential control[J]. Journal of Process Control，1991，1(1): 3-14.

[36] Quinterom E，Luybenw L，Georgakis C. Application of an extended Luenberger observer to the control of multicomponent batch distillation [J]. Ind. Eng. Chem. Res，1991(3): 1870-1880.

[37] 孙欣，王金春，何声亮. 过程软测量[J]. 自动化仪表，1995，16(8): 1-5.

[38] Brambilla A，Trivella F. Estimate Product Quality with ANNs [J]，Hydrocarbon Processing. 1996，75(9):61-66.

[39] Spieker A，Najim K，Chtouroua M，Thibault J. Neural networks synthesis for thermal process [J]，Journal of Process Control. 1993，3(4): 233-239.

[40] Chen S，Billings S A. Nonlinear systems identification using RBF [J]，Int. J. Sys. Sci. 1990，21(12): 2513-2539.

[41] 王旭东，邵惠鹤. RBF 神经元网络在非线性系统建模中的应用[J]. 控制理论与应用，1997，14(1): 59-64.

[42] Zadeh L A. The roles of soft computing and fuzzy logic in the conception，design and deployment of information intelligent systems [J]. Software Agents and Soft Computing Towards Enhancing Machine Intelligence，Lecture Notes in Computer Science，1997，1198/1997: 181-190.

[43] Yan S，Masaharu M. A new approach of neuro-fuzzy learning algorithm for tuning fuzzy rules [J]. Fuzzy sets and systems. 2000，112(1): 99-116.

[44] Mauricio F，Fernando G. Design of fuzzy system using neuro-fuzzy networks [J]. IEEE Trans. Neural Networks，1999，10(4): 815- 827.

[45] Marcelino L，Ignacio S. Support vector regression for the simultaneous learning of a multivariate function and its derivatives [J]. Neurocomputing，2005，69(1-3): 42-61.

[46] 王华忠，俞金寿. 基于混合核函数 PCR 方法的工业过程软测量建模[J]. 化工自动化及仪表，2005，32(2): 23-25.

[47] 王华忠，俞金寿. 基于核函数主元分析的软测量建模方法及应用[J]. 华东理工大学学报，2004，30(5): 567-570.

[48] 吕志军，杨建国，项前. 基于支持向量机的纺纱质量预测模型研究[J]. 控制与决策，2007，23(6): 561-565.

[49] Dong F，Jiang Z X，Qiao X T. Application of electrical resistance tomography to two-phase pipe flow parameters measurement [J]. Flow Measurement and Instrumentation，2003，14(1): 183-192.

[50] Xu Y B, Wang H X, Cui Z Q, et al. Application of electrical resistance tomography for slug flow measurement in gas/liquid flow of horizontal pipe [C]. IEEE International Workshop on Imaging Systems and Techniques, 2009, 319-323.

[51] Yang L, Steven D B. Wavelet multiscale regression from the perspective of data fusion: new conceptual approaches [J]. Analytical and Bioanalytical Chemistry, 2004, 380: 445- 452.

[52] Engin A, Ibrahim T, Mustafa P. Intelligent target recognition based on wavelet adaptive network based fuzzy inference system [J]. Pattern Recognition and Image Analysis, Lecture Notes in Computer Science, 2005, 35(22): 447-470.

[53] Seonggoo K, Sangjun L, Sukho L. A novel wavelet transform based on polar coordinates for data mining applications [J]. Lecture Notes in Computer Science, 2005, LNCS3614, Fuzzy Systems and Knowledge Discovery, 2005: 1150- 1153.

[54] Lou X S, Loparo K A. Bearing fault diagnosis based on wavelettran sform and fuzzy inference [J]. Mechanical Systems and Signal Processing, 2004, 18(5): 1077-1095.

[55] Cong Q M, Chai T Y. Cascade Process Modeling with Mechanism-Based Hierarchical Neural Networks[J]. International Journal of Neural Systems, 2010, 20(1):1-11.

[56] Wang W, Yu W, Zhao L J, et al. PCA and neural networks-based soft sensing strategy with application in sodium aluminate solution[J]. Journal of Experimental & Theoretical Artificial Intelligence, 2011, 23(1): 127-136.

[57] Wang W, Chai T Y, Yu W, et al. Modeling Component Concentrations of Sodium Aluminate Solution via Hammerstein Recurrent Neural Networks[J]. IEEE Transactions on Control System Technology. Accepted as regular paper. Article in press.

[58] Petr K, Bogdan G, Sibylle S. Data-driven soft sensors in the process industry[J]. Computers and Chemical Engineering, 2009, 33(4): 795-814.

[59] 李修亮. 软测量建模方法研究与应用[D]. 杭州: 浙江大学, 2009.

[60] Shang C, Yang F, Huang D X, et al. Data-driven soft sensor development based on deep learning[J]. Journal of Process Control, 2014, (24): 223-233.

[61] Hansen L K, Salamon P. Neural network ensembles[J]. IEEE Transactions on Pattern Analysis and Machine Intelligence, 1990, 12(10): 993-1001.

[62] Niu D P, Wang F L, Zhang L L, et al. Neural network ensemble modeling for nosiheptide fermentation process based on partial least squares regression [J]. Chemometrics and Intelligent Laboratory Systems, 2011, 105(1): 125-130.

[63] Breuer L, Huisman J A, Willems P. Assessing the impact of land use change on hydrology by ensemble modeling (LUCHEM). I: Model intercomparison with current land use [J]. Advances in Water Resources, 2009, 32 (2): 129-146.

[64] Zhou Z H, Wu J, Tang W. Ensembling neural networks: many could be better than all [J]. Artificial Intelligence, 2002, 137(1-2): 239-263.

[65] Geng X, Zhou Z H. Selective ensemble of multiple eigenspaces for face recognition [J]. J. Comput. Sci&Technol, 2006, 21(1):116-125.

[66] Tsymbal A. The problem of concept drift: Definitions and related work. Tech. rep.[R]. The University of Dublin, Trinity College, Department of Computer Science, Dublin, Ireland, 2004.

[67] Gallagher N B, Wise B M, Butler S W, et al. Development and benchmarking of multivariate statistical process control tools for a semiconductor etch process: improving robustness through model updating [C]. In: Process ADCHEM'97. 1997:78-83.

[68] 邵惠鹤. 工业过程高级控制[M]. 上海: 上海交通大学出版社, 2003.

[69] Soares S G, Araujo R. An on-line weighted ensemble of regressor models to handle concept drifts [J]. Engineering Applications of Artificial Intelligence, 2015, 37: 392-406.

[70] Wold S. Exponentially weighted moving principal component analysis and project to latent structures [J]. Chemom. Intell. Lab.

Syst., 1994, 23(1): 149-161.

[71] Li W H, Yue H H, Valle-Cervantes S, Qin S J. Recursive PCA for adaptive process monitoring [J]. Journal of Process Control, 2000, 10(5): 471-486.

[72] Elshenawy L M, Yin S, Naik A S, Ding S X. Efficient recursive principal component analysis algorithms for process monitoring [J]. Ind. Eng. Chem. Res. 2010, 49(1): 252-259.

[73] Qin S J. Recursive PLS algorithms for adaptive data modeling[J]. Computers & Chemical Engineering, 1998, 22(4/5): 503-514.

[74] Wang X, Kruger U, Irwin G W. Process monitoring approach using fast moving window PCA [J]. Industrial & Engineering Chemistry Research, 2005, 44(15): 5691-5702.

[75] Pan T, Shan Y, Wu Z T, Chen Z H, Li P Z. MWPLS method applied to the waveband selection of NIR spectroscopy analysis for brix degree of sugarcane clarified juice[C]. 2011 Third International Conference on Measuring Technology and Mechatronics Automation, 2011: 671-674.

[76] Wang X, Kruger U, Lennox B. Recursive partial least squares algorithms for monitoring complex industrial processes [J]. Control Eng.Practice, 2003, 11(6): 613-632.

[77] Jin H, Lee Y H, Lee G, et al. Robust recursive principal component analysis modeling for adaptive monitoring [J]. Ind. Eng. Chem.Res. 2006, 45(2): 696-703.

[78] Choi S W, Martin E B, Morris A J, et al. Adaptive multivariate statistical process control for monitoring time-varying processes [J]. Ind. Eng. Chem. Res. 2006, 45(9): 3108-3118.

[79] He X B, Yang Y P. Variable MWPCA for adaptive process monitoring. Ind. Eng. Chem. Res. 2008, 47(2): 419-427.

[80] Watanabe S. Pattern recognition: Human and Mechanical [M]. New York: Wiley Press, 1985.

[81] Friedman J H. Exploratory projection pursuit [J]. J. Am. Statistical Assoc., 1987, 82: 249-266.

[82] Comon P. Independent component analysis, a New Concept? [J]. Signal Processing, 1994, 36(3): 287-314.

[83] Lee T W. Independent component analysis [J]. Dordrech: Kluwer Academic Publishers, 1998.

[84] Hyvarinen A, Oja E. A Fast Fixed-Point Algorithm for Independent Component Analysis [J]. Neural Computation, 1997, 9(7): 1483-1492.

[85] SchoÈlkopf B, Smola A, Muller K R. Nonlinear component analysis as a kernel eigenvalue problem [J]. Neural Computation, 1998, 10(5): 1299-1319.

[86] Webb A R. Multidimensional scaling by iterative majorization using radial basis functions [J]. Pattern Recognition, 1995, 28(5): 753-759.

[87] Lowe D, Webb A R. Optimized feature extraction and the bayes decision in feed-forward classifier networks [J]. IEEE Trans. Pattern Analysis and Machine Intelligence, 1991, 13(4): 355-264.

[88] Kohonen T. Self-organizing maps (Springer Series in Information Sciences)[M]. Berlin: Springer-Verlag Berlin and Heidelberg GmbH & Co. K, 1995.

[89] 郭辉，刘贺平. 基于核的偏最小二乘特征提取的最小二乘支持向量机回归方法[J]. 信息与控制，2005，34(4): 402-406.

[90] Lv J F, Dai L K. Application of partial least squares support vector achines (PLS-SVM) in spectroscopy quantitative analysis [C]. Proceedings of the 6th World Congress on Intelligent Control and Automation, 2006: 5228-5233.

[91] Cover T M, Van Campenhout J M. On the possible orderings in the measurement selection problem [J]. IEEE Trans.Systems, Man, and Cybernetics, 1977, 7(9): 657-661.

[92] Pudil P, Novovicova J, Kittler J. Floating search methods in feature selection [J]. Pattern Recognition Letters, 1994, 15(11):

1119-1125.

[93] Dash M，Liu H. Feature selection for classification [J]. Intelligent Data Analysis，1997，1 (3):131-156.

[94] 王娟，慈林林，姚康泽. 特征选择方法综述[J]. 计算机工程与科学，2005，127(112): 68-71.

[95] You W J，Yang Z J，Ji G L. PLS-based recursive feature elimination for high-dimensional small sample[J]. Knowledge-Based Systems，2014，55: 15-28.

[96] Zhang M J，Zhang S Z，Iqbal J. Key wavelengths selection from near infrared spectra using Monte Carlo sampling-recursive partial least squares [J]. Chemometrics and Intelligent Laboratory Systems，2013，128: 17-24.

[97] Yue H H，Qin S J，Markle R J，et al. Fault detection of plasma ethchers using optical emission spectra [J]. IEEE Transaction on Semiconductor Manufacturing，2000，11: 374-385.

[98] Tang J，Zhao L J，Li Y M，et al. Feature selection of frequency spectrum for modeling difficulty to measure process parameters [J]. Lecture Notes in Computer Science，2012，7368: 82-91.

[99] 刘天羽. 基于特征选择技术的集成学习方法及其应用研究[D]. 上海:上海大学，2006.

[100] Sollich P，Krogh A. Learning with ensembles: how over-fitting call beuseful [J]. In Advances in Neural Information Processing Systems 9，1996：190-196.

[101] Perrone M P，Cooper L N. When networks disagree: ensemble methods for hybrid neural networks，Tech. Rep. A121062[R]. Brown University，Institute for Brain and Neural Systems (Jan. 1993).

[102] Krogh A，Vedelsby J. Neural network ensembles，cross validation，and active learning[C]. In: Advances in Neural Information Processing Systems 7，1995：231-238.

[103] Dietterieg T. Machine-learning research：Four current directions [J]. The AI Magazine，1998，18: 97-136.

[104] Granitto P M，Verdes P F，Ceccatto H A. Neural networks ensembles: evaluation of aggregation algorithms [J]. Artificial Intelligence，2005，163(2): 139-162.

[105] Windeatt T. Diversity measures for multiple classifier system analysis and design [J]. Information Fusion，2005，6 (1): 21-36.

[106] Kuncheva L I. Combining Pattern Classifiers，Methods and Algorithms [M]. USA: Wiley，2004.

[107] Yao X，Liu Y. Making use of population information in evolutionary artificial neural networks[J]. IEEE transactions on Systems，Man and Cybernetics-Part B: Cybernetics，1998，28(3): 417-425.

[108] Ho T K. The random subspace method for constructing decision forest [J]. IEEE Transactions on Pattern Analysis and Machine Intelligence，1998，20(8): 832-844.

[109] Rodriguez，J J，Kuncheva L I，Alonso C J. Rotation fores: A new classifier ensemble method [J]. IEEE Transactions on Pattern Analysis and Machine Intelligence，2006，28(10): 1619-1630.

[110] Yu E Z，Cho S Z. Ensemble based on GA wrapper feature selection [J]. Computers & Industrial Engineering，2006，51(1): 111-116.

[111] Breuer L，Huisman J A，Willems P. Assessing the impact of land use change on hydrology by ensemble modeling (LUCHEM). II: Ensemble combinations and predictions [J]. Advances in Water Resources，2009，32 (2): 147-158.

[112] Su Z Q，Tong W D，Shi L M，et al. A partial least squares-based consensus regression method for the analysis of near-infrared complex spectral data of plant samples [J]. Analytical Letters，2006，39(9): 2073-2083.

[113] Chen D，Cai W S，Shao X G. Removing uncertain variables based on ensemble partial least squares [J]. Analytical Chimica Acta，2007，598(1): 19-26.

[114] Mohamed S. Estimating market shares in each market segment using the information entropy concept [J]. Applied Mathematics and Computation，2007，190(2): 1735-1739.

[115] 王春生，吴敏，曹卫华，等. 铅锌烧结配料过程的智能集成建模与综合优化方法[J]. 自动化学报，2009，35(5): 605-612.

[116] Xu L J，Zhang J Q，Yan Y. A wavelet-based multisensor data fusion algorithm[J]. IEEE Tranctions on Instrumentation and Measurement，2004，53(6): 1539-1544.

[117] Tang J，Chai T Y，Zhao L J，et al. Soft sensor for parameters of mill load based on multi-spectral segments PLS models and on-line additive weighted fusion algorithm [J]. Neurocomputing，2012，78(1): 38-47.

[118] Perrone M P，Coopler L N. When networks disagree：ensemble method for hybrid neural networks [C]. In Artificial Neural Networks for Speech and Vision，1993：126-142.

[119] Opitz D，Shavlik J. Actively searching for an effective neural network ensemble [J]. Connection Science，1996，8(3-4): 337-353.

[120] Chandra A，Chen H H，Yao X. Trade-off between diversity and accuracy in ensemble generation[J]. Studies in Computational Intelligence，2006，16: 429-464.

[121] Liu Y，Yao X. Ensemble learning via negative correlation [J]. Neural Networks，1999，12: 1399-1404.

[122] 张健沛，程丽丽，杨静，等. 基于人工鱼群优化算法的支持向量机集成模型[J]. 计算机研究与发展，2008，45(10s): 208-212.

[123] Wang D H，Alhamdoosh M. Evolutionary Extreme Learning Machine Ensembles with Size Control[J]. Neurocomputing，2012，(4).

[124] 张春霞，张讲社. 选择性集成学习综述[J]. 计算机学报，2011，34(8): 1399-1410.

[125] Zhu Q X，Zhao N W，Xu Y. A New Selective Neural Network Ensemble Method Based on Error Vectorization and Its Application in High-density Polyethylene (HDPE) Cascade Reaction Process [J]. Chinese Journal of Chemical Engineering，2012，20(6): 1142-1147.

[126] 桂卫华，阳春华，陈晓方，等. 有色冶金过程建模与优化的若干问题及挑战[J]. 自动化学报，2013，11(3): 197-206.

[127] Symone S，Carlos H A，Rui A. Comparison of a genetic algorithm and simulated annealing for automatic neural network ensemble development [J]. Neurocomputing 2013，121: 498-511.

[128] Bi Y，Peng S，Tang L，et al. Dual stacked partial least squares for analysis of near-infrared spectra [J]. Analytica Chimica Acta，2013，792: 19-27.

[129] Canuto A M，Abreu M C C，Oliveira L M J，Jr C X，Santos A M. Investigating the influence of the choice of the ensemble members in accuracy and diversity of selection-based and fusion-based methods for ensembles [J]. Pattern Recognition Letters，2007，28(4): 472-486.

[130] Kadlec P，Grbic R，Gabrys B. Review of adaptation mechanisms for data-driven soft sensors [J]. Computers & Chemical Engineering，2011，35(1): 1-24.

[131] Golub G，Loan C V. Matrix computations [M]. London: Johns Hopkins Press，1996.

[132] Champagne B. Adaptive eigendecomposition of data covariance matrices based on first-order perturbations [J]. IEEE Transaction on Signal Process，1994，42(10): 2758-2770.

[133] Willink T. Efficient adaptive SVD algorithm for MIMO applications [J]. IEEE Transantion on Signal Process，2008，56(2): 615-622.

[134] Doukopoulos X G，Moustakides G V. Fast and stable subspace tracking [J]. IEEE Transantion on Signal Process，2008，56: 1452-1465.

[135] Cauwenberghs G，Poggio T. Incremental and decremental support vector machine learning [C]. in Advances in Neural Information Processing Systems (NIPS 2000)，2001：409-415.

[136] Laskov P, Gehl C, Kruger S, et al. Incremental support vector learning: Analysis, implementation and applications [J]. J. Mach. Learning Res., 2006, 7: 1909-1936.

[137] Karasuyama M, Takeuchi I. Multiple incremental decremental learning of support vector machines [J]. IEEE Transations on Neural Networks, 2010, 21(7): 1048-1059.

[138] Yu W. Nonlinear system identification using discrete-time recurrent neural networks with stable learning algorithms [J]. Information Sciences, 2004, 158(1): 131-147.

[139] Liu J L. On-line soft sensor for polyethylene process with multiple production grades [J]. Control Engineering Practic, 2007, 15(7): 769-778.

[140] Yue H, Qin S J. Reconstruction based fault detection using a combined index [J]. Ind. Eng. Chem. Res., 2001, 40(20): 4403-4414.

[141] Engel Y, Mannor S, Meir R. The kernel recursive least-squares algorithm [J]. IEEE Transactions on Signal Processing, 2004, 52(8): 2275-2285.

[142] Yu W. Fuzzy modelling via on-line support vector machines [J]. International Journal of Systems Science, 2010, 41(11):1325-1335.

[143] Francesco O, Claudio C, Barbara C, et al. On-line independent support vector machines [J]. Pattern Recognition, 2010, 43(4): 1402-1412.

[144] Li L J, Su H Y, Chu J. Modeling of isomerization of C8 aromatics by online least squares support vector machine [J]. Chinese Journal of Chemical Engineering, 2009, 17(3): 437-444.

[145] Tang J, Yu W, Zhao L J, et al. Modeling of operating parameters for wet ball mill by modified GA-KPLS [C]. The Third International Workshop on Advanced Computational Intelligence, 2010: 107-111.

[146] Qin Z M, Liu J Z, Zhang L Y, et al. Online learning algorithm for sparse kernel partial least squares [C]. The 5th IEEE Conference on Industrial Electronics and Applications (ICIEA), 2010: 1790-1794.

[147] Liu Y, Wang H Q, Yu J, et al. Selective recursive kernel learning for online identification of nonlinear systems with NARX form[J]. Journal of Process Control, 2010, 20: 181-194.

[148] Liu Y, Gao Z L, Li P, et al. Just-in-Time Kernel Learning with Adaptive Parameter Selection for Soft Sensor Modeling of Batch Processes [J]. Industrial & Engineering Chemistry Research, 2012, 51: 4313-4327.

[149] Chen K, Jia J, Wang H Q, et al. Adaptive local kernel-based learning for soft sensor modeling of nonlinear processes [J]. Chemical Engineering Research and Design, 2011, 89(10): 2117-2124.

[150] Kadlec P, Grbic R, Gabrys B. Review of adaptation mechanisms for data-driven soft sensors [J]. Computers & Chemical Engineering, 2011, 35(1): 1-24.

[151] Tang K, Lin M L, Minku F L, et al. Selective negative correlation learning approach to incremental learning [J]. Neurocomputing, 2009, 72(13-15): 2796-2805.

[152] Heeswijk M, Miche Y, Lindh-Knuutila T, et al. Adaptive ensemble models of extreme learning machines for time series prediction [C], in: Proceedings of the 19th International Conference on Artificial Neural Networks, Springer-Verlag, 2009: 305-314.

[153] Tian H X, Mao Z Z. An ensemble ELM based on modified Adaboost. RT algorithm for predicting the temperature of molten steel in ladle furnace [J]. IEEE Transaction on Automation Science and Engineering, 2010, 7(1): 73-80.

[154] 郝红卫，王志彬，殷绪成，等. 分类器的动态选择与循环集成方法[J]. 自动化学报，2011，37(11): 1290-1295.

[155] Dai Q. A competitive ensemble pruning approach based on cross-validation technique [J]. Knowledge-Based Systems, 2013,

37: 394-414.

[156] Soares S G，Araujo R. A dynamic and on-line ensemble regression for changing environments [J]. Expert Systems with Applications，2015，42: 2935-2948.

[157] Chu F，Zaniolo C. Fast and light boosting for adaptive mining of data streams. In Advances in knowledge discovery and data mining [J]. Lecture notes in computer science，2004，3056: 282-292.

[158] Elwell R，Polikar R. Incremental learning of concept drift in nonstationary environments [J]. IEEE Transactions on Neural Networks，2011，22(10): 1517-1531.

[159] Minku L L，Yao X. DDD: A new ensemble approach for dealing with concept drift [J]. IEEE Transactions on Knowledge and Data Engineering，2012，24(4): 619-633.

[160] Nishida K，Yamauchi K，Omori T. ACE: Adaptive classifiers-ensemble system for concept-drifting environments [J]. Lecture notes in computer science，2005，3541: 176-185.

[161] Keshav P，Haas B d，Clermont B，Mainza A，Moys M. Optimisation of the secondary ball mill using an on-line ball and pulp load sensor-The Sensomag [J]. Minerals Engineering，2011，24(3-4): 325-334.

[162] 樊狄锋，孙毅，毛亚郎，等. 球磨机混合运动状态下介质运动形态的分析研究[J]，矿山机械，2010，5:81-84.

[163] Makokha A B，Moys M H，Bwalya M M，et al. A new approach to optimising the life and performance of worn liners in ball mills: Experimental study and DEM simulation [J]，International Journal Mineral Processing，2007，84: 221-227.

[164] McElroy L，Bao J，Jayasundara C T，et al. A soft-sensor approach to impact intensity prediction in stirred mills guided by DEM models [J]，Powder Technology，2012，219: 151-157.

[165] Wang M H，Yang R Y，Yu A B. DEM investigation of energy distribution and particle breakage in tumbling ball mills [J]，Powder Technology，2012，223: 83-91.

[166] Mori H，Mi H，Kano J，et al. Ball mill simulation in wet grinding using a tumbling mill and its correlation to grinding rate [J]，Powder Technology，2004，(143-144): 230- 239.

[167] Delaney G W，Cleary P W，Morrison R D，et al. Predicting breakage and the evolution of rock size and shape distributions in Ag and SAG mills using DEM [J]，Minerals Engineering，2013，(50-51): 132-139.

[168] Wu M，Wang V. Modeling ball impact on the wet mill liners and its application in predicting mill magnetic liner performance [J]，Minerals Engineering，2014，61: 126-132.

[169] Rajamani R K. Semi-Autogenous Mill Optimization with DEM Simulation Software[C]. In: Control 2000-Mineral and Metallurgical Processing. Society for Mining，Metallurgy，and Exploration，Inc.，Littleton，CO.，USA. 2000，pp. 209-215. ISBN 0-87335-197-5.

[170] Brosh T，Kalman H，Levy A. Accelerating CFD-DEM simulation of processes with wide particlesize distributions[J]，Particuology，2014，12: 113-121.

[171] Jonsén P，Passon B I，Tano K，et al. Prediction of mill structure behaviour in a tumbling mill [J]，Minerals Engineering，2011，24: 236-244.

[172] Jonsén P，Pélsson B I，Häggblad H Å. A novel method for full-body modelling of grinding charges in tumbling mills [J]，Minerals Engineering，2012，33: 2-22.

[173] Jonsén P，Palsson B I，Stener J F，et al. A novel method for modelling of interactions between pulp，charge and mill structure in tumbling mills [J]，Minerals Engineering，63 (2014) 65-72.

[174] Jonsén P，Stener J F，Pålsson B I，et al. Validation of a model for physical interactions between pulp，charge and mill structure in tumbling mills [J]，Minerals Engineering，Minerals Engineering，2015，73: 77-84.

[175] 吴旻，陈长征，周勃，等. 球磨机筒体振动特性分析 [J]，振动与冲击，2006，25(s): 843-847.

[176] 黄鹏. 基于球磨机旋转筒体振动信号的料位检测方法研究[D]. 南京：东南大学，2009.

[177] 王荣，贾民平. 基于球磨机筒体振动特征频段分析的料位检测研究 [J]，振动与冲击，2010，29(s): 45-49.

[178] 刘宇，万卉，刘丽萍，等. 球磨机内单个研磨介质运动的理论分析 [J]，中国粉体技术，2010，16(4): 61-63.

[179] 刘欢，王健，李金凤，等. 球磨机筒体的声辐射特性分析与噪声治理 [J]，有色金属（选矿部分），2011，1:65-69.

[180] 张杰，王建民，杨志刚，等. 基于功率谱分析的球磨机负荷模型 [J]. 工矿自动化，2013，39(1 2): 43-48.

[181] 刘建平，姬建钢，陈松战，等. 一种半自磨机筒体衬板的优化设计 [J]，矿山机械，2014，10(42): 81-83.

[182] 汤健. 磨矿过程磨机负荷软测量方法研究[D]. 沈阳：东北大学，2012.

[183] Tang J，Zhao L J，Zhou J W，et al. Experimental analysis of wet mill load based on vibration signals of laboratory-scale ball mill shell [J]. Minerals Engineering，2010，23(9): 720-730.

[184] Zhao L J，Tang J，Zheng W R. Ensemble modeling of mill load based on empirical mode decomposition and partial least squares [J]. Journal of Theoretical and Applied Information Technology，2012，45: 179-191.

[185] 汤健，柴天佑，丛秋梅，等. 基于 EMD 和选择性集成学习算法的磨机负荷参数软测量[J]. 自动化学报，2014，40(9): 1853-1866.

[186] 王泽红，陈炳辰. 球磨机负荷检测的现状与发展趋势[J]. 中国粉体技术，2001，1(1): 19-23.

[187] 曹静，唐贵基. 钢球磨煤机负荷测量的研究[J]. 矿山机械，2007，10: 29-32.

[188] 章臣樾. 锅炉动态特性及其数学模型[M]. 北京: 中国水利电力出版社，1986.

[189] 沈光明. 压差技术在 HP 中速磨及 BBD 双进双出钢球磨上的应用[J].电站辅机，2001，4: 39-41.

[190] 陈刚. 压差及电耳在钢球磨中的应用[J]. 电站辅机，2006，1: 46-48.

[191] 曾风茹，张玉萍. 双进双出钢球磨煤机的煤位控制策略[J]. 河北电力技术，1995，3: 58-61.

[192] Bhaumik A，Sil J，Banerjee S. Designing of intelligent expert control system using petri net for grinding mill operation [J]. WSEAS Transactions On Applications，2005，4(2): 360-365.

[193] 孙丽华，曲莹军，张彦斌，等. 钢球磨煤机负荷检测方法的研究及实现[J]. 热力发电，2004，33(11): 25-28.

[194] 曾旖，张彦斌，刘卫峰，等. 基于 DSP 的磨机负荷检测仪的研制[J].仪表技术与传感器，2005，7: 14-16.

[195] 李刚，王建民. 磨机负荷的磨音多频带检测研究与开发[J]. 仪器仪表用户，2008，15(5): 22-23.

[196] Behera B，Mishra B K，Murty C V R. Experimental analysis of charge dynamics in tumbling mills by vibration signature technique[J]. Minerals Engineering，2007，20(1): 84-91.

[197] 马里诺夫 D，彭索夫 T，科斯托夫 S. 用于球磨机控制的新型传感系统[J]. 国外金属矿山，1992，7: 74-76. (译自英国《Mining Magazine》，September 1991，156-158.)

[198] Gugel K，Palacios G. Improving ball mill control with modern tools based on digital signal processing (DSP) technology[C]. Cement Industry Technical Conference，IEEE-IAS/PCA，2003：311-318.

[199] Gugel K，Rodney M. Automated mill control using vibration signal processing [J]. Cement Industry Technical Conference Record，IEEE，2007：17 - 25.

[200] 张小明，唐贵基，尹增谦. 钢球磨煤机轴振能量的测量及应用[J]. 测控技术，2002，21(4): 58-59.

[201] 李晓枫，吴惠雁，李勇. 球磨机料位检测仪的开发及其在优化运行控制上的应用[J]. 仪表技术与传感器，2002，11: 20-21.

[202] 王颖洁，吕震中. 轴承振动信号在球磨机负荷控制系统中的应用研究[J]. 电力设备，2004，5(9): 41-43.

[203] 刘蓉，吕震中. 基于内模-PID 控制的球磨机负荷控制系统的设计[J]. 电力设备，2005，6(1): 30-33.

[204] Spencer S J，Campbell J J，Weller K R，et al. Acoustic emissions monitoring of SAG mill performance [C]. Intelligent

Processing and Manufacturing of Materials，IPMM '99. Proceedings of the Second International Conference on：1999：936-946.

[205] 冯天晶，王焕钢，徐文立，等. 基于筒壁振动信号的磨机工况监测系统[J]. 矿冶，2010，19(2): 66-69.

[206] 王焕钢，徐文立，冯天晶，等. 一种湿法球磨机的磨矿浓度监测方法，清华大学，201010147566.9[P]. 2011.10.26.

[207] 杨佳伟，陆博，周俊武. 基于振动信号分析的球磨机工况检测技术的研究与应用[J]. 矿冶，2013，22(3): 99-104.

[208] Hecht H M，Derick G R. A low cost automatic ML level control strategy [C]. CA: Cement Industry Technical Conference，XXXVIII Conference Record.，IEEE/PCA.14-18，1996：341-349.

[209] 唐耀庚. 模糊逻辑控制在磨机负荷控制中的应用[J]. 电气传动，2002，7(5): 31-33.

[210] 李法众. 噪音功率联合控制系统在 RKD 420/650 磨煤机料位控制中的应用[J]. 热力发电，2006，35(5): 25-27.

[211] 黄成祥，陈敏，王庸贵. 球磨机负荷智能监控系统的研究[J]. 机械，1999，26(6): 8-11.

[212] 王庸贵，任德钧，陈超，等. 磨音料位检测仪[J]. 四川联合大学学报(工程科学版)，1999，3(4): 135-138.

[213] 禤莉明. 球磨机料位超声测量与制粉系统运行遗传优化方法研究[D]. 重庆: 重庆大学，2006.

[214] 周凤，冯晓露. 基于超声料位测量的钢球磨煤机料位模糊-PID 控制[J]. 机电工程，2008，25(7): 95-98.

[215] 司刚全，曹晖，张彦斌，等. 基于多传感器融合的筒式钢球磨机负荷检测方法及装置[P]，西安：西安交通大学，2007.

[216] 周克良，戴建国. 基于多传感器信息融合的球磨机负荷检测系统[J]. 矿石机械，2006，34(10): 39-41.

[217] 孙景敏，李世厚. 基于信息融合技术的球磨机三因素负荷检测研究[J]. 云南冶金，2008，37(1): 16-19.

[218] 李遵基. 一种智能型球磨机载煤量测试系统的研究[J]. 中国电力，2001，34(3): 45-47.

[219] Lan tiak B. 球磨机负荷的测定方法[J]. 国外金属矿选矿，1975，5-6: 64-68.

[220] 曲守平，赵登峰，宋协春. 双进双出钢球磨煤机的煤位监测技术[J]. 矿山机械，2000，10: 6-9.

[221] Bhaumik A，Sil J，Maity S，et al. Designing an intelligent expert control system using acoustic signature for grinding mill operation [J]. Industrial Technology，ICIT 2006. IEEE International Conference，2006，500-505 .

[222] Kang E S，Guo Y G，Du Y Y，et al. Acoustic vibrationsignal processing and analysis in ball mill [J]. The Sixth World Congress Intelligent Control and Automation，2006，6690- 6693.

[223] 毛益平. 磨矿过程智能控制策略的研究[D]. 沈阳：东北大学，2001.

[224] Zeng Y G，Forssberg E. Effects of operating parameters on vibration signal under laboratory scale ball grinding conditions [J]. International Journal of Mineral Processing Volume，1992，35(3-4): 273-290.

[225] Zeng Y G，Forssberg E. Monitoring grinding parameters by signal measurements for an industrial ball mill[J]. International Journal of Mineral Processing，1993，40(1-2): 1-16.

[226] Zeng Y G，Forssberg E. Monitoring grinding parameters by vibration signal measurement-a primary application [J] .Minerals Engineering，1994，7(4): 495-501.

[227] Zeng Y G，Forssberg E. Application of vibration signal measurement for monitoring grinding parameters [J]. Mechanical Systems and Signal Processing，1994，8(6): 703-713.

[228] Zeng Y G，Forssberg K S E. Multivariate statistical analysis of vibration signals from industrial scale ball grinding [J]. Minerals Engineering，1995，8(5): 389-399.

[229] Su Z G，Wang P H，Yu X J，et al. Experimental investigation of vibration signal of an industrialtubular ball mill: Monitoring and diagnosing.Minerals Engineering [J]. Minerals Engineering，2008，21(10): 699-710.

[230] Huang P，Jia M P，Zhong B L. Investigation on measuring the fill level of an industrial ball mill based on the vibration characteristics of the mill shell [J]. Minerals Engineering，2009，14(22): 1200-1208.

[231] 陈蔚，贾民平，王恒. 基于信息融合的球磨机料位分级与检测研究[J]. 振动与冲击，2010,29(6):140-143.

[232] Das S P，Das D P，Behera S K，Mishra B K. Interpretation of mill vibration signal via wireless sensing [J]. Minerals Engineering，2011，24(3-4): 245-251.

[233] 白锐，马恩杰，柴天佑. 基于数据融合的生料浆配料过程磨机负荷状态估计[C]. Chinese Control and Decision Conference (CCDC 2008)，IEEE，2008，236-239.

[234] 王泽红，陈炳辰. 球磨机内部参数的三因素检测[J]. 金属矿山，2002，1: 32-34.

[235] Si G Q，Cao H，Zhang Y B，et al. Experimental investigation of load behaviour of an industrial scale tumbling mill using noise and vibration signature techniques[J]. Minerals Engineering，2009，22(15): 1289-1298.

[236] 王耀南，李树涛. 多传感器信息融合及其应用综述[J]. 控制与决策，2001，16(5): 518-523.

[237] 李沛然，申涛，王孝红. 粉磨过程负荷优化控制系统 [J]. 济南大学学报(自然科学版)，2008，22(2): 116-123.

[238] 李占贤，黄金凤. 利用多元回归分析方法控制球磨机负荷稳定性[J]. 矿山机械，2002，7: 37-38.

[239] 王东风，宋之平. 基于神经元网络的制粉系统球磨机负荷软测量[J]. 中国电机工程学报，2001，21(12): 97-100.

[240] 王东风，韩璞. 基于 RBF 神经网络的球磨机负荷软测量[J]. 仪器仪表学报，2002，23(3): 311-313.

[241] 张自成，费敏锐. 基于人工神经网络的中速磨存煤量软测量方法[J]. 自动化仪表，2006，5: 59-62.

[242] 司刚全，曹晖，王靖程. 基于复合式神经网络的火电厂筒式钢球磨煤机负荷软测量[J]. 热力发电，2007，5: 64-67.

[243] 王雷，于向军，吕震中. 球磨机料位软测量及其低能耗高效运行研究[J]. 能源研究与利用，2007，5: 16-19.

[244] Cui B X，Li R，Duan Y，et al. Study of BBD ball mill load measure method based on rough set and NN information fusion[C]. IEEE Pacific-Asia Workshop on Computational Intelligence and Industrial Application，2008:585-587.

[245] 李勇，邵诚. 灰色软测量在介质填充率检测中的应用研究[J]. 中国矿业大学学报，2006，35(4): 549-555.

[246] 李勇，邵诚. 一种新的灰关联分析算法在软测量中的应用[J]. 自动化学报，2006，32(2): 311-317.

[247] Wang D F，Hua P，Peng D G. Optimal for ball mill pulverizing system and its applications [C]. Proceedingsof the First International Conference on Machine Learning and Cybernetics，2002：2131-2136.

[248] 吕立华. 复杂工业系统基于小波网络与鲁棒估计建模方法研究[D]. 杭州: 浙江大学，2001.

[249] 徐从富，耿卫东，潘云鹤. 面向数据融合的 DS 方法综述[J]. 电子学报，2001，29(3): 393-396.

[250] 田亮，曾德良，刘鑫屏，等. 基于数据融合的球磨机最佳负荷工作点判断[J]. 热能动力工程，2004，19(3): 198-203.

[251] Ma P，Du H L，Lv F. Coal mass estimation of the coal mill based on two-step multi-sensor fusion [C]. Proceedings of the Fourth International Conference on Machine Learning and Cybernetics，2005，1307-1311.

[252] 李启衡. 碎矿与磨矿[M]. 北京: 冶金工业出版社，2004.

[253] 陈炳辰. 磨矿原理，北京: 冶金工业出版社，1989.

[254] Hodouin D，Jamsa-Jounela S L，Carvalho M T，Bergh L. State of the art and challenges in mineral processing control [J]. Control Engineering Practice，2001，9(9): 995-1005.

[255] 铁鸣. 若干具有综合复杂特性的冶金工业过程混合智能建模及应用研究[D]. 沈阳: 东北大学，2006.

[256] 张立岩. 氧化铝回转窑制粉过程智能控制系统的研究[D]. 沈阳: 东北大学，2010.

[257] Tang J，Zhao L J，Zhou J W，et al. Experimental analysis of wet mill load based on vibration signals of laboratory-scale ball mill shell [J]. Minerals Engineering，2010，23(9): 720-730.

[258] 汤健，赵立杰，岳恒，等. 基于多源数据特征融合的球磨机负荷软测量[J]. 浙江大学学报(工学版)，2010，44(7): 1406-1413.

[259] 毛益平，陈炳辰，高继森. 球磨机有功功率和磨矿效率影响因素研究[J]. 矿冶工程，2000，20(4): 48-50.

[260] 孙利波. 球磨过程的数学模型及其试验研究[D]. 济南: 山东大学，2006.

[261] Olsen T O，Berstad H，Danielsen S. Automatic control of continuous autogenous grinding [C]. Automation in Mining

Minerals and Metal Processing，Proc. of the Second IFAC Symposium，Johannesburg，1976，225-234.

[262] Su Z G，Wang P H. Improved adaptive evidential k-NN rule and its application for monitoring level of coal powder filling in ball mill [J]. Journal of Process Control，2009，19(10): 1751-1762.

[263] VanNerop M A，Moys M H. Exploration of mill power modeled as function of load behavior [C]. Minerals Engineering，2001，14(10): 1267-1276.

[264] Zhang L Y，Yue H，Chai T Y. The intelligent setting control of the mill load in pulverizing system for an alumina sintering process [C]. Proceedings of the 48th IEEE Conference on Decision and Control held jointly with 2009 28th Chinese Control Conference，Shanghai，2009：3124-3129.

[265] Zhang L Y，Chai T Y，Wang H. An intelligent mill load switching control of pulverizing system for an alumina sintering process [C]. Proceedings of the 48th IEEE Conference on Decision and Control held jointly with 2009 28th Chinese Control Conference，CDC/CCC 2009：4252-4257.

[266] 张世礼. 振动粉碎理论及设备[M]. 北京: 冶金工业出版社，2005.

[267] 谢恒星，张一清，李松仁，等. 矿浆流变特性对钢球磨损规律的影响[J]. 武汉化工学院学报，2001，23(1): 34-36.

[268] 李松仁，谢恒星. 钢球表面罩盖层厚度的影响因素研究[J]. 矿物工程，2000，9(6): 47-49.

[269] 谢恒星，王玉林，曾毅，等. 钢球磨损动力学模型的建立[J]. 武汉化工学院学报，1993，15(1): 1-7.

[270] Dong H，Moys M H. Assessment of discrete element method for one ball bouncing in a grinding mill [J]. International Journal of Mineral Processing，2002，65(3-4): 213-226.

[271] 左鹤声，彭玉莺. 振动试验模态分析[M]. 北京: 中国铁道出版社，1995.

[272] 刘树英，韩清凯，闻邦椿. 具有筒型结构的回转机械的应力特性分析[J]. 东北大学学报(自然科学版)，2001，22(2): 207-210.

[273] 周敬宣，付文君. 电厂球磨机筒体辐射声场的计算[J]. 振动与冲击，1998，17(4): 39-45.

[274] 周敬宣，曹晞，何锃，等. 球磨机筒内降噪技术中的力学性能分析[J]. 华中理工大学学报，1998，26(12): 59-61.

[275] Richardson M H，Formenti D L. Global curve fitting of frequency response Measurements using the rational fraction polynomial method [C]. Proceedings of the 3st International Modal Analysis Conference，1985，390-397.

[276] 叶庆卫，汪同庆. 基于幅谱分割的粒子群最优模态分解研究与应用[J]. 仪器仪表学报，2009，30(8): 547-588.

[277] 赵玫，周海亭，陈光冶. 机械振动与噪声学[M]. 北京: 科学出版社，2004.

[278] Richards E J，Westcott M E，Jeyapalan R K. On the prediction of impact noise，I: acceleration noise [J]. Journal of Sound and Vibration，1979，62(4): 547-575.

[279] 陈荐. 钢球磨煤机噪声控制技术[M]. 北京: 中国电力出版社，2002.

[280] 沙毅，曹英禹，郭玉刚. 磨煤机振声信号分析及基于 BP 网的料位识别[J]. 东北大学学报(自然科学版)，2006，27(12): 1319-1323.

[281] Cuschieri J M，Richards E J. On the prediction of impact noise，IV: estimation of noise energy radiated by impact excitation of a structure [J]. Journal of Sound and Vibration，1983，86(3): 319-342.

[282] 毛益平. 磨矿过程智能控制策略的研究[D]. 沈阳: 东北大学，2001.

[283] 白锐，柴天佑，周俊武. 生料浆配料过程磨机负荷的混合智能控制[J]. 信息与控制，2009，38(4): 473-478.

[284] Zhou S Y，Sun B C，Shi J J. An SPC monitoring system for cycle-based waveform signals using haar transform [J]. IEEE Trans. Autiom. Sci. Eng.，2006，3(1): 60-72.

[285] Fukunaga K. Effects of sample size in classifier design [J]. IEEE Trans. Pattern Anal. Machine Intell，1989，11: 873-885.

[286] Leardi R，Seasholtz M B，Pell R J. Variable selection for multivariate calibration using a genetic algorithm: prediction of

additive concentrations in polymer films from Fourier transform-infrared spectral data [J]. Analytica Chimica Acta，2002，461(2): 189-200.

[287] 汤健，柴天佑，赵立杰，等. 融合时频信息的磨矿过程磨机负荷软测量[J]. 控制理论与应用，2012，29(5): 564-570.

[288] Tang J，Zhao L J，Yu W，et al. Soft sensor modeling of ball bill load via principal component analysis and support vector machines [J]. Lecture Notes in Electrical Engineering，2010，67: 803-810.

[289] Yao H B，Tian L. A genetic-algorithm-based selective principal component analysis (GA-SPCA) method for high-dimensional data feature extraction [J]. IEEE Transactions on Geoscience and Remote Sensing，2003，41(6): 1469-1478.

[290] Nguyen M H，Torre F D L. Optimal feature selection for support vector machines [J]. Pattern Recognition，2010，43(3): 584-591.

[291]]Huang C L，Wang C J. A GA-based feature selection and parameters optimization for support vector machines [J]. Expert Systems with Applications，2006，31(2): 231-240.

[292] Srinivas M，Patnaik，L M. Adaptive probabilities of crossover and mutation in genetic algorithm [J]. IEEE Transactions on SMC，1994，24(4): 656-667.

[293] Tang J，Chai T Y，Yu W，Zhao L J. Feature extraction and selection based on vibration spectrum with application to estimate the load parameters of ball mill in grinding process [J]. Control Engineering Practice，2012，20(10): 991-1004.

[294] 下乡太郎. 随机振动最优控制理论与应用[M]. (沈泰昌，译). 北京：宇航出版社，1984.

[295] Yang J Y，Zhang Y Y，Zhu Y S. Intelligent fault diagnosis of rolling element bearing based on svms and fractal Dimension [J]. Mechanical Systems and Signal Processing，2007，(21): 2012-2024.

[296] Samanta B，Albalushi K R. Artificial neural network based fault diagnostics of rolling element bearings using time-domain features [J]. Mechanical Systems and Signal Processing，2003，17(2): 317-328.

[297] Mohsen A A K，Yazeed M F A E. Selection of input stimulus for fault diagnosis of analog circuits using ARMA Model [J]. International Journal of Electronics and Communications，2004，58(3): 212-217.

[298] Marseguerra M，Minoggio S，Rossi A. Neural networks prediction and fault diagnosis applied to stationary and non-stationary ARMA Modeled Time Series [J]. Progress in Nuclear Energy，1992，27(1): 25-36.

[299] Gelman L，Gould J D. Time-frequency chirp-wigner transform for signals with any nonlinear polynomial time varying instantaneous frequency [J]. Mechanical Systems and Signal Processing，2007，21(8): 2980-3002.

[300] Wang C D，Zhang Y Y，Zhong Z Y. Fault diagnosis for diesel valve trains based on time-frequency images [J]. Mechanical Systems and Signal Processing，2008，22(8): 1981-1993.

[301] Sanz J，Perera R，Huerta C. Fault diagnosis of rotating machinery based on auto-associative neural networks and wavelet transforms [J]. Journal of Sound and Vibration，2007，302(4-5): 981-999.

[302] Wu J D，Liu C H. Investigation of engine fault diagnosis using discrete wavelet transform and neural network [J]. Expert Systems with Applications，2008，35(3): 1200-1213.

[303] González de la Rosa J J，Piotrkowski R，Ruzzante J. Third-order spectral characterization of acoustic emission signals in ring-type samples from steel pipes for the oil industry [J]. Mechanical Systems and Signal Processing，2007，21(4): 1917-1926.

[304] Fcakrell J W A，White，P R，Hammond，J K. The interpretation of the bispectra of vibration signal theory [J]. Mechanical System and Signal Processing，1995，9(3): 257-266.

[305] 廖伯瑜. 机械故障诊断基础[M]. 北京：冶金工业出版社，1995.

[306] 黄文虎，夏松波，刘瑞岩. 设备故障诊断原理、技术及应用[M]. 北京：科学出版社，1996.

[307] 程乾生. 数字信号处理[M]. 北京大学出版社，北京，2003.

[308] 杨绿溪. 现代数字信号处理[M]. 北京：科学出版社，2007.

[309] 王凤纹，舒冬梅. 数字信号处理[M]，北京：北京邮电大学出版社，2006.

[310] 王济，胡晓. MATLAB 在振动信号处理中的应用[M]，北京：中国水利水电出版社，2005.

[311] Wise B M，Ricker N L. Recent advances in multivariate statistical process control: Improving robustness and sensitivity [C]. In: Proceedings of the IFAC，ADCHEM Symposium，1991，125-130.

[312] MacGregor J F，Koutodi M. Statistical process control of multivariate process [J]. Control Engineering Practice，1995，3(3): 403-414.

[313] Tan C C，Thornhill N F，Belchamber R M. Principal component analysis of spectra with application to acoustic emissions from mechanical equipment [J]. Transactions of the Institute of Measurement and Control，2002，24(4): 333-353.

[314] Thornhill N F，Shah S L，Huang B，Vishnubhotla A. Spectral principal component analysis of dynamic process data [J]. Control Engineering Practice，2002，10(8): 2002.

[315] Bishop C M. Neural networks for pattern recognition [M]. USA: Oxford University，1995.

[316] Zadeh L A. Fuzzy sets [C]. World Scientific Series In Advances In Fuzzy Systems，1996，19-34.

[317] Yu W，Li X O. On-line fuzzy modeling via clustering and support vector machines [J]. Information Sciences，2008，178(22): 4264-4279.

[318] 洪文学，李昕，徐永红，等. 基于多元统计图表示原理的信息融合和模式识别技术[M]. 北京：国防工业出版社，2008.

[319] Moghaddam B. Principal manifolds and probabilistic subspaces for visual recognition [J]. IEEE Transactions on Pattern Analysis and Machine Intelligence，2002，24(6): 780-788.

[320] 谢永华，陈伏兵，张生亮，等. 融合小波变换与 KPCA 的分块人脸特征抽取与识别算法[J]，中国图象图形学报，2007，12(4): 666-673.

[321] Kourti T，Mac Gregor J F. Multivariate SPC methods for process and product monitoring [J], Journal of Quality Technology，1996，28(4): 09-11

[322] Shrager R I，Hendler R W. Titration of individual components in a mixture with resolution of di.erence spectra，pks，and redoxtransition [J]. Analytical Chemistry，1982，54 (7): 1147-1152.

[323] Wold S. Cross validatory estimation of the number of components in factor and principal component analysis [J]. Technometrics，1978，20(4): 397-406.

[324] Osten D W. Selection of optimal regression models via cross-validation [J]. Journal of Chemometrics，1988，2(1): 39-48.

[325] Malinowski F R. Factor Analysis in Chemistry [M]. New York: Wiley-Inter-science，1991.

[326] Cattell R B. The scree test for the number of factors [J]. Multi-variate Behav. Res. 1966，1(2): 245.

[327] Xu G，Kailath T. Fast estimation of principal eigenspace using Lanczos algorithm [J]. SIAM J. Matrix Anal. Appl，1994，15(3): 974-994.

[328] Akaike H. A new look at the statistical model identification [J]. IEEE Trans. Auto. Con，1974，19(6): 716-723.

[329] Wax M，Kailath T. Detection of signals by information theoretic criterial [M]. IEEE Trans. Acoust. Speech，Signal Processing，1985，33(2): 387-392.

[330] Dunia R，Qin J. A subspace approach to multidimensional fault identification and reconstruction [J]. AIChE Journal. 1998，44(8): 1813-1831.

[331] Rissanen J. Modeling by shortest data description [J]. Automatica，1978，14: 465-471.

[332] Benoudjit N，Francois D，Meurens M，Verleysen M. Spectrophotometric variable selection by mutual information [J]. Chemometrics and Intelligent Laboratory Systems，2004，74(2): 243-251.

[333] Cai R C，Hao Z F，Yang X W，Wen W. An efficient gene selection algorithm based on mutual information [J].

Neurocomputing，2004，72(4-6): 991-999.

[334] Cover T M，Thomas J A. Elements of information theory [M]. New Jersey: Willey，2005.

[335] 阮吉寿，张华. 信息论基础[M]. 北京：机械工业出版社，2005.

[336] Battiti R. Using mutual information for selecting features in supervised neural net learning [J]. IEEE Trans. Neural Network，1994，5(4): 537-550.

[337] Kwak N，Choi C H. Input feature selection by mutual information based on parzen window [J]. IEEE Trans. Pattern Anal. Mach. Intell.，2002，24(12): 1667-1671.

[338] Li W T. Mutual information functions versus correlation functions [J]. Stat. Phys.，1990，60(5/6): 823-837.

[339] Chow T W S，Huang D. Estimating optimal feature subsets using efficient estimation of high-dimensional mutual information [J]. IEEE Trans. Neural Networks，2005，16(1): 213-224.

[340] Kwak N，Choi C H. Input feature selection for classification problems [J]. IEEE Transactions on Neural Networks. 2002，3(1): 143-159.

[341] Peng H，Long F，Ding C. Feature selection based on mutual information: Criteria of max-dependency，max-relevance and min-redundancey [J]. IEEE Trans. Pattern Anal. Mach. Intell.，2005，27(8): 1226-1238.

[342] Chow T W，Huang D. Estimating optimal feature subsets using efficient estimation of high-dimensional mutual information [J]. IEEE Transactions on Neural Networks. 2005，16(1): 213-224.

[343] Pablo A，Tesmer M，Perez C A，et al. Normalized mutual information feature selection [J]. IEEE Transactions on Neural Networks，2009，20(2): 189-202.

[344] Liu H W，Sun J G，Liu L，Zhang H J. Feature selection with dynamic mutual information [J]. Pattern Recognition，2009，42(7): 1330-1339.

[345] Tan C，Li M L. Mutual information-induced interval selection combined with kernel partial least squares for near-infrared spectral calibration [J]. Spectrochimica Acta Part A: Molecular & Biomolecular Spectroscopy，2008，71(4): 1266-1273.

[346] Ethem，A. Introduction to machine learning，second edition [M]. Massachusetts Institute of Technology，2010.

[347] 张学工. 关于统计学习理论与支持向量机[J]. 自动化学报，2000，1: 32-42.

[348] Burges C J C. A tutorial on support vector machines for pattern recognition [J]. Data Min. Knowl. Discov. 1998，2(2): 1-47.

[349] Niu D X，Wang Y L，Wu D D. Power load forecasting using support vector machine and ant colony optimization [J]. Expert Systems with Applications，2010，37(3): 2531-2539.

[350] Cristianini N，Shawe-Taylor J. An introduction to support vector machines [M]. London: Cambridge University Press，2000.

[351] Yu W，Li X O. Online fuzzy modeling with structure and parameter learning [J]. Expert Systems with Applications，2009，36(4): 7484-7492.

[352] Caballero J，Fernández L，Garriga M，Breu J I A，Collina S，Fernández M. Proteometric study of ghrelin receptor function variations upon mutations using amino acid sequence autocorrelation vectors and genetic algorithm-based least square support vector machines [J]. Journal of Molecular Graphics and Modelling，2007，26(1): 166-178.

[353] 刘国海，周大为，徐海霞，等. 基于 SVM 的微生物发酵过程软测量建模研究[J]. 仪器仪表学报，2009，30(6): 1228-1232.

[354] 颜根廷，李传江. 基于混合遗传算法支持向量机参数选择[J]. 哈尔滨工业大学学报，2008 40(5): 688-691.

[355] Yan W W，Shao H H，Wang X F. Soft sensingmodeling based on supportvectormachine and Bayesianmodel selection [J]. Computer and Chemical Engineering，2004，28 (8): 1489-1498.

[356] Nguyen M H，Torre F. Optimal feature selection for support vector machines[J]. Pattern Recognition，2010，43(3):584-591.

[357] Lin S W，Ying K C，Chen S C. Particle swarm optimization for parameter determination and feature selection of support vector machines [J]. Expert System with Application，2008，35(4): 1817-1824.

[358] Hawkins D M. The Problem of Overfitting [J]. J. Chem. Inf. Comput. Sci.，2004，44(1): 1-12.

[359] Leardi R，Gonzalez A L. Genetic algorithms applied to feature selection in PLS regression: how and when to use them [J]. Chemometrics and Intelligent Laboratory Systems，1998，41(2): 195-207

[360] 孙谦，王加华，韩东海. GA-PLS 结合 PC-ANN 算法提高奶粉蛋白质模型精度[J]. 光谱学与光谱分析，2009，29(7): 1818-1821.

[361] 刘瑞兰，陈渭泉，苏宏业. 基于改进 GA-PLS 算法的最优辅助变量选择及其在软测量建模中的应用[J]. 南京邮电大学学报(自然科学版)，2006，26(1): 76-80.

[362] Mohajeri A，Hemmateenejad B，Mehdipour A，Miri R. Modeling calcium channel antagonistic activity of dihydropyridine derivatives using QTMS indices analyzed by GA-PLS and PC-GA-PLS [J]. Journal of Molecular Graphics and Modelling，2008，26(7): 1057-1065.

[363] Cho H W，Jeong M K. Enhanced prediction of misalignment conditions from spectral data using feature selection and filtering [J]. Expert Systems with Applications. 2008，35(1-2): 451-458.

[364] Jalali-Heravi M，Kyani A. Application of genetic algorithm-kernel partial least square as a novel nonlinear feature selection method: Activity of carbonic anhydrase II inhibitors [J]. European Journal of Medicinal Chemistry，2007，42(5): 649-659.

[365] Li W T，Mao K Z，Zhou X J，et al. Eigen-flame image-based robust recognition of burning states for sintering process control of rotary kiln [C]. 2009 Joint 48th IEEE Conference on Decision and Control (CDC) and 28th Chinese Control Conference (CCC 2009)，2009，398-403.

[366] John G P，Dimitris G M.. 数字信号处理[M]. 方艳梅，刘永清，等译. 北京：电子工业出版社，2007.

[367] 张思. 振动测试与分析技术[M]. 北京：清华大学出版社，1992.

[368] Liu G H, Zhou D W, Xu HX. Model optimization of SVM for a fementation soft sensor[J]. Expert Systems with Applications，2010，37(4)：2708-2713.

[369] Fu H X，Liu S，Sun F. Stereo vision camera calibration based on AGA-LS-SVM algorithm [C]. In: Proceedings of the 8th World Congress on Intelligent Control and Automation，2010，714-719.

[370] 白锐，柴天佑. 基于数据融合与案例推理的球磨机负荷优化控制 [J]. 化工学报，2009，60(7): 1746-1751.

[371] 刘利军，樊江玲，张志谊，等. 密频系统模态参数辨识及其振动控制的研究进展[J]. 振动与冲击，2007，26(4): 109-115.

[372] Qin S J. Statistical process monitoring: basics and beyond [J]. Journal of Chemometrics，2003，17(8-9): 480-502.

[373] Narendra P M，Fukunaga K. A branch and bound algorithm for feature subset selection [J]. IEEE Transactions on Computers，1977，C-26(9): 917-922.

[374] Chen X W. An improved branch and bound algorithm for feature selection [J]. Pattern Recognition Letters，2003，24(12): 1925-1933.

[375] Nakariyakul S，Casasent D P. Adaptive branch and bound algorithm for selecting optimal features [J]. Pattern Recognition Letters，2007，28(12): 1415-1427.

[376] Huang N E，Long S R，Shen Z. The mechanism for frequency downshift in nonlinear wave evolution [J]. Advances in Applied Mechanics，1996，32: 59-117.

[377] Yang J N，Lei Y，Pan S，Huang N. System identification of linear structure based on Hilbert-Huang spectral analysis. Part 1: Normal Modes [J]. Earthquake Engneering & Structure Dynamics，2003，32(9): 1443-1467.

[378] Yan R Q，Gao R X. Rotary machine health diagnosis based on empirical mode decomposition [J]. Journal of Vibration an Acoustics，20081，130(2): 1-12.

[379] Chen J. Application of empirical mode decomposition in structural health monitoring : some experience [J]. Advances in Adaptive Data Analysis，2009，1(4): 601-621.

[380] Huang P，Pan Z W，Qi X L，et al. Bearing fault diagnosis based on EMD and PSD [C]. In Proceedings of the 8th World Congress on Intelligent Control and Automation，WCICA 2010，Jinan，China，pp: 1300-1304.

[381] Tang J，Zhao L J，Yue H，et al. Vibration analysis based on empirical mode decomposition and partial least squares [J]. Procedia Engineering，2011，16: 646-652.

[382] Zhao L J，Tang J，Zheng，W R. Journal of Theoretical and Applied Information Technology [J]，2012，45(1): 179-191.

[383] Tang J，Zhao L J，Long J，et al. Selective ensemble modeling parameters of mill load based on shell vibration signal. Lecture Notes in Computer Science [J]，2012，7367: 489-497.

[384] Tang J，Chai T Y，Yu W，Zhao L J. Modeling load parameters of ball mill in grinding process based on selective ensemble multisensor information [J]. IEEE Transactions on Automation Science and Engineering，2013，10(3): 726-740.

[385] Houck C R，Joines J A，Kay M G. A genetic algorithm for function optimization: a Matlab implementation，Technical Report: NCSU-IE-TR-95-09，North Carolina State University，Raleigh，NC，1995.

[386] 李战明，陈若珠，张保梅. 同类多传感器自适应加权估计的数据级融合算法研究[J]. 兰州理工大学学报，2006，32(4): 78-82.

[387] 潘立登，李大宇，马俊英. 软测量技术原理与应用[M]. 北京：中国电力出版社，2009.

[388] Geladi P，Kowalski B R. Partial Least-squares regression: A tutorial [J]. Anlytica Chemica Acta，1986，185: l-17

[389] Rosipal R，Trejo L J. Kernel partial least squares regression in reproducing kernel Hilbert space [J]. Journal of Machine Learning Research，2002，2(2): 97-123.

[390] Shao X G，Bian X H，Cai W S. An improved boosting partial least squares method for near-infrared spectroscopic quantitative analysis [J]. Analytica Chimica Acta，2010，666: 32-37.

[391] Xu L J，Li X M，Dong F，Wang Y，Xu L A. Optimum estimation of the mean flow velocity for the multi-electrode inductance flowmeter [J]. Measurement Science and Technology，2001，12(8): 1139-1146.

[392] Xu L，Zhang J Q，Yan Y. A wavelet-based multisensor data fusion algorithm [J]. IEEE Tranctions on Instrumentation and Measurement，2004，53(6): 1539-1544.

[393] 汤健，柴天佑，赵立杰，等. 基于振动频谱的磨矿过程球磨机负荷参数集成建模方法[J].控制理论与应用，2012，29(2): 183-201.

[394] Kadlec P，Gabrys B，Strand S. Data-driven soft-sensors in the process industry [J]. Computers and Chemical Engineering，2009，33(4): 795-814.

[395] Chen X H，Xu O G，Zou H B. Recursive PLS soft sensor with moving window for online PX concentration estimation in an industrial isomerization unit [C]. Proceeding CCDC'09 Proceedings of the 21st annual international conference on Chinese control and decision conference，2009，5853-5857.

[396] Tang J，Yu W，Chai T Y，et al. On-line principle component analysis with application to process modeling [J]. Neurocomputing，2012，82(1): 167-178.

[397] Tang J，Zhao L J，Yu W，et al. Modified recursive partial least squares algorithm with application to modeling parameters of ball mill load [C]. 第 30 届中国控制会议，CCC2011，烟台，2011，5277-5282.

[398] 汤健，柴天佑，余文，等. 在线 KPLS 建模方法及在磨机负荷参数集成建模中的应用[J].自动化学报，2013，39(5): 471-486.

[399] Ho，T K. The random subspace method for constructing decision forest [J]. IEEE Transactions on Pattern Analysis and Machine Intelligence，1998，20(8): 832-844.

[400] Jackson J，Mudholkar G. Control procedures for residuals associated with principal component analysis [J]. Technometrics，1979，21(3): 341-349.

[401] Yeh I C. Modeling of strength of high performance concrete using artificial neural networks [J]. Cement and Concrete Research，1998，28(12): 1797-1808.

内容简介

基于数据驱动的建模技术在大数据挖掘、多源信息融合和目标识别，与复杂工业过程能耗、物耗、产品质量和产量以及安全生产密切相关的难以检测过程参数软测量，复杂系统模拟仿真与探索性分析等方面具有广阔应用前景。本书针对复杂工业过程中一类高能耗大型旋转机械设备(球磨机)负荷难以有效检测的问题，依据这些旋转机械设备内部负荷参数与该设备筒体振动、振声频谱和电流信号间存在的难以用精确数学模型描述的非线性映射关系，采用基于机械设备振动/振声频谱数据驱动的软测量方法，重点解决旋转机械设备高维频谱数据建模导致软测量模型复杂度高、可解释性和泛化性差，多传感器信号间存在冗余性和互补性以及建模对象固有的概念漂移特性导致离线模型检测精降低等难题。本书详细叙述了复杂工业过程一类旋转机械设备负荷的检测方法及其应用现状，定性分析了旋转机械设备工作机理、筒体振动和振声信号产生机理，明确了其内部负荷难以准确检测的本质原因，进行了面向该类旋转机械设备负荷软测量方法的研究，立足于研究较为通用的一类基于小样本高维频谱数据驱动的在线集成软测量方法。本书通过仿真实验验证了所提方法的有效性。

本书可供在机械、化工、能源、食品、武器装备等行业中，基于机械设备振动/振声频谱或其它来源的高维谱数据进行难以检测过程参数软测量的建模研究、博士研究生和磨矿过程工程技术人员使用。